westermann

Klaus Hengesbach, Georg Pyzalla, Walter Quadflieg,
Werner Schilke, Holger Stahlschmidt

Fragen
Aufgaben
Lernsituationen

Grundstufe und Fachstufe 1

12. Auflage, passend zur 12. Auflage des Lehrbuches

Bestellnummer 33174

Prüftechnik Qualitäts-management

Fertigungstechnik

Werkstofftechnik

Maschinen- und Gerätetechnik

Technische Kommunikation

Grundlagen der CNC-Technik

Steuerungstechnik

Instandhaltung – Wartungstechnik

Elektrotechnik

Lernsituationen

Mathematische Übungen

westermann GRUPPE

Druck und Bindung: Westermann Druck GmbH, Georg-Westermann-Allee 66, 38104 Braunschweig

ISBN 978-3-427-33174-2

Vorwort zur 12. Auflage des Lehrbuchs

Die vorliegende 12. Auflage des Aufgabenbuches wurde in Bezug auf die Gliederung der Kapitel und die Nummerierung der Aufgaben der 12. Auflage des Lehrbuches „Fachwissen Metall“ (Bestell-Nr. 33150) angepasst. Ferner sind zusätzliche Aufgaben im Kapitel „Instandhaltung technischer Systeme“ eingefügt worden. Die Kennzeichnung von Bauteilen in steuerungstechnischen Anlagen in der Pneumatik und der Elektropneumatik wurde gemäß den veränderten Normen vorgenommen.

Ebenso wie die vorigen Auflagen kann die 12. Auflage des Aufgabenbuches natürlich auch unabhängig vom eingeführten Lehrbuch genutzt werden.

Hinweise für den Benutzer

Das vorliegende Aufgabenbuch ist Teil des Lernpakets „Fachwissen Metall“.
Es besteht aus zwei Büchern für den Lernenden:

- dem hier vorliegenden Aufgabenbuch mit dem Titel „Fragen, Aufgaben, Lernsituationen“ und
- dem Lehrbuch mit dem Titel „Fachwissen Metall“ (Bestell-Nr. 33150, 12. Auflage)

sowie Informationsmaterial für den Lehrer.

Das hier vorliegende Aufgabenbuch enthält im vorderen Bereich passend zum Lehrbuch „Fachwissen Metall“

- Übungsaufgaben und Fragen, auf die im Lehrbuch verwiesen wird,
- zusätzliche Informationen zu den mathematischen Bezügen in den im Lehrbuch angesprochenen Fachgebieten.

Im amschließenden Bereich des Buches folgen unabhängig von einer Kennzeichnung im Lehrbuch

- Lernsituationen, die den Lernfeldern der Metalltechnik zugeordnet sind und
- Mathematische Übungen.

Der vordere Bereich des Buches mit Übungsaufgaben und zusätzlichen mathematischen Bezügen ist in gleicher Weise gegliedert und gekennzeichnet wie die entsprechenden Abschnitte des Lehrbuchs:

- Jeder Fachbereich hat in beiden Büchern jeweils das gleiche Piktogramm.
- Bei der Nummerierung der Übungsaufgaben steht vor dem Schrägstrich die Kapitelnummer.
- Die Zahl hinter dem Schrägstrich gibt die Aufgabennummer an.

So findet man z. B. im Bereich Fertigungstechnik, der durch das Piktogramm (Werkzeugschneide) gekennzeichnet ist, im Kapitel „4 Fertigungsverfahren des Urformens“ die Übungsaufgaben 4/1, 4/2 usw., wie sie im Lehrbuch unter der zugehörenden Seite eingetragen sind.
Die Nummern von Übungsaufgaben mit mathematischen Bezügen sind durch einen rechteckigen Rahmen gekennzeichnet.

Der an die Übungsaufgaben anschließende Bereich des Buches enthält Lernsituationen entsprechend den Lernfeldern des Rahmenlehrplans. Der letzte Teil enthält den Kurs Technische Mathematik und stellt die Mathematik gegenüber der fachlichen Seite verstärkt in den Vordergrund.

*Die **Lösungen zum Aufgabenbuch** erhalten Sie unter folgenden Formaten:*

- *Print (Bestell-Nr. 33180),*
- *Download (Bestell-Nr. 33177).*

Inhaltsverzeichnis

Prüftechnik, Qualitätsmanagement

Fertigungstechnik

Werkstofftechnik

Maschinen- und Gerätetechnik

Technische Kommunikation

Grundlagen der CNC-Technik

Steuerungs- und Regelungstechnik

Instandhaltung – Wartungstechnik

Elektrotechnik

Lernfeldorientierte Lernsituationen

Mathematische Übungen

Mathematische Bezüge (alphabetisch)

Prüftechnik, Qualitätsmanagement

1 Grundbegriffe der Prüftechnik

1/1 In einer Fabrik werden bei der Endkontrolle verschiedene Prüfungen am Produkt Schraubstock vorgenommen.

a) Der parallele Abstand zwischen den Spannbacken wird durch ein Messgerät geprüft.
b) Der Farbanstrich wird vom Kontrolleur auf Bläschenbildung geprüft.
c) Durch Öffnen und Schließen des Schraubstockes wird geprüft, ob das Gewinde zu locker oder zu stramm ist.
d) Mit einer Feile wird geprüft, ob die Schraubstockbacken gehärtet sind.

Schreiben Sie aus den angegebenen Prüfungen die subjektiven und objektiven Prüfungen getrennt heraus.

Teile und Vielfache von Einheiten im metrischen Maßsystem

	Zahl	Bedeutung	Zehnerpotenz	Vorsatz-Silbe	Vorsatz-Zeichen
Vielfache	1 000 000	Million	10^6	Mega	M
	1 000	Tausend	10^3	Kilo	k
	100	Hundert	10^2	Hekto	h
	10	Zehn	10^1	Deka	da
	1	Eins	10^0		
Teile	0,1	Zehntel	10^{-1}	Dezi	d
	0,01	Hundertstel	10^{-2}	Zenti	c
	0,001	Tausendstel	10^{-3}	Milli	m
	0,000 001	Millionstel	10^{-6}	Mikro	µ

1/2 Lösen Sie folgende Aufgaben zum metrischen Maßsystem.

1. Üben Sie sich in den Umrechnungen von Einheiten. Zeichnen Sie dazu folgende Tabelle ab und vervollständigen Sie diese.

	m	dm	cm	mm	µm
a)	0,1	1	?	?	?
b)	0,01	?	1	?	?
c)	0,001	?	?	1	?

2. Geben Sie die folgenden Längen jeweils in mm an.
   a) 33,8 cm
   b) 0,084 dm
   c) 720 µm
   d) $0{,}8 \cdot 10^{-2}$ m
   e) $2{,}19 \cdot 10^{-2}$ m
   f) $1{,}24 \cdot 10^{-5}$ dm

3. Schreiben Sie die folgenden Größen in der Einheit m in Normal- und in Potenzschreibweise. In der Potenzschreibweise soll der Faktor jeweils nur eine Stelle vor dem Komma haben.
   a) 134 mm
   b) 738 cm
   c) 19 800 dm
   d) $2{,}7 \cdot 10^{-2}$ km
   e) 0,034 km
   f) 17,38 mm

4. Wandeln Sie die folgenden Angaben in Zehnerpotenzen der Basiseinheit um.
   a) 1 500 m
   b) 450 mm
   c) 0,5 kg
   d) 3 500 A
   e) 0,02 s
   f) 0,3 h

5. Schreiben Sie als Dezimalzahlen.

a) 1/10 m	c) 6/20 kg	e) 50/10g
b) 1/2 s	d) 1 1/5 km	f) 1/5 h

6. Geben Sie als Brüche an.

a) 0,05 kg	c) 0,04 s	e) 0,0550 m
b) 2,25 m	d) 0,0050 A	f) 0,8 h

1/3 Rechnen Sie die gegebene Einheit jeweils in die gesuchten Einheiten um.

1. $\varrho = 15\,\frac{g}{cm^3}$	$?\,\frac{kg}{dm^3}$	$?\,\frac{kg}{m^3}$	$?\,\frac{mg}{mm^3}$
2. $v = 96\,\frac{km}{h}$	$?\,\frac{m}{s}$	$?\,\frac{cm}{s}$	$?\,\frac{m}{min}$
3. $V = 4\,320\ mm^3$	$?\ cm^3$	$?\ dm^3$	$?\ m^3$
4. $p = 200\,\frac{N}{cm^2}$	$?\,\frac{N}{m^2}$	$?\,\frac{mN}{mm^2}$	$?\,\frac{daN}{cm^2}$

Prüfverfahren: Messen und Lehren

1/4 Ein Auszubildender erhält für seinen Arbeitsplatz folgende Teile: Stahlstabmaß, Messschieber, Zirkel, Anschlagwinkel, Meißel, Flachwinkel, Anreißnadel.
Mit welchen der genannten Werkzeuge kann man messen und mit welchen lehren?

1/5 Bilden Sie jeweils einen Satz über Messen und Lehren unter Zuhilfenahme der gegebenen Begriffe: Messgeräte, Maßverkörperung, Maßeinheit, Vergleichen, Messen, Prüfgröße, Lehren, Formverkörperung.

1/6 Das Gewinde für eine Spindel soll auf einer Drehmaschine geschnitten werden. Der Zerspanungsmechaniker benötigt dazu folgende Prüfgeräte: Messschieber, Messschraube, Gewindeprofilschablone, Gewindeprüfmutter.
Schreiben Sie die Prüfgeräte für das Messen und für das Lehren getrennt heraus.

2 Prüfen von Längen

Maßsysteme und Einheiten

2/1 Berechnen Sie die Gesamtlängen von Stäben mit folgenden Teillängen:

a) 1,585 m + 1,25 dm + 88,4 cm = ? m
b) 0,62 dm + 0,05 m + 85 cm + 580 µm = ? mm
c) 2,12 m + 345 mm + 87,4 cm = ? dm
d) 0,45 m + 48,8 cm + 3,2 dm + 240 µm = ? cm

Prüfmaße, Teilungen, Lochabstände

Ermittlung des Mittenabstands l_m von Bohrungen aus Prüfmaßen:

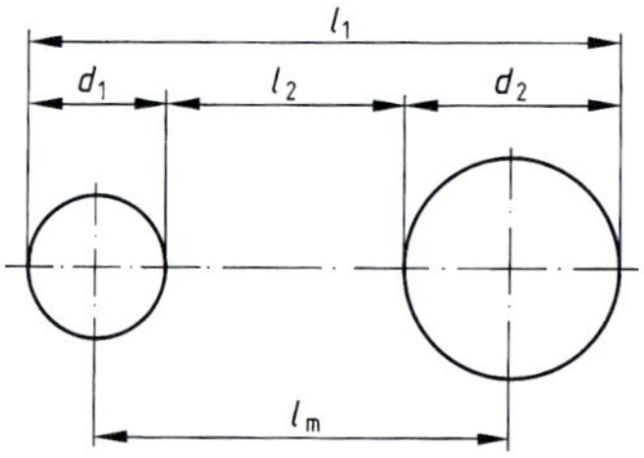

$$l_m = l_1 - \frac{d_1}{2} - \frac{d_2}{2}$$
oder
$$l_m = l_2 + \frac{d_1}{2} + \frac{d_2}{2}$$
oder
$$l_m = \frac{l_1 + l_2}{2}$$

Teilungen
Lochzahlen z
Abstände a

$a = z - 1$
$z = a + 1$

2/2 Lösen Sie folgende Aufgaben zu Prüfmaßen, Teilungen und Lochabständen.

1. An einer Lasche sollen die Mittenabstände a_1 bis a_4 überprüft werden. Gemessen wurden die Maße gemäß Skizze mit einem Messschieber.
Berechnen Sie die Mittenabstände.

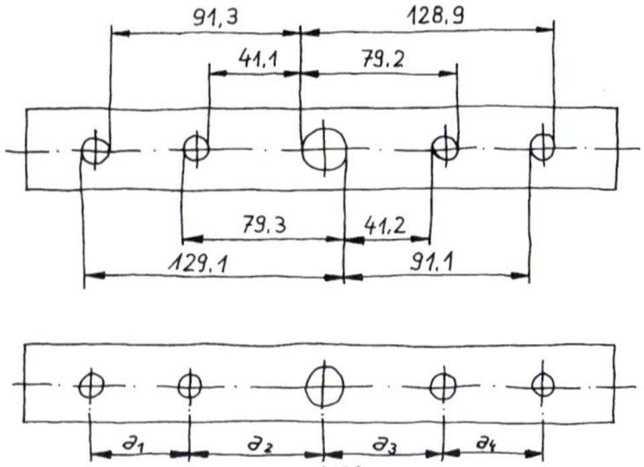

2. Bei der Maßkontrolle wurde der Außendurchmesser mit 120,12 mm bestimmt. Die Bohrung hat einen Durchmesser von 20,1 mm. Zur Überprüfung der Exzentrizität wurde das Maß x gemessen. Es beträgt 4,95 mm.
Wurde die Exzentrizität mit $45^{+0{,}05}_{-0{,}12}$ eingehalten?

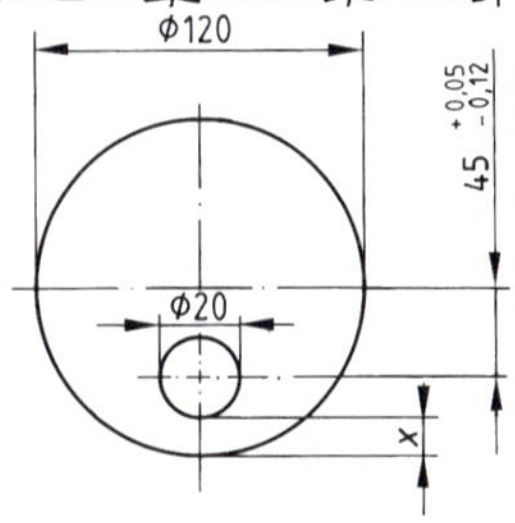

3. In Flachmaterial 0,6 m lang, 60 mm breit und 20 mm dick sollen 10 Löcher mit je 10 mm Durchmesser gebohrt werden. An beiden Enden sollen die Randabstände 30 mm betragen.
   a) Berechnen Sie die Mittenabstände für das Anreißen der Bohrungen.
   b) Fertigen Sie eine Zeichnung im Maßstab 1 : 5 an.

4. Bei einem Werkstück soll der Mittenabstand für zwei Bohrungen gemäß Zeichnung eingehalten werden.
Berechnen Sie die Kontrollmaße a und b.
Istmaße der Bohrung:
15,1 mm und 25,2 mm.

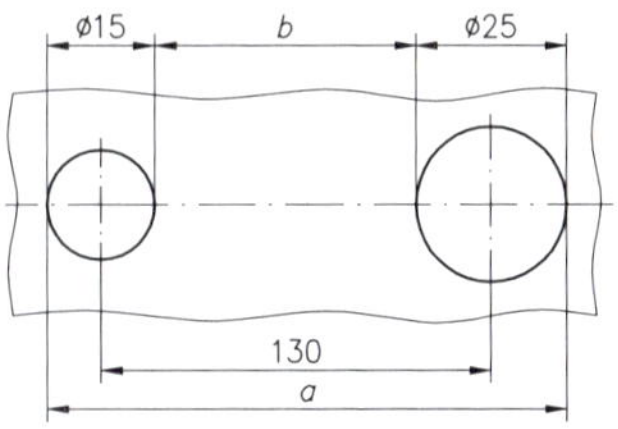

5. Berechnen Sie für das Maß x den größten und kleinsten zulässigen Wert, wenn die Bohrungen ±0,05 mm Abweichung haben dürfen.

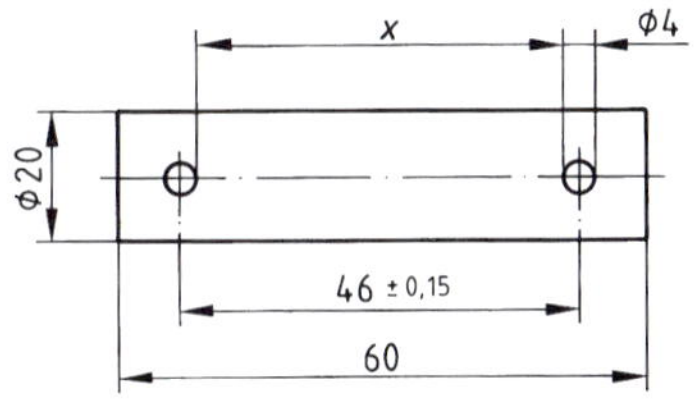

2/3 1. Berechnen Sie mithilfe des Lehrsatzes des Pythagoras den Mittenabstand m und die Kontrollmaße a und b für die Bohrungen in dem dargestellten Flansch. Der Teilkreisdurchmesser beträgt 120 mm (340 mm) und die Bohrungen haben einen Durchmesser von 14 mm (22 mm).

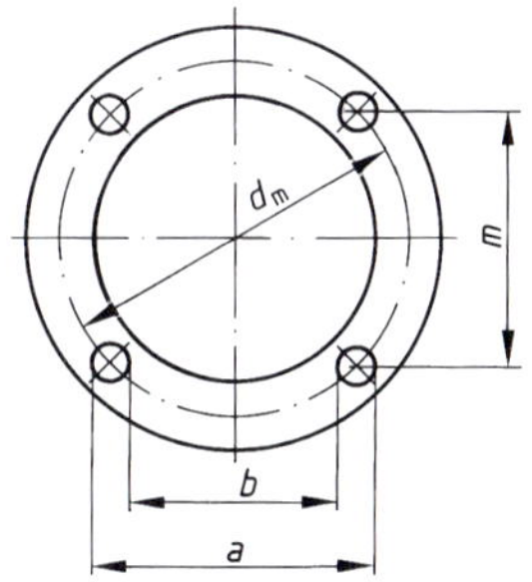

2. Ermitteln Sie mithilfe des Lehrsatzes des Pythagoras das Prüfmaß x für das nebenstehende Werkstück.

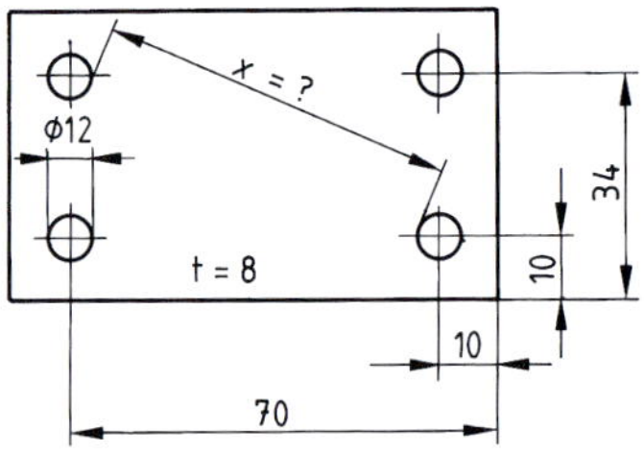

2/4

1. Ein Flachstahl von 215 mm Länge soll 4 Bohrungen mit dem Abstandsverhältnis 2 : 3 : 4 erhalten. Die Randabstände der ersten und letzten Bohrung sollen 40 mm betragen.
Berechnen Sie die Mittenabstände.

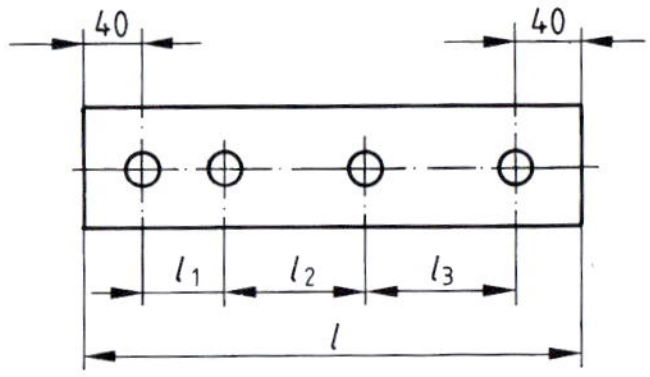

2. Ein Winkelstahl von $l = 2{,}5$ m wird im Verhältnis $l_1 : l_2 = 3{,}1 : 1{,}9$ geteilt.
Berechnen Sie l_1 und l_2.

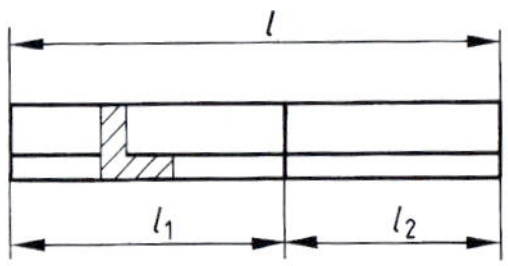

Einheit Zoll

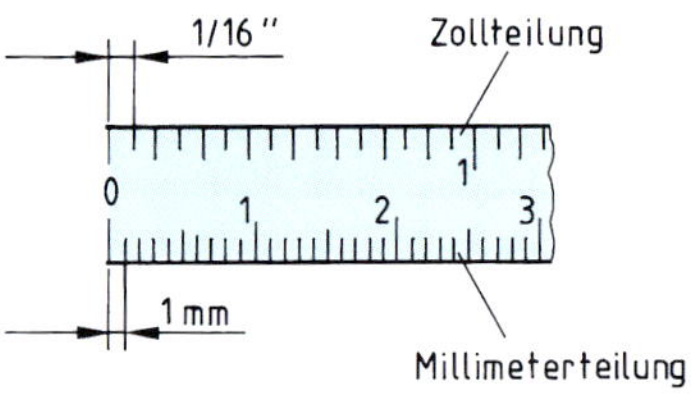

1 Zoll (1″) ≙ 25,4 mm

Teile eines Zolls werden immer als Brüche angegeben.

Beispiele: $\frac{1}{4}''$; $\frac{1}{8}''$

Die Nenner der Brüche sind stets Potenzen von 2.

Beispiele: $\frac{1}{2^2}'' = \frac{1}{4}''$; $\frac{1}{2^3}'' = \frac{1}{8}''$

2/5

Ein Rohr für eine Wasserleitung hat einen Innendurchmesser von 1 1/2″ und ist 20,3 dm lang. Berechnen Sie den Innendurchmesser in mm und die Länge in m.

2/6

Lösen Sie die folgenden Aufgaben zu Zollmaßen.

1. Vervollständigen Sie die vorgegebenen Reihen der Teile von Zollmaßen.

a) $\frac{1}{2^1}''$; $\frac{1}{2^2}''$; … $\frac{1}{2^8}''$ b) $\frac{1}{2}''$; $\frac{1}{4}''$; … $\frac{1}{256}''$

2. Rechnen Sie die folgenden Maße in mm um.

a) 1/4″ c) 3/4″ e) 2 5/16″
b) 1 1/2″ d) 5/8″

3. Nach einer alten Zeichnung aus Großbritannien, in der Zollmaße eingetragen sind, ist ein Ersatzteil zu fertigen.
Skizzieren Sie das Werkstück ab, und tragen Sie die Maße in mm ein.
Runden Sie die Maße auf 1/100 mm.

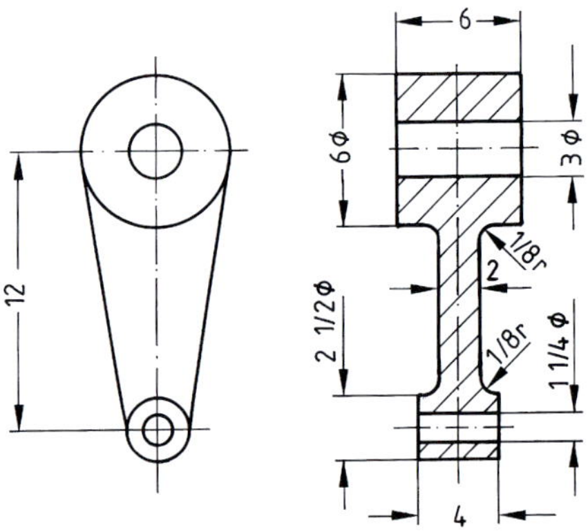

Höchstmaß – Mindestmaß – Toleranz

Maße, Grenzabmaße, Toleranzen

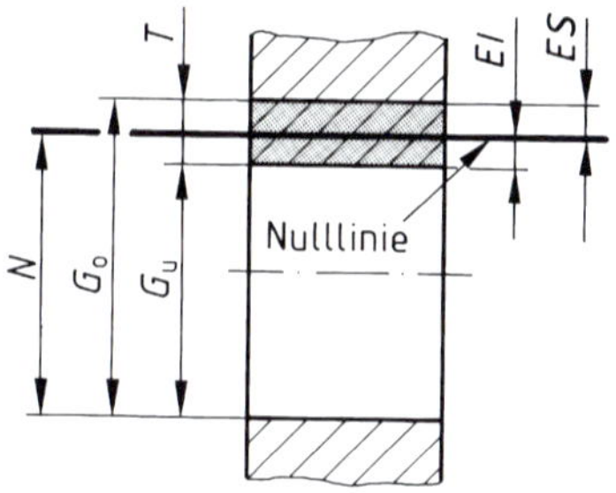

Formeln
Bohrungen:

$G_o = N + ES$
$G_u = N + EI$
$T = G_o - G_u$

Wellen:

$G_o = N + es$
$G_u = N + ei$
$T = G_o - G_u$

Bezeichnungen

N	Nennmaß
G_u	Mindestmaß
G_o	Höchstmaß
T	Toleranz
EI; ei	unteres Abmaß
ES; es	oberes Abmaß

2/7 Übernehmen Sie die nachstehende Tabelle, und berechnen Sie die fehlenden Maße.

Maßangabe	N	ES; es	EI; ei	G_o	G_u	T
120 ± 0,5	?	?	?	?	?	?
$35^{+0,3}_{+0,1}$	?	?	?	?	?	?
$8^{+0,07}_{-0,02}$	?	?	?	?	?	?
?	70	+ 0,2	?	?	?	0,3
?	?	?	– 0,06	21,43	21,34	?

2/8 Zeichnen Sie die nebenstehende Tabelle ab und vervollständigen Sie diese, indem Sie die Allgemeintoleranzen nach DIN ISO 2768 benutzen.

Nennmaß mit Genauigkeit	Passmaß	Höchstmaß	Mindestmaß	Toleranz
320 m	?	?	?	?
53 f	?	?	?	?
2 500 c	?	?	?	?
3 f	?	?	?	?
17,8 m	?	?	?	?

2/9 Bei der Zwischenkontrolle eines Werkstückes wurden folgende Istmaße (siehe Tabelle) festgestellt. Vergleichen Sie die Ist-maße mit den gegebenen Zeichnungsmaßen, unter der Voraussetzung, dass alle Maße des Werkstückes mit Allgemeintoleranzen nach DIN ISO 2768 (fein) zu fertigen waren.
Treffen Sie die Entscheidung „Gut" – „Ausschuss".

Istmaß	Zeichnungsmaß	Höchstmaß	Mindestmaß	Entscheidung
125,5	125	?	?	?
45,07	45	?	?	?
7,98	8	?	?	?

Begriffe der Längenmesstechnik

2/10 Zur Prüfung eines Messschiebers im Bereich von 12 bis 15 mm wurden drei Endmaße (10 mm, 2 mm und 1,5 mm) zusammengeschoben.
Der Messschieber zeigte die abgebildete Anzeige.
Bestimmen Sie

a) Messwert,
b) Wert der Messgröße,
c) Skaleneinteilungswert und
d) Messabweichung.

2/11 Geben Sie für die genannten Messverfahren die jeweilige Messgröße an und schreiben Sie jeweils einen beispielhaften Messwert auf.

a) Ein Automobilmechaniker prüft mit einer Fühlerlehre den Abstand der Zündkerzenkontakte.
b) Im Walzwerk wird die Blechdicke fortlaufend mit Ultraschall gemessen.
c) Ein Bankbeamter kontrolliert eine Rolle mit 2-EUR-Stücken durch Wiegen.
d) Mit einem Messschieber wird der Durchmesser einer Welle gemessen.
e) Die Außentemperatur wird mit einem Quecksilberthermometer ermittelt.

Direkte Längenmessung

2/12 Der Nonius ist eine Ablesehilfe für Bruchteile von Millimetern. Welche Aussage ist richtig über den Zehntel-Nonius?

a) 9 mm sind in 10 Teile eingeteilt.
b) 10 mm sind in 9 Teile eingeteilt.
c) 10 mm sind in 10 Teile eingeteilt.

2/13 Ermitteln Sie den Abstand von Teilstrich zu Teilstrich bei einem Nonius

a) für 1/10 mm Ablesegenauigkeit, b) für 1/20 mm Ablesegenauigkeit.

2/14 Erklären Sie, warum es keine Nonien für 1/100 mm Ablesegenauigkeit bei Messschiebern gibt.

2/15 Messschieber gibt es mit verschiedenen Nonien.
Lesen Sie bei den skizzierten Beispielen jeweils den Messwert ab, und stellen Sie fest, um welchen Nonius es sich jeweils handelt.

a)
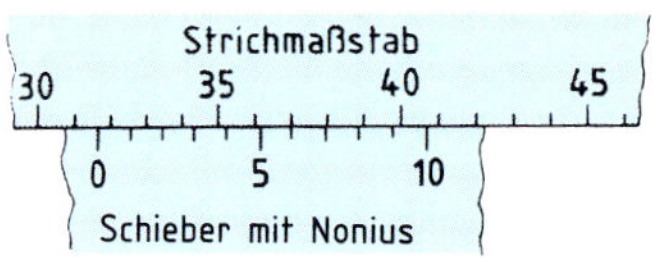

b)
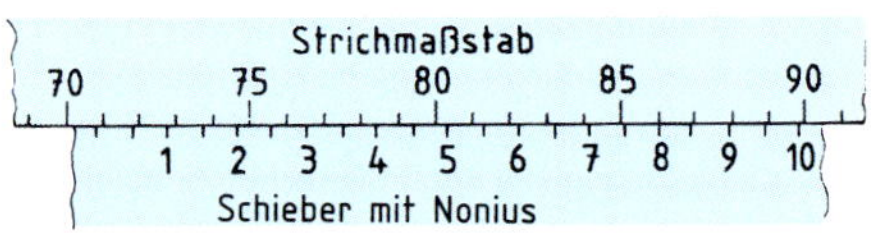

2/16 Vergleichen Sie einen herkömmlichen Universalmessschieber mit einem digitalen Messschieber im Hinblick auf:

a) die Ablesemöglichkeit, b) die Ablesegenauigkeit, c) die Kosten.

2/17 Die Maße des gezeichneten Werkstückes sollen geprüft werden.
Welche Maße lassen sich durch Außenmessung, Innenmessung oder Tiefenmessung mit dem Universalmessschieber bestimmen?

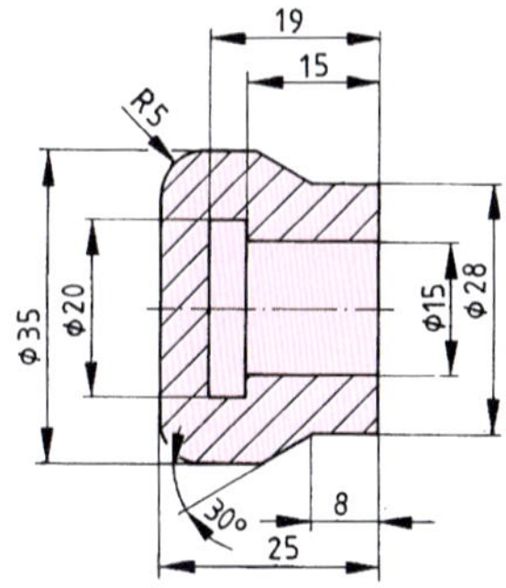

2/18 Bestimmen Sie das Maß x.

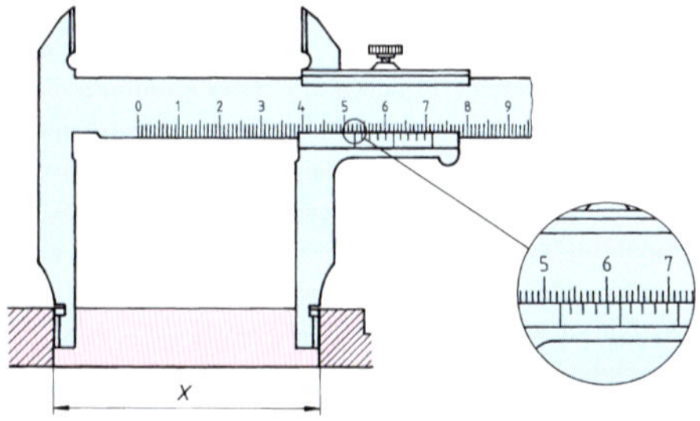

2/19 Alle Bohrungen haben 8 mm Durchmesser. Auf welches Maß ist die Nullstellung eines digital anzeigenden Messschiebers einzustellen, damit bei der Messung zwischen A und B1, A und B2 usw. der Zahlenwert der Mittenabstände am Messschieber abzulesen ist?

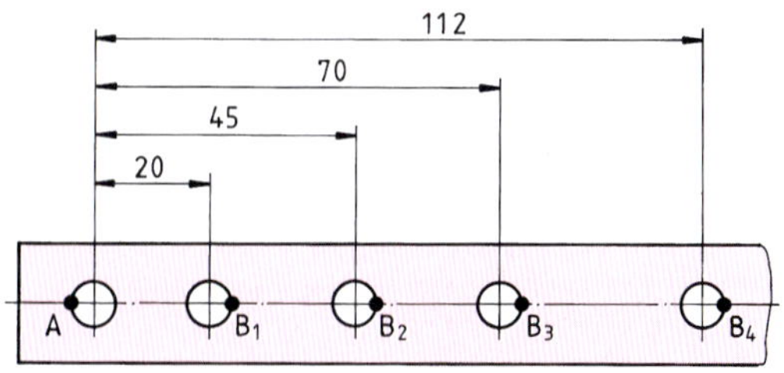

2/20 a) Die Messspindel einer Messschraube hat eine Steigung von 0,5 mm und die Messtrommel am Umfang eine Skala mit 50 Skalenteilen.
Weisen Sie durch Rechnung nach, dass bei dieser Messschraube eine Drehbewegung um ein Skalenteil zu einer Längsbewegung von 1/100 mm führt.

b) Wie groß sind die Messwerte bei den skizzierten Beispielen? Die Messspindel hat jeweils die Steigung von 0,5 mm.

①
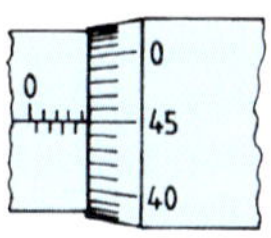

②
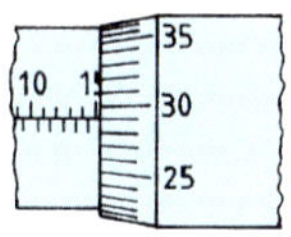

③
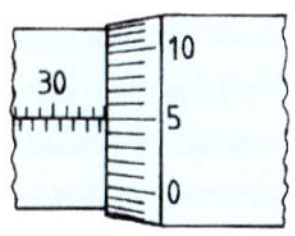

2/21 Messschrauben müssen von Zeit zu Zeit auf ihre Genauigkeit überprüft werden.

a) Mit welchem Messgerät kann die Überprüfung vorgenommen werden?
b) Beschreiben Sie, wie man diese Überprüfung durchführt.

2/22 Erklären Sie den Begriff Messbereich.

2/23 In einer Kleinserie werden Bolzen mit dem Durchmesser $19{,}6^{+0{,}04}_{-0{,}02}$ mm gefertigt. Für die Endkontrolle sollen zwei fest eingestellte Messschrauben wie Lehren eingesetzt werden.

a) Auf welche Maße sind die Messschrauben einzustellen?
b) Beschreiben Sie die Handhabung beim Prüfen. Geben Sie dabei an, unter welchen Umständen die Nichteinhaltung der Maße erkannt werden kann.

2/24 Welche Arbeitsregeln muss man beim Messen von Bohrungen mit einer Innenmessschraube beachten?

2/25 Bei korrekter Messung wird das Maß 100 mm festgestellt.
Wie groß ist der Fehler, wenn die Innenmessschraube um 3 mm außerhalb der Senkrechten angesetzt wird?
(siehe Zeichnung mit unmaßstäblicher Darstellung)

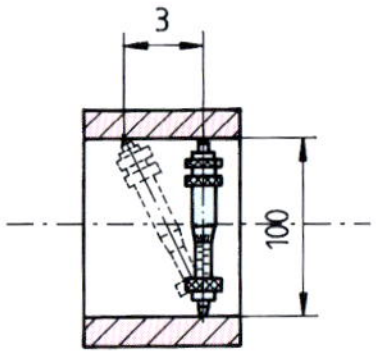

2/26 „Digitalanzeigende Messschieber zeigen auch 1/100 mm an – wozu dann noch Messschrauben?" So sagte ein Kollege.
Was werden Sie ihm antworten? Betrachten Sie die Skizzen zur Verdeutlichung der Messprinzipien beider Messgeräte und an alysieren Sie mögliche Fehlerquellen.

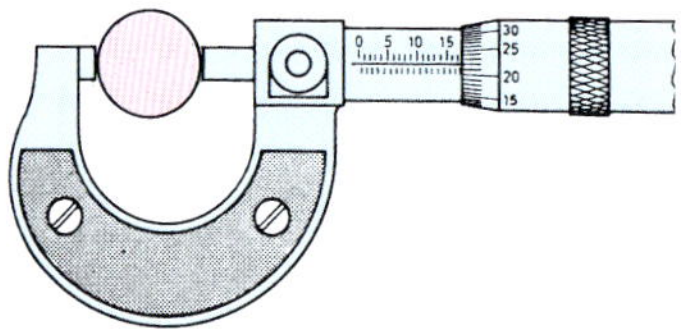

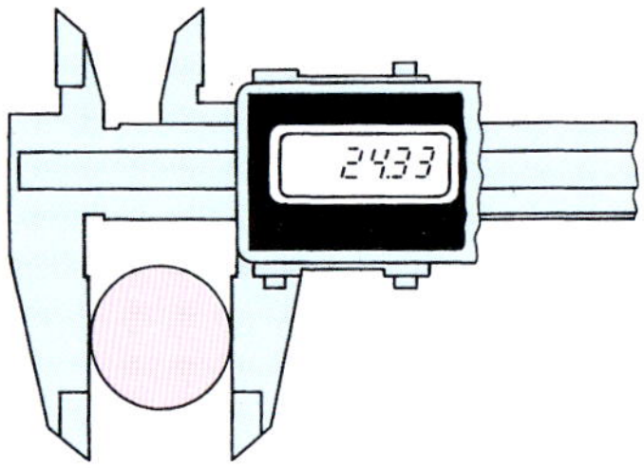

2/27 Das Maß 14,6 ±0,02 mm soll mithilfe der Messuhr an einer Serie von Werkstücken geprüft werden.
Wie ist bei der Prüfung vorzugehen?

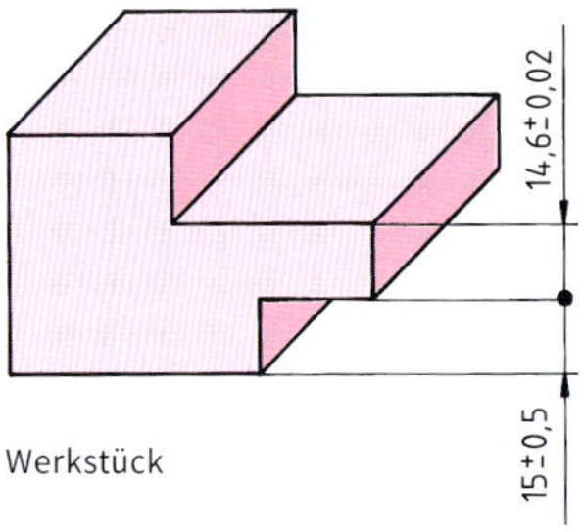

Werkstück

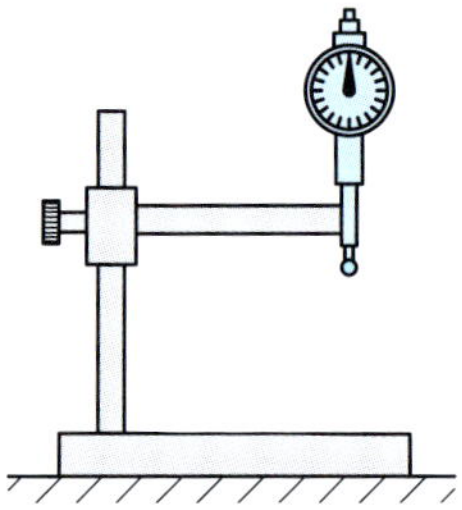
Messeinrichtung (Schema)

2/28 Die Messuhr ist mit Endmaßen bei 35,00 mm auf Null gestellt worden.
Bei der Messung eines Werkstückes weist der Zeiger auf den 16. Skalenteil. Ein Skalenteil entspricht bei dieser Uhr 0,01 mm.

a) Berechnen Sie den Messwert.
b) Wie bezeichnet man das angewandte Messverfahren?
c) Mit welchen weiteren Längenmessgeräten lässt sich das Werkstück messen?

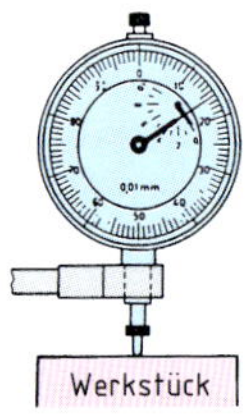

Indirekte Längenmessung

2/29 Mithilfe welcher physikalischen Größen werden Längen pneumatisch gemessen?

2/30 Begründen Sie, warum pneumatische Messgeräte für automatisches Messen während der Fertigung besonders geeignet sind.

2/31 In einer Automobilfabrik sind die beiden dargestellten Messdorne in Messvorrichtungen im Einsatz. Als Anzeigegeräte werden Säulengeräte verwendet.

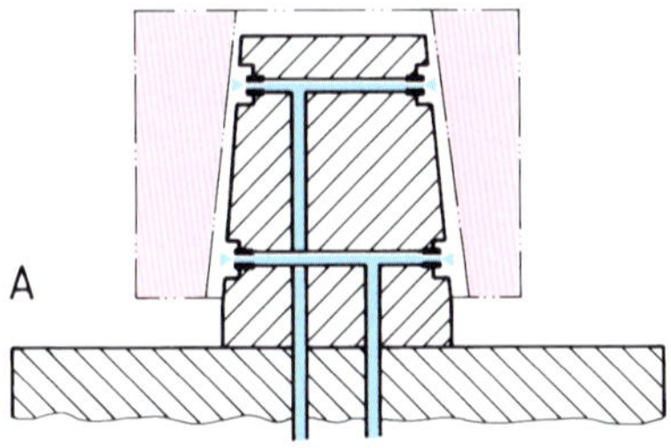

a) Welches Messverfahren wird eingesetzt?
b) Bis zu welcher Rauheit kann dieses Verfahren eingesetzt werden? Welche Änderungen müssten bei größerer Rauheit vorgenommen werden?
c) Was wird jeweils in A und B gemessen?

Endmaße und Lehren

2/32 Für welche Aufgaben werden Endmaße verwendet?

2/33 Ermitteln Sie, welche Endmaße für folgende Maße aneinandergeschoben werden müssen. (Normalsatz von Endmaßen gemäß Angaben im Buch zugrunde legen)

a) 100,637 mm b) 50,021 mm c) 32,101 mm

2/34 a) Weshalb bezeichnet man eine Grenzlehre auch als Doppellehre?
b) Warum kann man mit einer Grenzlehre das Istmaß eines Werkstückes nicht feststellen?

2/35 Zum Prüfen des dargestellten Profils ist eine Formlehre herzustellen. Entwerfen Sie die Lehre im Maßstab 1:1. Bemaßen Sie die Lehre, damit sie nach Ihrer Zeichnung gefertigt werden kann.

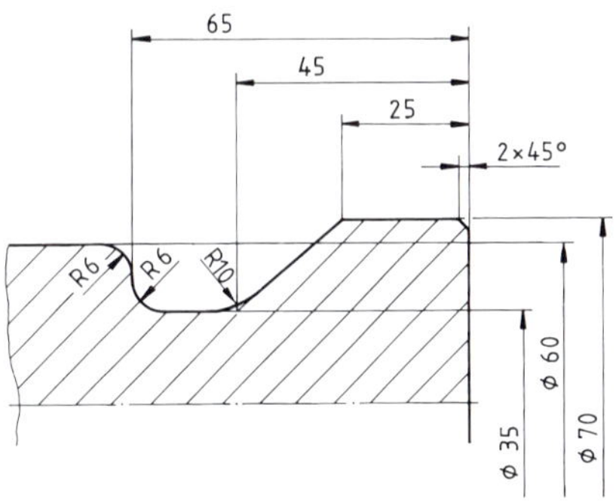

8. Berechnen Sie den Freiwinkel α der Feilen.

a)

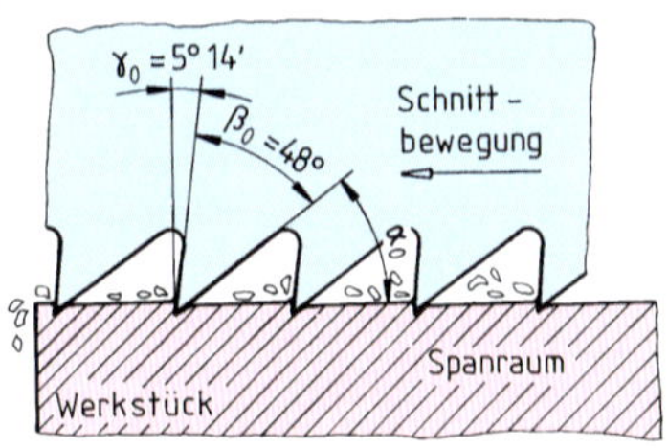

b)

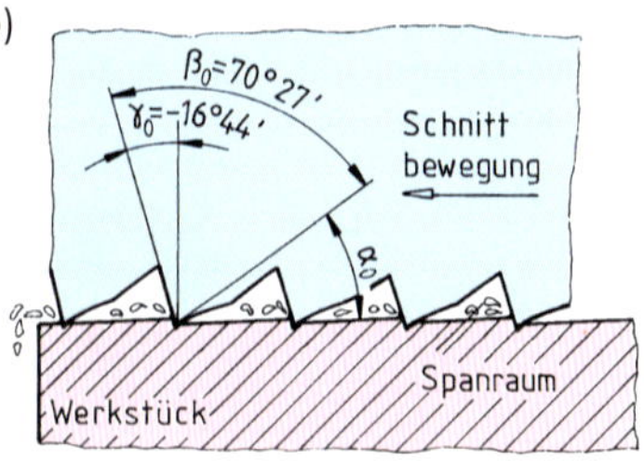

9. An den dargestellten Blechen wurde mit einem Winkelmesser der Winkel α gemessen. Berechnen Sie jeweils den Winkel α_1.

a)

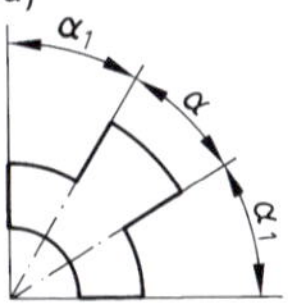

$\alpha = 28°30'$

b)

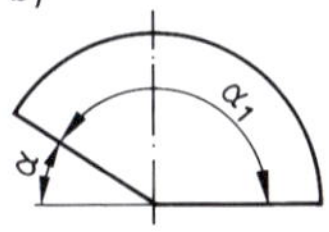

$\alpha = 32°15'$

c)

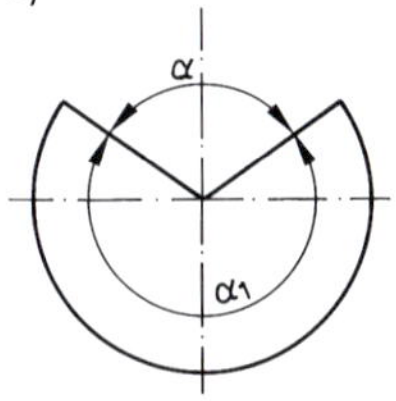

$\alpha = 110°40'$

d)

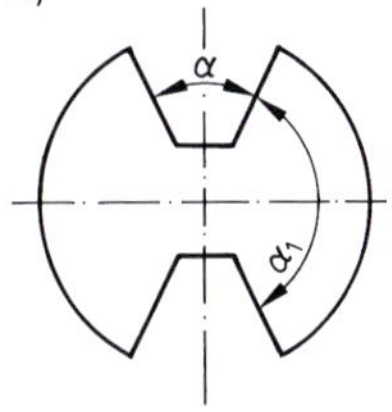

$\alpha = 54°10'$

10. In einer Zeichnung ist der Winkel von 43°25′ vermaßt. Am Werkstück selbst kann man jedoch nur den Winkel messen, der den geforderten Winkel zu 180° ergänzt.
Berechnen Sie diesen Ergänzungswinkel.

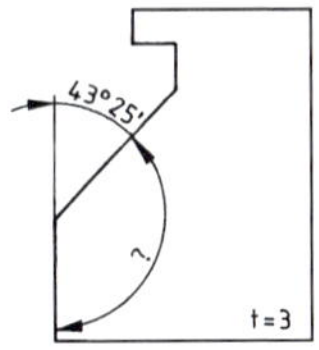

3/2 An einem Werkstück wird der Winkel α gemessen.

a) Wie groß ist der Winkel α?

b) Wie heißt das benutzte Messgerät?

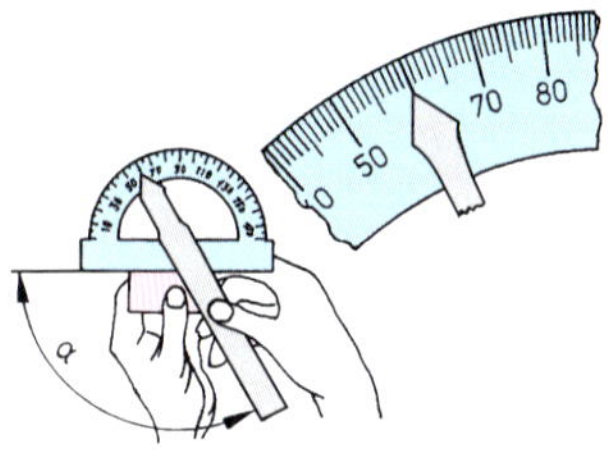

3/3 Mit einem Universalwinkelmesser wurde eine Führungsnut ausgemessen. Gemessen wurden die Winkel β mit 130° und γ mit 129°55′. Der Öffnungswinkel α soll 80° ± 10′ betragen.

a) Ermitteln Sie das Istmaß des Winkels α.

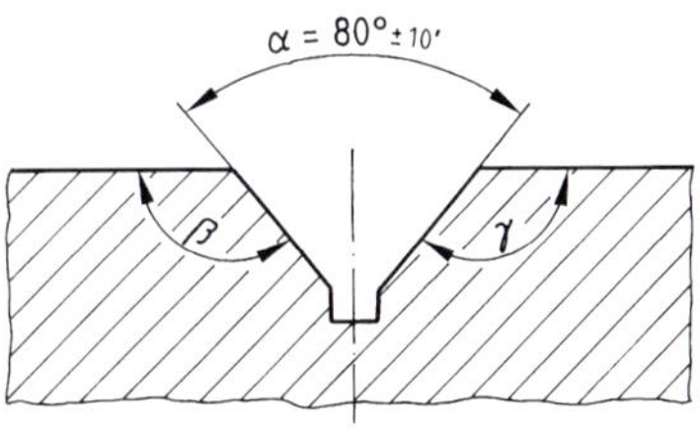

b) Entscheiden Sie, ob bei einer Messunsicherheit von ± 5′ bei der Messung mit dem Universalwinkelmesser das Istmaß des Öffnungswinkels dem Sollmaß entspricht.

3/4 Mit einem Universalwinkelmesser werden die dargestellten Werkstücke entsprechend der Zeichnung gemessen.
Ermitteln Sie jeweils die Winkelgröße.

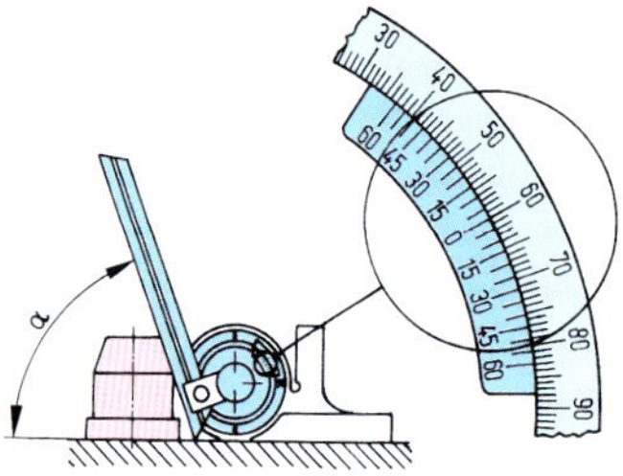

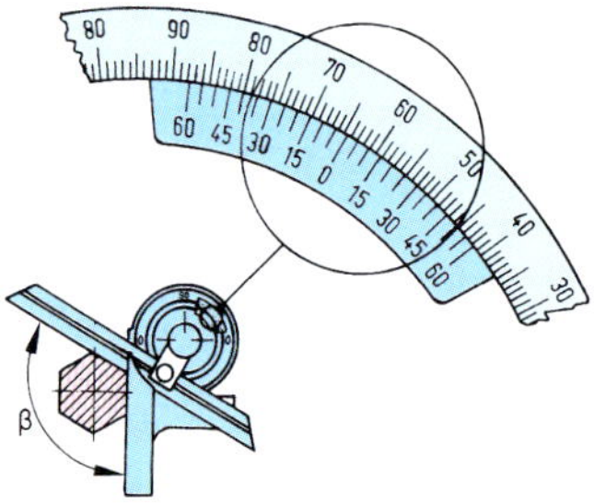

3/5 An einer Führung ist das angegebene Maß zu messen. Der Symmetriefehler darf ± 10′ nicht überschreiten.
Erläutern Sie die Durchführung der Prüfung, und geben Sie die Prüfwinkel an.

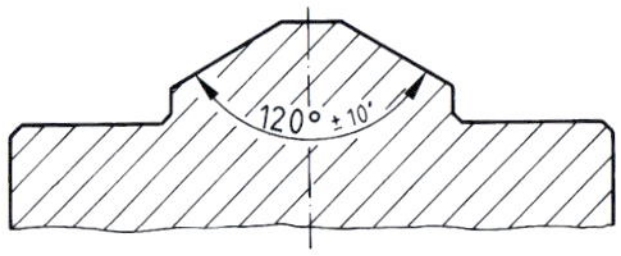

3/6 Ein Werkzeugstempel mit regelmäßigem Achtkant-Profil ist zu überprüfen. Es sollen Längen, Winkel und Symmetrie kontrolliert werden.
Stellen Sie einen Prüfplan mit Angabe der Prüfwerte auf.

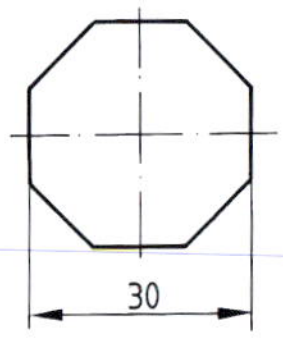

3/7 Das dargestellte Werkstück ist zu messen.

a) Legen Sie eine Tabelle an, in der Sie für die Maße 4; 9; 12 und 14 Folgendes angeben: Nennmaß, Abmaße, Prüfmittel.
b) Beschreiben Sie die Messung der Maße 4; 9; 12 und 14.

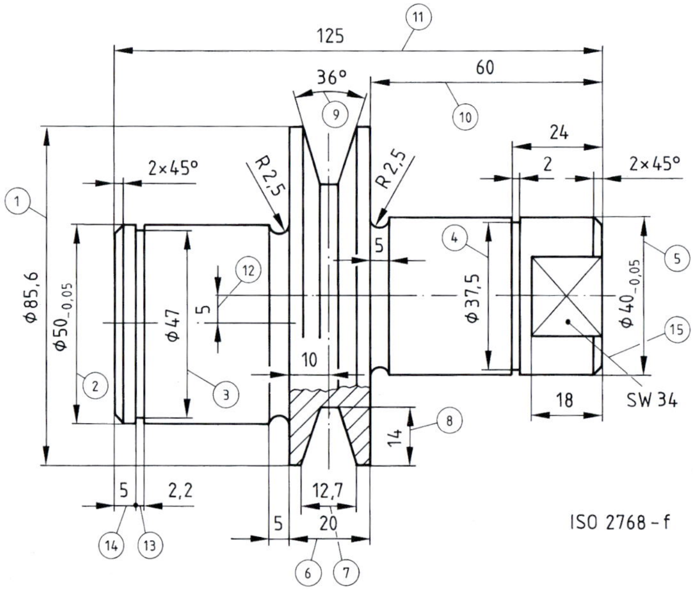

4 Prüfen von Gewinden

4/1 Welchen Einfluss haben Vorschub und Schneidenradius auf die Rauheit der Oberfläche beim Drehen?

4/2 Jemand behauptet, geringe Rauheit von Klebeflächen verbessere die Haftung. Stimmt die Aussage?

4/3 Zur Bestimmung der Oberflächenbeschaffenheit wurde ein Oberflächenprofil abgetastet und auf einem Papierstreifen stark vergrößert dargestellt. Bestimmen Sie den Rz-Wert.

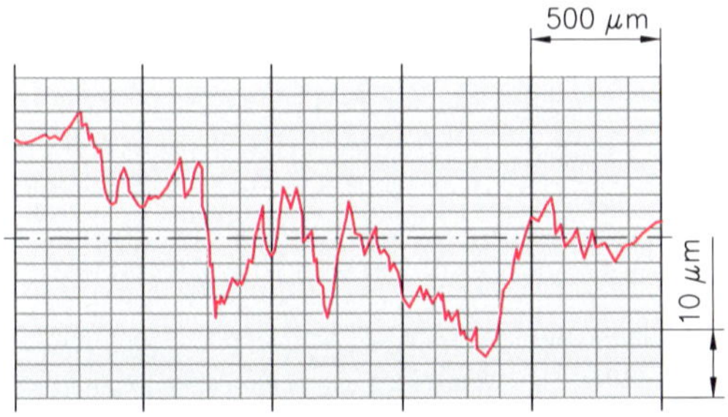

4/4 Beschreiben Sie, wie folgende Rauheitskenngrößen festgelegt wurden:

a) Rauheitskenngröße Rz b) Rauheitskenngröße Ra

4/5 Entschlüsseln Sie die folgenden Oberflächenzeichen:

a)

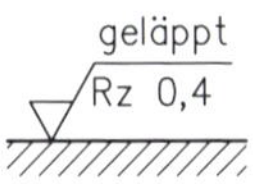

b)

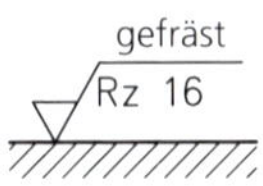

c)

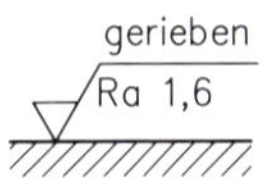

4/6 In welchen gemittelten Rautiefenbereichen können die Oberflächenbeschaffenheiten bei folgenden Fertigungsverfahren liegen:

a) Kokillengießen b) Bohren c) Längsdrehen

5 Prüfen von Gewinden

5/1 Welche Kenngrößen eines Gewindes lassen sich mit Gewindeschablonen überprüfen?

5/2 Woran erkennt man die Ausschussseite bei einem Gewindegrenzlehrdorn?

5/3 Warum soll man Gewindelehrringe nur zum Prüfen von kurzen Außengewinden benutzen?

5/4 Bei einer Gewinderollenlehre liegt das Rollenpaar für die Ausschusslehrung hinter dem Rollenpaar für die Gutlehrung.
Begründen Sie diese Anordnung.

5/5 Warum genügt es nicht, genaue Gewinde nur mit Lehren zu prüfen?

5/6 Auf einer Drehmaschine wurde ein Außengewinde gefertigt. Mit einem Steigungsmessgerät (Endmaße mit Steigungsschnäbeln) stellt man das Maß 24,2 mm für 8 Gewindegänge fest.

a) Wie groß ist die Steigung?
b) Welchen Fehler weist die Steigung auf, wenn metrische Gewinde nach Norm folgende Steigungen haben: ... 2,5 mm; 3 mm; 3,5 mm ...?
c) Wodurch kann der Fehler bedingt sein?

5/7 Den Flankendurchmesser eines Außengewindes kann man mithilfe einer Messschraube und dreier gleich dicker Drähte messen.

a) Beschreiben Sie das Messverfahren.
b) Begründen Sie, warum bei diesem Messverfahren der Flankendurchmesser nicht unmittelbar gemessen wird.

5/8 Welche Bestimmungsgrößen eines Außengewindes lassen sich mit einem Messschieber ermitteln?

6 Messabweichungen

6/1 Eine Messschraube wird mit Endmaßen auf Genauigkeit überprüft (siehe Tabelle).

a) Wie groß ist jeweils die Messabweichung?
b) Beurteilen Sie, ob bei der Messung eine systematische oder eine zufällige Messabweichung vorliegt?
c) Welche Ursachen kann die Messabweichung haben?

Endmaß	gemessener Wert mit Messschraube
20,00 mm	20,01 mm
30,00 mm	30,01 mm
40,00 mm	40,01 mm

6/2 Eine Messschraube weist einen Nullpunktfehler von + 0,02 mm auf.

a) Wie kann man diese Messabweichung berücksichtigen?
b) Welchen Durchmesser hat ein Bolzen tatsächlich, wenn auf der Messschraube der Wert 30,09 mm abgelesen wurde?

6/3 Der Durchmesser eines Bolzens wurde mit einer Messschraube direkt nach der Fertigung auf der Drehmaschine gemessen. Das Istmaß betrug 136,04 mm. In der Zeichnung war das Nennmaß $136^{+0,06}_{+0,02}$ mm angegeben.

Als der Bolzen nach einigen Tagen eingebaut wurde, saß er in der Bohrung zu locker. Man überprüfte den Bolzendurchmesser nochmals und stellte ein Istmaß von 135,98 mm fest.
Welche Ursachen von Messabweichungen können bei der ersten Messung vorgelegen haben?

6/4 Die Messflächen von Messschiebern und Messschrauben können durch unsachgemäße Behandlung abnutzen.
Wie kann man diese Messabweichung feststellen?

6/5 Eine gedrehte Welle wurde im erwärmten Zustand gemessen. Der Messwert betrug 120,02 mm.
Wie groß ist das Werkstück bei einer Temperatur von 20 °C, wenn die durch die Erwärmung hervorgerufene Messabweichung 0,05 mm beträgt?

6/6 Welche Messabweichungen, die durch die Person des Prüfers bedingt sind, können auftreten:

a) beim Bedienen einer Messschraube,
b) beim Ablesen einer Messuhr?

6/7 Genaue Messungen müssen bei einer bestimmten Temperatur durchgeführt werden.

a) Wie nennt man diese Temperatur?
b) Welche Höhe hat diese Temperatur?
c) Warum müssen Werkstück und Messzeug diese Temperatur aufweisen?

7 Auswahl von Prüfverfahren und Prüfgeräten

7/1 Das gezeichnete Werkstück soll geprüft werden.

a) Erfassen Sie alle Maße (außer Radienmaßen) und ordnen Sie diese tabellarisch nach kleiner werdender Maßtoleranz.

b) Geben Sie zu jedem Maß das Prüfverfahren und das Prüfgerät an.

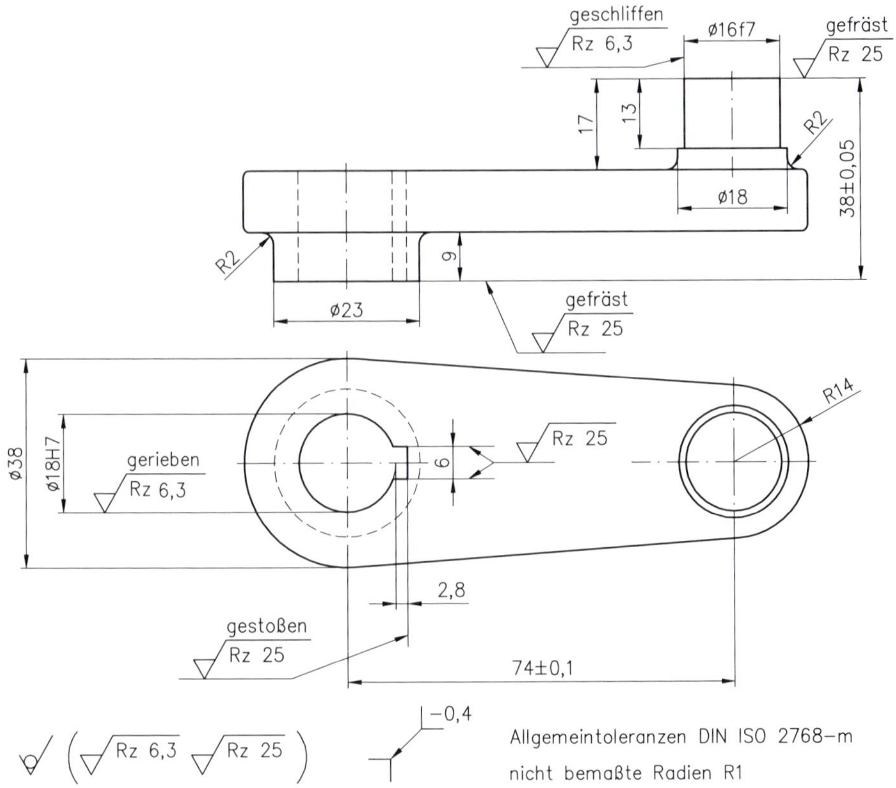

8 Passungen und Prüfen von Passmaßen

Begriffe und Maße bei Passungen

8/1 Beim Zusammenbau von Werkstücken müssen die Teile an den Berührungsflächen zusammenpassen.

a) Wie nennt man in der Passungslehre diese Berührungsflächen?
b) Welche Formen können solche Berührungsflächen haben?
c) Wie nennt man die Paarung von Bohrung und Welle?

8/2 Ein Bolzen hat das Passmaß $24^{+0,06}_{+0,04}$. Dieser Bolzen soll in eine Bohrung mit dem Passmaß $24^{-0,08}_{-0,11}$ eingebaut werden.

Ermitteln Sie jeweils für den Bolzen und für die Bohrung die in der Tabelle aufgeführten Maße in mm.

	Passmaß	Nennmaß	oberes Abmaß	unteres Abmaß	Höchstmaß	Mindestmaß
Welle	$24^{+0,06}_{+0,04}$	?	?	?	?	?
Bohrung	$24^{-0,08}_{-0,11}$	?	?	?	?	?

8/3 Für den Durchmesser einer Bohrung müssen folgende Grenzmaße eingehalten werden: 120,03 mm und 119,92 mm.
Wie lauten das Nennmaß und die Abmaße?

8/4 Ein Werkstück mit den nebenstehenden Abmessungen soll hergestellt werden. Zeichnen Sie die Tabelle ab, und ermitteln Sie die gesuchten Größen.

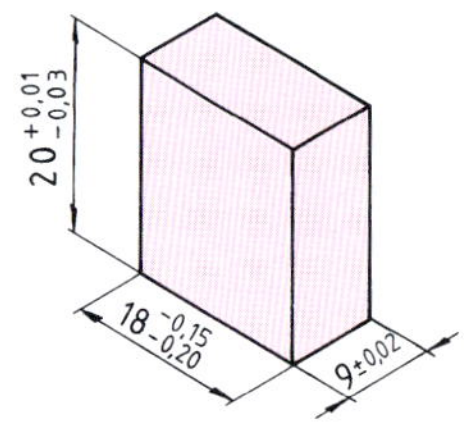

Passmaß	$9 \pm 0,02$	$18^{-0,15}_{-0,20}$	$20^{+0,01}_{-0,03}$
Höchstmaß	?	?	?
Mindestmaß	?	?	?
Toleranz	?	?	?

8/5 Zeichnen Sie die Toleranzfelder für folgende Passmaße:

$20^{+0,25}_{+0,10}$; $20^{+0,10}_{-0,05}$; $20^{-0,10}_{-0,25}$

Lösungsanleitung:
Waagerechte Achse entspricht der Null-Linie, senkrechte Achse entspricht den Abmaßen. Wählen Sie dazu den Maßstab 0,1 mm Abmaß ≙ 10 mm.

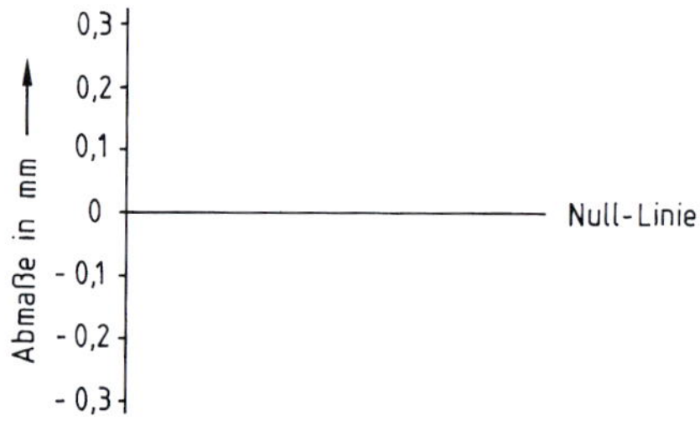

8/6 Entschlüsseln Sie Passmaße nach der ISO-Schreibweise. Zeichnen Sie dazu die Tabelle ab, und ermitteln Sie die gesuchten Werte mithilfe der Tabelle ISO-Paßmaße.

Passmaß	Höchstmaß	Mindestmaß	Toleranz
35 R7	?	?	?
40 H7	?	?	?
45 r6	?	?	?

ISO-Normen für Maß- und Passungsangaben

8/7 Suchen Sie aus folgenden Passmaßen 10 H8; 8 K7; 10 h6; 20 R8; 16 H7; 8 m6; 10 h7

a) alle Passmaße für Wellen heraus,

b) alle Passmaße für Bohrungen heraus, die Toleranzfelder mit gleicher Lage zur Null-Linie haben.

8/8 Welche Information kann dem Maß 30 k6 entnommen werden?

Einteilung der Passungen

8/9 Erläutern Sie, unter welchen Bedingungen bei einer Paarung von Bohrung und Welle

a) Spiel entsteht,

b) Übermaß entsteht.

8/10 Die Istmaße von drei Bohrungen und drei einzubauenden Wellen sind in einer Tabelle festgehalten worden.
Übernehmen Sie die Tabelle. Tragen Sie die Begriffe „Spiel oder Übermaß“ für alle neun möglichen Paarungsfälle sowie die entsprechenden Zahlenwerte ein.

Istmaß der Welle / Istmaß der Bohrung	39,850	39,976	40,032
40,085	?	?	?
39,942	?	?	?
39,814	?	?	?

8/11 Für die Passstellen an einer Baugruppe sind die in der Tabelle angegebenen Passmaße vorgesehen.

Welche Passung liegt an den jeweiligen Stellen vor?

Stelle	Bohrung	Welle
①	$30 \pm 0{,}04$	$30 \pm 0{,}03$
②	$80^{+0{,}05}_{-0{,}02}$	$80^{-0{,}06}_{-0{,}11}$
③	$120^{+0{,}035}_{0}$	$120^{+0{,}076}_{+0{,}054}$

Passungssysteme

8/12 a) Ermitteln Sie von der Passung 50 F8/h6 die Abmaße für Bohrung und Welle.

b) Zeichnen Sie maßstäblich die Lage der Toleranzfelder zur Null-Linie.

8/13 Ermitteln Sie von der Passung 60 H7/r6 die Abmaße für Bohrung und Welle.

8/14 Warum beschränkt man sich in der Fertigung auf eine begrenzte Zahl von Passungen?

8/15 a) Wie ist beim Passsystem Einheitsbohrung die Lage der Bohrungstoleranz festgelegt?

b) Wie ist beim Passsystem Einheitswelle die Lage der Wellentoleranz festgelegt?

8/16 a) Welches Abmaß liegt bei dem Passsystem Einheitsbohrung für alle Nennmaße – z. B. 80 H7, 70 H11 – genau fest? Wie groß ist es?

b) Welches Abmaß liegt beim Passsystem Einheitswelle für alle Nennmaße – z. B. 12 h5, 100 h6 – genau fest? Wie groß ist es?

8/17 Warum findet das Passsystem Einheitsbohrung vor allem dort Anwendung, wo Wellen mit Absätzen und verschiedenen Durchmessern eingebaut werden?

3 Prüfen von Winkeln

Winkelmaße

Vollkreis = 360°
1° = 60′
1′ = 60″

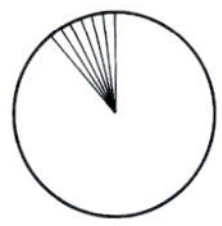

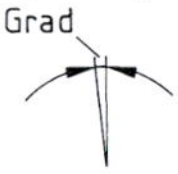

3/1 Lösen Sie die folgenden Aufgaben zu Winkelmaßen.

1. Berechnen Sie *x*.

a) $x + 27°15'56'' = 90°$
b) $x + 59°28'57'' = 180°$
c) $90° - x = 66°15'30''$
d) $180° - x = 126°28'2''$

2. Berechnen Sie die Winkel.

a) $227° : 3 = ?$
b) $115°40'24'' : 4 = ?$
c) $27°40' \cdot 4 = ?$
d) $38°5'35'' \cdot 5 = ?$

3. Schreiben Sie als Dezimalzahl.

a) 25°36′ b) 40°12′45″ c) 40°30′30″ d) 22°24′40″

4. Schreiben Sie in Minuten und Sekunden.

a) 41,5° b) 24,25° c) 37,36° d) 40,41°

5. Berechnen Sie den Gesamtwinkel.

a) $21{,}5° + 45°10' - 0{,}05° = ?$
b) $0{,}5' + 30°10'40'' - 12{,}2° = ?$

6. Übernehmen Sie die Tabelle, und führen Sie die entsprechenden Berechnungen aus.

	a)	b)	c)	d)	e)
Winkelwert in °; ′; ″	35°7′18″	?	?	?	?
Winkelwert nur in °	?	?	4,485°	?	?
Winkelwert nur in ′	?	428′	?	?	114,8′
Winkelwert nur in ″	?	?	?	$(3{,}4 \cdot 10^6)''$	?

7. Reibahlen werden mit gerader Schneidezahl und ungleicher Teilung gefertigt.
Wie groß ist der Winkel *α*?

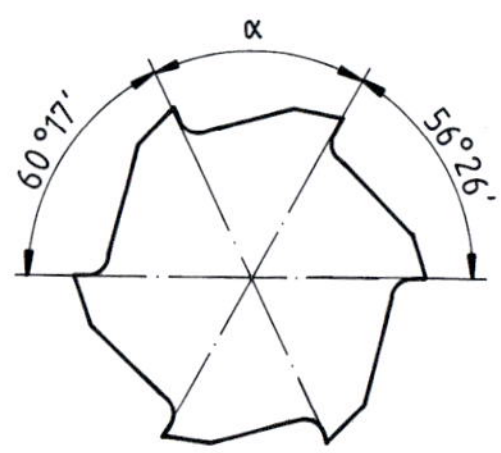

Auswahl von Passungen

8/18 Eine einfache Säulenführung soll 20 mm Durchmesser haben. Sie soll sehr leichtgängig sein. Die Säule aus gezogenem Material hat 20 h6.
Bestimmen Sie das Passmaß für die Bohrung.
Ermitteln Sie Höchst- und Mindestspiel.

8/19 Wälzlager werden entsprechend der Lagerbelastung eingepasst. Der Außenring eines Lagers soll fester in der Bohrung sitzen als der Innenring auf der Welle. Für ein Lager mit dem Innendurchmesser 20 mm und Außendurchmesser 52 mm sind die Passmaße für Bohrung und Welle festzulegen. Siehe dazu im Lehrbuch, Kapitel „Wälzlager".
Ermitteln Sie die Maßtoleranz für Bohrung und Welle.

Lehren von Passmaßen

8/20 Übernehmen Sie die vorgegebene Tabelle, und ordnen Sie die folgenden Begriffe ein: Gutseite, Ausschussseite.

	Grenzlehrdorn	Grenzrachenlehre
Seite mit Mindestmaß	?	?
Seite mit Höchstmaß	?	?

8/21 An welchen Merkmalen erkennt man die Ausschussseite

a) bei einem Grenzlehrdorn,
b) bei einer Grenzrachenlehre?

9 Form- und Lagetoleranzen und ihre Prüfung

9/1 An der Messfläche eines Endmaßes befindet sich nebenstehende Zeichnungsangabe.

a) Welche Eigenschaft wird toleriert?
b) Wie breit ist die Toleranzzone?

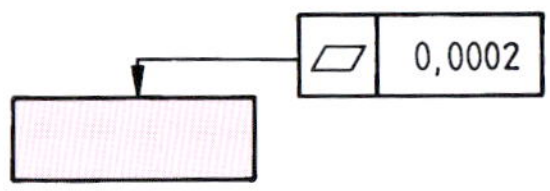

9/2 Bei der Herstellung eines Flachwinkels ist nebenstehende Zeichnungsangabe zu be-rücksichtigen.
Entschlüsseln Sie die dargestellten Symbole in der Zeichnung.

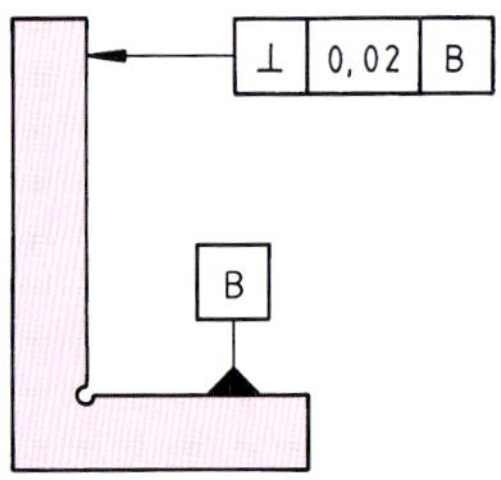

9/3 Ein Kurbelzapfen ist entsprechend der Skizze bemaßt.
Entschlüsseln Sie die dargestellten Symbole in der Zeichnung.

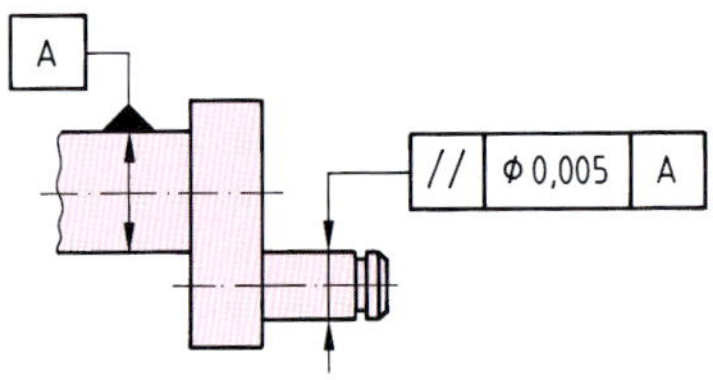

9/4 Bei der Herstellung von Messgeräten müssen an den Messflächen Formtoleranzen und Lagetoleranzen beachtet werden.
Übernehmen Sie die Tabelle, und füllen Sie diese entsprechend dem vorgegebenen Beispiel aus.

Prüfgerät	zu tolerierende Form der einzelnen Messfläche		eventuell zu tolerierende Lage mehrerer Messflächen	
	Begriff	Symbol	Begriff	Symbol
Winkelendmaß	Ebenheit	⏥	Neigung	∠
Parallelendmaß	?	?	?	?
Tiefenmessschieber	?	?	?	?
Innenmessschraube	?	?	?	?
Grenzlehrdorn	?	?	?	?
Grenzrachenlehre	?	?	?	?
Radienlehre	?	?	?	?
Haarwinkel	?	?	?	?

9/5 Die Ebenheit einer Fläche soll gemessen werden. Machen Sie einen Vorschlag zur Messung der Ebenheit der gekennzeichneten Fläche.
Skizzieren Sie das Messverfahren.

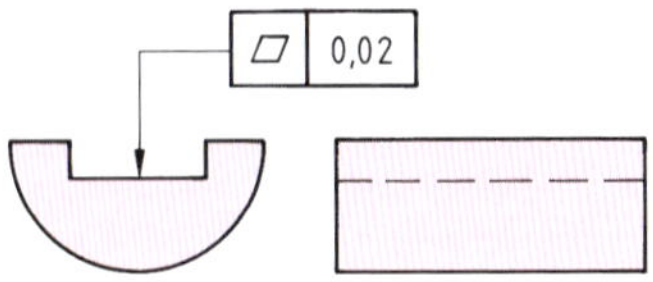

9/6 Wie würden Sie die Geradheit der Bohrung prüfen?
Skizzieren Sie das Messverfahren.

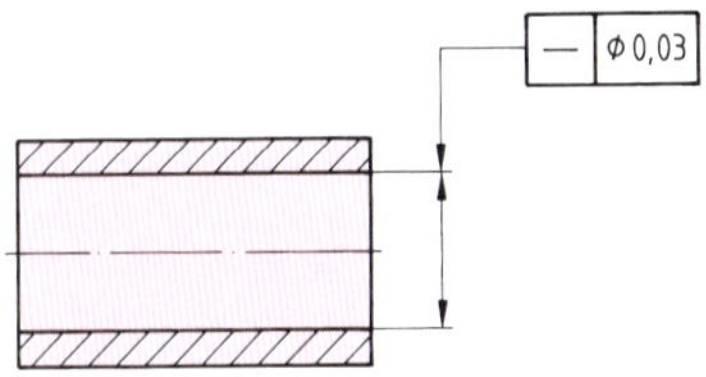

9/7 Zur Prüfung der Neigung einer Bohrung zur Werkstückoberfläche wurde der dargestellte Messaufbau verwendet.

Es wurden gemessen:
M_1 = 6,88 mm,
M_2 = 6,86 mm,
l_1 = 10,8 mm,
l_2 = 40,0 mm.

Ermitteln Sie die Neigungsabweichung der Bohrungsachse von der Senkrechten.

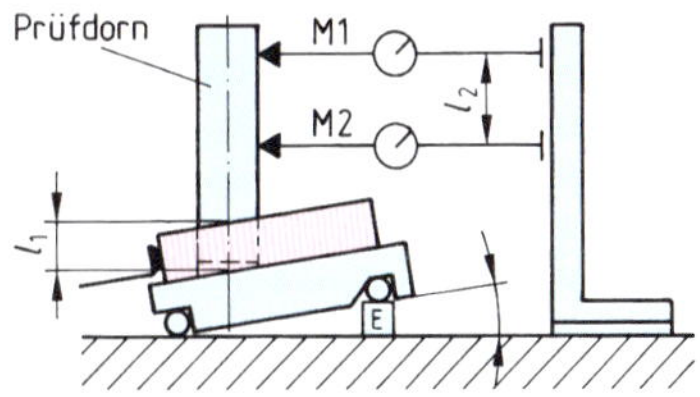

9/8 Welche Eigenschaften werden mit den skizzierten pneumatischen Messvorrichtungen geprüft?

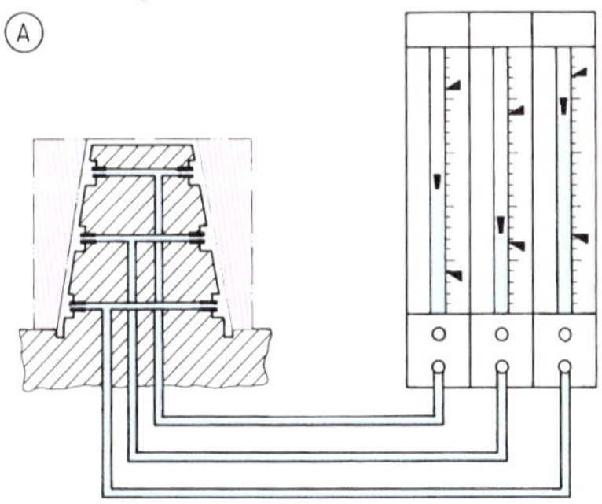

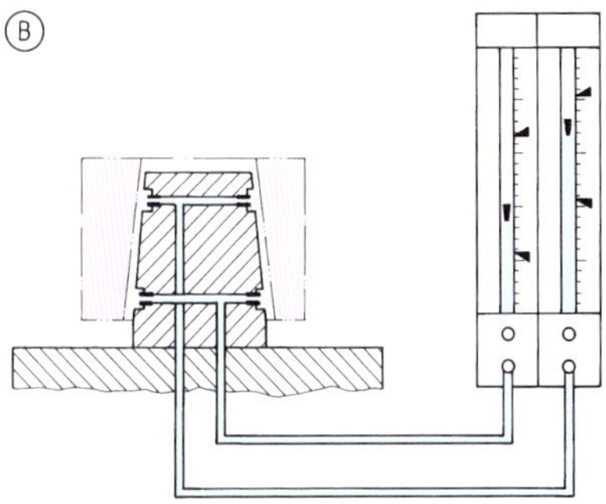

10 Qualitätsmanagement

10/1 Im Beispiel des Lehrbuches – dem schematisch dargestellten Lebensweg des Produktes Motorrad – ist auch das Recycling einbezogen.
Warum muss sich ein Produzent von Motorrädern auch über die Entsorgung Gedanken machen?

10/2 Die Zehnerregel ist sicherlich nicht in jedem Falle mathematisch zutreffend. Sie macht aber deutlich, wie sich Kosten sprunghaft erhöhen, wenn ein Fehler zu spät aufgedeckt wird.
Was würde nach dieser Regel ein verspannter Deckel auf einem Getriebegehäuse, der nicht mit einem Drehmomentschlüssel angezogen wurde – was etwa 2,00 EUR mehr in der Montage gekostet hätte – bei einer Rückrufaktion wegen austretenden Öls an Kosten verursachen?

10/3 Nehmen Sie Stellung zu der Ansicht:
„Für Stückzahlen ist die Fertigung zuständig – für Qualität die Endkontrolle!“

10/4 „Qualitätsmanagement ist Sache der Firmenleitung. Dafür werden die Bosse auch besser bezahlt. Ich mach’ meine Arbeit so, wie mir gesagt wird. Für Mitdenken werd’ ich nicht bezahlt.”
In dieser Weise äußerte sich ein Kollege. Was halten Sie davon?

10/5 Die dargestellten Gehäusedeckel sollen verschraubt werden.
Stellen Sie mit der Klasse ein Ishikawa-Diagramm zur Fehlerquellenanalyse auf. Es sollen möglichst viele Ideen festgehalten werden.

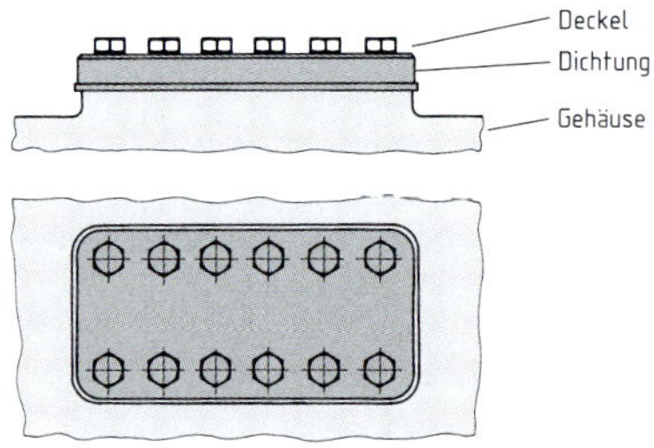

10/6 Was stellen Sie für Anforderungen an das Produkt Fahrrad? Stellen Sie zusammen mit Klassenkameraden eine entsprechende Liste auf.

10/7 Ergänzen Sie die Konstruktions-FMEA des Fahrradherstellers, die im Buch mit einer Zeile begonnen wurde, um den Fehler „Spannungen im Sattelrohr und in der Aufnahme“.
Ergänzen Sie die übrigen Felder.

10/8 Sie haben Kfz-Naben zu montieren. Es werden Kegelrollenlager eingebaut und eingestellt.

a) Welche Fehler sind möglich?
b) Welche Folgen hat jeder Fehler?
c) Wo sind die Ursachen eines jeden der möglichen Fehler zu suchen?
d) Schlagen Sie Maßnahmen zur Fehlervermeidung vor.

Beantworten Sie die Fragen tabellarisch.

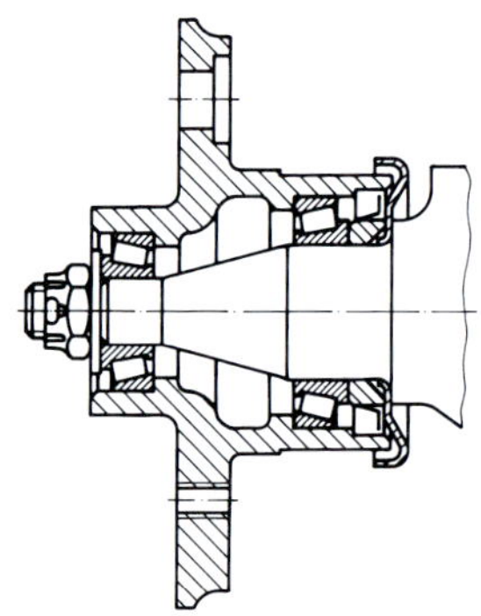

Mittelwert und Spannweite

Mittelwert und Spannweite sind wichtige Beurteilungskriterien für die Qualitätskontrolle.

	Formeln	Formelzeichen	
Mittelwert:	$\bar{x} = \frac{x_1 + x_2 + \ldots + x_n}{n}$	$\bar{x}$ $x_1 \ldots x_n$ n	Mittelwert einer Stichprobe Messwerte einer Stichprobe Zahl der Messwerte einer Stichprobe
Spannweite:	$R = x_{max} - x_{min}$	x_{max} x_{min}	größter Wert der Stichprobe kleinster Wert der Stichprobe
Mittelwert der Gesamtheit:	$\bar{\bar{x}} = \frac{\bar{x}_1 + \bar{x}_2 + \ldots + \bar{x}_n}{n_{ges}}$	$\bar{\bar{x}}$ $\bar{x}_1; \bar{x}_2$ n_{ges}	Mittelwert aller Stichproben Mittelwerte der einzelnen Stichproben Gesamtzahl der Stichproben
Mittelwert der Spannweiten:	$\bar{R} = \frac{R_1 + R_2 + \ldots + R_n}{n_{ges}}$	$\bar{R}$ $R_1; R_2$	Mittelwert aller Spannweiten Spannweite der Stichproben

Beispiel: Es wurden 50 Messungen von Bolzen mit dem Durchmesser 8 mm durchgeführt; insgesamt wurden 10 Stichproben genommen.

Messwerte	Stichproben									
	1	2	3	4	5	6	7	8	9	10
x_1	8,018	8,014	8,006	8,005	8,009	8,009	8,012	8,010	8,015	8,015
x_2	8,006	8,016	8,014	8,012	8,005	8,014	8,010	8,003	8,014	8,008
x_3	8,019	8,003	8,018	8,016	8,014	8,015	8,016	8,011	8,015	8,006
x_4	8,009	8,016	8,009	8,008	8,017	8,011	8,008	8,011	8,004	8,010
x_5	8,014	8,014	8,011	8,016	8,009	8,004	8,015	8,018	8,003	8,011
Mittelwert $\bar{x}$	8,0132	8,0126	8,0116	8,0114	8,0108	8,0106	8,0122	8,0106	8,0102	8,0100
Spannweite R	0,013	0,013	0,012	0,011	0,012	0,011	0,008	0,015	0,012	0,009

Mittelwert von Stichprobe 1:

$$\bar{x}_1 = \frac{8{,}018 + 8{,}006 + 8{,}019 + 8{,}009 + 8{,}014}{5} \qquad \bar{x}_1 = \underline{\underline{8{,}0132}}$$

Spannweite von Stichprobe 1:

$$R_1 = 8{,}019 - 8{,}006 \qquad R_1 = \underline{\underline{0{,}013}}$$

Mittelwert der Gesamtheit:

$$\bar{\bar{x}} = \frac{8{,}0132 + 8{,}0126 + \ldots + 8{,}0100}{10} \qquad \bar{\bar{x}} = \underline{\underline{8{,}0113}}$$

Mittelwert der Spannweiten:

$$\bar{R} = \frac{0{,}013 + 0{,}013 + \ldots + 0{,}009}{10} \qquad \bar{R} = \underline{\underline{0{,}0116}}$$

10/9 Die Einhaltung der vorgegebenen Technologiedaten ist zur Erzeugung von Qualität bei spanender Bearbeitung besonders wichtig. Der Werkzeughersteller H. gibt für die Zerspanung mit Cermets das nebenstehende Schaubild an.

a) Erklären Sie, welche Zusammenhänge hier dargestellt werden.

b) Welchen Vorschub würden Sie wählen, damit Sie mit einem Schneidenradius von 1,2 mm eine Rauheitskenngröße von *Ra* = 1,6 erzielen?

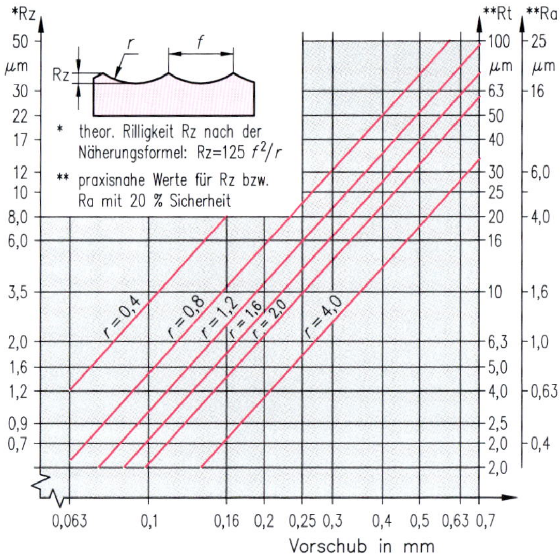

Beziehung Eckenrundung – Rautiefe

10/10 Eine Maschine gilt als fähig, wenn mit ihr mindestens 99,7 % aller Teile fehlerfrei gefertigt werden können.

Kann man sich in allen Fällen mit der Fehlerquote von 0,3 % zufrieden geben?

Prüfen Sie dies vor einer Antwort, indem Sie die mögliche Fehlerzahl – die in der Praxis aber auf keinen Fall vorkommen darf – in folgenden Fällen berechnen:

- Täglich werden in Deutschland etwa 8 000 größere chirurgische Operationen durchgeführt.
- Täglich werden in Deutschland etwa 30 Millionen Geldüberweisungen von einem Konto zu einem anderen getätigt.

10/11 Auf einem Schleifautomaten werden Wellenenden auf Durchmesser 40f7 geschliffen. Bei Stichproben von je 10 Stück, die im Abstand von einer halben Stunde genommen wurden, wurden die in der Tabelle angegebenen Werte gemessen. Die erste Stichprobennahme war um 14:30 Uhr.

	Stichprobe 1		Stichprobe 2		Stichprobe 3		Stichprobe 4		Stichprobe 5	
	Anzahl	Maß	Anzahl	Maß	Anzahl	Maß	Anzahl	Maß	Anzahl	Maß
	1	967	1	968	1	973	1	973	1	977
	2	965	2	966	2	971	3	971	2	976
39,...	3	963	4	964	3	969	3	969	4	974
	2	959	2	963	3	967	2	966	2	972
	2	958	1	959	1	966	1	965	1	971

a) Berechnen Sie den Mittelwert jeder Stichprobe.

b) Bestimmen Sie Höchst- und Mindestmaß, das nicht überschritten werden darf.

c) Zeichnen Sie eine einfache Kontrollkarte entsprechend der Abbildung und tragen Sie die Ergebnisse ein. Kennzeichnen Sie den Verlauf des Mittelwertes farbig.

d) Erläutern Sie die Aussagen Ihrer Eintragung in die Kontrollkarte.

e) Wodurch unterscheidet sich die von Ihnen bearbeitete Kontrollkarte von einer Qualitätsregelkarte?

Fertigungstechnik

1 Einteilung der Fertigungsverfahren

1/1 Nach DIN 8580 werden die Fertigungsverfahren in folgende Hauptgruppen eingeteilt: Urformen, Umformen, Trennen, Fügen, Beschichten, Stoffeigenschaftändern.
Schreiben Sie diese Hauptgruppen ab, und ordnen Sie die folgenden Fertigungsvorgänge entsprechend zu:

a) Biegen eines Fahrradlenkers,
b) Fräsen eines Zahnrades,
c) Verchromen einer Autostoßstange,
d) Löten einer Dachrinne,
e) Härten einer Reißnadel,
f) Schmieden eines Garderobenhakens,
g) Verschrauben eines Türschlosses,
h) Abscheren eines Blechstreifens,
i) Lackieren eines Pkw,
j) Walzen eines U-Profils,
k) Einsetzen und Befestigen eines Mopedrades,
l) Grundieren eines Gitters mit Rostschutzfarbe,
m) Gießen eines Motorblockes,
n) Feilen eines Vierkantes an einer Welle.

1/2 Ein Maschinenständer wird hergestellt, indem man mit einer Metallschmelze einen Formhohlraum füllt.

a) Wie heißt das Fertigungsverfahren?
b) Zu welcher Hauptgruppe gehört dieses Verfahren?

1/3 Werkstücke werden häufig beschichtet.

a) Nennen Sie mindestens drei verschiedene Stoffe, die beim Beschichten auf Werkstückoberflächen aufgetragen werden.
b) Nennen Sie zwei Gründe, weshalb Bauteile beschichtet werden.

1/4 Die Schneide eines geschmiedeten Meißels muss die notwendige Gebrauchshärte erhalten.

a) Durch welche Verfahren erhält die Meißelschneide ihre geeignete Härte?
b) Wie bezeichnet man alle Verfahren dieser Hauptgruppe?

2 Vorbereitende Arbeiten zur Fertigung von Werkstücken

2/1 Die dargestellten Werkstücke sollen aus den angegebenen Rohlingen hergestellt werden. Skizzieren Sie die Rohlinge ab, und kennzeichnen Sie jeweils die Maßbezugskanten bzw. Maßbezugsebenen durch eine farbige Linie.
Geben Sie an, wie Sie diese Kanten bzw. Ebenen bearbeiten würden.

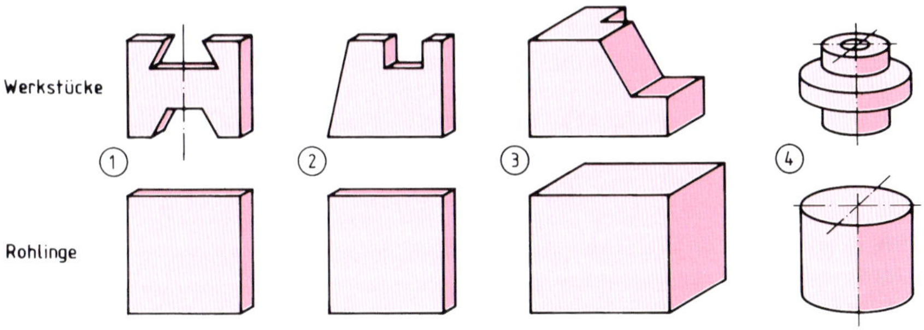

2/2 Mit welchen Hilfsstoffen können folgende Werkstücke vor dem Anreißen beschichtet werden?

a) Eine Schablone soll auf 4 mm dickem Blech angerissen werden.
b) An einem leicht angerosteten Behälter aus Stahlblech soll die Position eines anzuschweißenden Stutzens angerissen werden.
c) An einem gegossenen Hebel sind die Mitten von Bohrungen anzureißen.

2/3 Auf vorgearbeiteten Werkstücken sollen Bohrungen und Langlöcher entsprechend den Abbildungen angerissen werden.
Wählen Sie für jedes Werkstück Hilfsmittel zum Stützen und Halten aus, und beschreiben Sie den Vorgang des Ausrichtens und Spannens.

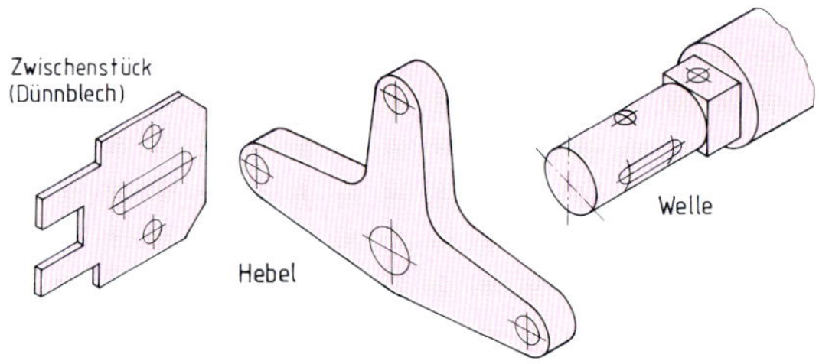

2/4 Warum erreicht man beim Anreißen auf der Anreißplatte mit einem Parallelreißer mit Nonius eine höhere Genauigkeit als mit dem Parallelreißer, der an einem Standmaß eingestellt wird?

2/5 Das nebenstehende U-Profil soll mithilfe eines Parallelreißers auf einer Anreißplatte angerissen werden. Berechnen Sie die einzustellenden Maße für die Bohrungsmitten in Längs- und Querrichtung. Ausgangsebene für das Anreißen ist die Oberseite der Anreißplatte.

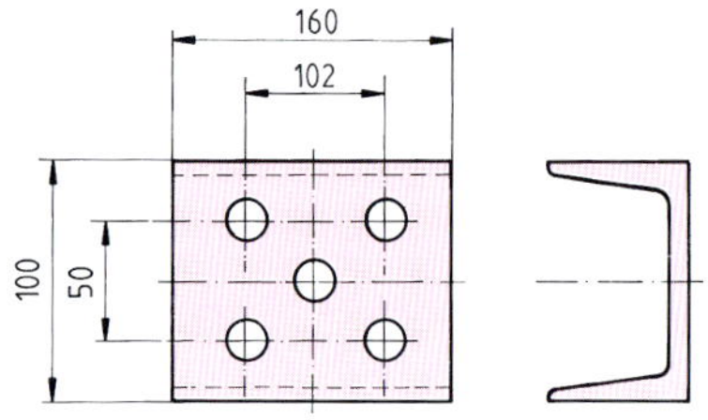

2/6 Mit welchem Anreißwerkzeug können an einem 4 m langen U-Profil kantenparallele Längsrisse erzeugt werden?

2/7 Mit welchem Anreißwerkzeug reißt man auf Wellenenden oder anderen runden Werkstücken Kreismittelpunkte an?

2/8 Das dargestellte Werkstück ist anzufertigen.
Wie kann man mit einer einfachen Schablone das Anreißen erleichtern?
Fertigen Sie sich eine Schablone aus Zeichenpapier an und demonstrieren Sie damit den Anreißvorgang.

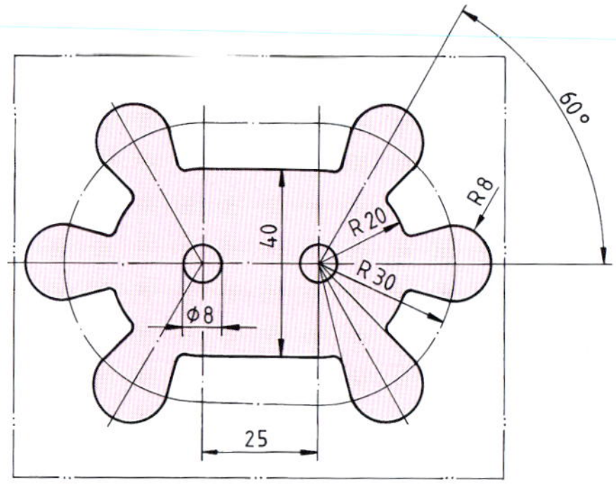

3 Verfahren des Trennens

Grundbegriffe zum Zerteilen und Spanen

3/1 a) Ordnen Sie die folgenden Fertigungsverfahren als Beispiele in eine Tabelle nach dem Muster ein:
- Flachstahl winklig feilen,
- Bandstahl mit Blechschere auf Maß ablängen,
- Welle für Elektromotor drehen,
- Durchbruch in einem Blech durch Brennschneiden herstellen,
- Oberfläche eines verrosteten Bleches blank schmirgeln.

b) Suchen Sie zu den Gruppen Zerteilen und Spanen mit geometrisch bestimmten Schneiden noch je zwei weitere Verfahren und tragen Sie diese in die Tabelle ein.

Trennverfahren	Beispiele
Zerteilen	?
Spanen mit geometrisch bestimmten Schneiden	?
Spanen mit geometrisch unbestimmten Schneiden	?
Abtragen	?

Keil als Werkzeugschneide

3/2 a) Die spanenden Bearbeitungsverfahren können nach der Schneidenform unterteilt werden in Verfahren mit:
- geometrisch bestimmte Werkzeugschneide,
- geometrisch unbestimmte Werkzeugschneide.

Schreiben Sie mindestens zwei Werkzeuge zu jeder Schneidenform auf.

b) Die Anzahl der Werkzeugschneiden ist ein weiteres Unterscheidungsmerkmal. Man unterscheidet zwischen
- einschnittigen Werkzeugen, - zweischnittigen Werkzeugen, - mehrschnittigen Werkzeugen.

Schreiben Sie zu jeder Schnittigkeit mindestens ein Werkzeug auf.

Kraft

3/3 Ordnen Sie folgende Beispiele den beiden Kraftwirkungen (Form- und Bewegungsänderung) zu. Berücksichtigen Sie die überwiegende Wirkungsart oder die genutzte Wirkung.

a) Walzkraft beim Walzen eines U-Profils
b) Kraft zum Biegen eines Rohres
c) Umfangskraft am Rad eines Autos
d) Kraft beim Auftreffen eines Fallhammers
e) Trittkraft gegen einen Fußball

Suchen Sie noch jeweils zwei Beispiele und ordnen Sie diese entsprechend den Gruppen zu.

Masse, Gewichtskraft

Masse

Jeder Körper hat eine Masse – sie ist *ortsunabhängig*. Die Masse wird in der Einheit kg angegeben.

Gewichtskraft

Die Gewichtskraft ist die Kraft, mit der eine Masse an einem bestimmten Ort zum Erdmittelpunkt gezogen wird. Die Gewichtskraft ist *ortsabhängig*.

Beispiel

Auf dem 45. Breitengrad bewirkt die Erde in Meereshöhe auf einen frei fallenden Körper die Beschleunigung von 9,81 m/s^2.
Nach dem Gesetz $F = m \cdot g$ wirkt damit auf einen Körper mit der Masse 1 kg eine Kraft von

$$F_G = \frac{1\ \text{kg} \cdot 9{,}81\ \text{m}}{\text{s}^2} = 9{,}81\ \frac{\text{kg} \cdot \text{m}}{\text{s}^2}$$

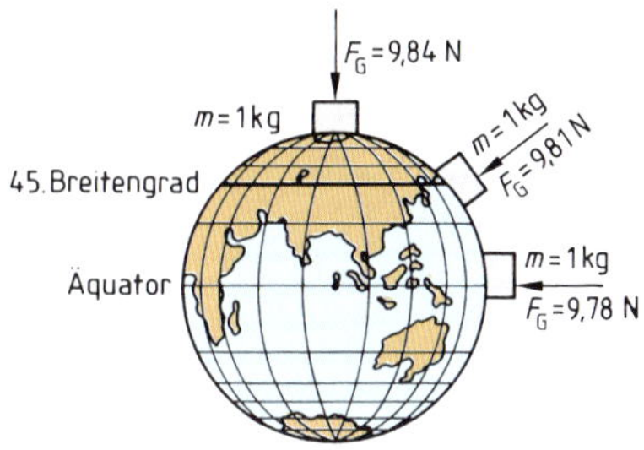

Die Kraft von 1 $\frac{\text{kg} \cdot \text{m}}{\text{s}^2}$ ist 1 N (1 Newton).

Formel

$$F_G = m \cdot g$$

Formelzeichen

F_G Gewichtskraft
m Masse
g Fallbeschleunigung (g = 9,81 m/s^2)

Für Umrechnungen kann man die Fallbeschleunigung in N/kg angeben: $g = 9{,}81\ \frac{\text{m} \cdot \text{kg}}{\text{s}^2 \cdot \text{kg}} = 9{,}81$ N/kg

3/4 Auf der Erde üben alle Körper eine Gewichtskraft auf ihre Unterlage aus.
Welche Ursache hat die Gewichtskraft?

3/5 Auf eine Masse von 1 kg wirken an unterschiedlichen Standorten auf der Erde unterschiedliche Gewichtskräfte.
Wovon ist die Größe der Gewichtskraft vor allem abhängig?

3/6 Berechnen Sie die fehlenden Werte.

		a)	b)	c)	d)
Volumen	V	500 dm^3	? dm^3	? m^3	365 dm^3
Dichte	ϱ	7,85 kg/dm^3	2,7 g/cm^3	8,9 kg/dm^3	? g/cm^3
Masse	m	? kg	945 kg	? t	2 865,2 kg
Gewichtskraft	F_G	? N	? N	37 380 N	? N

3/7 Berechnen Sie die Gewichtskraft

a) einer Schraube mit der Masse von m = 8,5 g,
b) eines Mannes mit der Masse von 74 kg,
c) einer CNC-Fräsmaschine mit der Masse von 1,85 t.

Darstellung von Kräften

Kräfte gehören zu den physikalischen Größen, die als **gerichtete Größen** oder **Vektoren** bezeichnet werden.
Die Wirkungen von Kräften sind abhängig von
- der *Größe* der Kraft,
- der *Richtung* der Kraft,
- dem *Angriffspunkt* der Kraft.

Zur Darstellung einer Kraft verwendet man einen Pfeil.

- Die Größe der Kraft wird durch die Pfeillänge dargestellt. Es ist dazu ein geeigneter Kräftemaßstab zu wählen.
- Die Richtung der Kraft wird durch die Pfeilrichtung angegeben.
- Der Angriffspunkt der Kraft ist der Anfangspunkt des Pfeils.

Beispiel für die zeichnerische Darstellung einer Kraft

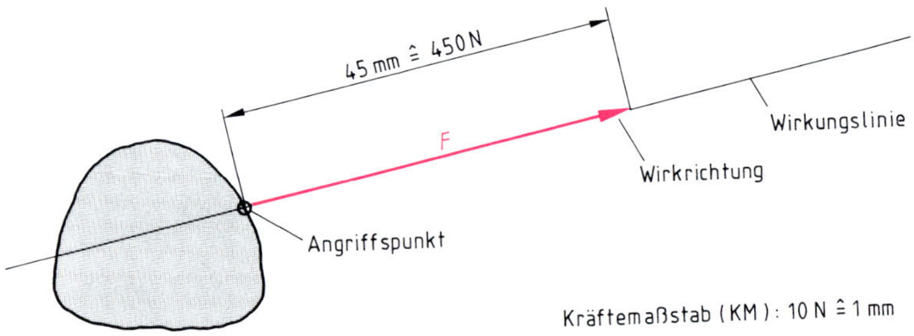

3/8 Stellen Sie folgende Kräfte mit vorgegebenen Kraftmaßstäben zeichnerisch dar:

	Größe	Richtung	Kräftemaßstab
F_1	550 N	waagerecht nach rechts	1 cm ≙ 100 N
F_2	83 N	senkrecht nach unten	1 cm ≙ 20 N
F_3	3,8 kN	45° nach rechts oben	1 cm ≙ 1 kN

3/9 Ein Wagen wird mit einer Kraft F = 100 N gezogen. Ein anderes Mal wird der gleiche Wagen mit der Kraft F = 100 N geschoben.

a) Zeichnen Sie zwei Bilder eines Wagens, und tragen Sie die Kräfte im Kräftemaßstab 1 cm ≙ 100 N an.
b) Ändert sich die Fortbewegung des Wagens, wenn die Kraft F = 100 N einmal als Zugkraft oder als Druckkraft wirkt?
Geben Sie eine physikalische Begründung.

Kräftezerlegung am Keil

Eine Kraft F wird mithilfe eines Parallelogramms in zwei Seitenkräfte F_1 und F_2 zerlegt. Die zu zerlegende Kraft bildet die Diagonale und die Seitenkräfte bilden die Seiten des Parallelogramms. Alle drei Kräfte haben einen gemeinsamen Angriffspunkt. Die Seitenkräfte stehen senkrecht auf den Wangen des Keiles.

Beispiele für die Zerlegung einer Kraft F in die Seitenkräfte F_1 und F_2

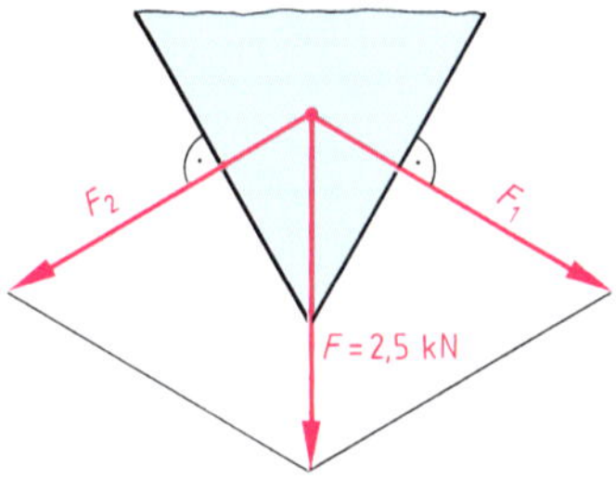

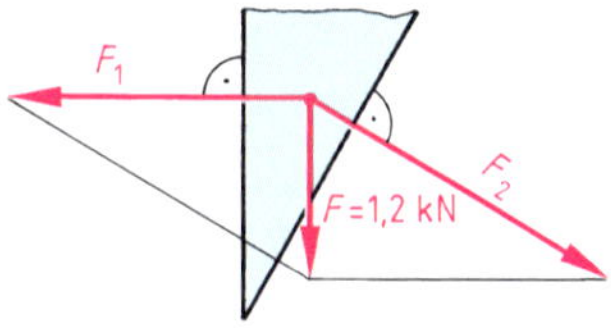

KM: 1 cm ≙ 1 kN

3/10 Wählen Sie einen geeigneten Kräftemaßstab und ermitteln Sie mithilfe des Kräfteparallelogramms für die dargestellten Keile die Seitenkräfte.

a)

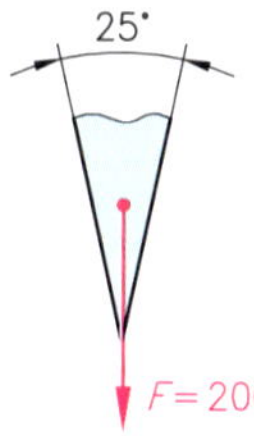

b)

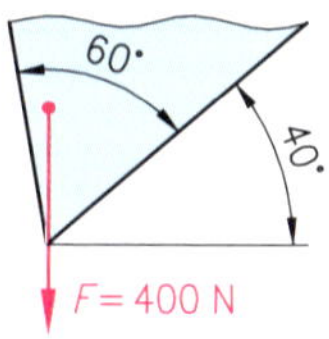

c)

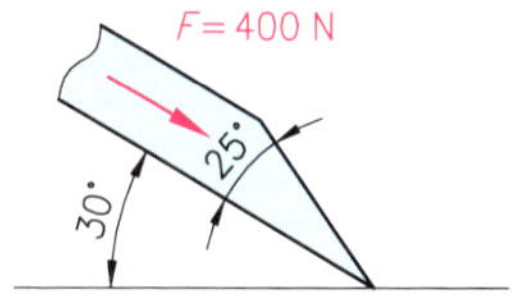

3/11 Ein hydraulisches Spaltgerät für Baumstämme erzeugt 20 000 N.
Wie groß können die Seitenkräfte werden?

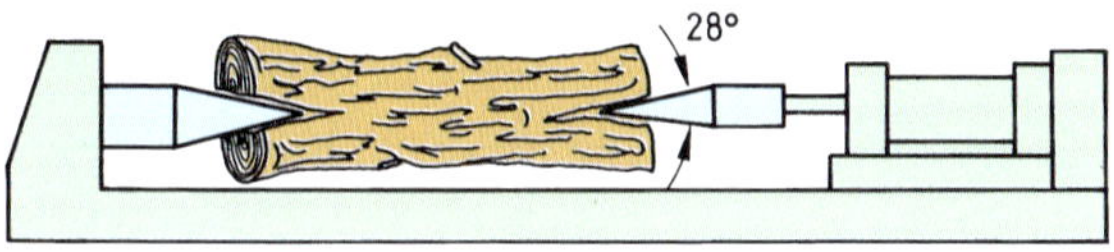

3/12 Zeichnen Sie einen Meißel mit einem Keilwinkel von $\beta_0 = 50°$.

a) Ermitteln Sie mithilfe des Kräfteparallelogramms die Seitenkräfte für die Schlagkräfte: $F = 100$ N; $F = 200$ N, $F = 300$ N, $F = 400$ N.

b) In welchem Verhältnis stehen jeweils die Seitenkräfte zur Schlagkraft?

c) Zeichnen Sie ein Schaubild für den Keilwinkel $\beta_0 = 50°$, in dem die Abhängigkeit der Seitenkräfte $F_1 = F_2$ von der Schlagkraft F dargestellt wird.
Tragen Sie auf der senkrechten Achse die Seitenkräfte und auf der waagerechten Achse die Schlagkraft auf.

3/13 Drei Meißel mit den Keilwinkeln $\beta_{01} = 30°$, $\beta_{02} = 60°$ und $\beta_{03} = 80°$ werden mit der Schlagkraft $F = 400$ N in ein Werkstück getrieben.

a) Ermitteln Sie für jede Werkzeugschneide mithilfe des Kräfteparallelogramms die Seitenkräfte F_1 und F_2 beim Zerteilungsvorgang.

b) Formulieren Sie aus den Ergebnissen einen Merksatz, in dem folgende Wortgruppen enthalten sind: *gleicher Kraftaufwand, kleine Keilwinkel, große Keilwinkel, kleine Seitenkräfte, große Seitenkräfte.*

Zerteilen durch Scherschneiden

3/14 Skizzieren Sie nach der Vorlage Werkstück und Messer bei einem Schervorgang ab.

a) Markieren Sie durch Pfeile die Kraft- und Bewegungsrichtung der Schermesser.
b) Übernehmen Sie die Abbildung, und tragen Sie an den gekennzeichneten Stellen folgende Angaben ein: Scherebene, Druckfläche, Werkstück, Freiwinkel α_0, Keilwinkel β_0.

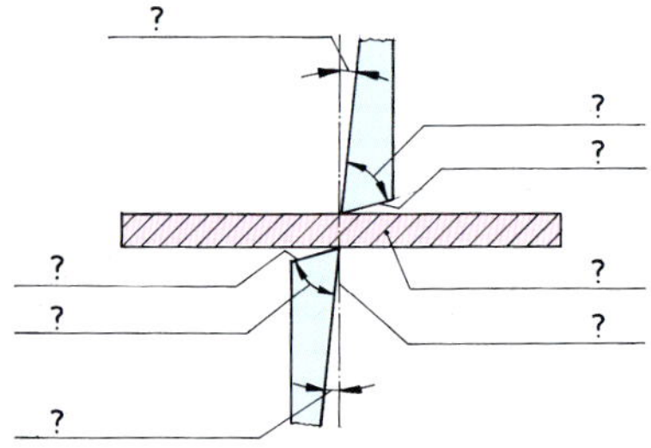

3/15 Die Abbildung zeigt die Trennfläche eines durch Scherschneiden hergestellten Lochs. An der Trennstelle sind die Arten der Werkstofftrennung erkennbar.
Schreiben Sie die folgende Aussage ab und ergänzen Sie diese, indem Sie zu jeder Schnittphase die Art der Werkstofftrennung angeben.

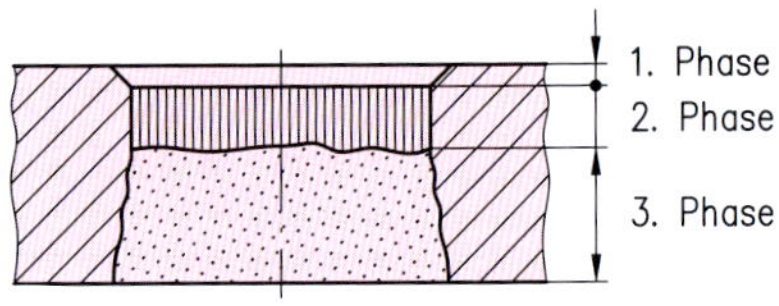

Beim Scherschneiden wird der Werkstoffzusammenhang auf drei verschiedene Arten überwunden:

1. Phase = ?
2. Phase = ?
3. Phase = ?

3/16 Im Betrieb stehen Ihnen folgende Scheren zur Verfügung:
kombinierte Handhebelschere, Handtafelschere, Tafelblechschere.
Übernehmen Sie die angegebenen Aufgaben und wählen Sie eine geeignete Schere aus.

Aufgabe	geeignete Schere
Ablängen von L-Profilen	?
lange gerade Schnitte an Dünnblechen, 0,8 mm dick	?
Trennen von Flach- und Rundmaterial	?
kurze Blechschnitte an Stahlblech, 1,5 mm dick	?

3/17 a) Was versteht man bei einer Schere unter dem Schneidspalt?
b) Wie wirkt sich ein zu großer Schneidspalt aus?
c) Wie wirkt es sich aus, wenn kein Schneidspalt vorhanden ist?

3/18 Der Schervorgang kann als vollkantiger oder kreuzender Schnitt ausgeführt werden.
a) In welcher Weise trifft bei den meisten Handhebelscheren das Obermesser auf das Werkstück?
b) Wie wirkt sich ein Schneiden nach diesem Verfahren auf das Werkstück aus?

3/19 In der Massenfertigung werden Formschnitte an Werkstücken aus Blech durch Scherschneiden ausgeführt.
a) Wie werden die Teile eines zweiteiligen Schneidwerkzeuges bezeichnet?
b) Nennen Sie die Sammelbezeichnung für die zum Stanzen von Blechen erforderlichen Maschinen.

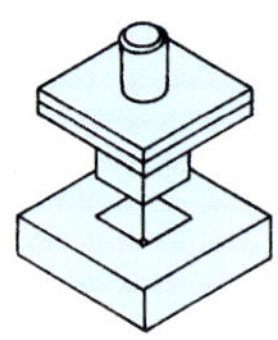

3/20 Zum Formschneiden von Blechen werden Schneidwerkzeuge verschiedener Bauformen eingesetzt. Aufgrund der Bauform ergibt sich der Einsatz und die erzielbare Werkstückgüte.

Freischnitt	Geführte Schnitte	
	Plattenführung	Säulenführung
?	?	?

a) Legen Sie eine Tabelle nach vorgegebenem Muster an.
b) Ordnen Sie durch Eintragen der entsprechenden Zahlen die folgenden Merkmale und Eigenschaften den Werkzeugbauformen zu.
   - Stempel und Schneidplatte haben einfachen Aufbau, der Werkzeugträger ist vielfach verwendbar (1)
   - Stempel und Schneidplatte sind in eine Einheit eingebaut und nur für ein Werkstück verwendbar (2)
   - großer Schneidspalt (3)
   - kleiner Schneidspalt (4)
   - sehr kleiner Schneidspalt (5)
   - Werkstückgüte gering (6)
   - Werkstückgüte hoch (7)
   - Werkstückgüte sehr hoch (8)
   - Anwendung bei geringen Stückzahlen (9)
   - Anwendung bei mittleren Stückzahlen (10)
   - Anwendung bei hohen Stückzahlen (11)
   - wegen des einfachen Aufbaus bei vielfacher Verwendbarkeit des Werkzeugträgers insgesamt sehr preiswert (12)
   - die aus mehreren Teilen bestehende Werkzeugeinheit verlangt eine hohe Maßgenauigkeit; da sie nur für ein Werkstück verwendbar ist, sind die Werkzeugkosten hoch (13)
   - die einfachen Schneidwerkzeuge mit dem vielfach verwendbaren Führungsgestell verursachen insgesamt mittlere Kosten (14)

Die Aussagen können mehrfach zutreffen.

3/21 Ankerbleche für Elektromotoren werden durch Folgeschneiden hergestellt.
a) Geben Sie die Reihenfolge für das Schneiden der Außen- und Innenkontur an.
b) Charakterisieren Sie die Fertigung, indem Sie auf Anzahl, Form und Genauigkeit der Werkstücke eingehen.

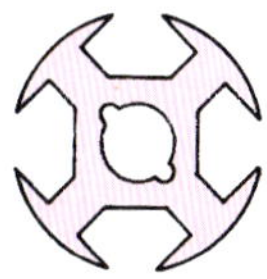

Scherkraft

Die erforderliche Scherkraft errechnet man aus der Scherfestigkeit und der Scherfläche.

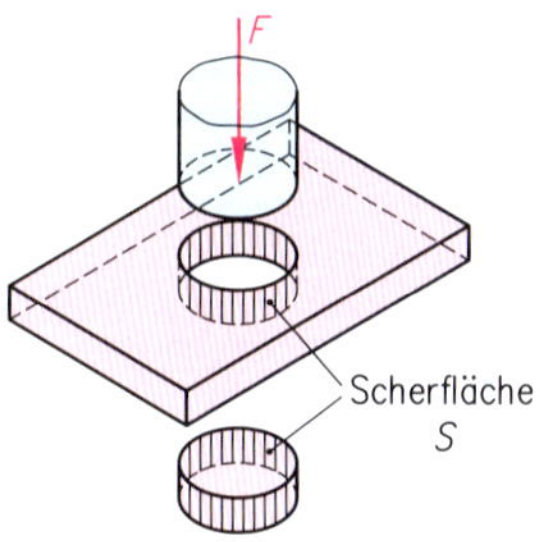

Formel

$$F = \tau_B \cdot S$$

Formelzeichen

τ_B Scherfestigkeit
F Scherkraft
S Scherfläche
R_m Zugfestigkeit

Die Scherfestigkeit von Baustählen kann näherungsweise berechnet werden:

$$\tau_B \approx 0{,}8 \cdot R_m$$

3/22 Die folgenden Profile sollen auf einer Hebelschere abgelängt werden.
Berechnen Sie jeweils die Größe der Scherfläche und die erforderliche Scherkraft.

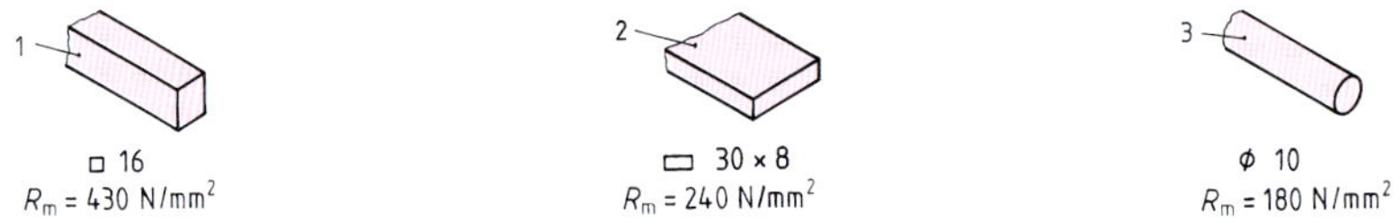

3/23 Aus 1,5 mm dickem Blech werden Schilder entsprechend der Skizze ausgeschnitten.
Berechnen Sie die erforderliche Mindestscherkraft, wenn die Zugfestigkeit R_m = 340 N/mm² beträgt.

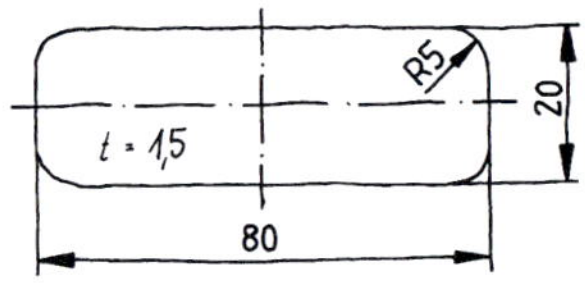

3/24 Das Blech soll durch Scherschneiden einen Durchbruch der angegebenen Form erhalten.
Berechnen Sie Scherfläche und Scherkraft.

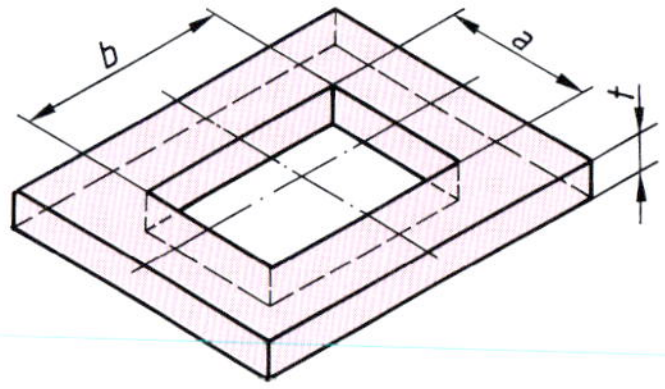

Maße:
a = 50 mm
b = 60 mm
t = 4 mm

Scherfestigkeit:
τ_B = 300 N/mm²

3/25 Mit einem Folgeschneidwerkzeug werden die dargestellten Scheiben gefertigt.

a) Beschreiben Sie den Ablauf der Fertigung. Achten Sie dabei auf exakte Benennung der Verfahren entsprechend der Schnittlinie.
b) Berechnen Sie die Schnittkraft für jeden Schnitt.

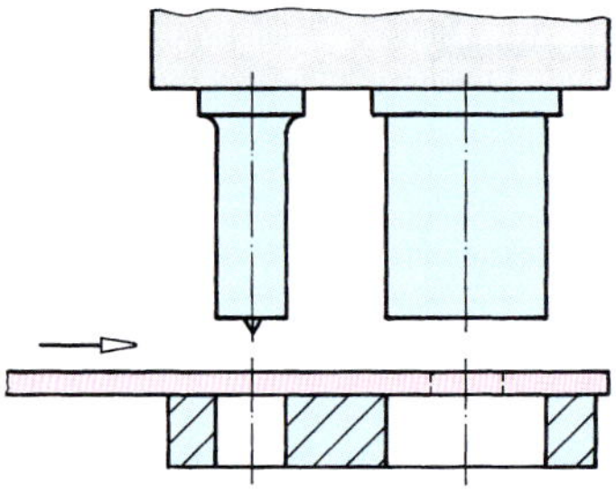

Maße der Scheibe:

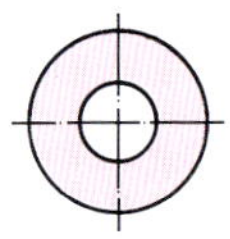

D = 32 mm
d = 23 mm
s = 3 mm

Werkstoff: S 185
($R_m = 290 - 510 \frac{N}{mm^2}$)

4/8 Schreiben Sie folgende Meißelarbeiten auf, und ordnen Sie ihnen jeweils einen der angegebenen Keilwinkel zu: 15°, 40°, 60°, 75°, 85°.

Meißeln von weichem Baustahl	? °	Meißeln von hochfestem Stahl	? °
Meißeln von Beton	? °	Meißeln von Kupfer	? °

4/9 a) Der dargestellte Durchbruch soll vorgebohrt, gesägt, ausgehauen und durch Feilen nachgearbeitet werden.
Stellen Sie einen Arbeitsplan vom Anreißen bis zur Fertigstellung auf. Beziehen Sie dabei die erforderlichen Werkzeuge und Prüfmittel mit ein.
b) Zeichnen Sie maßstäblich die Umrisse für den Durchbruch und den Anriss für das Vorbohren mit einem 6-mm-Bohrer.

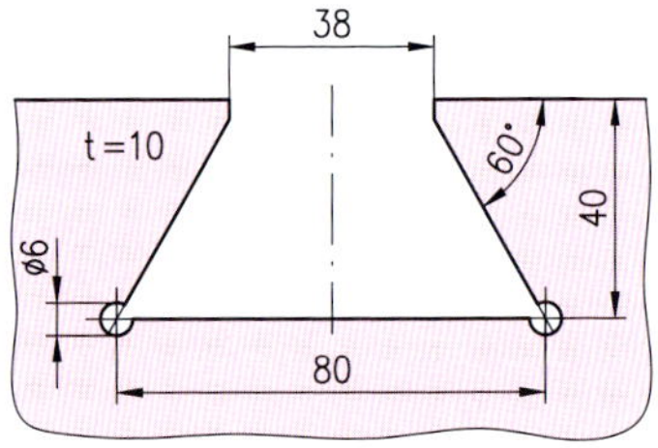

Sägen

4/10 a) Skizzieren Sie die beiden Sägeblätter ab.
b) Benennen Sie die Sägeblätter. Geben Sie die Schnittbewegungsrichtung mit einem Pfeil an.
c) Tragen Sie die Winkel am gekennzeichneten Schneidkeil eines jeden Sägeblattes für die Bearbeitung von Stahl ein. Benutzen Sie dazu Angaben aus der Übersicht: „Schneidenwinkel an Sägeblättern".

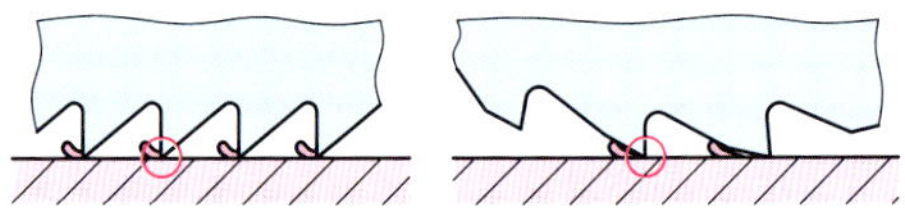

4/11 a) Wie kann die Teilung *t* an einem Sägeblatt gemessen werden?
b) Die Zahnteilung *t* wird für die Kennzeichnung eines Sägeblattes nicht direkt angegeben. Beschreiben Sie, wie bei Sägeblättern normgerecht erfasst wird, ob es sich um eine feine, mittlere oder grobe Zahnteilung handelt.

4/12 Für die Bearbeitung von massiven Rohteilen aus Stahl und Kupfer stehen Sägeblätter mit unterschiedlicher Zahnteilung zur Verfügung.
Welche Zahnteilung muss das jeweils geeignete Sägeblatt haben?
Begründen Sie Ihre Auswahl, indem Sie auf Werkstofffestigkeit, Spanform und Spanvolumen eingehen.

feine Zahnteilung **grobe Zahnteilung**

4/13 a) Welche Zahnteilung wählt man grundsätzlich zum Sägen dünnwandiger Werkstücke?
b) Beschreiben Sie anhand einer Skizze das richtige Sägeverhalten bei dünnwandigen Rohren.

4/14 Sägeblätter dürfen in der Schnittfuge nicht klemmen, sie müssen freischneiden.
a) Durch welche konstruktiven Maßnahmen verhindert man vorwiegend bei geraden Sägeblättern für Handbügelsägen das Festklemmen?
b) Durch welche Maßnahmen verhindert man das Klemmen von Metallbandsägeblättern?

Feilen

4/15 Skizzieren Sie die beiden Feilen ab. Messen Sie dazu die Winkel *x* und *y* der hier skizzierten Feilen aus.

a) Markieren Sie in Ihren Skizzen eine Reihe hintereinander stehender Zähne durch Ausmalen in Farbe.

b) Welche der beiden skizzierten Hiebanordnungen wendet man in der Praxis an?
Begründen Sie Ihre Antwort.

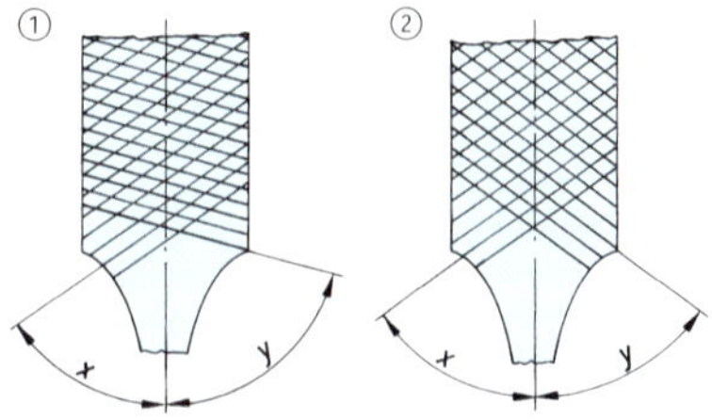

4/16 Zeichnen Sie eine vergrößerte Schneide einer gehauenen und einer gefrästen Feile nach Vorlage.

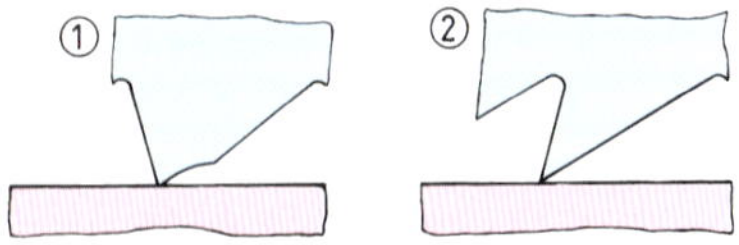

a) Tragen Sie in jede Skizze den Spanwinkel ein.

b) Berechnen Sie für die beiden folgenden Fälle den Spanwinkel.

① $\alpha_0 = 30°$	② $\alpha_0 = 35°$
$\beta_0 = 74°$	$\beta_0 = 45°$
$\gamma_0 = ?$	$\gamma_0 = ?$

c) Wie unterscheiden sich die beiden Schneidkeile hinsichtlich der Trennwirkung und der Stabilität der Schneide?

d) Für welche Werkstoffe eignen sich diese Feilen besonders?

4/17 Übertragen und ergänzen Sie folgende Aussagen durch den richtigen Ausdruck aus der Klammer. Für eine große Spanabnahme benötigt man eine Feile mit (hoher/niedriger) Hiebnummer. Zur Erzielung einer fein geschlichteten Werkstückoberfläche benötigt man eine Feile mit (hoher/niedriger) Hiebnummer.

4/18 Zur Bearbeitung von Kunststoffen, Blei-Zinn-Legierungen u. ä. Werkstoffen liegen in der Werkstatt gehauene und gefräste Feilen bereit.
Wählen Sie eine Feilenart aus und begründen Sie Ihre Wahl.

Bohren

4/19 Betrachten Sie den gezeichneten Spiralbohrer, und ordnen Sie den Zahlen die nebenstehenden Benennungen zu.

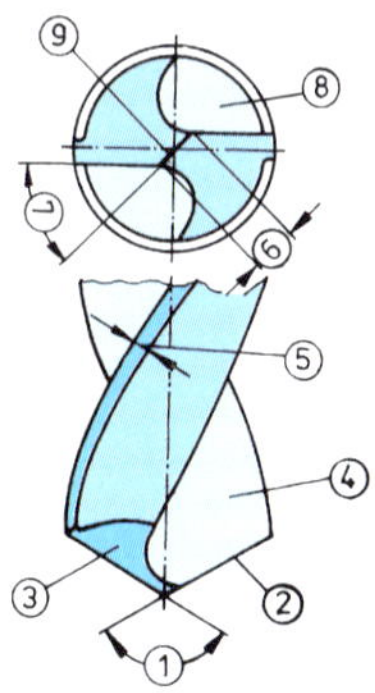

Kerndicke
Fase
Spannut
Spanfläche
Winkel zwischen Quer- und Hauptschneide
Hauptschneide
Freifläche
Spitzenwinkel
Querschneide

4/20 Die Winkel an dem äußersten Punkt der Bohrerschneide sind in der Zeichnung bemaßt.
Wie groß sind der Freiwinkel, der Keilwinkel und der Spanwinkel?

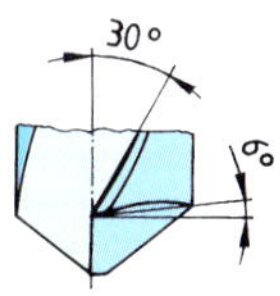

4/21 Neben der Festigkeit beeinflusst auch die Wärmeleitfähigkeit des zu bohrenden Werkstoffs die Größe des Spitzenwinkels. Übernehmen Sie lediglich die Bildunterschriften, und ordnen Sie folgende Aussagen zu.

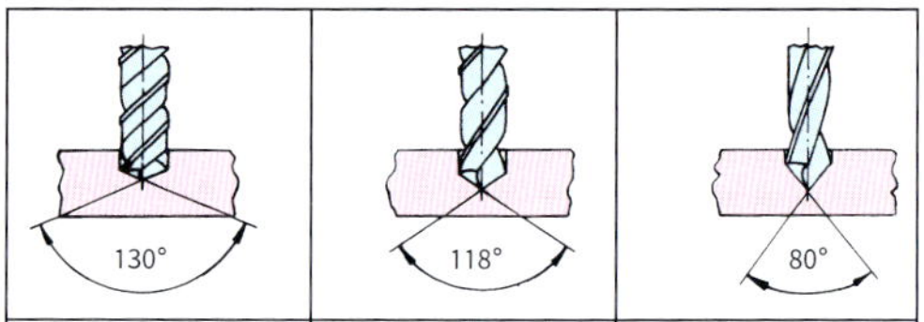

Bohrer mit 130° Spitzenwinkel	Bohrer mit 118° Spitzenwinkel	Bohrer mit 80° Spitzenwinkel

- lange Hauptschneiden
  mittlere Hauptschneiden
  kurze Hauptschneiden
- Werkstoffe mit guter Wärmeleitfähigkeit
  Werkstoffe mit mittlerer Wärmeleitfähigkeit
  Werkstoffe mit schlechter Wärmeleitfähigkeit
- schlechte Wärmeableitung durch Bohrer
  mittlere Wärmeableitung durch Bohrer
  gute Wärmeableitung durch Bohrer
- Aluminium
  Kunststoff
  Stahl

4/22 Wählen Sie für die angegebenen Bohrarbeiten den richtigen Bohrertyp aus, und geben Sie die Größe des notwendigen Spitzenwinkels an.
Übernehmen Sie dazu die folgende Tabelle.

Aufgabe	Bohrertyp	Spitzenwinkel
Bohren eines Stahlträgers aus S235 (St 37)	?	?
Bohren eines Gehäuses aus EN AC-AlSi12	?	?
Bohren einer Dämpfungsunterlage aus Hartgummi	?	?
Bohren eines Flanschs aus X10CrNiTi18-8	?	?
Bohren eines Bremssattels aus EN-GJS-400	?	?
Bohren einer Messingbüchse aus G-CuZn28	?	?

4/23 Machen Sie Vorschläge zum Spannen folgender Werkstücke, damit die angedeuteten Bohrungen auf einer Ständerbohrmaschine gebohrt werden können.

a)

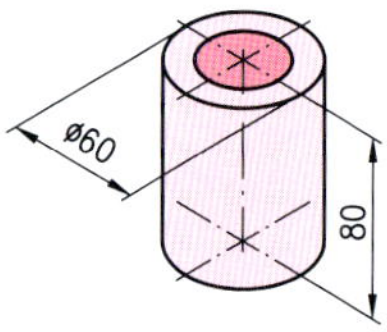

b)

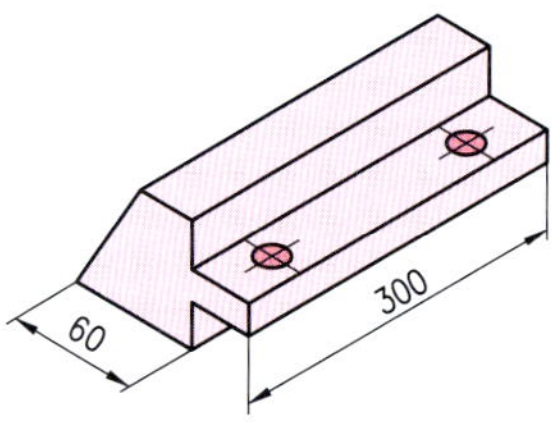

c)

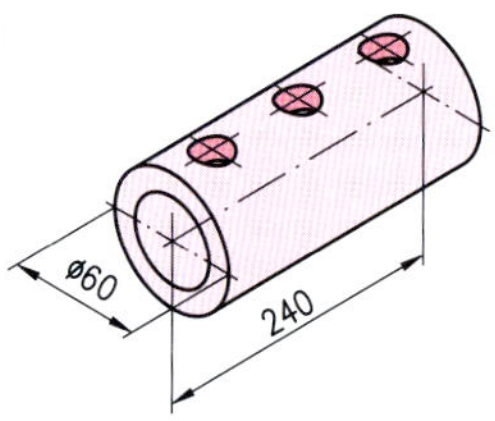

Schnittgeschwindigkeit und Vorschubgeschwindigkeit beim Bohren

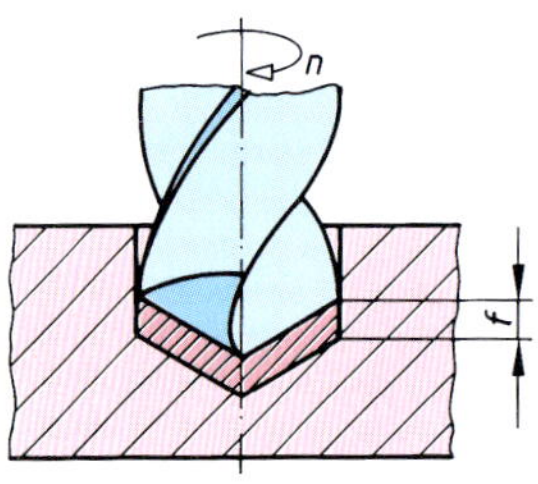

Formeln

$v_c = d \cdot \pi \cdot n$

$v_f = f \cdot n$

Formelzeichen

n Umdrehungsfrequenz (Drehzahl) in $\frac{1}{min}$

v_c Schnittgeschwindigkeit in $\frac{m}{min}$

d Bohrerdurchmesser in m

f Vorschub in mm

v_f Vorschubgeschwindigkeit in $\frac{mm}{min}$

4/24 Welchen Umdrehungsfrequenzbereich müsste eine Bohrmaschine haben, wenn die folgenden Arbeiten zu den angegebenen Bedingungen ausgeführt werden sollen:

a) Bohren von 6-mm-Bohrungen in Aluminium mit $v_c = 130$ m/min,
b) Bohren von 18-mm-Bohrungen in Stahl mit $v_c = 80$ m/min.

4/25 In eine Abdeckplatte aus Stahl, die 30 mm dick ist, werden drei Grundlöcher 18 mm tief gebohrt. Die Löcher haben einen Durchmesser von 16 mm, der Vorschub soll 0,3 mm betragen. Die Schnittgeschwindigkeit darf höchstens 24 m/min betragen.
Berechnen Sie die Umdrehungsfrequenz und wählen Sie aus den angegebenen Maschinenumdrehungsfrequenzen die geeignete aus.

n 1/min	100	250	350	400	650	900

4/26 Berechnen Sie die gesuchten Werte.

Daten zum Bohren			a)	b)	c)
Bohrerdurchmesser	*d*	mm	30	12	?
Umdrehungsfrequenz	*n*	1/min	370	?	424
Schnittgeschwindigkeit	v_c	m/min	?	?	32
Schnittgeschwindigkeit	v_c	m/s	?	0,8	?

4/27 In die dargestellte Schiene aus Messing sollen elf Bohrungen mit 8 mm Durchmesser gebohrt werden. Die Mitten der äußeren Bohrungen sollen 25 mm von den Enden liegen. Die übrigen Bohrungen sollen gleiche Mittenabstände erhalten.

a) Planen Sie das Anreißen und Körnen.
b) Wie soll das Werkstück gespannt werden?
c) Ermitteln Sie die Schnittdaten für das Bohren mit einem HSS-Bohrer. (Mittelwerte wählen)
d) Welche Maßnahmen zur Arbeitssicherheit sind zu berücksichtigen?
e) Geben Sie an, wie die Mittenabstände und Durchmesser der fertigen Bohrungen geprüft werden können.
f) Berechnen Sie den Masseverlust der Messingschiene in Gramm und in Prozent, bezogen auf die Masse der ungebohrten Schiene. ($\varrho = 8{,}5$ g/cm^3)

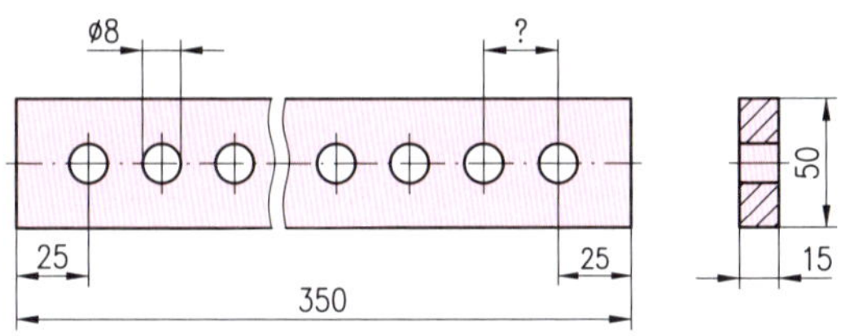

Entgraten und Senken

4/28 Vergleichen Sie die Fertigungsverfahren Senken und Bohren hinsichtlich der:

a) abzutragenden Spanmenge,
b) Schnittbewegung,
c) Schnittgeschwindigkeit.

4/29 Die nebenstehenden Abbildungen zeigen Beispiele verschiedener Senkungen. Skizzieren Sie die Beispiele ab. Schreiben Sie zu jeder Skizze den Zweck der Senkung und den Namen des Werkzeugs zur Durchführung der Senkung.

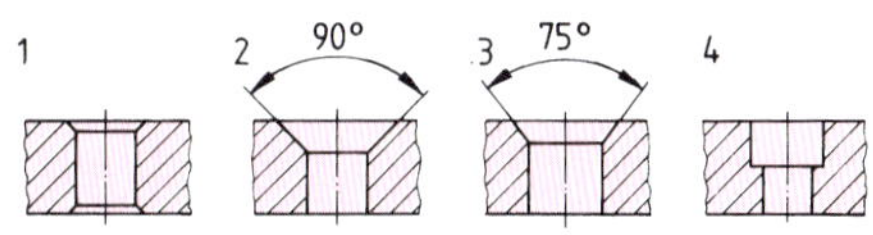

4/30 a) Weshalb sind Senker mit Führungszapfen solchen ohne Führungszapfen vorzuziehen?
b) Für welche Senkungen sind Senker mit Führungszapfen unerlässlich?

Gewindeschneiden

4/31 Ein Modell zur Veranschaulichung einer Schraubenlinie soll aus Kunststoff hergestellt werden. Dabei soll um ein Rohrstück von 100 mm Durchmesser eine Folie entsprechend der Skizze so gelegt werden, dass deren Oberkante der Schraubenlinie entspricht.

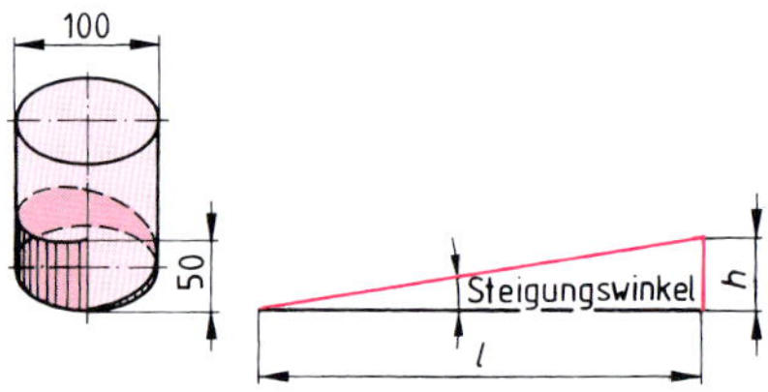

a) Berechnen Sie die Maße *l* und *h* für den Zuschnitt der Folie, wenn die Steigung der Schraubenlinie 50 mm betragen soll.
b) Zeichnen Sie die Folie im Maßstab 1:5 und messen Sie den Steigungswinkel ab.

4/32 Entnehmen Sie der normgerecht bemaßten Zeichnung eines Innengewindes die angegebenen Maße und ordnen Sie diese den folgenden Messgrößen in der Tabelle zu. Schreiben Sie die Tabelle ab und ergänzen Sie diese.

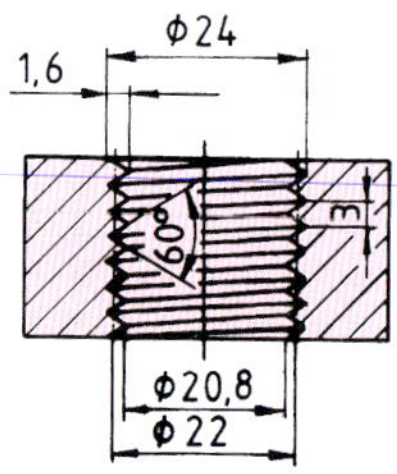

Messgröße	Maß
Nenndurchmesser D	?
Kerndurchmesser D_1	?
Flankendurchmesser D_2	?
Steigung P	?
Flankenwinkel	?

4/33 Ein Grundlochgewinde M 8 soll 20 mm tief in Gusseisen eingeschnitten werden.
a) Mit welchem Bohrerdurchmesser wird vorgebohrt?
b) Wie tief wird das Kernloch gebohrt?

4/34 a) In einem Schema sollen die Unterschiede in Aufbau und Wirkung von Vor-, Mittel- und Fertigschneider bei Gewindebohrern angegeben werden.
Übernehmen Sie das Schema, und schreiben Sie an die Pfeile die jeweils zutreffende Aussage.
b) Begründen Sie, weshalb der Gewindebohrer, der die größte Spanmenge abnimmt, den längsten Anschnitt hat.

Vorschneider | Mittelschneider | Fertigschneider

Außendurchmesser wird *(größer/kleiner)* →
Anschnittlänge nimmt *(ab/zu)* →
Spananteil nimmt *(ab/zu)* →

4/35 Skizzieren Sie die obere Schneide des Gewindebohrers ab. Der Spanwinkel soll 15° betragen. Frei- und Keilwinkel sind beliebig.
Tragen Sie Freiwinkel, Keilwinkel und Spanwinkel mit ihren genormten Formelzeichen in die Skizze des Schneidkeils ein.

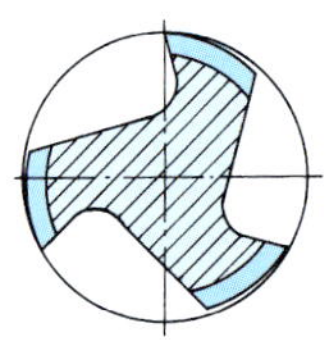

4/36 Mit welchem Werkzeug sind große Außengewinde zu schneiden?

4/37 Ein Bolzen ist mit einem Gewinde M 16 zu versehen.
Auf welchen Durchmesser muss der Bolzen vorgedreht werden?

4/38 Für einen Messzeughalter soll aus Rundstahl eine Tragsäule angefertigt werden. Zur Verfügung steht blank gezogenes Rundmaterial ø 30 x 2 000.
Stellen Sie einen Arbeitsplan nach folgendem Muster für die Fertigung der Tragsäule auf. Beginnen Sie mit dem Ablängen des Rohlings, geben Sie dann eine sinnvolle Reihenfolge der weiteren Fertigungsverfahren mit Maschinen und Werkzeugen an.

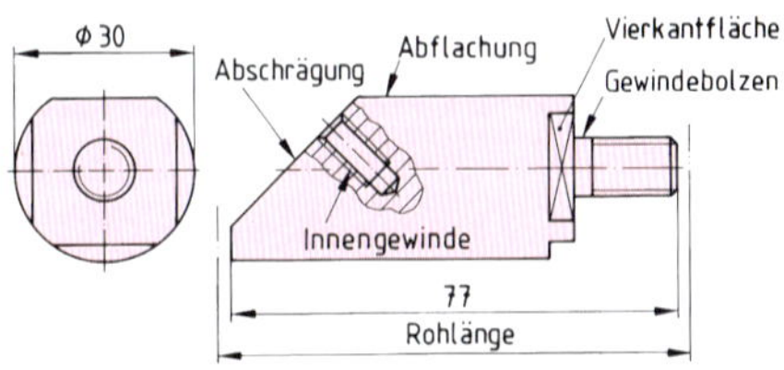

Nr.	Tätigkeit/Schritt	Fertigungs-verfahren	Werkzeug-maschine	Werkzeug	Spann- und Hilfsmittel
1	Rohteil absägen Rohlänge _?_ mm	Sägen	Hubsäge	Sägeblatt	Schraubstock an der Hubsäge

Reiben

4/39 Wie groß sollen zylindrische Bohrungen vorgebohrt werden, wenn sie auf Nenndurchmesser von 4 mm, 10 mm und 25 mm aufgerieben werden sollen?

4/40 Skizzieren Sie entsprechend dieser Vorlage die Schneide einer Reibahle.

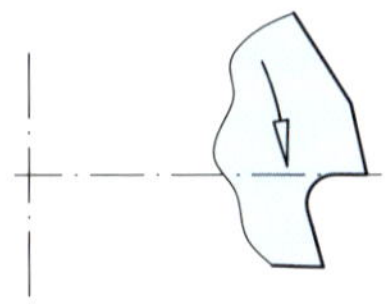

a) Tragen Sie den Freiwinkel, den Keilwinkel und den Spanwinkel an.
b) Welcher der Winkel an der Schneide der Reibahle bewirkt, dass an der Schneide nur kleine Späne entstehen?

4/41 Reibahlen haben ungleiche Teilung zwischen den Schneiden.
Begründen Sie, in welcher Weise die Schneidenteilung einer Reibahle Einfluss auf die Oberflächengüte einer aufgeriebenen Bohrung hat.

4/42 Welche Reibahle muss zum Reiben von bereits genuteten Bohrungen verwendet werden?
Begründen Sie Ihre Antwort.

4/43 Hand- und Maschinenreibahlen unterscheiden sich in ihrem Aufbau.
Übernehmen Sie die Tabelle und ergänzen Sie diese mit den folgenden Aussagen:
- zylindrisch,
- keglig,
- mit Vierkant,
- kurz,
- lang.

	Handreibahle	Maschinenreibahle
Einspannende	?	?
Länge des Anschnitts	?	?
Länge des Führungsteils	?	?

4/44 Geben Sie vier Vorteile des maschinellen Reibens gegenüber dem Reiben von Hand an.

5 Grundlagen zur Fertigung mit Dreh-, Fräs- und Schleifmaschinen

Technologische Grundbegriffe

5/1 a) Für das dargestellte Werkstück sind folgende Eingangsgrößen zu wählen:
- Werkzeugmaschinen,
- Spannmittel,
- Rohteilmaße.

b) Welche Größen müssen an der Werkzeugmaschine eingestellt werden?

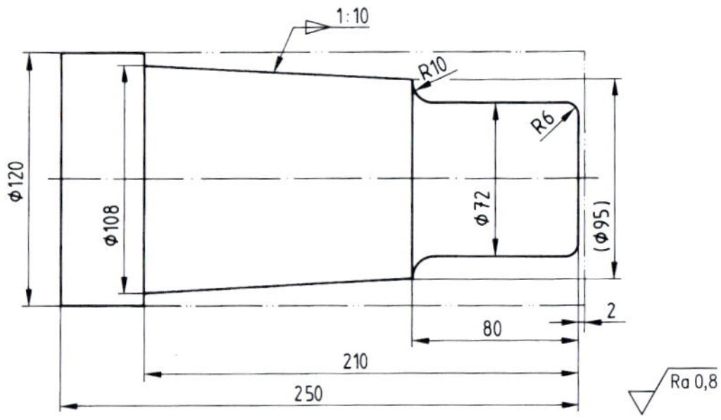

5/2 Skizzieren Sie das Schema ab, und wählen Sie dabei die richtigen Aussagen für die Ausgangsgrößen aus.

Eingangsgrößen		Ausgangsgrößen
größerer Keilwinkel →	**maschinelle spanende Fertigung**	*(kürzere/längere)* Standzeit →
kleinerer Freiwinkel →		*(kleinere/größere)* Reibung →
größerer Spanwinkel →		*(geringere/bessere)* Oberflächenbeschaffenheit →

5/3 Ein Drehmeißel arbeitet mit einem Vorschub von 0,5 mm je Umdrehung.
Der Schneidenradius beträgt 0,5 mm.
Zeichnen Sie maßstäblich mit 10-facher Vergrößerung drei nebeneinander liegende Riefen. Messen Sie die Rautiefe ab, rechnen Sie diese in Millimeter um, und geben Sie die Rautiefe in Mikrometer an.

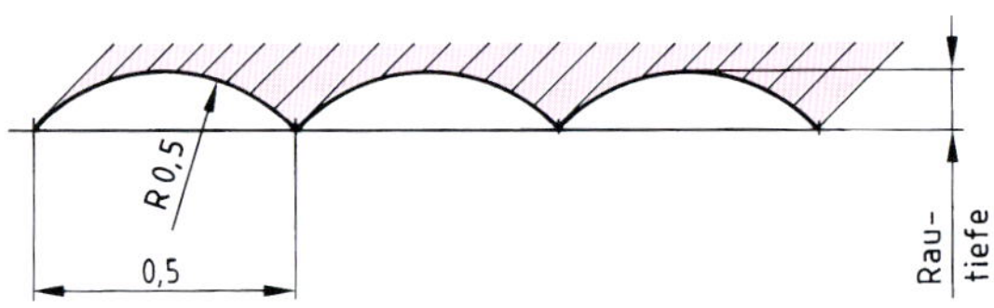

5/4 Ordnen Sie das Formelzeichen und die Einheiten den Größen zu:

	Formelzeichen	Einheit
Vorschub	?	?
Schnitttiefe	?	?
Spanungsquerschnitt	?	?

5/5 Berechnen Sie die Spanungsquerschnitte für

a) $a_p = 8$ mm und $f = 1{,}5$ mm,

b) $a_p = 4$ mm und $f = 3$ mm.

5/6 Für eine Schruppbearbeitung wird das Verhältnis Schnitttiefe zu Vorschub 8:1 gewählt.

a) Welche Schnitttiefe kann eingestellt werden, wenn der Vorschub 0,75 mm beträgt?

b) Welcher Spanungsquerschnitt ergibt sich dabei?

c) Welchen Durchmesser erhält ein Drehteil nach einem Schruppüberlauf, wenn das Rohteil einen Durchmesser von 100 mm hatte?

4 Spanen von Hand und mit einfachen Maschinen

4/1 Die Wirkung eines Keils bei der Spanabnahme lässt sich in drei Phasen erfassen.

a) Übertragen Sie die Abbildungen.
b) Beschreiben Sie die von jeder Abbildung dargestellte Phase der Spanbildung.

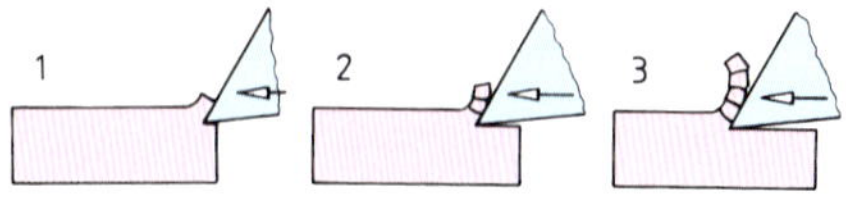

4/2 Mit einem Flachmeißel wird ein Span abgetrennt.

a) Skizzieren Sie den Schneidkeil des Flachmeißels mit einem Werkstück ab.
b) Tragen Sie in die Skizze die Benennung Freifläche und Spanfläche an den gekennzeichneten Stellen richtig ein.
c) Bemaßen Sie in der Skizze Freiwinkel, Keilwinkel und Spanwinkel.
d) Die Summe der Winkel an der spanabnehmenden Werkzeugschneide ergibt immer einen bestimmten Winkel. Übertragen Sie die untenstehende Zeile, und schreiben Sie die Winkelgröße ein.

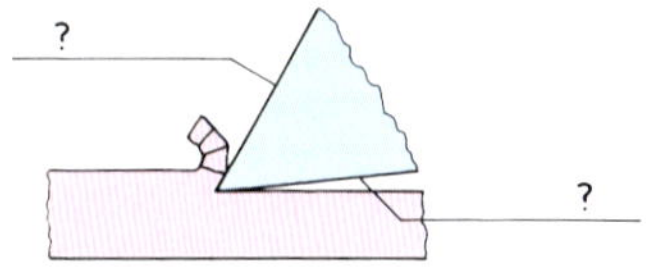

Freiwinkel + Keilwinkel + Spanwinkel = ___?___

4/3 An einer Werkzeugschneide wirkt die Kraft $F = 4$ kN gemäß Abbildung.
Bestimmen Sie zeichnerisch die senkrecht auf die Spanfläche und die Schnittfläche wirkenden Kräfte (Normalkräfte).

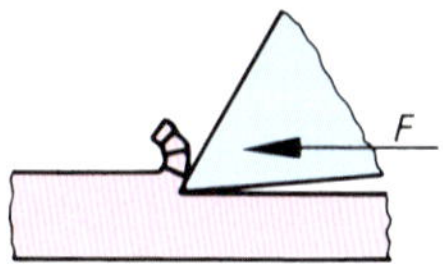

$\alpha_0 = 5°$
$\beta_0 = 75°$

4/4 Schreiben Sie den folgenden Satz über Spanen mit dem Meißel ab, lassen Sie dabei die falschen Aussagen weg.
„Durch die Meißelhaltung kann man folgende Winkel verändern:

- *Spanwinkel und Keilwinkel,*
- *Keilwinkel und Freiwinkel,*
- *Spanwinkel und Freiwinkel.“*

4/5 Warum muss ein Meißel aus Werkzeugstahl gefertigt werden?
Berücksichtigen Sie dabei die unterschiedlichen Beanspruchungen von Meißelkopf, Meißelschaft und Schneide.

4/6 Beschreiben Sie, wie Sie einen quadratischen Durchbruch von 50 mm Kantenlänge in ein Abdeckblech von 10 mm Dicke einbringen.

4/7 Welche Meißel sind für folgende Arbeiten zu verwenden?

a) Abtrennen eines Nietkopfes bei einer Demontage.
b) Ablängen eines Flachstahles 20 mm x 2 mm.
c) Einarbeiten einer Schmiernut in ein Gleitlager.

5/7 Beim Spanen entstehen unterschiedliche Spanarten. Aus der Art des Spans kann man unter anderem eine Aussage über den Werkstoff machen.
Übernehmen Sie folgende Tabelle und füllen Sie diese fachgerecht aus, indem Sie aus den vorgegebenen Antworten auswählen.

Spanarten		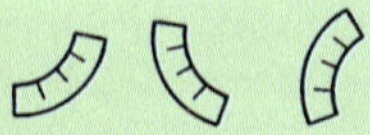	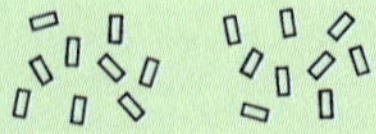
Benennung	?	?	?
Stauchung	gering mittel stark	gering mittel stark	gering mittel stark
Spanwinkel	klein mittel groß	klein mittel groß	klein mittel groß
Werkstoff	spröde zäh und leicht spröde zäh	spröde zäh und leicht spröde zäh	spröde zäh und leicht spröde zäh
Werkstückoberfläche	glatt nicht so glatt rau	glatt nicht so glatt rau	glatt nicht so glatt rau

5/8 Welche Spanart ist für eine störungsfreie Bearbeitung von Werkstücken anzustreben?

Schneidstoffe für maschinelles Spanen

5/9 Welche Eigenschaften der Schnellarbeitsstähle machen sie besonders geeignet für den Einsatz bei wechselnden Schnittkräften?

5/10 a) Mit welchen Stoffen werden Schnellarbeitsstähle beschichtet?
b) Welche Auswirkungen hat diese Beschichtung auf den Einsatz der Schneidplatten?

5/11 a) Worin unterscheiden sich Schneidplatten aus Hartmetall (HW) und aus Cermets (HT) in ihrer Zusammensetzung und ihren Eigenschaften?
b) Für welche Fertigungsverfahren sind Hartmetalle bzw. Cermets besonders geeignet?

5/12 Legen Sie eine Tabelle nach Vorlage an und füllen Sie diese mit den Adjektiven „niedrig"/„mittel"/„hoch" aus:

	Schnellarbeitsstahl	**Hartmetalle**	**Schneidkeramik**
Härte	?	?	?
Zähigkeit	?	?	?
Standzeit	?	?	?
Warmstandfestigkeit	?	?	?
Schnittgeschwindigkeit	?	?	?

5/13 Keramische Werkstoffe werden bei der Zerspanung mit hohen Schnittgeschwindigkeiten und unterschiedlichen Schnittbedingungen eingesetzt.
a) Ermitteln Sie aus dem Schaubild „Schnittbedingungen beim Einsatz keramischer Werkstoffe" für folgende Schneidstoffe bei einem Vorschub $f = 0{,}4$ mm jeweils die maximale Schnittgeschwindigkeit für beschichtetes Hartmetall, Aluminiumoxid und Siliziumnitrid.
b) Wählen Sie aus den keramischen Schneidstoffen für eine Fräsbearbeitung von Gusseisen bei unterbrochenem Schnitt den geeigneten Schneidstoff aus.
c) Welche Ursachen könnten bei dem Einsatz von oxidkeramischen Schneidstoffen zu einer Beschädigung der Schneide führen?

Normung von Wendeschneidplatten

5/14 a) Entschlüsseln Sie die normgerechten Bezeichnungen der Wendeschneidplatten, und fertigen Sie jeweils eine Skizze mit Bemaßung an (Tabellenbuch).
Schneidplatte DIN ISO 1832 – T N M G 16 04 04 E N – K 10
Schneidplatte DIN ISO 1832 – S P H N 15 06 12 T N – M 10
b) Welche Werkstoffe werden mit den angegebenen Hartmetallsorten vorwiegend zerspant?

6 Fertigen durch Drehen mit mechanisch gesteuerten Werkzeugmaschinen

Leit- und Zugspindel-Drehmaschine

6/1 Leit- und Zugspindel-Drehmaschinen werden für unterschiedliche Werkstückgrößen und Antriebsleistungen angeboten.

a) Eine Drehmaschine hat eine Bettlänge von 2 400 mm. Die Werkstückaufnahme mit einer Zentrierspitze steht 180 mm vor dem Spindelstock. Der Reitstock ist einschließlich Zentrierspitze 420 mm lang. Bestimmen Sie die Spitzenweite der Drehmaschine.
b) Berechnen Sie zu den gegebenen Abmessungen den größtmöglichen Drehdurchmesser d_{max} der Maschine.
c) Bei der Schruppbearbeitung hochfester Werkstoffe stößt man bei der Festlegung von Einstellgrößen an Grenzen. Welche Einstellgrößen werden durch die Antriebsleistung begrenzt?

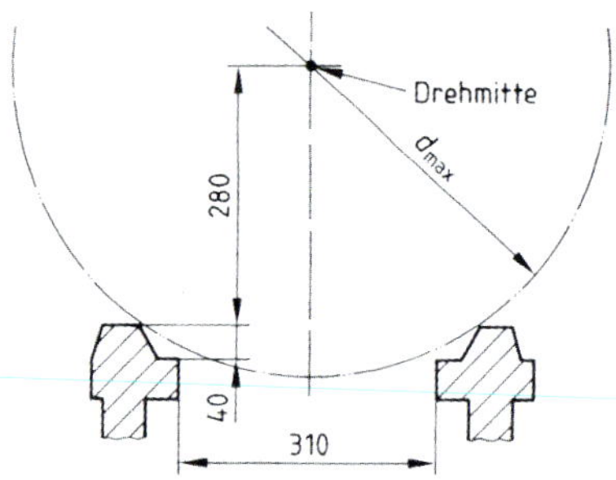

6/2 Nennen Sie einen wichtigen Grund, warum vom Antriebsmotor der Kraftfluss zum Hauptgetriebe und von dort zur Arbeitsspindel häufig über Zugmittelgetriebe, wie z. B. Zahnriemen, Keilriemen oder Rollenketten, erfolgt.

Kraftfluss beim Gewindedrehen auf einer LZ-Drehmaschine

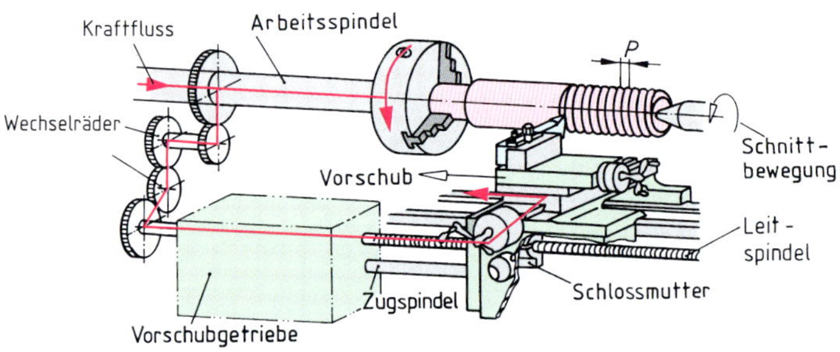

6/3 Beschreiben Sie in Stichworten den Energiefluss für den Vorschubantrieb mit der Reihenfolge der Baugruppen
a) für das Quer-Plandrehen,
b) für das Gewindedrehen.

6/4 Die Zugspindel treibt im Schlosskasten das Getriebe für den Längs- und Quervorschub.
a) Durch welche Bauelemente wird beim Längsdrehen die Drehbewegung der Zugspindel in eine Längsbewegung des Bettschlittens umgewandelt?
b) Durch welche Bauelemente wird beim Quer-Plandrehen die Drehbewegung der Zugspindel in eine Querbewegung des Planschlittens umgewandelt?

6/5 a) Skizzieren Sie vereinfacht nach der vorgegebenen Zeichnung ein Vorgelege.
b) Tragen Sie farbig die Möglichkeiten des Kraftflusses in die Skizze ein.
c) Warum blockieren die Zahnräder des Vorgeleges nicht, wenn der Kraftfluss direkt auf die Arbeitsspindel übertragen wird?
d) Berechnen Sie das Übersetzungsverhältnis des Vorgeleges.
e) Bestimmen Sie die Umdrehungsfrequenzen der Hauptspindel, wenn die Eingangsumdrehungsfrequenz für das Vorgelege $n = 1\,000\ 1/\text{min}$ beträgt.

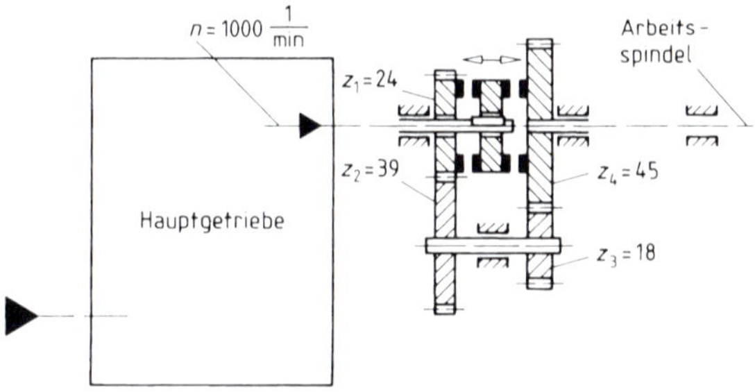

6/6 a) Berechnen Sie zu dem Antriebsschema der Drehmaschine die Teilübersetzungsverhältnisse des Riementriebs, der Zahnradpaare des Hauptgetriebes, des Rollenkettentriebs und des Vorgeleges.

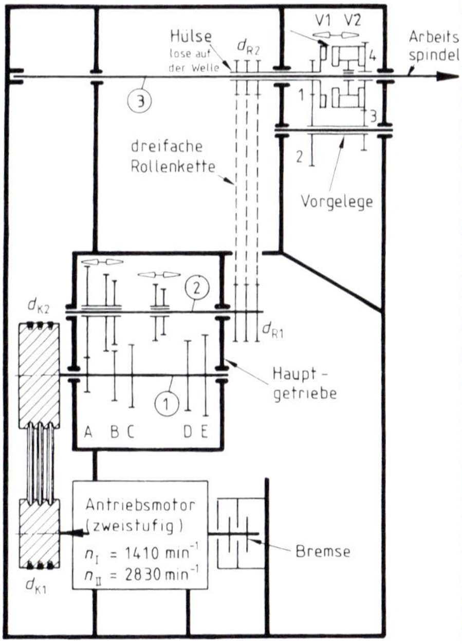

Keilriemengetriebe:	$d_{K1} = 240$ mm $d_{K2} = 360$ mm	$i_K = ?$
Hauptgetriebe:	$z_{A1} = 18$ $z_{A2} = 48$	$i_A = ?$
	$z_{B1} = 30$ $z_{B2} = 36$	$i_B = ?$
	$z_{C1} = 32$ $z_{C2} = 34$	$i_C = ?$
	$z_{D1} = 36$ $z_{D2} = 30$	$i_D = ?$
	$z_{E1} = 42$ $z_{E2} = 24$	$i_E = ?$
Rollenkettengetriebe:	$d_{R1} = 180$ mm $d_{R2} = 120$ mm	$i_R = ?$
Vorgelege:	$z_{V\,1.1} = 27$ $z_{V\,1.2} = 54$ $z_{V\,2.1} = 27$ $z_{V\,2.2} = 54$	$i_V = ?$

b) Berechnen Sie für alle Schaltstufen das jeweilige Gesamtübersetzungsverhältnis.
c) Übertragen Sie die Schalttabelle. Berechnen Sie alle einstellbaren Umdrehungsfrequenzen nach den vorgebenen Schaltstellungen und tragen Sie diese in die Tabelle ein.

6/7 a) Wodurch kann erreicht werden, dass der Bettschlitten für einen Längsvorschub nicht gleichzeitig von Leit- und Zugspindel angetrieben wird?
b) Durch welches Bauelement wird beim Gewindedrehen die Drehbewegung der Leitspindel in eine Längsbewegung des Bettschlittens umgewandelt?
c) Durch welchen Vorgang wird die Vorschubbewegung beim Gewindedrehen eingeschaltet oder unterbrochen?

6/8 Durch die Fallschnecke wird die Vorschubbewegung unterbrochen, wenn beim Längsdrehen der Bettschlitten gegen einen Anschlag fährt. Erklären Sie die Arbeitsweise der Fallschnecke, indem Sie nachfolgende Aussagen in sachlogische Reihenfolge bringen:

- Die Axialkraft wird größer als die Widerstandskraft im Haltemechanismus HM.
- Schneckenrad SR kommt zum Stehen.
- Die Fallschnecke fällt außer Eingriff und der Kraftfluss ist unterbrochen.
- Von der Zugspindel wird über die Zahnräder z_1, und z_2 die Fallschnecke weiter gedreht.
- Die Fallschnecke FS drückt gegen das blockierte Schneckenrad SR und bewirkt eine Vergrößerung der Axialkraft.
- Zahnrad z_8 kommt zum Stillstand.
- Der Bettschlitten fährt gegen einen Anschlag und bleibt stehen.
- Die Fallschnecke FS bewegt sich in Längsrichtung und schiebt sich vom Haltenocken HN.

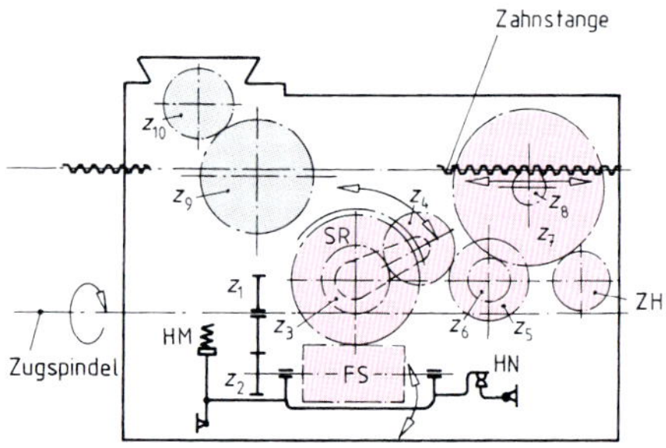

Einteilung und Benennung der Drehverfahren

6/9 Geben Sie zu den dargestellten Drehverfahren die normgerechten Benennungen an; meist wird nur bei Innendrehverfahren das Wort „Innen-“ vorangestellt.

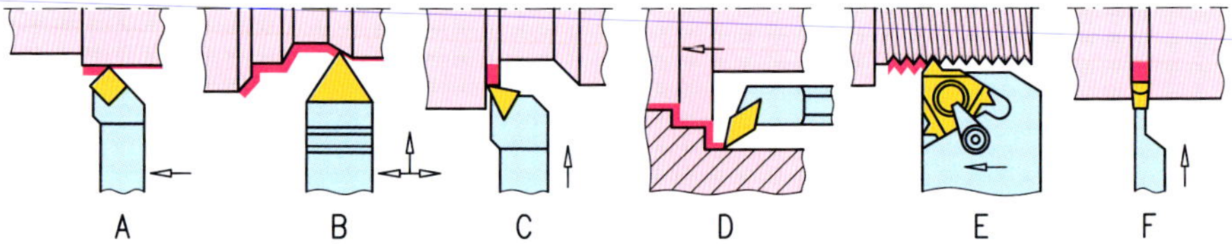

Drehwerkzeuge

6/10 **a)** Benennen Sie die mit 1 und 2 gekennzeichneten Winkel am Drehmeißel.
b) Beschreiben Sie in allgemeiner Form die Lage und Begrenzung der Winkel.

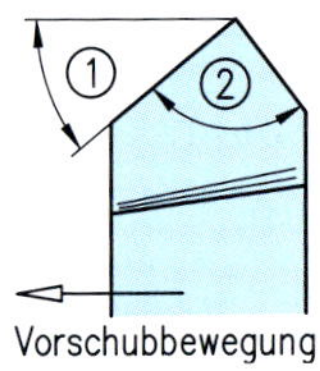

6/11 Zur genauen Bestimmung der verschiedenen Winkel am Schneidkeil sind mehrere Bezugsebenen festgelegt.

a) In welcher Ebene des Werkzeugbezugssystems wird der Keilwinkel gemessen? Nennen Sie diese und beschreiben Sie ihre Lage zu den anderen Bezugsebenen.
b) Geben Sie die Bezeichnungen und die griechischen Buchstaben der nummerierten Winkel am Drehmeißel an.

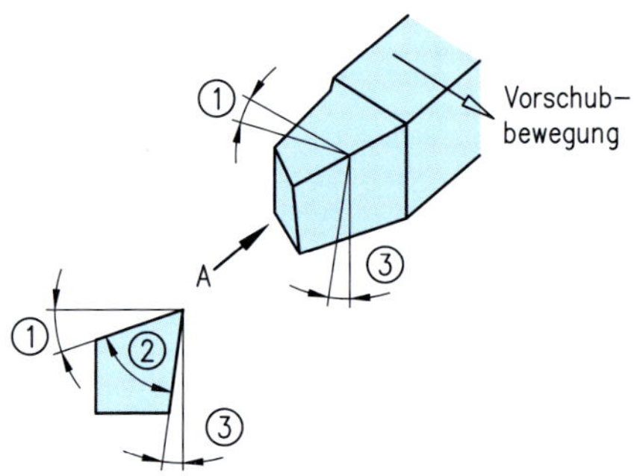

6/12 Schreiben Sie zu den mit 1 bis 5 gekennzeichneten Stellen die Bezeichnungen auf.

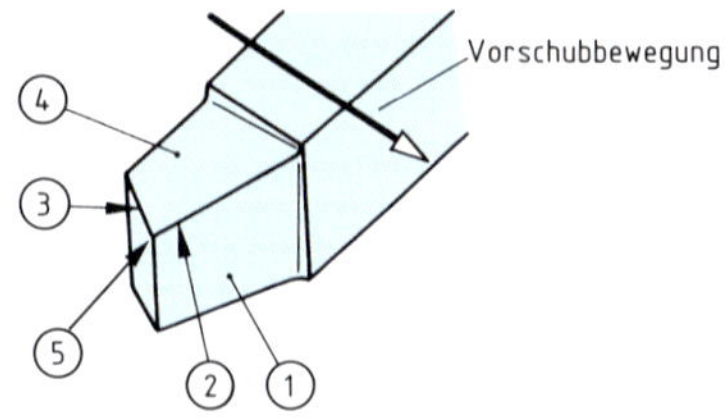

6/13 a) Wie groß ist üblicherweise der Freiwinkel an einem Drehmeißel?
b) Welche Bedeutung hat der Freiwinkel für den Zerspanungsvorgang?

6/14 Begründen Sie, weshalb zum Drehen langer, dünner Wellen der Einstellwinkel z. B. $\varkappa_r = 90°$ gewählt wird.

6/15 a) Skizzieren Sie die Seitenansicht je eines Drehmeißels mit
I einem positiven Neigungswinkel, **II** einem negativen Neigungswinkel.
b) Geben Sie an, für welche Werkstoffe bzw. Schnittbedingungen diese Drehmeißel eingesetzt werden.

6/16 Skizzieren Sie jeweils die Draufsicht folgender Drehmeißel und benennen Sie diese:
a) rechter gebogener Drehmeißel,
b) linker gebogener Drehmeißel,
c) rechter gerader Drehmeißel,
d) rechter abgesetzter Drehmeißel.

6/17 Benennen Sie die dargestellten Drehverfahren und die verwendeten Drehmeißel.

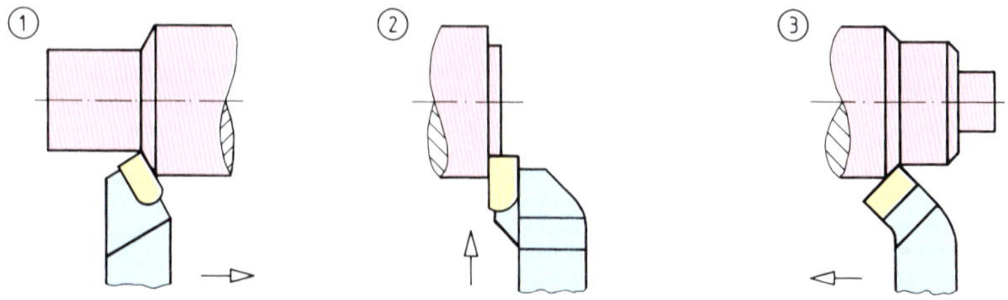

Spannen und Stützen der Werkstücke

6/18 Ordnen Sie die folgenden Werkstückformen in die Tabelle der Spannmöglichkeiten ein:
Rundstahl: Rd 30 x 200,
Sechskantstahl: 6kt 24 x 60,
Achtkantprofil: 8kt 60 x 120,
Vierkantstahl: 4kt 40 x 100,
Rundstahl: Rd 120 x 90.

Spannen im Dreibackenfutter	Spannen im Vierbackenfutter
?	?
?	?
?	?

6/19 Beschreiben Sie in Arbeitsschritten das Ausrichten des Werkstücks aus der vorigen Aufgabe. Geben Sie dabei die evtl. notwendigen Anreißarbeiten am Werkstück und die verwendeten Messzeuge und Hilfsteile an.

6/20 Planen Sie die Einspannung des dargestellten Werkstücks auf einer Planscheibe. Das Werkstück ist im Bereich des zylindrischen Rohteils außen und innen fertig zu bearbeiten.
Skizzieren Sie den Umriss des Werkstücks ab und deuten Sie die Einspannung an. Benennen Sie die erforderlichen Spannmittel.

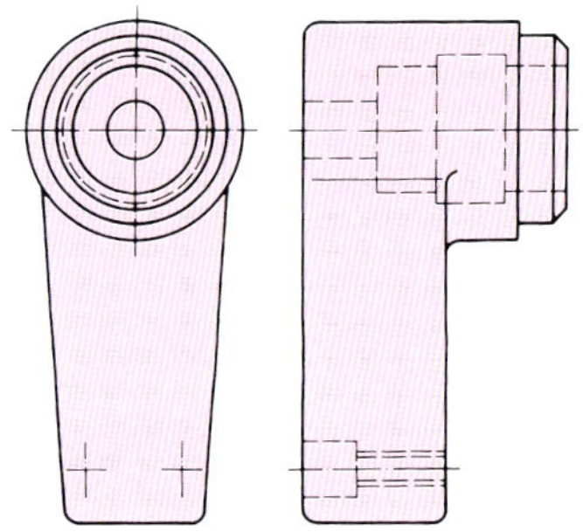

6/21
a) Beschreiben Sie die Wirkungsweise des Spannvorgangs mit Spannzangen.
b) Charakterisieren Sie die Werkstückformen, die zum Spannen mit Spannzangen besonders geeignet sind.
c) Warum muss für jedes Nennmaß der gebräuchlichen Halbzeuge eine spezielle Spannzange vorhanden sein?
d) Die Mitnahme der Werkstücke durch Spannzangen erfolgt meist kraftschlüssig. Welche Kraft verhindert, dass die Werkstücke sich während der Spanabnahme in der Spannzange drehen? Wovon ist die Größe der Kraft abhängig?

6/22 Aus dem Sortiment eines Spannzangenherstellers ist für einige Nenndurchmesser die Toleranz des Spannbereichs angegeben.

Überprüfen Sie für folgende Rundmaterialien, ob sie mit den angebotenen Spannzangen ordnungsgemäß gespannt werden können.

a) ⌀ 8 d9 b) ⌀ 12 x 8
c) ⌀ 16 h11 d) ⌀ 20 a11.

Spannzangen-Nenndurchmesser	Toleranz des Spannbereichs
bis 10 mm	+ 0,05 mm
	– 0,10 mm
12–25 mm	+ 0,10 mm
	– 0,15 mm

6/23 Die Hersteller von stirnseitigen Mitnehmern empfehlen den Einsatz von einer Zentrierspitze im Reitstock mit Spannkraftanzeige.

a) Begründen Sie, weshalb der Einsatz dieser aufwendigen Zentrierspitze notwendig ist.
b) Nach welchen Gesichtspunkten legen Sie bei verschiedenen Dreharbeiten die Größe der aufzubringenden Spannkraft fest?

Spezielle Drehverfahren

Geometrische Berechnungen zum Kegeldrehen

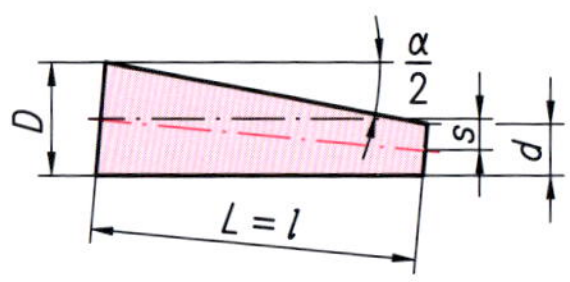

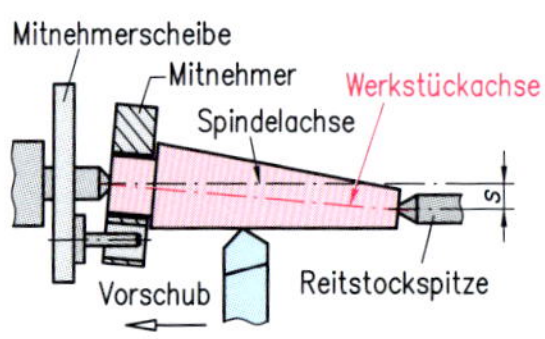

Formeln

Reitstockverstellung

– Kegel ohne Ansatz: $s = \frac{D - d}{2}$

– Kegel mit Ansatz: $s = \frac{(D - d) \cdot L}{2 \cdot l}$

Einstellwinkel: $\tan \frac{\alpha}{2} = \frac{D - d}{2 \cdot l}$

Formelzeichen

s Reitstockverstellung $s < \frac{1}{50} \cdot L$

D großer Kegeldurchmesser

d kleiner Kegeldurchmesser

L Werkstücklänge

l Kegellänge

α Kegelwinkel

$\frac{\alpha}{2}$ Einstellwinkel

6/24 Das dargestellte Teil ist auf einer Drehmaschine herzustellen.

a) Berechnen Sie die Kegelverjüngung.
b) Welchen Einstellwinkel muss der Zerspanungsmechaniker am Oberschlitten einstellen?

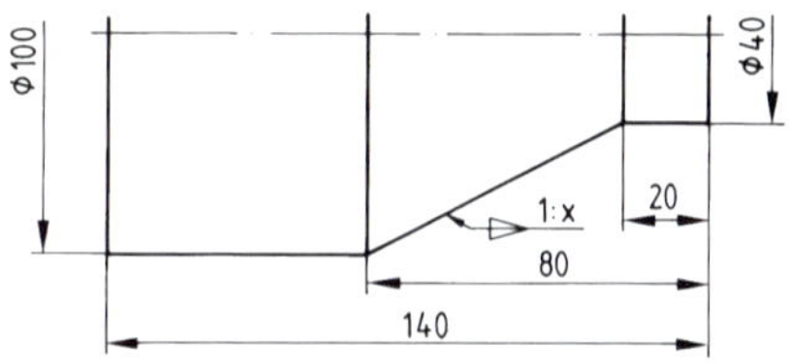

6/25 Beim Gewindeschneiden auf einer Drehmaschine mit einem Gewindedrehmeißel müssen Bedingungen eingehalten werden, um ein Gewindeprofil ohne Verzerrungen zu erzeugen. Beschreiben Sie diese Bedingungen, die bei der Geometrie des Drehmeißels und bei der Einspannung eingehalten werden müssen.

Einflussgrößen auf die Oberflächenbeschaffenheit beim Drehen

6/26 Beim Drehen hängt die erreichbare Rautiefe von den Schnittbedingungen und der Schneidengeometrie ab.

a) Geben Sie fünf Einflussgrößen auf die Rautiefe an.
b) Wie sind die fünf Einflussgrößen zu wählen, um eine möglichst geringe Rautiefe zu erreichen?
c) Erläutern Sie den Zusammenhang zwischen Aufbauschneidenbildung und Rautiefe.
d) Nennen Sie Maßnahmen, die zur Verringerung der Aufbauschneidenbildung führen.

Bestimmen von Arbeitsgrößen zum Drehen

6/27 a) Geben Sie die Formel zur Berechnung der Schnittgeschwindigkeit bei einer kreisförmigen Schnittbewegung an.
b) Geben Sie die Einheit der Schnittgeschwindigkeit beim Drehen an.
c) Formen Sie die Gleichung so um, dass bei gegebenem Werkstückdurchmesser und festgelegter Schnittgeschwindigkeit die Umdrehungsfrequenz berechnet werden kann.
d) Berechnen Sie für v_c = 120 m/min und d = 80 mm die Umdrehungsfrequenz n.

6/28 Berechnen Sie die fehlenden Werte:

	Schnittgeschwindigkeit	Durchmesser	Umdrehungsfrequenz
a)	280 m/min	220 mm	?
b)	70 m/min	?	190 1/min
c)	?	140 mm	360 1/min
d)	85 m/min	?	720 1/min
e)	25 m/min	52 mm	?
f)	52 m/min	38 mm	?

6/29 Eine Welle aus niedrig legiertem Stahl wird in zwei Arbeitsgängen mit einer Hartmetallschneide P 25 bzw. P 10 überdreht. Die Schnitttiefe beim Schruppen beträgt 5 mm, beim Schlichten 1 mm.

a) Welche Vorschübe sind einzustellen?
b) Welche Schnittgeschwindigkeiten sind zu wählen?

6/30 Ermitteln Sie mithilfe des Drehzahl-Diagramms die einzustellende Umdrehungsfrequenz.

	Schnittgeschwindigkeit	Durchmesser	Umdrehungsfrequenz
a)	30 m/min	150 mm	?
b)	40 m/min	90 mm	?
c)	50 m/min	50 mm	?
d)	100 m/min	40 mm	?
e)	75 m/min	14 mm	?
f)	42 m/min	30 mm	?

6/31 Bei einem Schruppvorgang auf einer Drehmaschine beträgt der Vorschub $f = 0{,}4$ mm, die Schnitttiefe $a_p = 5$ mm und der Einstellwinkel $\chi_r = 50°$.

a) Berechnen Sie den Spanungsquerschnitt.
b) Ermitteln Sie die Spanungsdicke h.

6/32 Eine Kolbenstange für einen Spezialzylinder soll vor dem Honen feinstgedreht werden. Die Rautiefe darf höchstens 12 mm betragen. Die Kolbenstange besteht aus hoch legiertem Stahl, hat einen Durchmesser von 120 mm und ist 950 mm lang.

a) Berechnen Sie für den letzten Schlichtvorgang den Vorschub, wenn das Schnittwerkzeug mit Hartmetall bestückt ist und der Schneidenradius 0,5 mm beträgt. (Vorschubstufungen von 0,1 mm/Umdrehung einhalten.)
b) Berechnen Sie die Hauptnutzungszeit für den Schlichtvorgang.
Anleitung:
- Schnittgeschwindigkeit nach Tabellen bestimmen,
- Umdrehungsfrequenz berechnen,
- Umdrehungsfrequenz aus den möglichen Umdrehungsfrequenzen der Maschine auswählen (Umdrehungsfrequenzdiagramm),
- Hauptnutzungszeit berechnen.

6/33 Ein Lagerzapfen ist vor dem Rundschleifen auf einer Drehmaschine gemäß Abbildung auf das Maß 76,2 mm vorzudrehen.
Die Hauptnutzungszeit für das Längsrunddrehen des Zapfens von 220 mm aus Rundmaterial von 90 mm Durchmesser ist zu ermitteln. Die Zeiten für das Einstechen und Anfasen sind nicht zu berechnen.

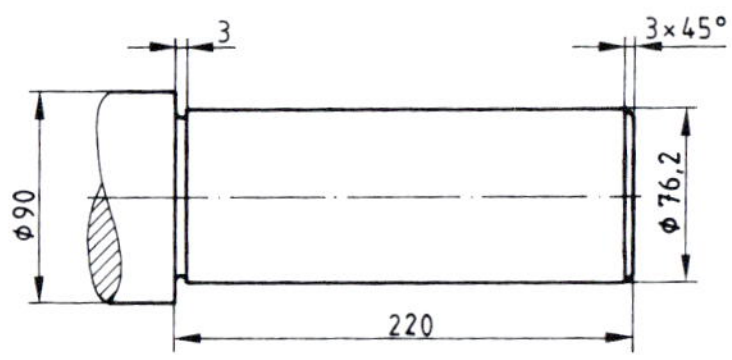

Werkstoff des Werkstücks E335
Drehmeißelschneide P 40

6/34 Eine Welle aus E360 von 300 mm Durchmesser muss überdreht werden. Der Schruppvorschub beträgt 0,8 mm, die Schnitttiefe 8 mm und der Einstellwinkel $\chi_r = 45°$. Als Schneidwerkstoff steht ein Hartmetall P 25 zur Verfügung.
Ermitteln und berechnen Sie die folgenden Größen:

a) Spanungsquerschnitt,
b) Schnittkraft,
c) Schnittgeschwindigkeit laut Tabelle,
d) notwendige Antriebsleistung der Maschine bei einem Wirkungsgrad von 0,6.

6/35 Auf einer Drehmaschine mit dem Wirkungsgrad 0,6 wird ein Werkstück aus Stahl E360 bearbeitet. Der Einstellwinkel der Schneidplatte beträgt 55°, die Schnitttiefe 3,5 mm, die Schnittgeschwindigkeit 30 m/min und der Vorschub 0,25 mm je Umdrehung.
Berechnen Sie die erforderliche Schnittkraft und die Leistungsaufnahme der Drehmaschine in kW.

6/36 Eine Drehmaschine hat einen Hauptantriebsmotor mit einer Leistungsaufnahme von 4,5 kW. Der Wirkungsgrad in der Maschine beträgt 0,45.
Berechnen Sie die Schnittkraft bei den folgenden Schnittgeschwindigkeiten.

a) $v_c = 40$ m/min (Schruppen), b) $v_c = 120$ m/min (Schlichten).

7 Fertigen durch Fräsen mit mechanisch gesteuerten Werkzeugmaschinen

Fräsmaschinen

7/1 Ermitteln Sie die Schneidenwinkel am skizzierten Walzenfräser in Punkt P.

a) Zeichnen Sie die beiden Bezugsebenen zur Festlegung der Winkel am Schneidkeil ein.

b) Tragen Sie durch entsprechende Maßpfeile den Keil-, Frei- und Spanwinkel ein und benennen Sie die Winkel mit ihren Formelzeichen.

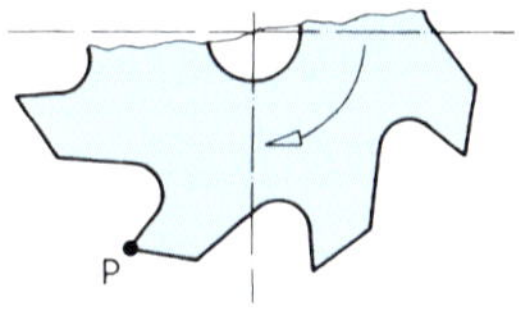

7/2 Welche Fräsmaschine, Waagrecht- oder Senkrechtfräsmaschine, würden Sie für folgende Fräsarbeiten auswählen? Begründen Sie Ihre jeweilige Antwort.

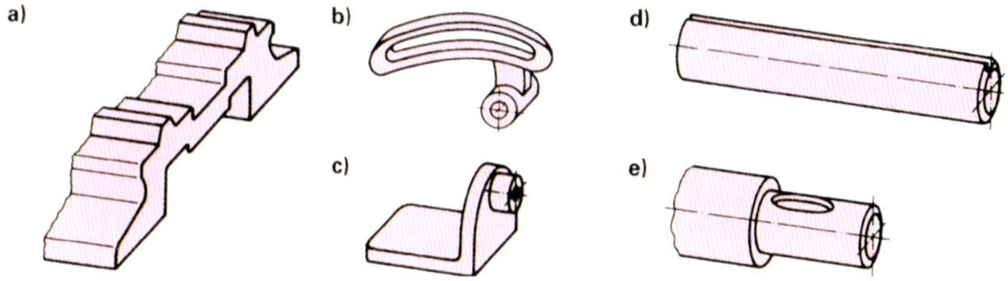

Fräsverfahren

7/3 Benennen Sie die dargestellten Fräsarbeiten nach der zu erzeugenden Fläche. Geben Sie die normgerechte Bezeichnung des Fräsverfahrens an.

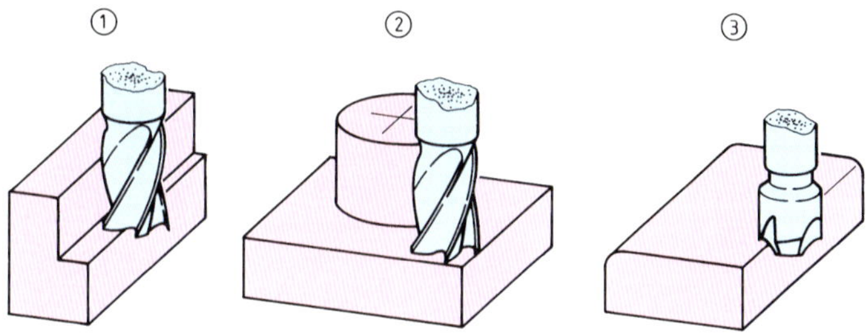

7/4 a) Erläutern Sie den Unterschied zwischen Stirn- und Umfangsplanfräsen hinsichtlich der Spanbildung.

b) Geben Sie drei Vorteile des Stirnplanfräsens gegenüber dem Umfangsplanfräsen an.

7/5 Welches Fräsverfahren liegt vor

a) entsprechend der Form der erzeugten Fläche,

b) nach der Lage der Hauptschneiden,

c) nach dem Zusammenwirken von Schnitt- und Vorschubbewegung?

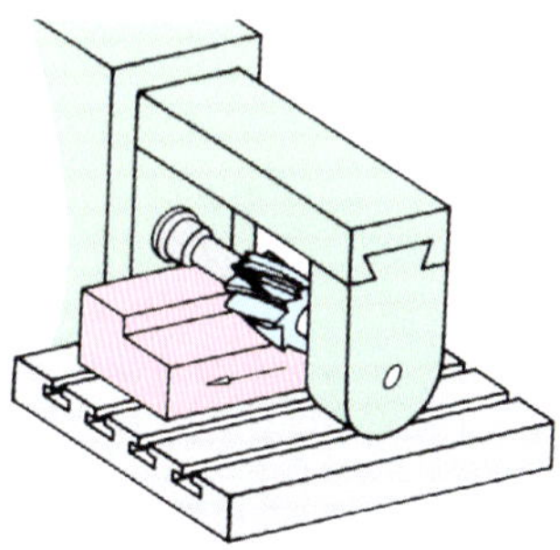

7/6 Übertragen Sie die Merksätze, und ergänzen Sie die Lücken durch die zutreffende Antwort.

a) Als Gegenlauffräsen bezeichnet man einen Fräsvorgang, bei dem die Schnittbewegung und die Vorschubbewegung in *(gleicher/entgegengesetzter)* Richtung wirken.
Der kommaförmige Span hat dabei seinen größten Querschnitt am *(Anfang/Ende)* eines jeden Schnitts.

b) Als Gleichlauffräsen bezeichnet man einen Fräsvorgang, bei dem die Schnittbewegung und die Vorschubbewegung in *(gleicher/entgegengesetzter)* Richtung wirken.

Fräswerkzeuge und ihr Einsatz

7/7 Welche Vorzüge hat ein hartmetallbestückter Fräser gegenüber einem HSS-Walzenstirnfräser?

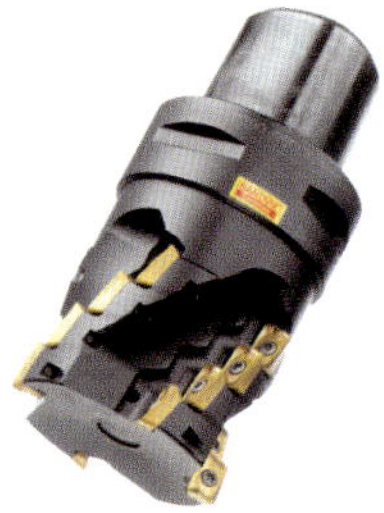

7/8 Worin unterscheiden sich die beiden Walzenstirnfräser hinsichtlich

a) des Drallwinkels,
b) des Keilwinkels,
c) des Spanraums,
d) des zu zerspanenden Werkstoffs,
e) der Fräserkennung?

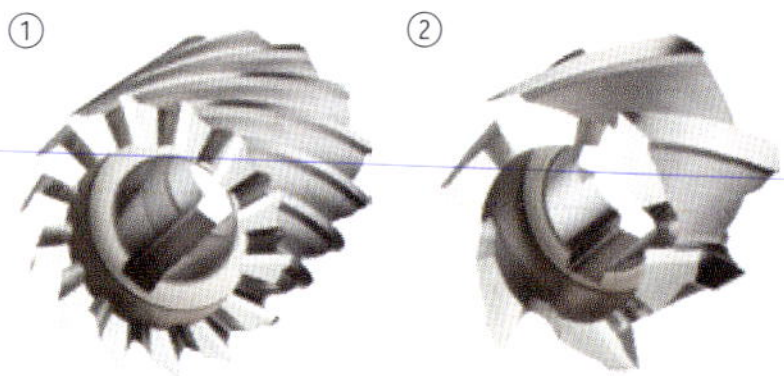

7/9 Die Unteransicht zeigt einen Fräskopf mit ungleicher Verteilung der Schneiden (Differentialteilung).

Aus welchem Grund wird diese Differentialteilung bei vielen Fräsköpfen gewählt?

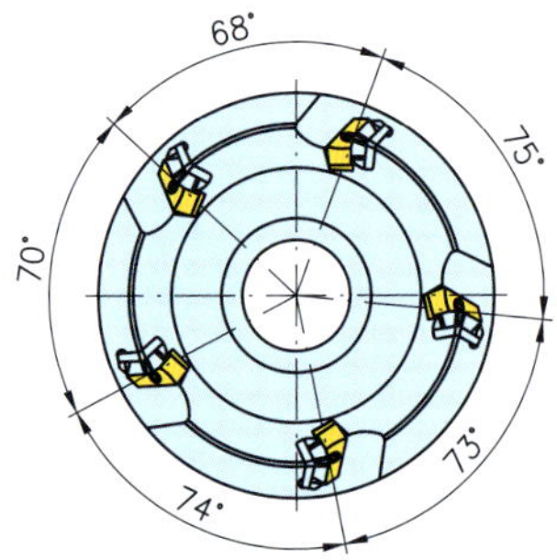

7/10 Welche Arbeiten können jeweils mit den Schaftfräsern der Form 1 und der Form 2 ausgeführt werden?

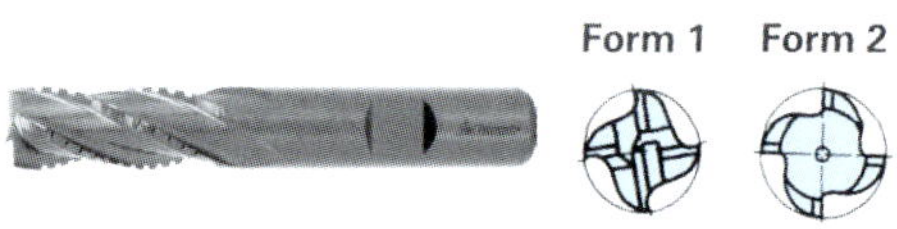

7/11 In der Abbildung sind ein Fräser aus HSS-Stahl und ein Fräser mit eingesetzten Schneidplatten dargestellt.
Nennen Sie die Vor- und Nachteile hartmetallbestückter Fräser.

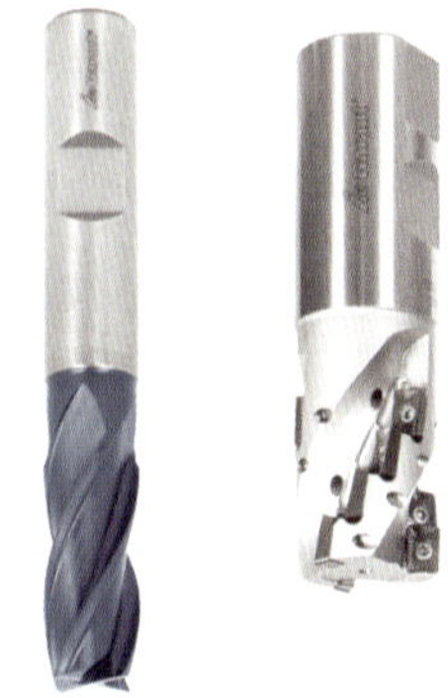

7/12 Die gezeigte Platte aus Werkzeugstahl soll auf der Oberfläche plangefräst werden, und es sollen zwei Nuten von 8 mm Breite, 6 mm Tiefe und 90 mm Länge eingefräst werden.

a) In welcher Reihenfolge sind die Arbeiten durchzuführen?
b) Wählen Sie geeignete Fräsverfahren aus.
c) Wählen Sie geeignete Fräser aus.

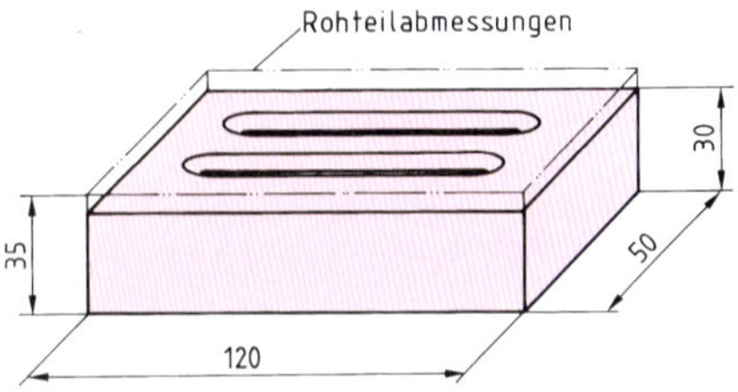

7/13 Skizzieren Sie die Querschnitte, die mit den abgebildeten Fräsern auf der angegebenen Maschine in eine ebene Werkstückoberfläche gefräst werden können. Geben Sie jeweils die Bezeichnung des verwendeten Fräsers an.

auf einer Waagerecht-Fräsmaschine	auf einer Senkrecht-Fräsmaschine
① 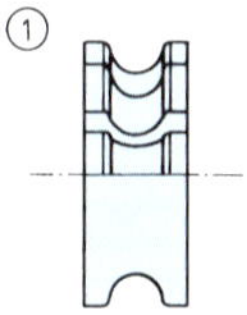 ② 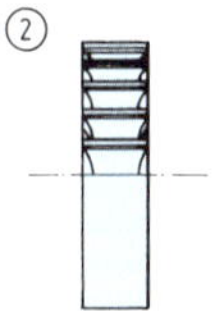	③ 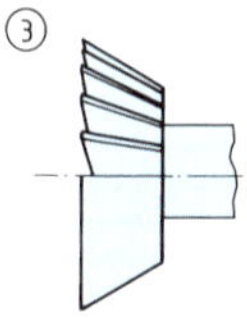

7/14 Beim Fräsen von Halbkreisprofilen wurde zunächst mit einem größeren Radius vorgearbeitet. Danach wurde mit einem Halbrundprofilfräser die Fertigform gefertigt.

a) Warum war das Vorarbeiten sinnvoll?
b) Machen Sie einen Vorschlag, wie das Profil auf andere Art vorgearbeitet werden kann.

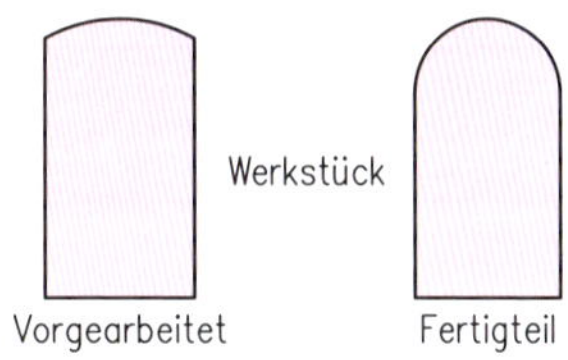

7/15 a) Mit welchen Fräsern können die Nuten in den dargestellten Werkstücken gefertigt werden? Nennen Sie alle Möglichkeiten der Herstellung.
b) Geben Sie die Einsatzmöglichkeiten, Vorteile und Grenzen der Fräserarten an.

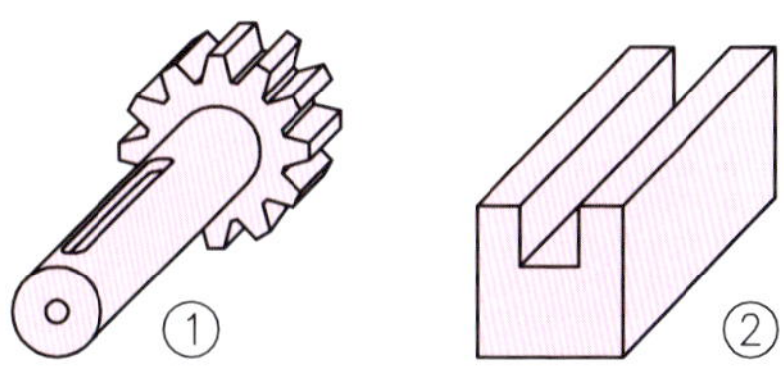

Spannzeuge für Werkzeuge auf Fräsmaschinen

7/16 Beschreiben Sie das Spannen eines Fräsers mit dem dargestellte Spannsystem.

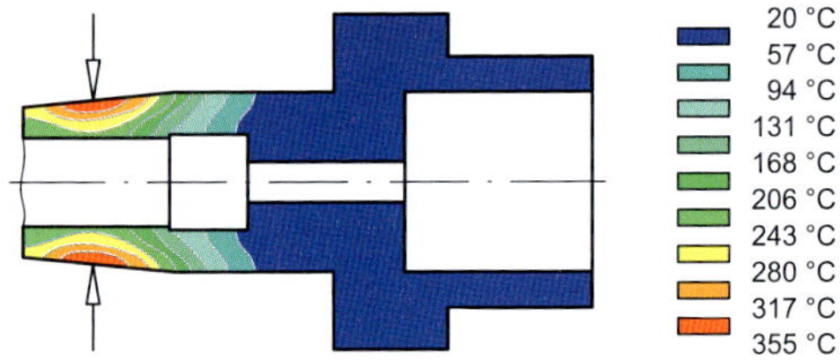

Positionieren und Spannen beim Fräsen

7/17 a) Mit welchen Hilfsmitteln und Messmitteln richten Sie den Maschinenschraubstock auf dem Tisch einer Fräsmaschine aus?

b) Beschreiben Sie ausführlich das Verfahren des Ausrichtens.

7/18 Wie können Sie überprüfen, ob die Nuten im Fräsmaschinentisch genau parallel zur Maschinenachse liegen?

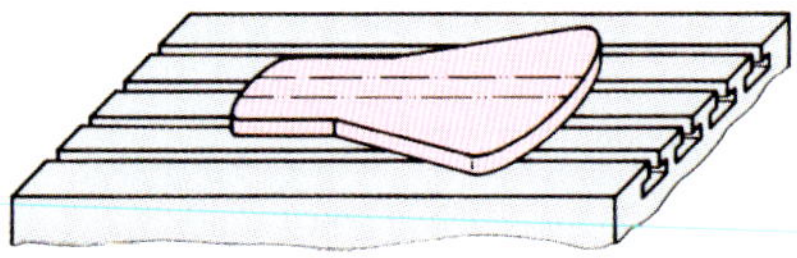

7/19 Berechnen Sie den Unterschied in den Spannkräften, der sich bei den verschiedenen Aufspannungen ergibt.

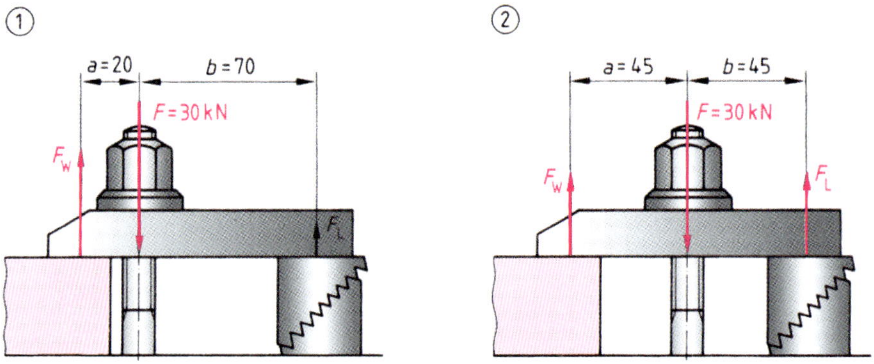

7/20 Ein Deckel wird in einer Bohrvorrichtung in der dargestellten Weise auf der Grundplatte positioniert und gespannt.
Verbessern Sie die Vorrichtung so, dass mittelbar mit einem Spannelement gespannt werden kann.

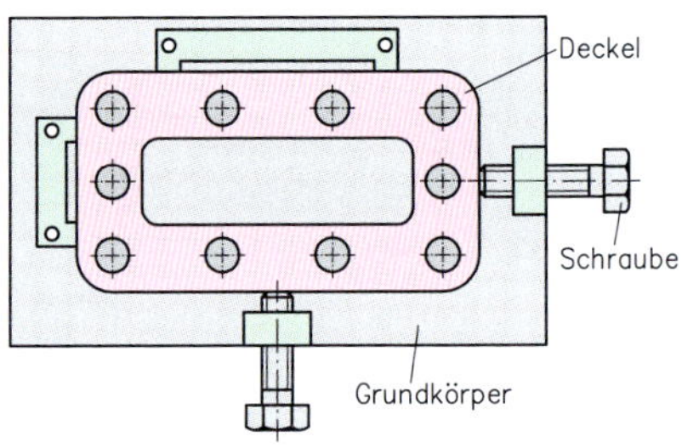

Bestimmen von Arbeitsgrößen beim Fräsen

Berechnungen zum Fräsen

	Formeln	Formelzeichen
Umdrehungsfrequenz:	$n = \frac{v_c}{d \cdot \pi}$	n Umdrehungsfrequenz (Drehzahl) d Werkzeugdurchmesser v_c Schnittgeschwindigkeit f_z Vorschub pro Fräserzahn
Vorschub:	$f = z \cdot f_z$	z Zähnezahl f Vorschub S Spanungsquerschnitt
Vorschubgeschwindigkeit:	$v_f = z \cdot f_z \cdot n$	v_f Vorschubgeschwindigkeit

7/21 Eine Führungsleiste aus Gusseisen soll durch einen Schruppvorgang und einen anschließenden Schlichtvorgang um 5 mm mit einem Walzenfräser abgefräst werden.

a) Ermitteln Sie jeweils für das Schruppen und das Schlichten aus der entsprechenden Tabelle die Richtwerte für den Vorschub je Zahn und die Schnittgeschwindigkeit (Mittelwerte).

b) Anhand der ermittelten Daten sind Umdrehungsfrequenz und Vorschubgeschwindigkeit zu berechnen.

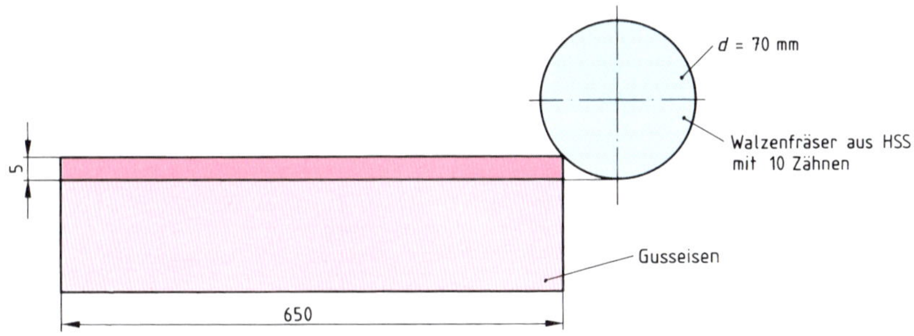

7/22 In eine Welle von 450 mm Länge wird mit einem Scheibenfräser von 125 mm Durchmesser eine 6 mm breite und 8 mm tiefe Nut in einem Schnitt gefräst.
Der Fräser hat 10 Zähne. Der Vorschub je Zahn soll $f_z = 0{,}1$ mm betragen. Die Schnittgeschwindigkeit soll 30 m/min sein.

a) Berechnen Sie den Mindestanlaufweg l_a.

b) Bestimmen Sie den Fräserweg L, wenn der Fräser voll aus dem Werkstück herausfahren soll und für den An- und Überlauf ein Sicherheitsabstand von jeweils 2 mm berücksichtigt wird.

c) Berechnen Sie die Hauptnutzungszeit t_h.

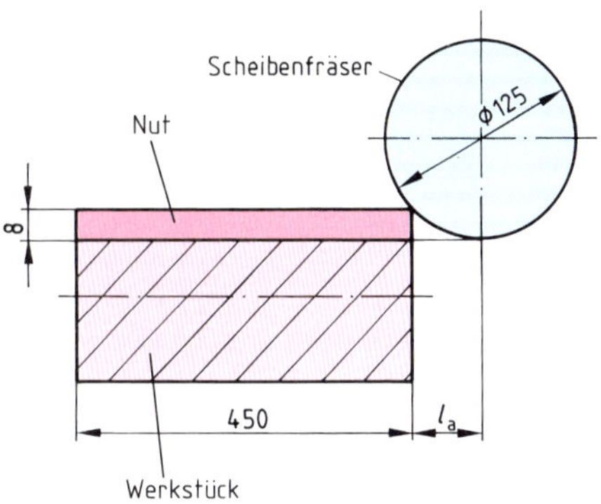

7/23 Die vorgefertigte Halterung aus S 235 (St 37) ist Bestandteil eines Schraubstocks. Durch Fräsen sollen der Absatz (17 mm x 4 mm) zur Aufnahme einer vergüteten Spannbacke und die Rundung (R = 10 mm) hergestellt werden. Beide Oberflächen sind zu schlichten.

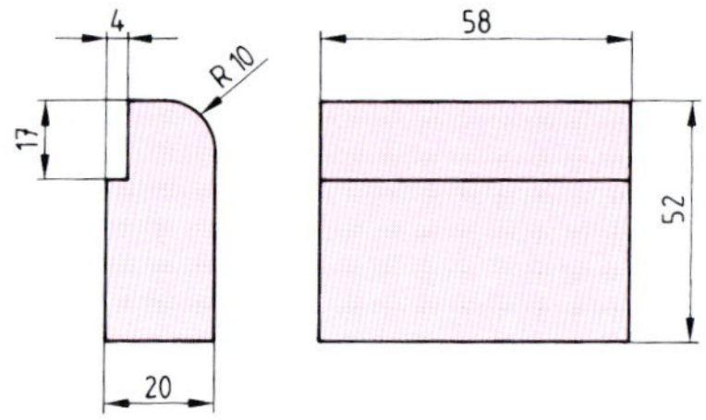

Auszuwählen sind:

a) – Fräsmaschine,
   – Fräsverfahren,
   – Fräswerkzeug und Spannwerkzeuge.

b) Bestimmen Sie für die von Ihnen gewählten Fräswerkzeuge Schnittgeschwindigkeit v_c und Zahnvorschub f_z.

c) Berechnen Sie die Umdrehungsfrequenz n und die Vorschubgeschwindigkeit v_f.

d) Berechnen Sie die Hauptnutzungszeit t_h für beide Fräsbearbeitungen.

Arbeitsplanung einer Einzelfertigung auf einer Werkzeugmaschine

7/24 Der Bügel der Schraubzwinge soll durch Fräsen hergestellt werden. Es steht Flachstahl aus S 235 mit 60 mm Breite und 24 mm Dicke zur Verfügung.
Planen Sie die Herstellung und Prüfung, einschließlich der Herstellung der Bohrung des Gewindes für die Spindel.

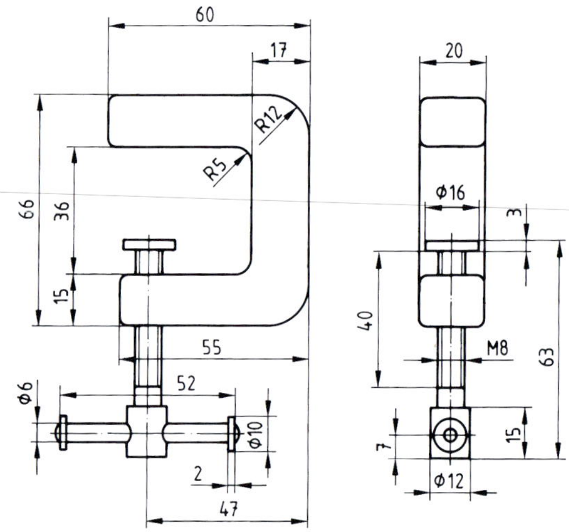

Daten der zur Verfügung stehenden HSS-Werkzeuge:
Bohrer mit den Durchmessern 5; 6; 6,5; 6,8; 8; 10 mm
Zentrierbohrer, Kegelsenker 90°

Schaftfräser:	Ø 10 mm × 45 mm Schneidenlänge, 4 Schneiden,			
	Ø 20 mm × 38 mm Schneidenlänge, 4 Schneiden,			
Scheibenfräser:	Ø 63 mm × 6 mm,	12 Schneiden,	f_z = 0,10 mm,	v_c = 16 m/min
	Ø 160 mm × 10 mm,	22 Schneiden,	f_z = 0,10 mm,	v_c = 16 m/min
Walzenfräser:	Ø 50 mm × 40 mm,	8 Schneiden,	f_z = 0,10 mm,	v_c = 22 m/min
	Ø 100 mm × 70 mm,	10 Schneiden,	f_z = 0,10 mm,	v_c = 22 m/min
Walzenstirnfräser:	Ø 40 mm × 40 mm,	8 Schneiden,	f_z = 0,15 mm,	v_c = 22 m/min
	Ø 110 mm × 35 mm,	12 Schneiden,	f_z = 0,15 mm,	v_c = 22 m/min

Teilen mit Teilapparaten

7/25 Ein einfacher Teilapparat für direktes Teilen ist mit einer 36er-Teilscheibe ausgestattet. Bestimmen Sie alle regelmäßigen Vielecke, die mithilfe dieser Teilscheibe gefertigt werden können.

7/26 Welche Getriebeart wird für das indirekte Teilen mit einem Universalteilapparat verwendet? Welches Übersetzungsverhältnis hat dieses Getriebe in den meisten Fällen?

Indirektes Teilen

Formel	Formelzeichen		Teilscheiben-Lochzahlen	
$N_k = \frac{40}{T}$	N_k	Umdrehungen der Teilkurbel	**I:**	15, 16, 17, 18, 19, 20
	T	Zahl der Teilungen	**II:**	21, 23, 27, 29, 31, 33
	40 : 1	Übersetzung des Teilkopfes	**III:**	37, 39, 41, 43, 47, 49

Ergibt die Berechnung für die Umdrehungszahl der Teilkurbel keinen ganzzahligen Wert, so müssen Teilumdrehungen ausgeführt werden. Dazu wählt man dann einen Lochkreis, in dessen Lochzahl der Nenner des errechneten Bruches enthalten ist.

Ist der Teilungswinkel a bekannt, dann gilt: $N_k = \frac{40 \cdot \alpha}{360°}$

7/27 Ein Flansch erhält auf einem Lochkreis 10 Bohrungen in gleichen Abständen. Wie viele ganze Umdrehungen müssen beim indirekten Teilen mit der Teilkurbel ausgeführt werden, wenn das Übersetzungsverhältnis 40:1 beträgt?

7/28 Ein Zahnrad mit 34 Zähnen soll durch indirektes Teilen gefräst werden.

a) Berechnen Sie die Anzahl der Teilkurbelumdrehungen.
b) Wählen Sie aus dem Lochscheibensatz einen Kreis mit geeignetem Lochzahl aus.
c) Wie viele Löcher sind mithilfe der Teilschere bei jeder Verstellung als Bruchteil einer vollen Umdrehung zusätzlich zu verstellen?

Bestimmen Sie für die Herstellung von Lochkreisen die Teilkurbelumdrehungen, die Lochscheiben und die einzustellenden Lochabstände.

Lochkreise: **d)** 15 Bohrungen, **d)** 22 Bohrungen, **d)** 33 Bohrungen.

Werkzeugverschleiß und Werkstückfehler

7/29 Beim Fräsen von Werkstücken aus Gusseisen mit einem Walzenstirnfräser stellt man an den Schneidplatten P10 Kantenausbrüche fest. Welche Änderung ist notwendig, um Abhilfe zu schaffen?

7/30 Beim Fräsen von Aluminiumplatten wird eine anfänglich glatte Oberfläche sehr schnell rau. Welche Ursache liegt vor und wie können Sie Abhilfe schaffen?

8 Fertigen durch Schleifen

8/1 Die Schleifverfahren können nach ihrem Zweck in der Fertigung unterteilt werden.

A 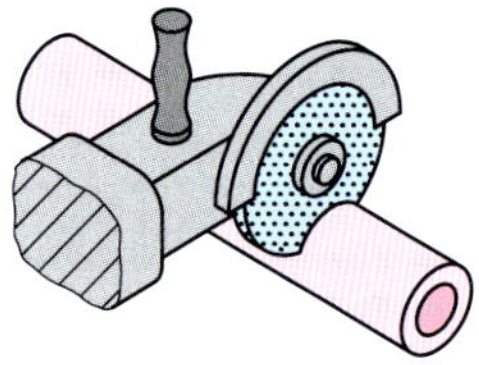 B 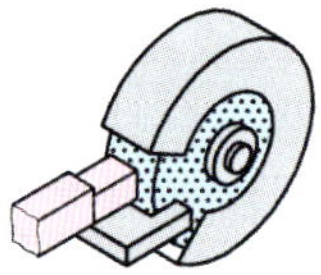 C 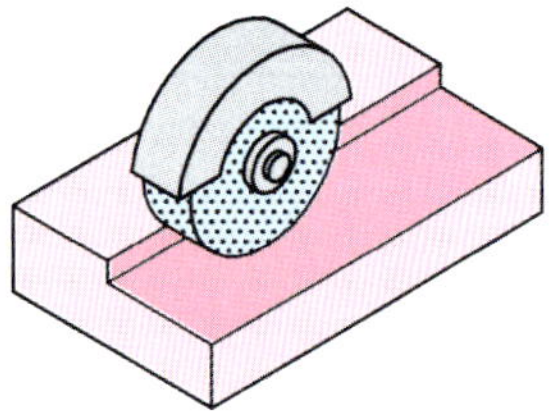

a) Benennen Sie die in den Skizzen dargestellten Verfahren.
b) Geben Sie Beispiele aus Ihrer praktischen Erfahrung zu dem jeweiligen Einsatzzweck an.

8/2 Nennen Sie vier verschiedene Schleifmittel und ordnen Sie diese nach der zunehmenden Härte.

8/3 Welche Schleifmittel werden zum Schleifen von

a) Baustählen, b) Hartmetallen eingesetzt?

8/4 Die Größe der Schleifkörner wird als Körnung bezeichnet.

a) Wie werden die Körnungen für Schleifmittel festgelegt?
b) Wie wird die Körnung von Diamantkörnern angegeben?

8/5 Führungsleisten aus Stahl sollen auf einer Planschleifmaschine durch Schruppschleifen vorgearbeitet und durch Feinschleifen fertig bearbeitet werden.

a) Welche Korngröße wird zum Schruppschleifen eingesetzt?
b) Welche Korngröße wird zum Feinschleifen eingesetzt?

8/6 Schleifscheiben werden zur Bearbeitung von unterschiedlichen Werkstoffen und für unterschiedliche Fertigungsverfahren durch die Wahl der Schleif- und Bindemittel angepasst.
Übernehmen Sie die Tabelle, und ermitteln Sie die fehlenden Angaben.

Einsatz der Schleifscheibe	Bindung	Kurzzeichen	Eigenschaften der Schleifscheibe
Maschinelles Schleifen für Werkstoffe mit mittlerer Festigkeit	?	?	?
Feinstschleifen harter Werkstoffe	?	?	?
Trennschleifen	?	?	?
Schleifen von Hartmetallen	?	?	?

8/7 Wählen Sie die richtige Ergänzung des begonnenen Merksatzes.
„Unter der Härte einer Schleifscheibe versteht man …

- die Widerstandskraft des Werkstückes gegenüber dem Eindringen des Schleifkorns."
- die Härte der Schleifkörner."
- die Widerstandskraft, die die Bindung dem Ausbrechen der Schleifkörner entgegensetzt."
- die Widerstandskraft, die die Schleifscheibe dem Eindringen eines Probekörpers entgegensetzt."

8/8 Schreiben Sie den folgenden Merksatz mit den richtigen Aussagen ab.
Bei der Schleifbearbeitung von harten Werkstoffen werden die Schleifkörner *(langsam/schnell)* stumpf. Die Härte der Schleifscheibe muss daher *(gering/groß)* sein, damit die stumpfen Körner *(langsam/schnell)* ausbrechen. Man bezeichnet in diesem Fall die Schleifscheibe als *(weich/hart)*. Der große Kennbuchstabe für diese Härte steht mehr am *(Anfang/Ende)* des Alphabets.

8/9 Der innere Aufbau einer Schleifscheibe wird als Gefüge bezeichnet.
Übernehmen Sie die Tabelle, und tragen Sie nur die zutreffenden Antworten ein.

	dichtes Gefüge	offenes Gefüge
Porenanteil	*(hoch/niedrig)*	*(hoch/niedrig)*
abzutragende Spanmenge	*(groß/klein)*	*(groß/klein)*
Arbeitsverfahren	*(Schruppen/Schlichten)*	*(Schruppen/Schlichten)*
Oberflächengüte	*(hoch/niedrig)*	*(hoch/niedrig)*
zu bearbeitender Werkstoff	*(hart/weich)*	*(hart/weich)*
Kennziffer	*(2/6)*	*(2/6)*

8/10 Skizzieren Sie die Tabelle ab, und tragen Sie die Benennung und den Verwendungszweck der Schleifkörper ein.

Schleifkörper	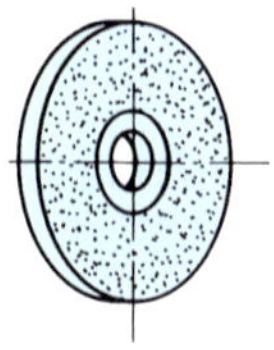	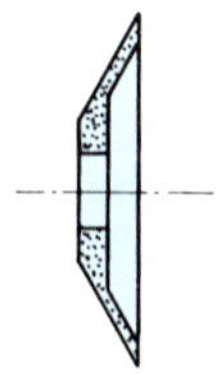	
Benennung	?	?	?
Verwendungszweck	?	?	?

8/11 Berechnen Sie die einzustellende Umdrehungsfrequenz für eine Schleifscheibe beim Außenrundschleifen von Stahlwellen. Entnehmen Sie den niedrigsten Wert aus der Richtwerttabelle für Umfangsgeschwindigkeiten. Die Schleifscheibe hat einen Durchmesser von 200 mm.

8/12 Eine Schleifscheibe für hohe Umfangsgeschwindigkeiten ist mit einem grünen Farbstreifen gekennzeichnet. Ermitteln Sie aus einer Tabelle die höchstzulässige Umfangsgeschwindigkeit.

8/13 Entschlüsseln Sie die genormte Bezeichnung für eine gerade Schleifscheibe:
Schleifscheibe ISO 603-1 1 -180x15x45 … C 90 M 6 B 50

8/14 Die Unfallgefahren sind wegen der hohen Umdrehungsfrequenzen bei Schleifscheiben sehr groß. Nennen Sie Unfallverhütungsvorschriften, die beim Einsetzen von neuen Schleifscheiben eingehalten werden müssen.

8/15 Beim Schleifen muss aus Sicherheitsgründen eine Schutzbrille getragen werden. Begründen Sie, warum die Berufsgenossenschaft immer wieder auf diese Unfallverhütungsvorschrift mit vielen Aktionen aufmerksam macht.

8/16 Für kleine Schleifarbeiten von Hand steht in den Werkstätten meist ein Schleifbock zur Verfügung. Durch Verschleiß der Schleifscheibe entsteht ein breiter Spalt zwischen Auflage und Schleifstein.

a) Welche Gefahren bestehen an diesem unfallträchtigen Schleifbock?
b) Wie muss diese Gefahrenstelle beseitigt werden?

8/17 Welche Wirkungen erzielt man durch das Abrichten von Schleifscheiben für den weiteren Einsatz?

8/18 a) Mit welchen Vorrichtungen können Schleifscheiben abgerichtet werden?
b) Wie wird das Abrichten durchgeführt?

Arbeitsverfahren auf Schleifmaschinen

8/19 Unterscheiden Sie Umfangsplan- und Außenrundschleifen hinsichtlich der Schnittbewegung. Bei beiden Verfahren soll im Gegenlauf geschliffen werden.

a) Übertragen Sie die Skizzen auf Ihr Arbeitsblatt.

b) Ordnen Sie diesen die Bezeichnung des Schleifverfahrens zu.
c) Zeichnen Sie durch Pfeile die Bewegungen ein, welche die Schnittbewegung erzeugen.
d) Formulieren Sie einen Merksatz über die Schnittbewegung beim Rundschleifen.

8/20 Eine ebene Werkstückoberfläche kann durch zwei Schleifverfahren, die sich durch die Lage der Schleifscheibe zur Werkstückoberfläche unterscheiden, bearbeitet werden.

a) Skizzieren Sie die möglichen Lagen der Schleifscheibe für das Schleifen ebener Oberflächen.
b) Benennen Sie die Verfahren, und vergleichen Sie die Verfahren hinsichtlich Abtragsleistung und erreichbarer Oberflächenbeschaffenheit.

8/21 Skizzieren Sie die Bearbeitung einer Leiste auf einer Flachschleifmaschine ab. Es wird im Gleichlaufverfahren geschliffen.

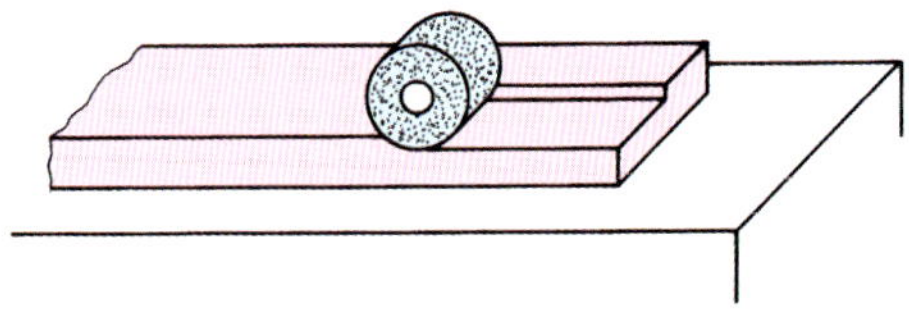

Tragen Sie mit Pfeilen ein:
- Schnittbewegung,
- Längsvorschubbewegung,
- Quervorschubbewegung,
- Zustellbewegung.

8/22 Mehrere Zwischenlagen 25 x 15 x 4 sollen mit hoher Oberflächenbeschaffenheit auf den Flächen 25 x 15 beidseitig geschliffen werden.

a) Welche Schleifmaschinenart werden Sie bevorzugen?
b) Beschreiben Sie die Schleifmaschine hinsichtlich Werkstücktischausführung und der Lage der Schleifspindel zur Aufspannfläche.

8/23 Skizzieren Sie die Bearbeitung einer Welle auf einer Außenrundschleifmaschine ab. Es wird im Gegenlaufverfahren geschliffen.

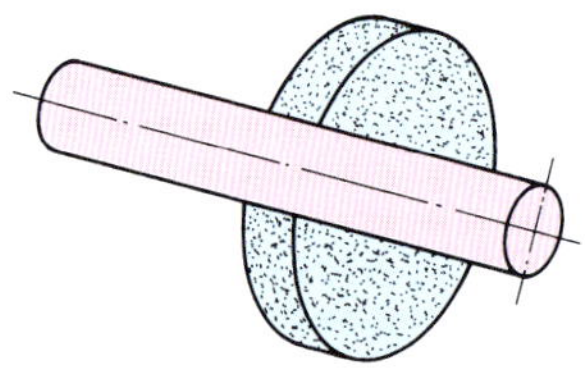

Tragen Sie mit Pfeilen ein:
- Drehbewegung des Schleifsteins,
- Drehbewegung des Werkstücks,
- Längsvorschubbewegung,
- Zustellbewegung.

8/24 Eine Welle mit unterschiedlichen Durchmessern und Radienübergängen wird in der Elektroindustrie in sehr hohen Stückzahlen mit hoher Maßgenauigkeit und Oberfläche benötigt.
Mit welchem Schleifverfahren lässt sich diese hohe Stückzahl rationell fertigen?

8/25 Informieren Sie sich im Internet über das „spitzenlose Außenrundschleifen"?
Versuchen Sie mit den gefundenen Informationen, den Merksatz mit den zutreffenden Aussagen zu übernehmen.
„Beim spitzenlosen Außenrundschleifen läuft die Schleifscheibe mit *(größerer/kleinerer)* Geschwindigkeit als die *(größere/kleinere)* Regelscheibe. Die *(härtere Schleifscheibe/weichere Regelscheibe)* bremst die Drehbewegung des Werkstücks und erteilt durch ihre Neigung dem Werkstück die *(Schnittbewegung/Vorschubbewegung)*. Dieses Schleifverfahren ist besonders für *(kurze/lange) Werkstücke mit (großem/kleinem)* Durchmesser geeignet."

10/4 Auf einem Kanister mit Kühlschmiermitteln wird in den Gebrauchshinweisen mehrfach der Begriff „EP-Zusätze“ erwähnt.

a) Was bedeutet dieser Begriff?
b) Was bewirken diese Zusätze?

10/5 Ein Mechaniker gab als Antwort auf die Frage, in welchen Fällen man vorteilhaft Öle und in welchen man besser wassermischbare Kühlschmierstoffe verwendet, zur Antwort: „Je größer die Reibfläche zwischen Werkzeug und Werkstück ist, desto größer ist der Bedarf an Schmierung, darum sind in solchen Fällen Öle vorteilhafter.“
Prüfen Sie anhand der Tabelle, ob die Aussage richtig ist.

10/6 In Automatendrehereien verwendet man häufig Einheitsöle. Was versteht man darunter?

10/7 In einer Firma wird ein Schneidöl verwendet, das nach Herstellerangaben eine Viskosität von 18 mm^2/s hat.
Ist dieses Öl dünnflüssig oder sehr zäh?
Welche Hinweise auf die Anwendung kann man aus den Angaben ziehen?

10/8 „Trinkwasser für Kühlschmiermittel. Dass ich nicht lache, wir wollen das Zeug doch nicht saufen!“, so spottet ein Kollege.
Äußern Sie sich zu der aufgestellten Forderung.

10/9 Sie erhalten den Auftrag, frischen Kühlschmierstoff anzusetzen. Auf dem 5-l-Kanister des Konzentrats steht: „Beste Ergebnisse beim Zerspanen von unlegierten Stählen werden mit einem 8-prozentigen Ansatz erzielt.“
Wie viel l Wasser müssen Sie dem Konzentrat zusetzen?

10/10 Fremdöl mindert die Gebrauchseigenschaften von Kühlschmiermitteln.

a) Wie gelangt dieses Öl in das Kühlschmiermittel?
b) Wie kann man den Eintrag gering halten?

11 Fertigen durch Abtragen

Autogenes Brennschneiden

11/1 Übertragen Sie die nachfolgenden Merksätze über das autogene Brennschneiden, indem Sie nur die zutreffenden Aussagen übernehmen.
Autogenes Brennschneiden ist ein *(thermisches Trennen durch Gas/chemisches Abtragen)*, bei dem die Trennstelle *(durch chemische Einwirkung aufgelöst/durch eine Heizflamme vorgewärmt)* wird, sodass unter *(dem Druck einer Schnittkante/der Einwirkung eines Sauerstoffstrahls)* eine vollständige Werkstofftrennung erfolgt. Der Werkstoff an der Trennstelle *(oxidiert/wird geätzt)*, und er wird durch den Druck *(der Heizflamme/des Sauerstoffstrahls)* aus der Trennfuge entfernt.

11/2 a) Skizzieren Sie die Untersicht eines Schneidbrennerkopfes, und benennen Sie die Düsenöffnungen nach ihrer Funktion.
b) Beschreiben Sie, welche unterschiedlichen Aufgaben die aus den Düsen austretenden Gase beim Brennschneidvorgang haben.

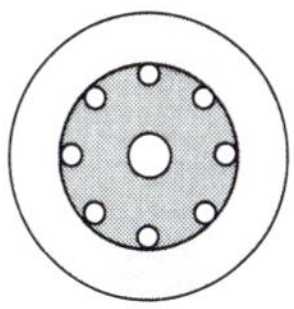

11/3 Formulieren Sie einen Merksatz zur Eignung von Metallen zum autogenen Brennschneiden mit Aussagen über:
Entzündungstemperatur, Schmelztemperatur und Wärmeleitfähigkeit von Metallen.

11/4 Ein Produktionsbetrieb möchte das Ablängen von Rohteilen für die Fertigung hochbeanspruchter Werkstücke möglichst durch autogenes Brennschneiden ausführen lassen.
Die Arbeitsvorbereitung ist beauftragt, zu den aufgelisteten Werkstoffen anzugeben, ob diese zum Brennschneiden – unbegrenzt geeignet, – begrenzt geeignet, – nicht geeignet – sind.

Werkstoffe	
1. Einsatzstahl	17 CrNiMo 6
2. Einsatzstahl	20 MnCr 5
3. Vergütungsstahl	C 55
4. Federstahl	60 SiMn 5
5. Unlegierter Baustahl	E 360 (St 70)
6. Warmarbeitsstahl	X 32 CrMoV 3-3
7. Kaltarbeitsstahl	X 40 CrMnMoS 6-8
8. Nicht rostender Stahl	X 6 CrNiMoTi 17-12-2

Ordnen Sie die Werkstoffe in eine Tabelle nach dem nebenstehenden Muster ein.

Geeignet	Begrenzt geeignet (mit Vorwärmen)	Ungeeignet

11/5 Bei der Vorbereitung zur Programmerstellung für vier Brennschneidaufträge sind in der Arbeitsvorbereitung die nachfolgenden Angaben zu ermitteln und in die Arbeitskarte einzutragen:

- die Größe der Brennschneidedüsen,
- der Brennerabstand zum Werkstück,
- eine eventuelle Werkstückvorwärmung.

Übernehmen Sie die Arbeitskarte, und ergänzen Sie die fehlenden Angaben.

Brennschneidmaschine: *CNC*				Gasart: *Acetylen*				
Auftragsnummer	Werkstoff	Rohteilmaße in mm	Schneiddicke in mm	Düsen		Brennerabstand in mm	Vorwärmen	
				Schneiddüse Nr.	Heizdüse Nr.		Ja	Nein
1	*S235 (St37)*	*520 · 370 · 15*	*15*	?	?	?	?	?
2	*E295 (St50)*	*□ 100 · 185 lg.*	*100*	?	?	?	?	?
3	*20 MoCr 4*	*600 · 600 · 160*	*160*	?	?	?	?	?
4	*30 CrNiMo 8*	*1200 · 480 · 30*	*30*	?	?	?	?	

11/6 Auf einer CNC-Brennschneidmaschine sollen aus 10 mm dicken Blechtafeln 24 Ronden geschnitten werden. Diese sollen durch Schleifen des Randes auf 615 mm Durchmesser gebracht werden. Als Werkstoff wird S 235 (St 37) verwendet, die Größe der Blechtafeln ist 2 000 x 4 000.

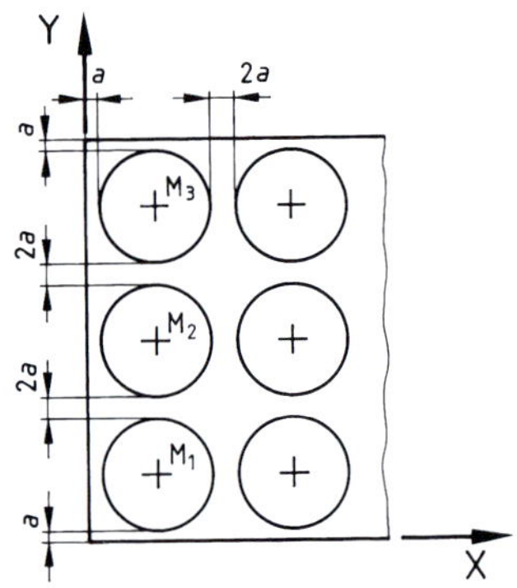

a) Entnehmen Sie den Tabellen des Lehrbuchs die nachfolgenden Einstellwerte für den Brennschnitt:
   - Brennschneiddüsen: Schneiddüsen-Nr. und Heizdüse-Nr.,
   - Brennerabstand zum Werkstück,
   - Heizflammeneinstellung: Acetylendruck und Heizsauerstoffdruck,
   - Schneidsauerstoffdruck,
   - Vorschubgeschwindigkeit.

b) Ermitteln Sie unter Berücksichtigung der Bearbeitungszugabe den Rohdurchmesser der Ronden d_{Roh} und die Schnittfugenbreite b.

c) Berechnen Sie die Brennschnittlänge für 24 Ronden.

d) Berechnen Sie die Schneidzeit für den gesamten Auftrag, wenn der Schnitt gleichzeitig mit drei Brennern ausgeführt wird.

e) Berechnen Sie den Sauerstoff- und Acetylenverbrauch in m^3 für den gesamten Auftrag.

11/7 Beurteilen Sie die abgebildeten Schnittflächen, indem Sie möglichst detailliert die Ursachen der einzelnen Schnittfehler aufzeigen.

① 

② 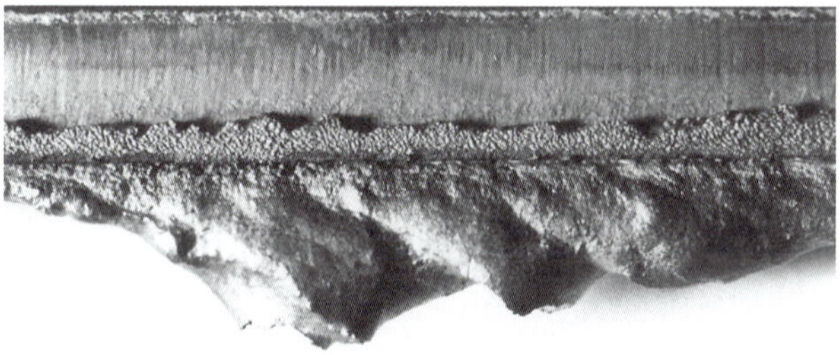

③ 

11/8 Die nachfolgende Auflistung enthält richtige und falsche Aussagen über die persönliche Schutzausrüstung des Bedieners und die Sicherheit beim Umgang mit der Brennschneidausrüstung.

a) Suchen Sie die richtigen Aussagen heraus.
b) Berichtigen Sie die falschen Aussagen.

1. Der Transport der Gasflaschen zum Brennschneiden darf auf dem Schrottplatz von einem Kran mit Elektromagnetgreifer durchgeführt werden.
2. Bei Brennschneidarbeiten müssen Sicherheitsschuhe getragen werden.
3. Den Schneidbrenner mit gezündeter Heizflamme hängt man vorübergehend am sichersten an die Gasflaschen.
4. Beim Brennschneiden nimmt die Geräuschbelästigung mit zunehmendem Gasdruck zu und macht Gehörschutz erforderlich.
5. Ein stark mit Fett verschmutzter Arbeitsanzug stellt beim Brennschneiden keinerlei Gefahr dar.
6. Ein Arbeitsanzug aus Perlon ist bei Brennschneidarbeiten gut geeignet, weil er Schmutz und Spritzer abweist.
7. Beim Brennschneiden mit einem Handschneidbrenner kann auf das Tragen von Schutzhandschuhen verzichtet werden.
8. Beim Transport von Gasflaschen müssen die Schutzkappen aufgeschraubt sein.
9. Eine Lederschürze, Lederärmel des Arbeitsanzuges und Gamaschen schützen besonders vor umhersprühenden Materialteilchen.
10. Erhöhte Brand- und Explosionsgefahr durch Ansammlung leicht entzündlicher Gasgemische besteht bei Brennschneidarbeiten in Behältern.

Funkenerosives Abtragen

11/9 Übernehmen Sie die Prinzipskizze für eine Funkenerosionsanlage. Ergänzen Sie die Beschriftung mit den richtigen Angaben aus der nachfolgenden Auswahl:

- Wechselstrom-Impulsgenerator/Gleichstrom-Impulsgenerator,
- Plus/Minus,
- Wechselstrom/Gleichstrom,
- elektrisch leitende Flüssigkeit/elektrisch nicht leitende Flüssigkeit,
- Spalt für den Stromfluss/Spalt für die Funkenentladung.

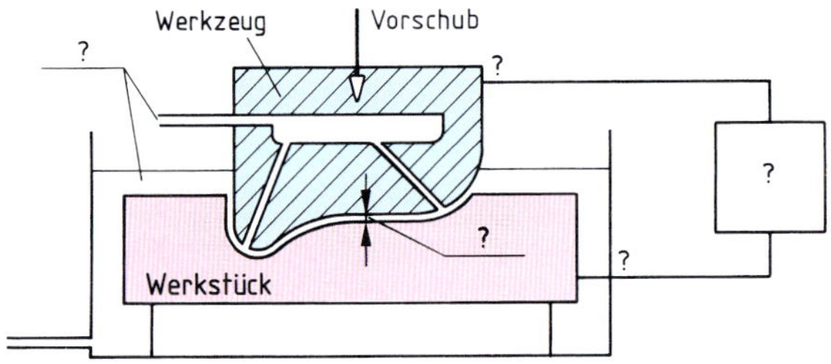

11/10 Wählen Sie die Werkstoffe aus, die sich nicht für eine funkenerosive Bearbeitung eignen:
Werkzeugstahl / Kunststoff / Glas / Aluminium / Gummi / Vergütungsstahl / Kupfer-Wolfram-Legierung.
Begründen Sie Ihre Auswahl.

11/11 Mit abtragenden Verfahren werden in der Fertigungstechnik Bearbeitungen durchgeführt. Übernehmen und ergänzen Sie folgende Tabelle.

	Herauslösen von Stoffteilchen durch	Entfernen der herausgelösten Stoffteilchen durch	Verfahren
Thermisches Abtragen durch elektrische Gasentladung	?	?	?
Thermisches Abtragen durch Gas	?	?	?
Chemisches Abtragen	?	?	?
Elektrochemisches Abtragen	?	?	?

11/12 Übertragen Sie nachfolgende Merksätze über das Abtragen, indem Sie nur die zutreffenden Aussagen übernehmen.
Bei den abtragenden Fertigungsverfahren werden durch *(keilförmige Schneiden/Wärmeenergie/Einwirkung von elektrischem Strom oder von Säuren)* an der Trennstelle Teilchen herausgelöst. Die Entfernung der Stoffteilchen geschieht durch *(strömende Gase oder Flüssigkeiten/selbsttätig)*.

12 Fertigungsverfahren des Urformens

12/1 Nennen Sie drei Gussteile, die Bestandteile eines Motorrads sind. Geben Sie auch das Grundmetall der für die Bauteile verwendeten Legierungen an.

12/2 Nennen Sie zwei Verfahren des Urformens und erklären Sie daran die Wesensmerkmale des Urformens.

Urformen von Metallen durch Gießen

12/3 a) Welche Formen bezeichnet man
- als verlorene Formen,
- als Dauerformen?

b) Aus welchen Werkstoffen werden diese Formen hergestellt?

12/4 Vergleichen Sie die Zeichnung, den Modellriss und das Modell eines Werkstücks.

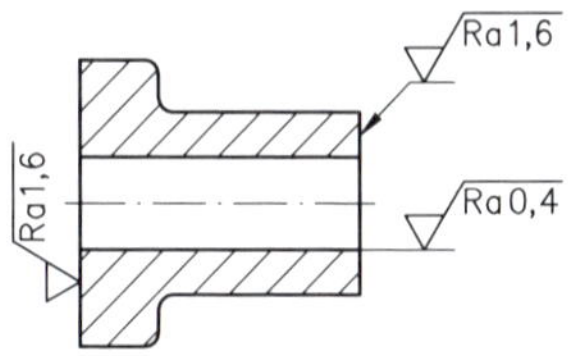

Zeichnung

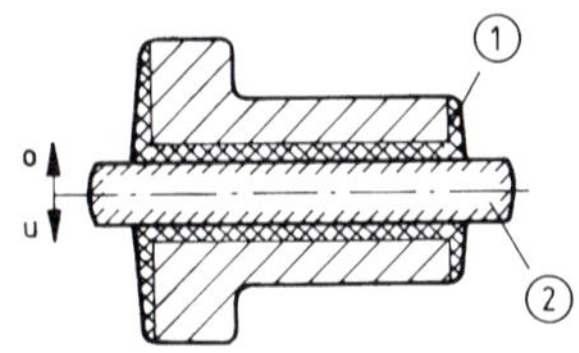

Modellriss

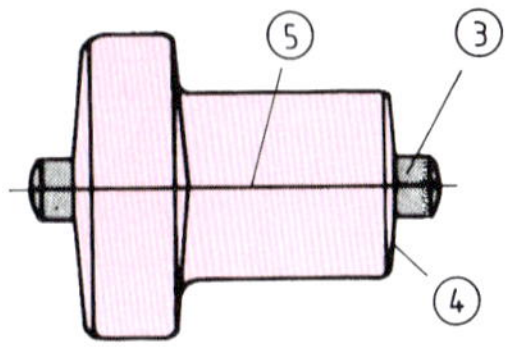

Modell

a) Welche gießtechnischen Merkmale sind in den Zeichnungen mit Zahlen gekennzeichnet? Schreiben Sie die Merkmale hinter die Zahlen auf Ihr Lösungsblatt.

b) Wodurch werden Hohlräume in einem Gussstück erzeugt?

c) Welche Aufgabe haben die Kernmarken am Modell?

d) Wozu sind Formschrägen an diesem Modell erforderlich?

e) Wie groß ist das Schwindmaß für Gusseisen?

f) Welchen Durchmesser hat das Modell, wenn der Werkstückdurchmesser 250 mm werden soll?

g) Aus welchen Werkstoffen könnte das Modell gefertigt werden, wenn es für mehrere Abgüsse verwendet wird?

12/5 Die Darstellung zeigt den Entwurf für ein Gehäuse, das durch Gießen hergestellt werden soll.
Skizzieren Sie den Entwurf für ein form- und gießgerechtes Modell im Schnitt unter Berücksichtigung folgender Gesichtspunkte:
- Bearbeitungszugabe,
- Formschräge,
- abgerundete Übergänge.

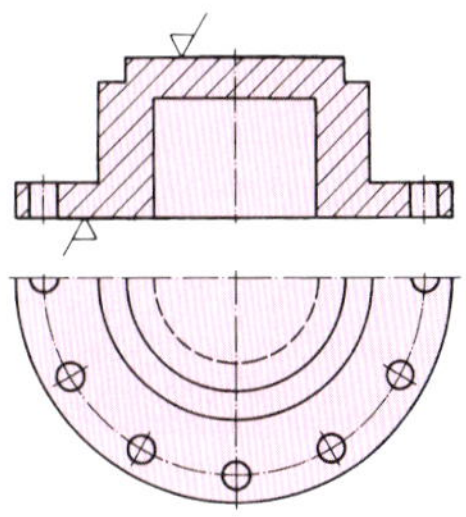

12/6 Beschreiben Sie die Herstellung der Form für den dargestellten Rohrbogen in Sandguss. Ordnen Sie dazu die untenstehenden Aussagen zu einem Fachbericht.

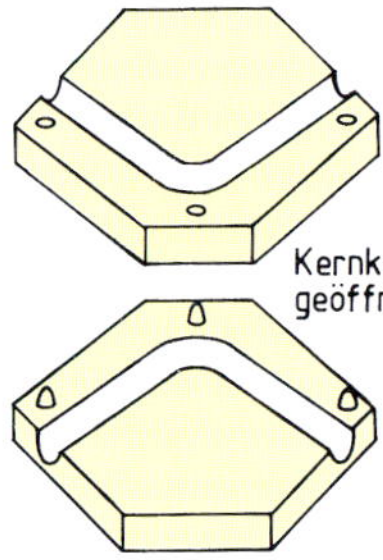

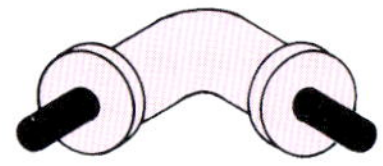

Aussagen:

- Das Unterkastenmodell wird auf den Aufstampfboden gelegt, Formsand in den Kasten gefüllt und der Sand festgestampft.
- Die aufgestampften Formhälften werden getrennt, die Modellhälften werden aus der Form gehoben.
- Lauf und Anschnitt werden hergestellt. Der Kern, der im Kernkasten hergestellt wurde, wird in den Formhohlraum gelegt.
- Das Oberkastenmodell und das Modell für den Einguss werden auf die Unterkastenhälfte aufgesetzt. Der Oberkasten wird aufgesetzt und aufgestampft.
- Oberkasten und Unterkasten werden zusammengelegt und beschwert. Die Form wird abgegossen.
- Der Unterkasten wird gewendet.

12/7 Das Bild zeigt ein Gussstück, wie es der Form entnommen wurde.

a) Bezeichnen Sie die Teile ① bis ②.

b) Welche Nacharbeiten am Gussstück sind noch im Gießereibetrieb nach dem Gießen vorzunehmen?

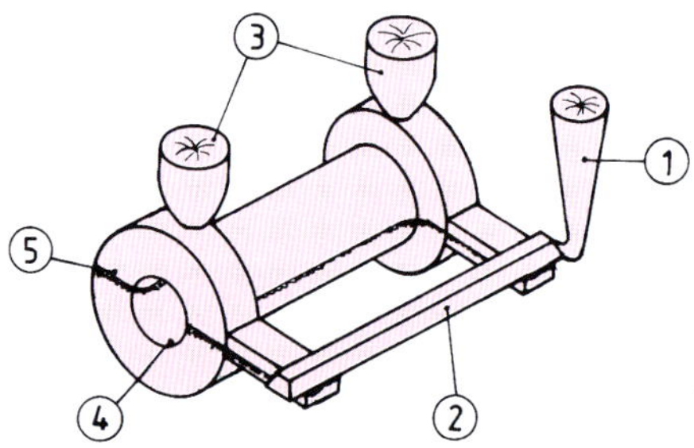

12/8 Schreiben Sie aus der folgenden Aufstellung diejenigen form- und gießtechnischen Maßnahmen heraus, die bei der Verwendung eines Modells aus Styropor im Vollformverfahren entfallen können. Ein Modell aus Styropor bleibt im Vollformverfahren in der Form und vergast beim Gießen.

- Formschräge
- Bearbeitungszugabe
- Schwindmaß
- Formteilung
- Abrundungen

12/9 Worin unterscheiden sich das Maskenform- und das Wachsausschmelzverfahren hinsichtlich:
- des Modellwerkstoffes und der Wiederverwendbarkeit des Modells,
- des Herstellungsverfahrens der Form,
- der Anzahl der gleichzeitig hergestellten Gussteile?

Druck auf Flüssigkeiten

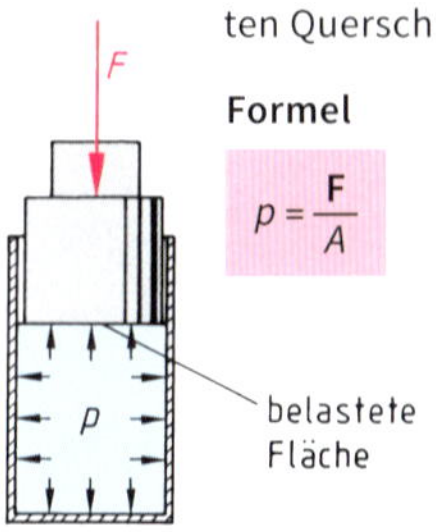

In einer Flüssigkeit entsteht ein Druck, wenn eine äußere Kraft über einen Kolben von bestimmten Querschnitt auf die Flüssigkeit wirkt.

Formel

$$p = \frac{F}{A}$$

Formelzeichen

F Druckkraft
A belastete Fläche
p Druck

Die Maßeinheit für den Druck ist Pascal, 1 Pa ≙ 1 N/m².
Da diese Maßeinheit nur für kleine Druckangaben günstig zu verwenden ist, wird in der Praxis für große Druckangaben die Druckeinheit Bar (bar) verwendet.
Einheiten: 1 bar ≙ 10 N/cm² ≙ 100 000 Pa

12/10 Berechnen Sie in den folgenden Aufgaben die fehlenden Werte.

Technische Größe			a)	b)	c)	d)	e)	f)
Druckkraft	*F*	N	?	?	1 500	1 365	?	4 900
belastete Fläche	*A*	cm²	5	3	?	210	80	?
Druck	*p*	bar	1	4	12	?	200	?
Druck	*p*	Pa	?	?	?	?	?	$1{,}4 \cdot 10^6$

12/11 Die Fläche eines Kolbens beträgt $A = 680\ cm^2$. Auf 1 cm² Kolbenfläche wirkt der Druck von $p = 12$ bar. Wie groß ist die Kraft *F*, die auf die gesamte Kolbenfläche wirkt, in N?

12/12 Mit einer Warmkammer-Druckgießmaschine wird ein Werkstück durch Spritzgießen hergestellt. Der Querschnitt des Werkstücks ist mit $A = 1\,920\ cm^2$ angegeben.

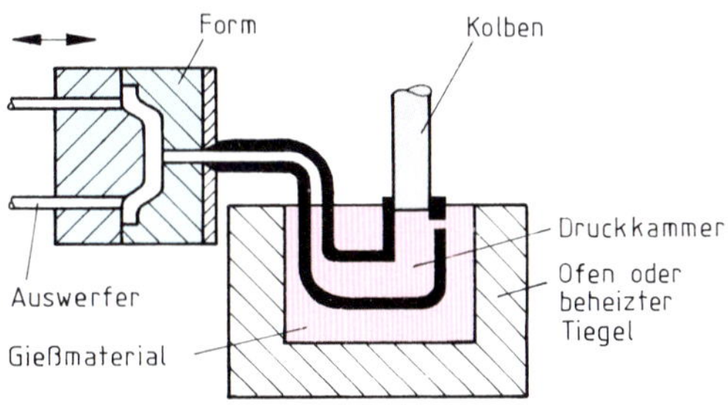

a) Der Kolbendurchmesser beträgt 40 mm. Welche Kolbenkraft muss wirksam sein, damit ein Druck von $p = 12{,}4$ bar erzeugt wird?
b) Wie groß ist der Druck des Gießmaterials in der Form?
c) Mit welcher Kraft müssen die Formhälften zumindest gegeneinander gedrückt werden, damit kein Gießmaterial aus der Form entweichen kann?

12/13 a) Welche Metalle bzw. welche Legierungen eignen sich besonders für das Druckgießen? Geben Sie dazu einige Werkstücke an.
b) Welchen Beanspruchungen sind Druckgussformen besonders ausgesetzt? Welche Werkstoffe werden deshalb für diese Werkzeuge verwendet?

12/14 Beschreiben Sie den Unterschied zwischen Warm- und Kaltkammerverfahren.

Urformverfahren für Kunststoffe

12/15 Vergleichen Sie in Tabellenform Spritzgießen und Extrudieren hinsichtlich:
- Verfahrensablauf,
- herzustellenden Werkstücken,
- verarbeitbaren Kunststoffen.

12/16 Wie werden Steckdosen aus duroplastischen Kunststoffen gefertigt?

Additives Fertigen

12/17 Angesichts eines Zeitungsartikels über 3D-Druck schwärmt ein Kollege: „Nun drucken wir alle Ersatzteile selbst. Das ist ganz einfach."
Wie werden Sie dem Kollegen erklären, dass es doch nicht so ganz einfach mit dem Selbstherstellen der Ersatzteile sein wird?

12/18 Wie ist die Form eines Körpers im STL-Format gespeichert?
Was ergibt sich daraus für gekrümmte Flächen und insbesondere für Bohrungen?

12/19 Laden Sie das kostenlose Slice-Programm „Cura 4.4" des niederländischen Druckerherstellers Ultimaker aus dem Internet.
Laden Sie in „Cura 4.4" das auf der Internetseite „https://www.westermann.de/artikel/978-3-427-55413-4" erreichbare Werkstück.
Prüfen Sie, in welcher Baulage sich das Werkstück am günstigsten fertigen lässt.

12/20 Vielfach wird die Bezeichnung „Selektives Lasersintern" auch für das Laserschmelzen verwendet.
Erklären Sie den Unterschied zwischen beiden Verfahren.

12/21 Im Schmelzschichtverfahren können im gefügten Zustand Bauteile, wie z. B. Scharniere, gedruckt werden.
Beurteilen Sie die voraussichtliche Qualität einer solchen Verbindung.

12/22 Wie hätte das im Beispiel dargestellte Turbinengehäuse gefertigt werden können? (siehe Lehrbuch)
Nennen Sie Alternative und geben Sie die dabei auftretenden Probleme an.

13 Fertigungsverfahren des Umformens

13/1 Etwa 70 % der Stahlproduktion werden zu Halbzeugen umgeformt.
Nennen Sie mindestens zwei Umformverfahren zur Herstellung von U-Profil, Rundmaterial und Sechskantmaterial.

13/2 Mit welchen Umformverfahren werden nahtlose Rohre aus NE-Metallen hergestellt?

13/3 Formulieren Sie einen Merksatz über den Begriff Umformen, der folgende Gesichtspunkte enthält:
Art der Verformung, Werkstoffvolumen und Zusammenhalt der Werkstoffteilchen.

13/4 In einer Zerreißmaschine wird eine Zugprobe durch eine Zugkraft belastet.
Vergleichen Sie die Probenlänge nach Entlastung mit der Ausgangslänge

a) bei einer elastischen Formänderung,
b) bei einer plastischen Formänderung.

13/5 Was geschieht im kristallinen Bereich des Werkstoffes durch Zugkräfte?

a) bei elastischer Formänderung,
b) bei plastischer Formänderung?

13/6
a) Begründen Sie, warum Gummi und Gusseisen zum Umformen nicht geeignet sind.
b) Ordnen Sie folgende Werkstoffe nach ihrer Eignung zum Umformen: E 360 (St 70), Kupfer, S235 (St 37).
c) In welcher Weise beeinflussen Festigkeit und Dehnbarkeit die Eignung eines Werkstoffes zum Umformen?

13/7 Eine Schiffskurbelwelle soll aus einem Block geschmiedet werden.
Nennen Sie Gründe, warum sie warm umgeformt wird.

13/8 Ein Draht von 4 mm Durchmesser wird durch Kaltziehen auf 3,5 mm Durchmesser gebracht.
Wie ändern sich dabei die Eigenschaften Festigkeit und Dehnbarkeit des Drahtes?

13/9 Warum tritt beim Kaltumformen eine Werkstoffverfestigung ein?

13/10 Schreiben Sie aus der folgenden Aufstellung die Umformvorgänge heraus, bei denen eine Kaltumformung zweckmäßig ist:

- Wickeln einer Zugfeder,
- Schmieden einer Kurbelwelle,
- Ausbeulen eines Autokotflügels,
- Walzen eines T-Trägers,
- Biegen eines Kastens aus 1-mm-Blech.

13/11
a) Was versteht man bei Metallen unter Rekristallisationstemperatur?
b) Aluminium und Stahl werden bei 420 °C umgeformt.
Stellen Sie fest, ob es sich um ein Umformen oberhalb oder unterhalb der Rekristallisationstemperatur handelt.
Welche Auswirkungen hat dies auf das Gefüge?

Biegen von Blechen und Rohren

13/12 Ein Flachmaterial soll rechtwinklig gebogen werden.
Die aufzubringende Kraft beträgt F_1 = 150 N bei einem Hebelarm von 200 mm.

Wie groß ist die Biegekraft, wenn die Hebellänge 375 mm beträgt?

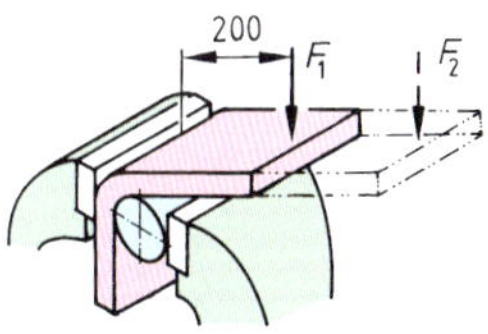

13/13 Skizzieren Sie das gebogene Werkstück ab.
Tragen Sie mit unterschiedlichen Farben in das Werkstück ein

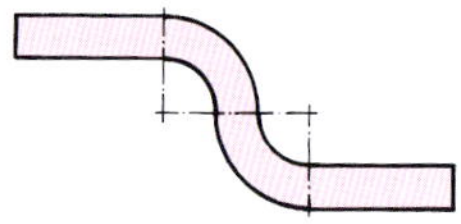

a) den Verlauf der neutralen Faser,
b) den Bereich der Werkstoffstreckung,
c) den Bereich der Werkstoffstauchung.

13/14 Erklären Sie den Begriff der neutralen Faser. Gehen Sie dabei auf Längenänderung und Spannungsverteilung im Biegeteil ein.

13/15 Ein Vierkantmaterial mit der Kantenlänge $l = 40$ mm wird rechtwinklig mit dem Biegeradius $r = 35$ mm gebogen.
Skizzieren Sie das gebogene Teil im Maßstab 1:5, und tragen Sie den Biegeradius ein.

13/16 a) Weshalb darf beim Biegen der Mindestbiegeradius nicht unterschritten werden?
b) Aus welchem Grund kann bei weichen Werkstoffen ein kleinerer Biegeradius gewählt werden als bei harten Werkstoffen?

13/17 Ein Flachmaterial aus Stahl □ 30 x 8 wird

a) flachkantig und
b) hochkantig gebogen.

Welche Mindestbiegeradien sind einzuhalten?

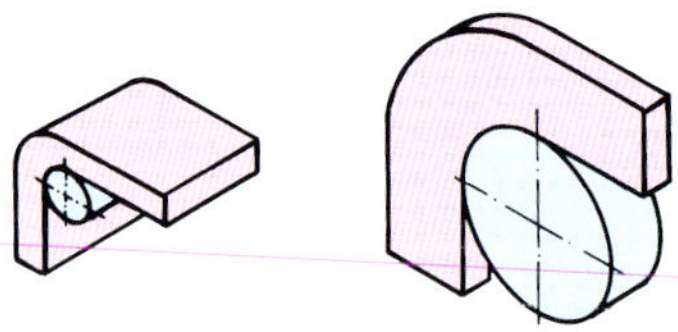

13/18 Beim Biegen von Werkstücken im kalten Zustand tritt immer eine Rückfederung auf.
Welche Art der Formänderung ist die Ursache

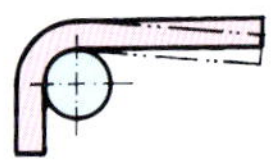

a) für die bleibende Formänderung und
b) für die Rückfederung?
c) Wie können Sie ermitteln, welcher Biegewinkel eingehalten werden muss, wenn am Biegeteil der Winkel 90° betragen soll?

13/19 Berechnen Sie den Verschnitt in % für die folgenden Werkstücke.

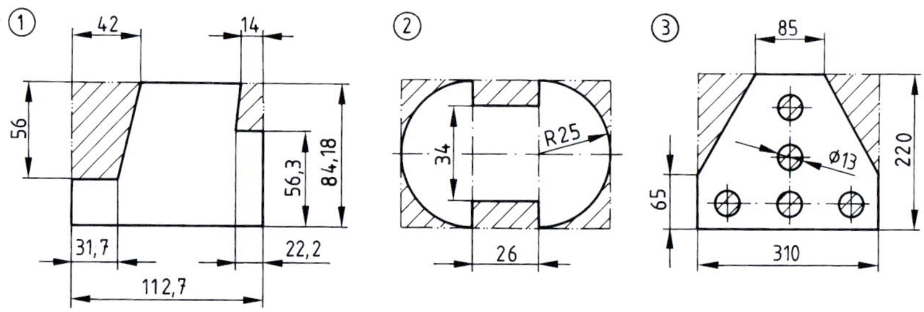

13/20 Aus einer Blechtafel von 1 000 mm x 2 000 mm x 1 mm werden zwei kreisrunde Deckel mit 860 mm Durchmesser geschnitten.
Berechnen Sie den Verschnitt in %.

13/21 Der skizzierte Trichter ist oben und unten offen. Er soll aus 0,5 mm dickem Zinkblech hergestellt werden. Die Kanten werden weichgelötet.

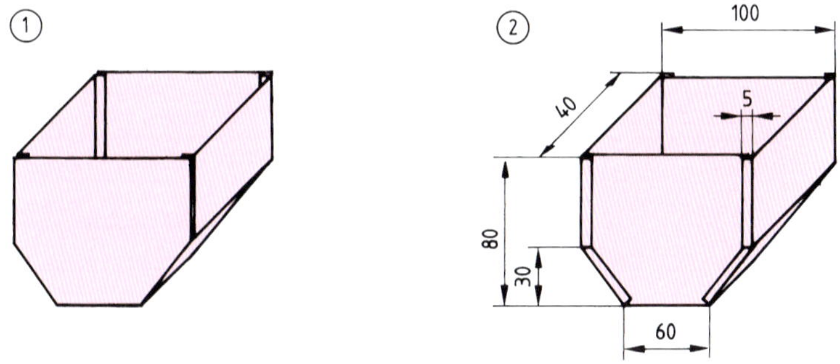

a) Es werden die Lösungen ① und ② vorgeschlagen.
Entscheiden Sie sich für eine von ihnen, und begründen Sie Ihre Antwort.

b) Fertigen Sie das Teil entsprechend der Abwicklung aus Zeichenkarton an.

13/22 Mit welchen Hilfsmitteln wird beim freien Biegen von Rohren eine Querschnittsveränderung an der Biegestelle verhindert?

13/23 Weshalb bleibt beim Biegen von Rohren in Biegevorrichtungen der Querschnitt weitgehend erhalten?

13/24 Beim Biegen geschweißter Rohre legt man nach Möglichkeit die Schweißnaht so, dass sie keinen Zug- oder Druckspannungen ausgesetzt ist.
Skizzieren Sie das gebogene Rohr, und zeichnen Sie die Lage der Schweißnaht ein.

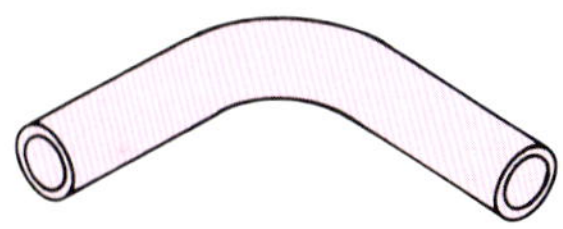

Rohlängen von Biegeteilen

Die Rohlänge von Biegeteilen entspricht ungefähr der Länge der neutralen Faser. Die neutrale Faser verläuft durch den Schwerpunkt des Profilquerschnitts.

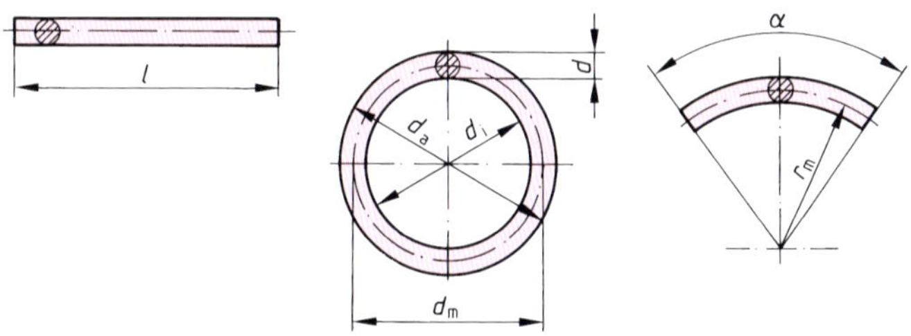

Formelzeichen

- l gestreckte Länge
- d_m mittlerer Durchmesser
- r_m mittlerer Radius
- d_a Außendurchmesser
- d_i Innendurchmesser

Formeln:

$d_m = d_a - d$ $\quad r_m = r_a \frac{d}{2}$

$d_m = d_i + d$ $\quad r_m = r_i + \frac{d}{2}$

$l = d_m \cdot \pi$

$l = \frac{d_m \cdot \pi \cdot \alpha}{360°}$

Merke: Zur Ermittlung der gestreckten Länge L wird das Werkstück in einfach zu errechnende Teillängen l_1, l_2, ... zerlegt. Diese Teillängen bestehen meist aus Geraden, Kreisen oder Kreisbögen.

$L = l_1 + l_2 + ...$

13/25 Berechnen Sie die fehlenden Werte in den folgenden Aufgaben.

1. Die nachfolgenden Angaben gelten für das Biegen vollständiger Ringe.

			a)	b)	c)	d)	e)	f)
Außen-⌀ des Ringes	d_a	mm	320	?	800	?	?	600
Innen-⌀ des Ringes	d_i	mm	?	420	776	?	?	?
Material-⌀	d	mm	16	20	?	12	30	8
Mittlerer ⌀ (neutrale Faser)	d_m	mm	?	?	?	520	?	?
Rohlänge (gestreckte Länge)	l	mm	?	?	?	?	2 890,3	?

2. Bestimmen Sie die fehlenden Werte der Tabelle.

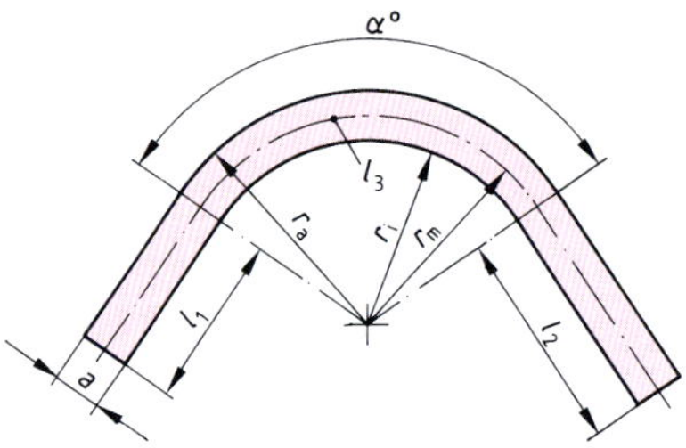

		a)	b)	c)	d)	e)
r_a	mm	250	?	420	?	?
r_i	mm	230	?	?	?	100
α	°	90	135	110	100	?
d_m	mm	?	400	?	280	?
a	mm	?	30	16	12	20
l_1	mm	90	200	120	65	100
l_3	mm	?	?	?	?	182,39
l_2	mm	110	80	50	95	150
$L = l_1 + l_2 + l_3$		?	?	?	?	?

13/26 1. Berechnen Sie die

a) Länge der Behälterwandung l_1,
b) Rohlänge des Außenrings l_2,
c) Rohlänge des Innenrings l_3.

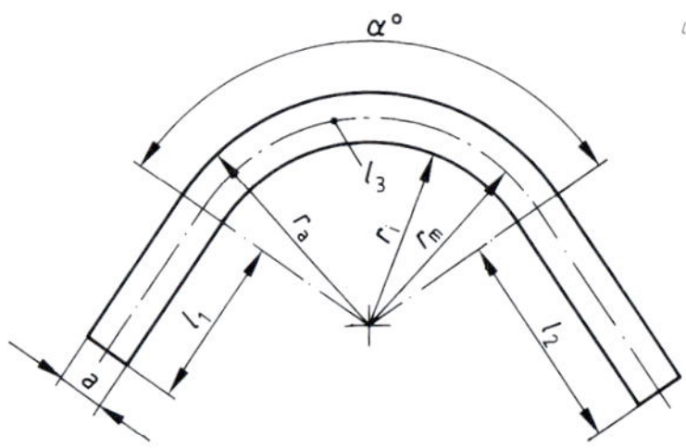

2. Eine Lasche aus Flachstahl 30 × 8 soll gemäß Zeichnung angefertigt werden.

a) Zeichnen Sie das Teil im Maßstab 1:1, und tragen Sie die Linie für die neutrale Faser ein.
b) Berechnen Sie die gestreckte Länge des Rohteiles.

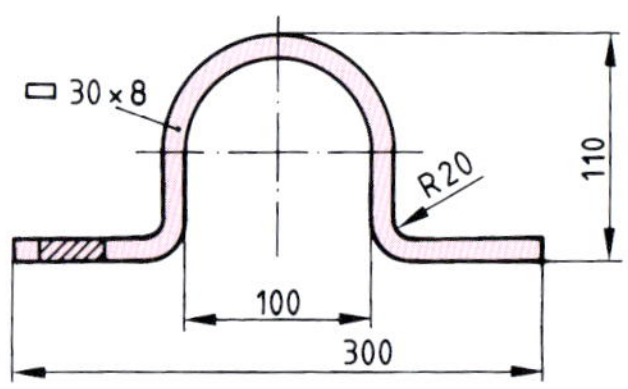

13/27 1. Auf welche Länge ist das Rundmaterial zuzuschneiden?

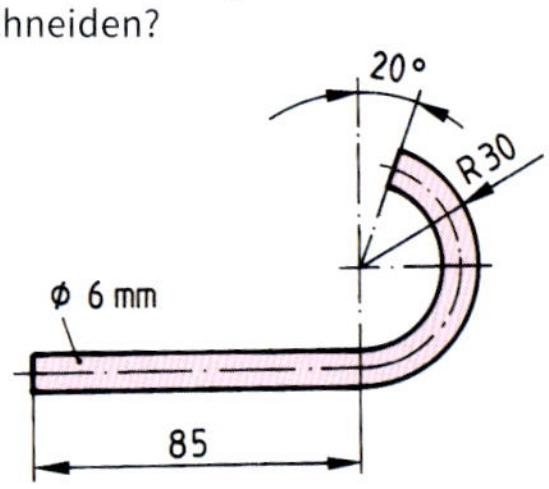

2. Berechnen Sie die Rohlänge.

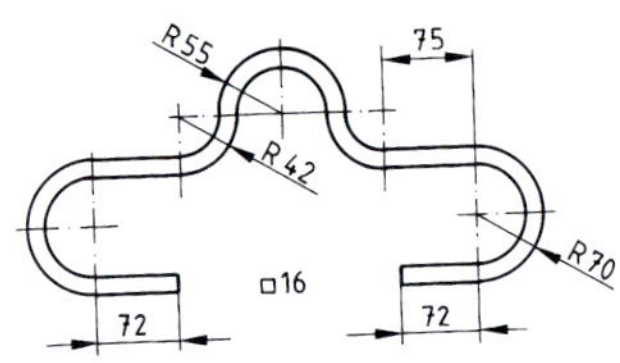

Sicken, Bördeln, Falzen

13/28 Eine Außentür besteht aus einem Metallrahmen mit einseitiger Verkleidung aus 1 mm dickem Blech. Das Blech ist 850 mm breit und 2 000 mm hoch.
Die Verkleidung soll durch Sicken versteift und gefälliger gestaltet werden.
Zeichnen Sie die Verkleidung im Maßstab 1:10, und entwerfen Sie die Gestaltung durch Sicken.

13/29
a) Was versteht man unter Bördeln?
b) Bestimmen Sie die maximale Bördelhöhe für 1,5 mm dickes Blech.

13/30
a) Schildern Sie Zweck und Herstellung eines ebenen Falzes.
b) Ermitteln Sie die Blechzugaben für einen Falz, wenn dieser eine Breite von 15 mm haben soll und die Blechdicke 0,8 mm beträgt.

Schmieden

13/31
a) Nennen Sie Werkzeuge bzw. Maschinenteile, welche durch Schmieden ihre Form erhalten.
b) Wie wirken beim Schmieden die Umformkräfte auf das Rohteil?

13/32 Skizzieren Sie die Kurbelwelle zweimal ab.
Das erste Bild soll eine aus dem Vollen gearbeitete Kurbelwelle und das zweite eine geschmiedete Kurbelwelle darstellen.

a) Zeichnen Sie jeweils den Faserverlauf ein.
b) Welche Vorzüge hinsichtlich Festigkeit und Gefügeaufbau hat die geschmiedete Kurbelwelle?

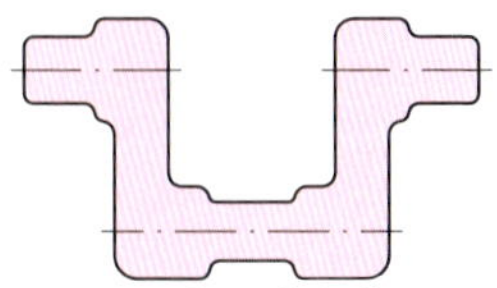

Kontur der Kurbelwelle

13/33 Ermitteln Sie aus dem Schaubild „Schmiedetemperaturbereich bei unlegierten Stählen" die Anfangs- und Endtemperaturen für das Schmieden eines unlegierten Baustahls mit 0,2 % Kohlenstoff und eines unlegierten Werkzeugstahls mit 0,8 % Kohlenstoff.

13/34
a) Worin besteht der Unterschied zwischen Freiform- und Gesenkschmieden?
b) Für welche Schmiedearbeiten wird heute noch das Freiformschmieden angewandt?

13/35 Wie heißen in der Fachsprache beim Gesenkschmieden

a) die Schmiedeformen und
b) die Hohlräume für die Werkstücke in diesen Formen?

13/36 Welche Eigenschaften muss der Werkstoff für die Gesenke haben, damit das Gesenk beim Schmieden der hohen Temperatur und der schlagartigen Belastung gewachsen ist?

13/37 Beim Gesenkschmieden muss der Schmiederohling ein größeres Volumen als das Schmiedefertigteil haben.

a) Wo verbleibt der überschüssige Werkstoff?
b) Was soll durch den überschüssigen Werkstoff erreicht werden?

13/38 Nennen Sie schmiedetechnische Gründe, aus denen Übergangsradien am Werkstück erforderlich sind.

13/39 Das Gesenkschmieden ist wegen seiner Vorzüge gegenüber dem Freiformschmieden ein Fertigungsverfahren der Massenproduktion. Nennen Sie mindestens drei Vorzüge.

Rohlängenberechnung von Schmiedeteilen

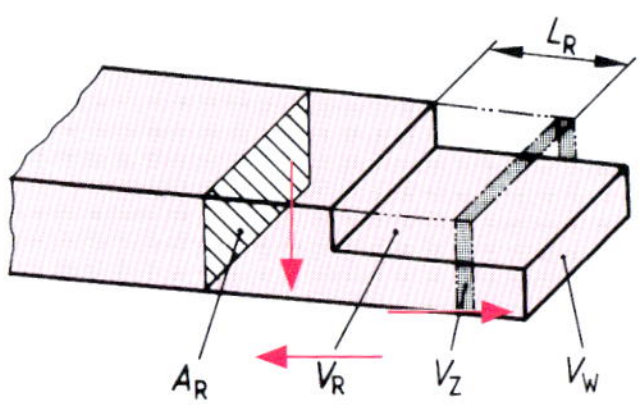

Formeln

$V_R = V_W$ (ohne Verlust)

$V_R = V_W + V_Z$ (mit Verlust)

$A_R \cdot L_R = V_W + V_Z$

$$L_R = \frac{V_W + V_Z}{A_R}$$

Formelzeichen

V_W Volumen des Fertigteils

V_R Volumen des Rohlings

V_Z Volumenzugabe für Verlust

A_R Stirnfläche des Rohlings

L_R Länge des Rohlings

13/40 Berechnen Sie für die folgenden Aufgaben die Rohlängen.

1.

	Rohling Form	Maße	wird umgeformt zu Form	Maße in mm	Abbrand	Länge des Rohlings
a)	⌀	d = 25 mm	Vierkantzapfen	18 x 18 x 60	6 %	L_R = ?
b)	⌀	d = 12 mm	zylindrischer Kopf	⌀ 20 x 10	5 %	L_R = ?
c)	□	a = 30 mm	Vierkantzapfen	□ 20 x 100	7 %	L_R = ?
d)	□	a = 27 mm	zylindrischer Kopf	⌀ 36 x 25	7 %	L_R = ?
e)	□	60 x 20	zylindrischer Zapfen	⌀ 18 x 120	5 %	L_R = ?
f)	⌀	d = 15 m	Sechskantkopf	SW 24 x 12 hoch	4 %	L_R = ?

2. An einen Rundstab mit d = 25 mm soll eine kegelförmige Spitze von 72 mm Länge angeschmiedet werden. Der Stab soll mit Spitze 150 mm lang sein.
   a) Ermitteln Sie die Rohlänge des Rundstabes.
   b) Wie lang muss die Rohlänge des Stabes mit 15 % Abbrand sein?

3. Berechnen Sie die Rohlänge L_R für das Werkstück gemäß Zeichnung. Für den Abbrand werden 8 mm zugegeben.

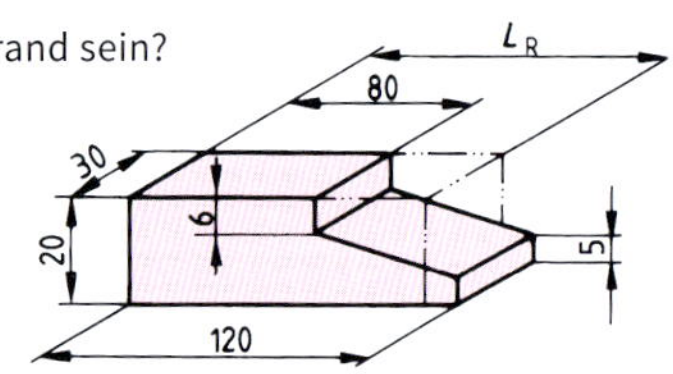

Richten

13/41 a) Beschreiben Sie das Richten des Flachstabes durch äußere Krafteinwirkung.
b) Wie müssen sich beim Richten die Längen der Fasern verändern?

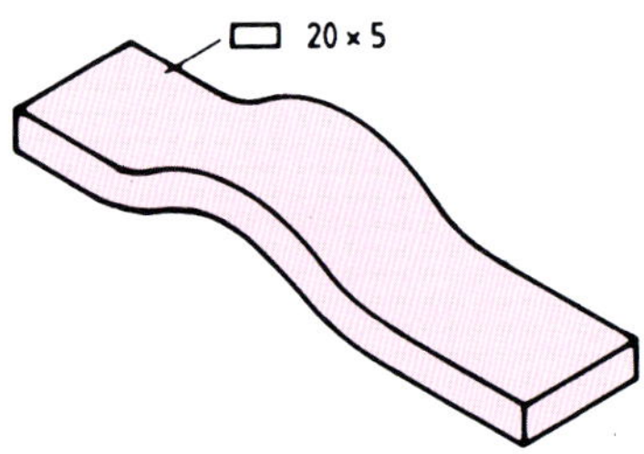

13/42 Große Profile lassen sich oft nur mithilfe der Wärmewirkung richten.
Erklären Sie, weshalb die Wärmekeile an der nach außen gewölbten Werkstückseite aufgebracht werden.
Skizzieren Sie das gekrümmte Profil, und tragen Sie die erforderlichen Wärmekeile ein.

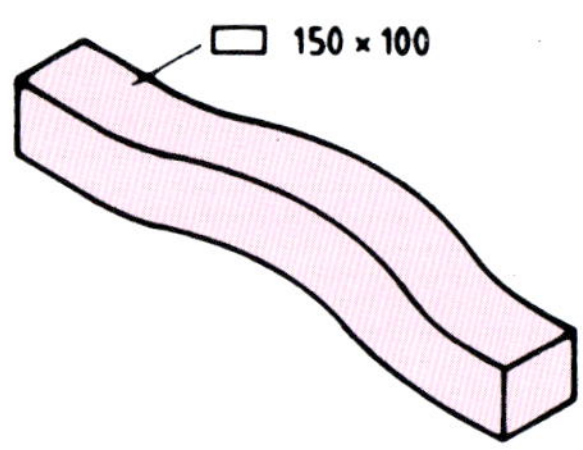

13/43 Die verbogenen Profile sollen durch Wärmewirkung gerichtet werden.
Skizzieren Sie erst die verborgenen Teile. Zeichnen Sie dann die Wärmekeile so ein, dass die Bauteile gerichtet werden.

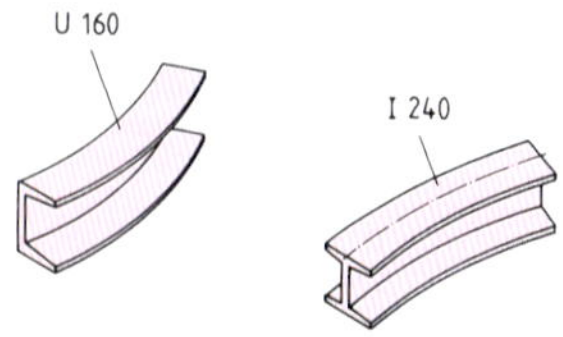

14 Fertigungsverfahren des Fügens

Grundbegriffe

14/1 Das Fügen von Bauelementen kann durch verschiedene Hilfsmittel erfolgen.
Zeichnen Sie die nebenstehende Tabelle ab, und ordnen Sie die Fügeverfahren Schrauben, Löten, Aufschrumpfen, Kleben, Nieten, Verstiften, Schweißen und Verkeilen in die Tabelle ein.

Fügen mit formlosem Stoff	Fügen mit Hilfsteilen	Fügen ohne Hilfsteile und ohne Stoffe
?	?	?
?	?	?
?	?	?
?	?	?

14/2 Die gezeichneten Einzelteile eines Hebelsystems werden entsprechend dem Bild gefügt.
a) Wie nennt man die Fügehilfsteile ①, ②, ③?
b) Welche Fügeverfahren kommen hier zur Anwendung?

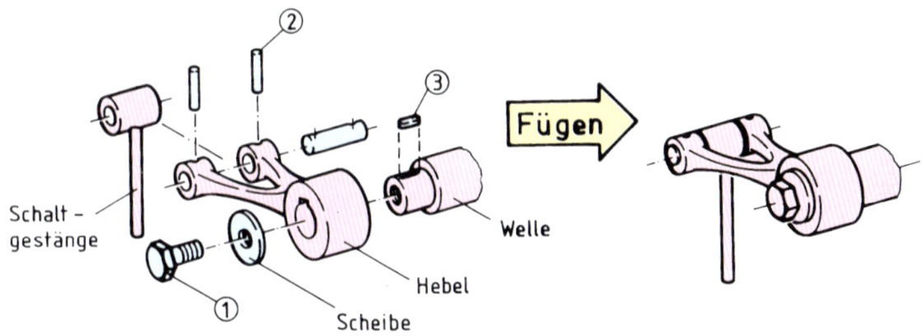

14/3 Übernehmen Sie die folgende Tabelle und geben Sie die Art des Fügens durch Ankreuzen an.

Fügen durch	Kraftschluss	Formschluss	Stoffschluss
Kleben	?	?	?
Schweißen	?	?	?
Löten	?	?	?
Passschrauben	?	?	?
Schrumpfen	?	?	?

14/4 Der Kraftfluss in einer Bohrmaschine erfolgt über folgende Bauteile in der angegebenen Reihenfolge:
- Riemenscheibe des Motors/Riemen/Riemenscheibe der Bohrspindel,
- Passfeder zwischen Riemenscheibe und Bohrspindel,
- Bohrspindel mit kegeliger Hülse/Bohrer mit Kegelschaft.

Welche Art der Kraftübertragung besteht jeweils zwischen den gefügten Bauteilen?

14/5 Vergleichen Sie die folgenden Kraftübertragungen.

- Die Fahrradkette überträgt die Muskelkraft auf das Hinterrad.
- Ein Flachriemen überträgt die Kraft des E-Motors auf die Riemenscheibe einer Kreissäge.

a) Welche Kraftübertragung ist formschlüssig, welche kraftschlüssig?

b) Welche Vorteile bietet eine formschlüssige, welche Vorteile bietet eine kraftschlüssige Bewegungsübertragung?

14/6 Die Einzelteile eines Schraubstockes sind

- *lösbar* oder *unlösbar,*
- *beweglich* oder *fest* miteinander verbunden.

Ordnen Sie den Verbindungen die obigen Merkmale zu.

- Mutter und Spindel,
- Knebel und Spindel,
- Werkbank und Schraubstock.

14/7 Nennen Sie je zwei Beispiele aus dem Bereich „Fahrradfahren" für

a) erwünschte Reibung, b) unerwünschte Reibung.

14/8 a) Übertragen Sie die Abbildungen, und tragen Sie die Richtung der Normalkraft und die Richtung der Reibungskraft auf das Werkstück ein.

b) Bilden Sie einen Merksatz, in dem Sie die Richtung der Normalkraft im Hinblick auf die Berührungsfläche festlegen.

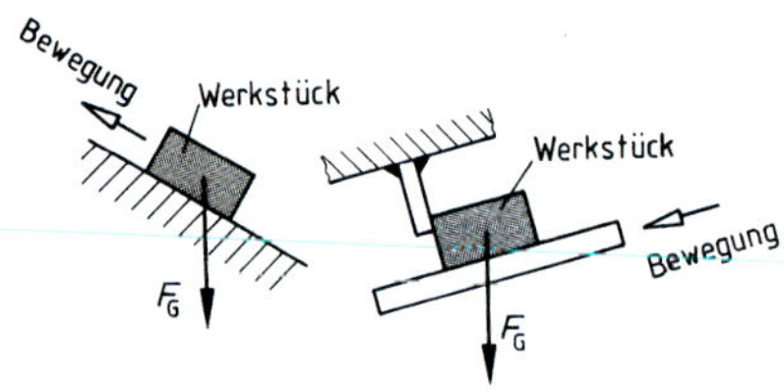

Reibungskraft

Reibungskräfte müssen überwunden werden, wenn Körper aus der Ruhe bewegt bzw. wenn deren Geschwindigkeit beibehalten werden soll. Jede Reibungskraft wirkt der angestrebten Bewegung entgegen.

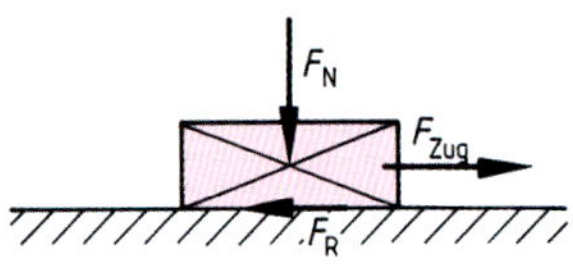

Formel $F_R = \mu \cdot F_N$

Formelzeichen

F_R Reibungskraft

μ Reibungszahl

F_N Normalkraft

Die Größe der Reibungskraft ist von folgenden Einflussgrößen direkt abhängig:

- Normalkraft F_N, sie wirkt senkrecht auf die Gleitebene,
- Werkstoffpaarung der aufeinander gleitenden Flächen,
- Oberflächenbeschaffenheit und Art der Schmierung,
- Art der Reibung (Haftreibung, Gleitreibung, Rollreibung).

} Diese Einflussgrößen sind in den entsprechenden Reibungszahlen μ* erfasst.

*(griech. Buchstabe μ, lies: mü)

14/9 Ein Werkzeugschlitten mit der Gewichtskraft von 5 000 N wurde nacheinander mit unterschiedlichen Werkstoffen für die Gleitschienen ausgerüstet und auf einer Gleitbahn aus Stahl horizontal verschoben. Man stellte jeweils folgende Reibungskräfte fest:

Werkzeugschlitten mit Gleitschiene aus

a) Stahl $F_{R1} = 750$ N, b) Gusseisen $F_{R2} = 900$ N, c) Bronze $F_{R3} = 800$ N.

Berechnen Sie jeweils die Reibungszahlen für die Gleitbewegung.

14/10 Eine Stahlplatte hat folgende Maße:
Länge l = 400 mm, Breite b = 250 mm, Höhe h = 50 mm.

a) Welche Gewichtskraft hat die Platte (ϱ_{Stahl} = 7,85 kg/dm^3)?
b) Mit welcher Kraft kann die Platte auf einer Anreißplatte aus Stahl verschoben werden?
c) Schiebt man die Platte besser flach oder hochkant, wenn man den Kraftaufwand betrachtet? (Reibungszahlen siehe Lehrbuch)

14/11 Untersuchen Sie Reibungskräfte im Hinblick auf Werkstoffpaarung und Reibungsart.
Übernehmen Sie dazu die folgende Tabelle und füllen Sie diese sinngemäß aus.

Fall	Werkstoff-paarung	Reibungsart	Reibungszahl μ
Bremswirkung einer Scheibenbremse	?	?	?
Kraftübertragung : Riemenscheibe – Riemen	?	?	?
Bremsen mit blockierenden Reifen	?	?	0,8
Kraftübertragung : Reifen – Straße	?	?	?
Sitz eines Kugellagers auf einer Welle	?	?	?
Spannen eines Bohrers im Bohrfutter	?	?	?
Kraftübertragung : Spindel-Bohrer mit kegeligem Schaft	?	?	?

14/12 Die Spannbacke eines geöffneten Schraubstockes soll verstellt werden. Die notwendige Kraft wird am Hebel mit einem Kraftmesser gemessen. Wann zeigt der Kraftmesser einen größeren Betrag an? Begründen Sie Ihre Antwort.

a) Beim Übergang aus dem Ruhezustand in die Bewegung.
b) Während der gleichbleibenden Bewegung.

14/13 Warum soll in einem Gleitlager möglichst immer ein durchgehender Schmierfilm vorhanden sein?

14/14 Ein Werkstücktisch einer Produktionsmaschine läuft auf den Wälzkörpern einer Wälzführung. Der Tisch hat mit aufgespanntem Werkstück die Gewichtskraft von 8 500 N.

a) Welche Reibungskraft F_R ist während der Verstellung des Tisches wirksam, wenn der Hersteller der Wälzführungen die Rollreibungszahl μ_r = 0,0012 angibt?
b) Wie groß ist die Reibungskraft, wenn der gleiche Werkstücktisch in geschmierten Gleitführungsbahnen geführt würde bei einer Gleitreibungszahl von μ = 0,08?
c) Um wie viel Prozent vergrößert sich die Reibungskraft bei einer Führung mit Gleitreibung gegenüber der Wälzführung?

Fügen mit Gewinden

14/15 Schreiben Sie den folgenden Text ab, und bringen Sie ihn dabei durch die Auswahl der in Klammern stehenden Satzteile in die richtig Form.
Das Schrauben ist ein Fügeverfahren, das zum *(lösbaren/unlösbaren)* Fügen von Bauteilen eingesetzt wird. Dabei erfolgt die Kraftübertragung zwischen den gefügten Teilen *(kraftschlüssig/formschlüssig/stoffschlüssig)*. Der Zusammenhalt zwischen den Bauteilen wird mit *(Hilfsteilen/formlosem Stoff)* bewirkt.

14/16 Ordnen Sie die folgenden Beispiele von Schraubenverbindungen nach ihrem Einsatz als

- Befestigungsschraube,
- Bewegungsschraube,
- Schraube mit besonderen Aufgaben.

Übernehmen Sie dazu die folgende Tabelle und vervollständigen Sie diese durch Ankreuzen.

	Befestigungs-schraube	Bewegungs-schraube	Schraube mit besonderen Aufgaben
Gewinde an Fahrradachse	?	?	?
Gewinde einer Messspindel	?	?	?
Gewinde an der Schraubstockspindel	?	?	?
Gewinde an einem Wagenheber	?	?	?
Gewinde an einer Lampenfassung	?	?	?

14/17 Wodurch bringt man in einer Schraubverbindung die notwendigen Kräfte auf?

14/18 In welcher Hinsicht kann man eine Schraubverbindung mit einer Keilverbindung vergleichen?

14/19 Berechnen Sie die Umfangkraft F_u in einer Schraube mit dem Gewinde M 20 (Flankendurchmesser d_2 = 18,38 mm), die mit einer Handkraft F = 180 N angezogen wird. Der wirksame Hebel am Schraubenschlüssel hat eine Länge l = 300 mm.

14/20 Untersuchen Sie die Kraftzerlegung am Schrauben-Keil-Modell.
Zeichnen Sie dazu die vorgegebene Abbildung des Keiles ab, und zerlegen Sie zeichnerisch die Umfangskraft F_u in die Normalkraft F_N und die Spannkraft F_v.

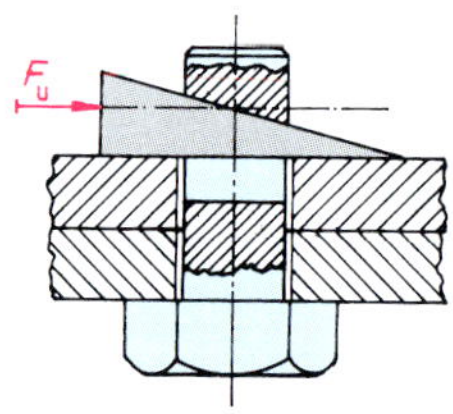

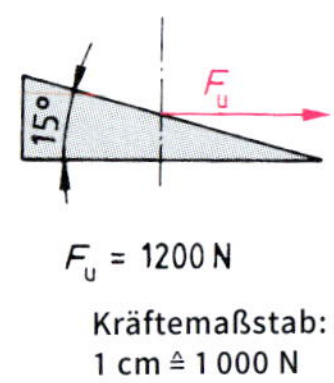

14/21 Welchen Einfluss hat der Steigungswinkel des Gewindes auf die Normalkraft und auf die Spannkraft?

14/22 Der Gewindegang einer Schraube ist mit der geneigten Ebene vergleichbar.

a) Welche Wirkung hat die Hangabtriebskraft im Gewindegang einer Schraubenverbindung?
b) Welche Wirkung hat die Reibungskraft im Gewindegang einer Schraubenverbindung?
c) Welche Beziehungen bestehen zwischen Hangabtriebskraft und Normalkraft bei
   - Befestigungsgewinden bzw.
   - Bewegungsgewinden ohne Selbsthemmung?

14/23
a) Warum benutzt man mehrgängige Gewinde?
b) Woran erkennt man ein dreigängiges Gewinde?
c) Ein mehrgängiges Gewinde hat eine Steigung von 11 mm, die Teilung beträgt 2,75 mm. Ermitteln Sie die Zahl der Gänge.

14/24
a) In welche Richtung müssen Schrauben in Normalausführung zum Anziehen gedreht werden?
b) Wie kann man die Gewinderichtung bei Schrauben und Muttern erkennen?
c) Zu welchem Zweck werden Linksgewinde eingesetzt?

14/25 Die Schleifscheiben auf dem dargestellten Schleifbock sollen gewechselt werden. Die ausgebauten Scheiben sollen später wieder verwendet werden, sie müssen darum sorgfältig ausgebaut werden.

a) Welche Gangrichtung haben die Gewinde auf jeder Seite?

b) In welche Drehrichtung muss jeweils gelöst werden?

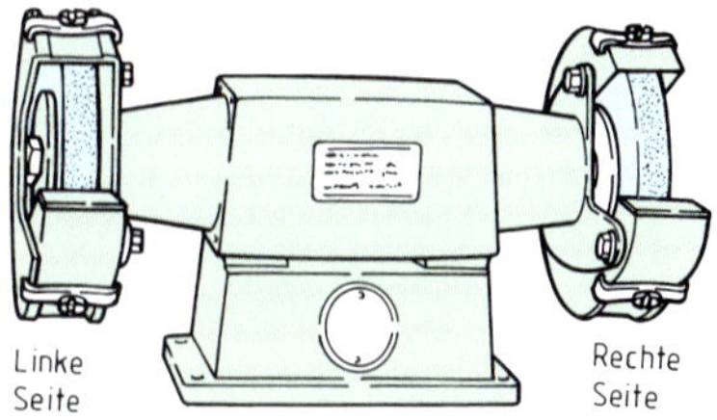

14/26 Warum verwendet man für Befestigungsschrauben Spitzgewinde?

14/27 Wodurch unterscheidet sich das metrische ISO-Regelgewinde vor allem vom Whitworth-Gewinde? Geben Sie die unterschiedlichen Werte an.

14/28 Die nebenstehende Abbildung zeigt den Ausschnitt einer Stückliste.
Welche Aussagen werden über die verschiedenen Gewinde in der Stückliste gemacht?

8	1	Spindel	M 10 x 0,75
9	1	Spindel	M 12 f
10	3	Gewindebuchse	M 8 x 0,75 – LH
11	2	Schraube	M 12 – LH

14/29 Für ein Rohr ist ein Gewinde G 1/2 vorgesehen. Welche Aussagen werden hiermit gemacht?

14/30 Bestimmen Sie die fehlenden Werte und berechnen Sie die Steigungswinkel.

Gewinde	Steigung	Flanken-ø	Steigungswinkel
M 10	1,5 mm	9,026 mm	?
M 10 x 0,75	?	9,513 mm	?
M 16	2,0 mm	14,701 mm	?
M 16 x 1	?	15,350 mm	?

14/31 a) Warum setzt man Trapezgewinde als Bewegungsgewinde ein?

b) Wann verwendet man Rundgewinde? Begründen Sie Ihre Antwort.

14/32 Untersuchen Sie das vorgegebene Gewindeprofil. Zeichnen Sie dazu das nebenstehende Gewindeprofil ab.

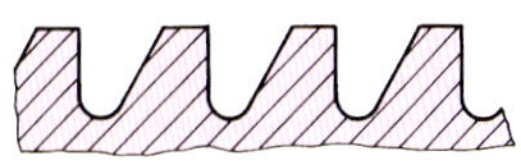

a) Wie bezeichnet man dieses Gewindeprofil?

b) Tragen Sie mit einem Kraftpfeil die Hauptbelastungsrichtung ein.

c) Zu welchem Zweck kann dieses Gewinde eingesetzt werden?

14/33 In einer Zeichnung stehen folgende Maßangaben über Gewinde:

a) Tr 32 x Ph 12 P 4 m b) M 30-LH c) Rd 16 x $^1/_8$ d) S 36 x 6-LH

Entschlüsseln Sie diese Angaben.

14/34 Zur Befestigung eines Deckels auf einem Gussgehäuse hat ein Konstrukteur zwischen den dargestellten Möglichkeiten A und B zu wählen.

a) Benennen Sie die beiden Schraubenarten.

b) Wie sollte sich der Konstrukteur entscheiden? Listen Sie die Vor- und Nachteile beider Verschlussmöglichkeiten für die Herstellung und Montage auf.

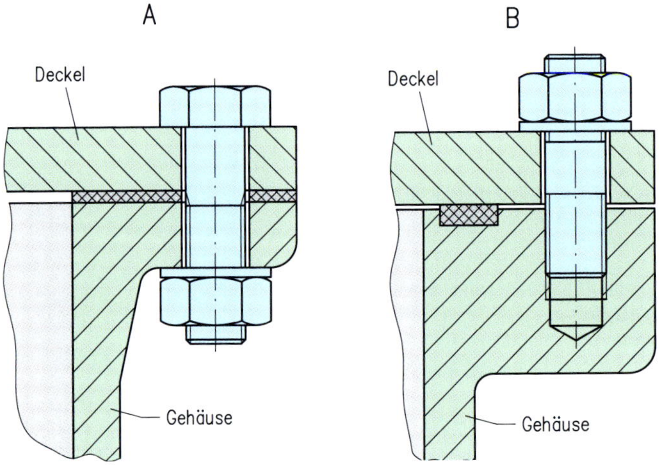

14/35 a) Warum findet die Innensechskantschraube im Werkzeugbau bevorzugt Anwendung?

b) Welchen Vorteil bieten Linsenkopfschrauben mit Kreuzschlitz gegenüber Senkkopfschrauben mit einem Schlitz?

14/36 a) Nennen Sie ein Beispiel, bei dem Hutmuttern verwendet werden.

b) Welche Vorteile hat die Verwendung von Hutmuttern?

c) Woran erkennt man Muttern mit Linksgewinde?

14/37 Um die Zuverlässigkeit einer Schraubenverbindung zu gewährleisten, wurde die Berechnung der Vorspannkraft durchgeführt. Das Resultat der Berechnung zeigte, dass eine Schraubensicherung konstruktiv erforderlich ist.

a) Nennen Sie konstruktive Maßnahmen bei der Sicherung der Verbindung gegen Lockern.

b) Welche Maßnahmen sind bei dynamischer Belastung als Sicherung gegen selbsttätiges Losdrehen denkbar?

14/38 Welche Schraubensicherungen sollten verwendet werden, wenn starke Erschütterungen auftreten?

14/39 a) Auf dem Kopf einer Sechskantschraube steht folgendes Kennzeichen: 8.8
Entschlüsseln Sie diese Angabe.

b) Auf einer Innensechskantschraube ist folgendes Sinnbild zu finden: ⧄
Nennen Sie die Festigkeitskennzahl, und entschlüsseln Sie diese Angabe.

14/40 Auf zwei Schrauben sind die Kennzahlen 6.6 und 5.8 angegeben.

a) Nennen Sie die Kennwerte der beiden Schraubenwerkstoffe.

b) Bei welcher der beiden Schrauben tritt eher eine bleibende Formänderung bei Überlast ein? Begründen Sie Ihre Antwort.

14/41 Für eine Schraubenverbindung ist ein Schraubenbolzen mit dem Kennzeichen 10.9 vorgesehen. Welche Festigkeitskennzahl sollte die Mutter aufweisen? Begründen Sie die Auswahl.

14/42 Die Befestigungsschraube am Rad eines Pkws hat eine Gewindesteigung P = 1,25 mm. Das Anzugsdrehmoment beträgt 150 Nm.
Mit welcher Spannkraft F_v wirkt die Schraube, wenn der Wirkungsgrad 0,1 beträgt?

14/43 Warum sind für Schrauben mit kleinem Durchmesser die Schraubenschlüssel kurz und für Schrauben mit großem Durchmesser die Schraubenschlüssel lang?

14/44 Eine Schraube M 24 (Flankendurchmesser 22,05 mm) wird mit einer Handkraft von 410 N angezogen.

Berechnen Sie die wirksame Schraubenschlüssellänge, wenn die Umfangkraft am Gewindegang 12 kN beträgt.

14/45 Mit welcher Kraft werden die Backen eines Schraubstockes gegeneinander gepresst, wenn folgende Daten gegeben sind?
Handkraft = 180 N, Länge des Knebels 40 cm, Steigung des Gewindes 6 mm, Wirkungsgrad 0,15.

14/46
a) Welche Spannkraft darf eine Schraube aus 5.8 mit M12-Gewinde maximal aufnehmen, wenn 2-fache Sicherheit gegen Erreichen der Streckgrenze verlangt wird?
b) Welche wirksame Schlüssellänge darf höchstens vorliegen, wenn die zulässige Spannkraft durch eine Handkraft von höchstens 250 N erreicht werden soll? Der Wirkungsgrad ist mit 0,12 einzusetzen.

14/47
a) Bei welcher Spannkraft wird bei einer Schraube M 20 aus 5.6 die Zugfestigkeit erreicht und die Schraube zerstört?
b) Bei welcher Handkraft ist dies bei einer wirksamen Schlüssellänge von 300 mm und einem Wirkungsgrad von 0,12 der Fall?

Fügen mit Stiften und Bolzen

14/48
a) Wie werden Stifte nach dem Verwendungszweck unterschieden?
b) Nennen Sie zu jeder Stiftart ein Anwendungsbeispiel.

14/49
a) Wie müssen die Bohrungen für Zylinderstifte vorbereitet werden?
b) Welchen genormten Zylinderstift muss man verwenden, wenn in eine Bohrung ⌀ 5H7 der Stift leicht eingetrieben werden soll?
c) Warum tragen Zylinderstifte mit dem Toleranzfeld m6 für Sacklöcher eine Längsrille oder eine durchgehende Bohrung?

14/50 Warum sind Kegelstifte vor allem als Befestigungsstifte geeignet?

14/51 Ein Hebel soll durch eine Feder in eine bestimmte Lage gestellt werden. Die Feder soll über einen Stift mit dem Gehäuse verbunden werden.
Wählen Sie einen geeigneten Stift aus.

14/52 In einer Druckmaschine soll ein gegossener Schalthebel mit einer Welle verbunden werden. Es wird nur ein geringes Drehmoment übertragen.
Schlagen Sie eine einfach herzustellende und preiswerte Verbindung mit einem Stift vor, die wiederholt gelöst werden kann. Begründen Sie Ihre Antwort.

14/53 An einem Schneidwerkzeug müssen Führungsplatte und Schneidplatte in ihrer Lage gesichert werden.

a) Wo sind die Stifte zu setzen? Begründen Sie Ihre Antwort.
b) Wählen Sie eine geeignete Stiftform aus, und geben Sie die Vorbereitungsarbeiten zur Herstellung der Verbindung an.
c) Schlagen Sie eine Verbindung zwischen Führungsplatte, Zwischenlage und Schneidplatte vor.

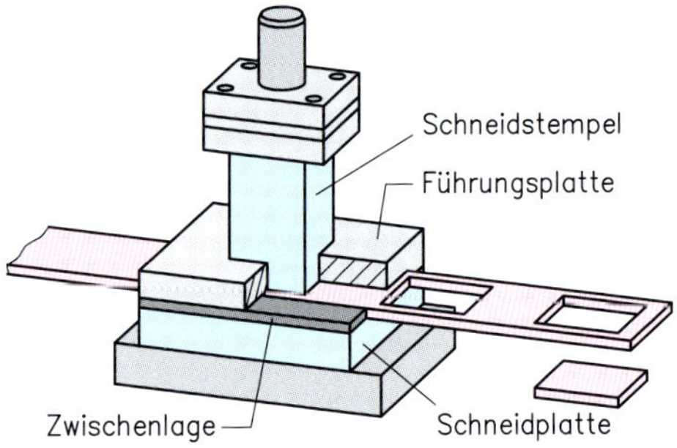

14/54 a) Skizzieren Sie je einen Zylinderstift, Kegelstift, Kerbstift und Spannstift. Geben Sie jeweils ein typisches Anwendungsbeispiel an.
b) Welchen Vorteil haben Kerbstiftverbindungen gegenüber Zylinder- oder Kegelstiftverbindungen?
c) Welche Vorzüge haben Spannstifte gegenüber Kerbstiften?

14/55 Die dargestellte Seilrolle soll durch einen Bolzen in der Halterung befestigt werden.

a) Wählen Sie eine geeignete Bolzenform.
b) Entnehmen Sie für den Bolzen die Grenzabmaße für Durchmesser 20 h11 dem Tabellenbuch.
Ermitteln Sie das Höchst- und Mindestspiel.
c) Machen Sie Vorschläge für die Schmierung der Seilrolle.

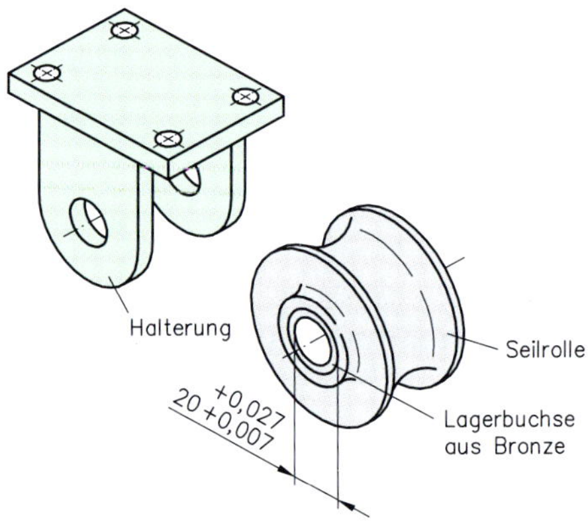

Fügen mit Passfedern, Keilen und Profilformen

14/56 a) Beschreiben Sie die Art der Kraftübertragung in einer Passfederverbindung mit der Kraftübertragung in einer Keilverbindung.
b) Begründen Sie, warum eine Passfederverbindung gegenüber einer Keilverbindung Vorteile hat.

14/57 Wie können Passfedern in der Nut zusätzlich gesichert werden?

14/58 Ein Zahnrad eines Schaltgetriebes soll auf der Welle verschoben werden.
Geben Sie eine einfache Konstruktion für eine Verbindung von Nabe und Welle an.

14/59 a) Welcher Unterschied besteht beim Lösen einer Einlegekeilverbindung und einer Treibkeilverbindung?
b) Warum können durch Einlegekeile größere Kräfte als durch Hohlkeile übertragen werden?
c) Skizzieren Sie einen Nasenkeil, und erläutern Sie die Aufgabe der Nase.

14/60 a) Welchen Einfluss hätte es auf die Konstruktion der Hinterradwelle eines Pkws, wenn statt eines Vielnutprofiles eine Passfederverbindung gewählt wird?

b) Im allgemeinen Maschinenbau wird die Passfederverbindung häufiger eingesetzt als die Verbindung durch Profilformen. Im Automobilbau wird vor allem das Keilwellenprofil eingesetzt. Begründen Sie diese Anwendungshäufigkeit in den einzelnen Branchen.

14/61 Welle und Nabe können auf unterschiedlichste Weise miteinander verbunden werden.

a) Geben Sie je zwei Beispiele für eine kraftschlüssige und eine formschlüssige Wellen-Naben-Verbindung an.

b) Ein Zahnrad soll mit einem zylindrischen Wellenende verbunden werden. Von der Verbindung wird eine hohe Laufgenauigkeit erwartet. Wählen Sie eine entsprechende Wellen-Naben-Verbindung aus und begründen Sie Ihre Auswahl.

c) Ein Zahnrad soll mit einem kegelstumpfförmigen Wellenende verbunden werden. Wählen Sie eine entsprechende Wellen-Naben-Verbindung und skizzieren Sie diese.

Fügen mit Nieten

14/62 Bis zu welchem Durchmesser können Stahlniete kalt genietet werden?

14/63 a) Beschreiben Sie, wie eine Warmnietung durchgeführt wird.

b) Welche Vorteile hat die Warmnietung gegenüber der Kaltnietung?

14/64 Durch Warmnietung entsteht eine kraftschlüssige Verbindung.
Wodurch halten in der skizzierten warmgenieteten Verbindung die Bleche zusammen?
Geben Sie eine ausführliche Erläuterung.

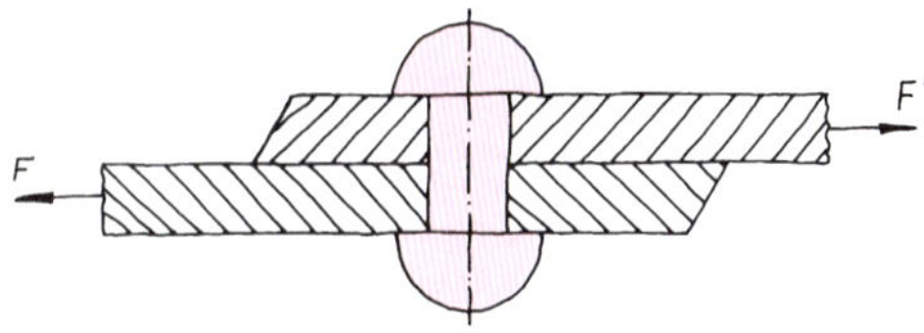

14/65 Wie wird der Nietwerkstoff in einem genieteten Bauteil vorwiegend beansprucht, wenn

a) eine Kaltnietung bzw.

b) eine Warmnietung vorgenommen wurde?

14/66 a) Skizzieren Sie mindestens drei verschiedene Nietformen.

b) Nennen Sie dazu jeweils ein Anwendungsbeispiel.

14/67 a) Welche Niete bezeichnet man als „Blindniete“?

b) Wie kann bei Blindnieten der Schließkopf gebildet werden?

c) Nennen Sie Arbeitsbereiche, bei denen Blindnieten besonders häufig vorkommen.

15/68 a) Nennen Sie jeweils eine technologische und eine mechanische Eigenschaft, die ein Nietwerkstoff haben muss.

b) Welcher Nietwerkstoff sollte möglichst gewählt werden, um elektrochemische Korrosion auszuschließen?

Fügen durch Schweißen

14/69 Übertragen Sie die beiden Merksätze über Schweißen und ergänzen Sie diese durch die zutreffenden Aussagen aus den Klammern.

- Durch Schweißen werden *(gleichartige/völlig verschiedene)* Werkstoffe in *(flüssigem oder plastischem/in festem)* Zustand zu einem gemeinsamen Gefüge vereinigt.
- Schweißen ist ein *(lösbares/unlösbares)* Fügen durch *(Formschluss/Stoffschluss).*

14/70 Die Schweißverfahren werden nach verschiedenen Gesichtspunkten unterteilt. Schreiben Sie die Gliederung ab und ergänzen Sie diese durch die folgenden Eintragungen:

- Art der Fertigung,
- Ablauf des Schweißvorganges,
- Art des Energieträgers,
- Kunststoffschweißen,
- Metallschweißen,
- Verbindungsschweißen.

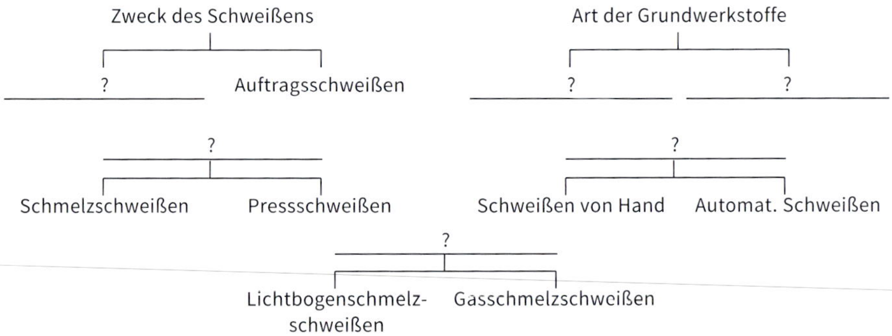

14/71 Die skizzierte Konsole aus 6 mm dicken Blechen aus S 235 soll wie dargestellt geschweißt werden. Sie dient zur Befestigung eines Motors.

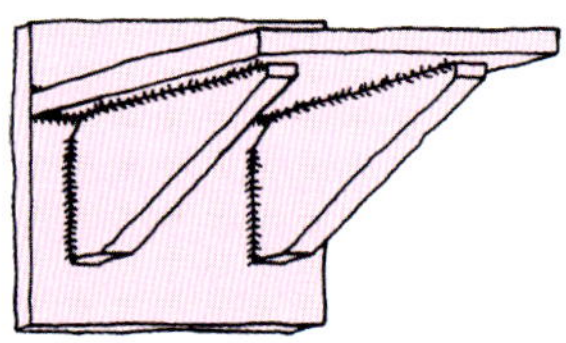

a) Durch welche anderen Fertigungsverfahren könnte eine solche Konsole hergestellt werden? Nennen Sie mindestens eine andere Herstellungsart.
b) Vergleichen Sie diese Herstellung mit dem Arbeitsaufwand für die Schweißkonstruktion.
c) Zeigen Sie anhand des Beispiels Vorteile einer Schweißkonstruktion auf.

14/72 Skizzieren Sie, wie Bleche bei folgenden Schweißstößen zusammentreffen:

- bei einem Stumpfstoß,
- bei einem Mehrfachstoß,
- bei einem Überlappstoß.

Benennen Sie die Skizzen.

14/73 Skizzieren Sie den Nahtquerschnitt

- einer X-Naht,
- einer V-Naht,
- einer U-Naht,
- einer Doppelkehlnaht.

Schreiben Sie zu jeder Skizze die Benennung und das Sinnbild der Naht.

14/74 Skizzieren Sie die dargestellten Schweißpositionen ab. Schreiben Sie zu jeder Skizze die normgerechte Bezeichnung der Schweißposition; geben Sie dazu das Kurzzeichen für die Schweißposition an.

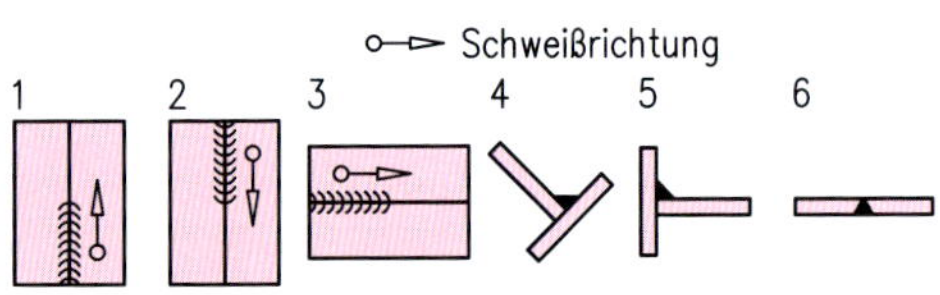

14/75 Für das Dünnblechschweißen war das Gasschmelzschweißen lange Zeit das bevorzugte Schweißverfahren; im Rohrleitungsbau kommt das Verfahren auch heute noch zum Einsatz.
Nennen Sie die Vorzüge dieses Verfahrens für die genannten Einsatzbereiche.

14/76 Neben dem Gasschmelzschweißen kommt gerade im Handwerk auch noch häufiger das Fertigungsverfahren Löten zum Einsatz.
Welcher wesentliche Unterschied besteht zwischen den beiden Verfahren hinsichtlich des Zustandekommens der Verbindung?

14/77 Für die Fertigung steht Sauerstoff in Stahlflaschen zur Verfügung.

a) Übertragen Sie die Tabelle, und geben Sie die verlangten Werte zu den beiden Flaschenarten an.
b) Wie sind Sauerstoffflaschen gekennzeichnet?

	Flaschenvolumen in dm^3	Höchster Überdruck in bar	Entnahmevolumen in Liter
Flasche ①	50	?	10 000
Flasche ②	?	300	?

14/78 a) Wie wird Sauerstoff und wie wird Acetylen in Stahlflaschen gespeichert?
b) Begründen Sie kurz, warum Acetylen nicht in gleicher Weise wie Sauerstoff in Stahlflaschen gespeichert werden kann.

14/79 Welche Sauerstoffmenge befindet sich in einer Stahlflasche von 50 dm^3 Volumen, wenn das Überdruckanzeigegerät auf 0 bar steht?

14/80 Das zur Acetylenspeicherung verwendete Lösungsmittel darf nicht in die Schweißflamme gelangen. Welche Maßnahmen sind bei der Acetylenentnahme zu beachten, damit das Lösungsmittel in der Stahlflasche verbleibt?

14/81 a) Ordnen Sie unter der Überschrift „Bestandteile des Schweißbrennens“ den Kennbuchstaben Ⓐ bis Ⓕ die folgenden Begriffe zu:
- Griffstück,
- Ventile für Brenngas und Sauerstoff,
- Mischdüse,
- Schweißeinsatz,
- Mischrohr,
- Schweißdüse.

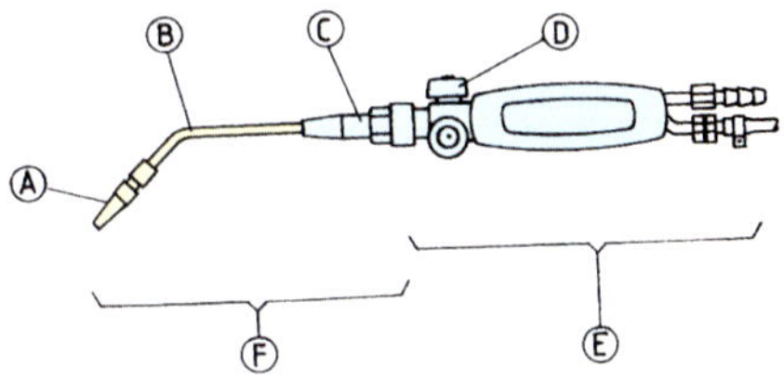

b) Erklären Sie, auf welche Art im Injektionsbrenner Brenngas und Sauerstoff miteinander gemischt werden.
c) In welcher Reihenfolge sollen beim Injektionsbrenner das Brenngasventil und das Sauerstoffventil zum Anzünden der Schweißflamme geöffnet werden?

14/82 a) Skizzieren Sie die Schweißflamme nach Vorlage ab; beschriften Sie die Skizze an den angegebenen Stellen mit
- Bereich der vollständigen Verbrennung,
- Bereich der unvollständigen Verbrennung.

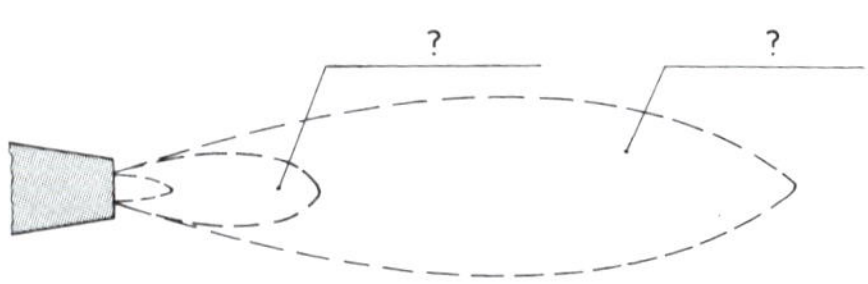

b) Markieren Sie durch farbiges Ausmalen die eigentliche Schweißzone innerhalb der Schweißflamme. Geben Sie die Temperatur in der Schweißzone an.

14/83 a) Was versteht man bei einer Schweißflamme unter neutraler Einstellung?
b) Für welche Arbeiten ist Acetylenüberschuss erforderlich?
Wie ist die richtige Einstellung der Flamme in einem solchen Fall zu erkennen?

14/84 Ein geschweißtes Rohr nach DIN 1626 aus S 235 einer Versorgungsleitung soll durch Einsetzen eines Zwischenstückes ausgebessert werden. Der Außendurchmesser des Rohres beträgt 60 mm und die Wanddicke 2,5 mm. Die Reparatur muss an dem waagerecht liegenden Rohr mithilfe des Gasschmelzschweißverfahrens ausgeführt werden.
Schreiben Sie eine Arbeitsanweisung zur Durchführung der Schweißarbeiten, die folgende Punkte beinhaltet:

- geeignete Nahtvorbereitung,
- Schweißmethode,
- erforderliche Schweißpositionen,
- geeigneter Schweißstab,
- Schweißbrennereinsatz,
- Flammeneinstellung und
- Arbeitsdrücke für Acetylen und Sauerstoff.

14/85 Zwei Bleche aus 13 CrMo 4-4 sollen durch Gasschmelzschweißen verbunden werden. Die im Betrieb verwendeten Schweißstäbe der Klassen G III, G IV und G V sind nach mehreren Schweißarbeiten durcheinander geraten.

a) Welche Schweißstabklasse benötigen Sie zum Schweißen des 13 CrMo 4-4?
b) Wie finden Sie den erforderlichen Schweißstab aus der Vielzahl der ungeordneten Schweißstäbe heraus?

14/86 Kurt ist Linkshänder und hält den Brenner in der linken Hand. Er soll die skizzierten Bleche verschweißen.
Zeichnen Sie die Bleche ab und zeigen Sie, an welcher Seite er beginnen muss und in welche Richtung geschweißt werden muss.

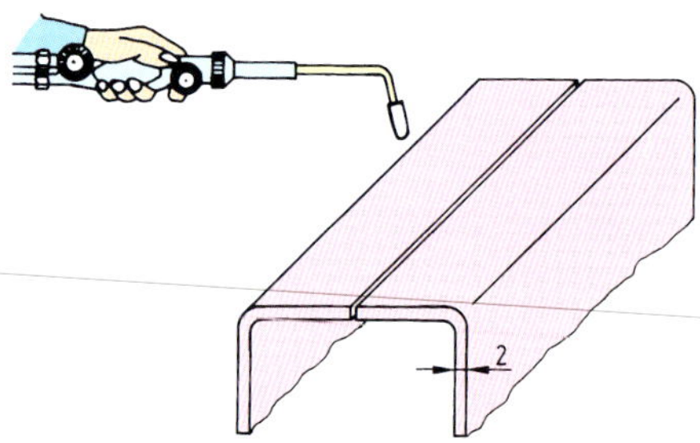

14/87 Schreiben Sie den folgenden Merksatz ab, und ergänzen Sie ihn durch die zutreffenden Aussagen aus den Klammern.
Dünnwandige Werkstücke werden beim Gasschmelzschweißen durch *(Nachlinks-/Nachrechts-)* Schweißen verbunden, dickwandige Werkstücke ab etwa 3 mm werden durch *(Nachlinks-/Nachrechts-)* Schweißen verbunden.

14/88 Übernehmen Sie das Schema, und setzen Sie die fehlenden Begriffe so ein, dass der geschlossene Stromkreis beim Lichtbogenschweißen deutlich wird;
– Klemme, – Massekabel, – Stromschweißkabel, – Elektrode, – Lichtbogen, – Elektrodenhalter.

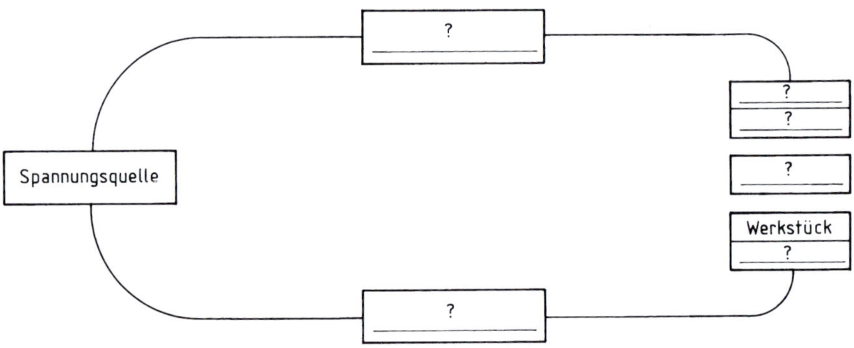

14/89 Erklären Sie die unterschiedliche Eignung von Gleichstrom und Wechselstrom zum Schweißen. Berücksichtigen Sie dabei

- Temperaturen im Lichtbogen,
- Eigenschaften des Lichtbogens,
- Führung des Lichtbogens.

14/90
a) Erläutern Sie kurz den Aufbau und das Prinzip der Schweißstromquelle mit Inverter-Technologie
b) Ordnen Sie folgende Eigenschaften den Zusatzfunktionen „Arc-Force-Steuerung“, „Hot-Start“ und „Anti-Stick“ zu:
perfektes Zünden, kein Abreißen bei zu kurzem Lichtbogen, verhindert das Ausglühen der Elektrode beim Zünden, Nachregeln der Elektrode, ruhiger und gleichmäßiger Lichtbogen, Lichtbogenlänge wird beinahe konstant gehalten, schnelleres Aufwärmen bei Schweißbeginn.

14/91
a) Warum werden Elektroden mit unterschiedlichen Kernstabdurchmessern benutzt?
b) Ermitteln Sie die Kernstabdurchmesser für das Lichtbogenhandschweißen von 2 mm, 4 mm und 10 mm Blechen.
c) Nennen Sie mindestens drei Aufgaben, die die Zusatzwerkstoffe in der Umhüllung von Schweißelektroden erfüllen.

14/92 Welche Auswirkungen hinsichtlich Werkstoffübergang, Spaltüberbrückbarkeit, Nahtaussehen und Einbrandtiefe hat eine abnehmende Umhüllungsdicke?

14/93 Nach der Zusammensetzung der Umhüllung werden vier Umhüllungstypen unterschieden:
a) Nachfolgend sind die Analysen der wichtigsten Umhüllungstypen abgebildet. Ordnen Sie ihnen die Bezeichnungen A, B und R zu.

Bestandteile	%
Fe_3O_4	50
FeMn	20
SiO_2	20
$CaCO_3$	10

Bestandteile	%
CaF_2	45
$CaCO_3$	40
SiO_2	10
FeMn	5

Bestandteile	%
TiO_2	45
SiO_2	20
FeMn	15
Fe_3O_4	10
$CaCO_3$	10

b) Welche besondere Eigenschaft besitzt der Umhüllungstyp C und welcher Einsatzbereich ergibt sich daraus?

14/94 Verschiedene Umhüllungstypen führen zu unterschiedlichen Schweißeigenschaften.
a) Begründen Sie, warum der Umhüllungstyp A (sauer) schlecht für Zwangslagenschweißungen geeignet ist.
b) Welchen Umhüllungstyp wählen Sie aus, wenn eine Schweißverbindung hohe mechanische Gütewerte aufweisen soll?

14/95 Die nachfolgend dargestellten Bauteile sollen durch Schweißen gefügt werden.
Wählen Sie geeignete Stabelektrodentypen aus, und begründen Sie Ihre Auswahl.

① Träger

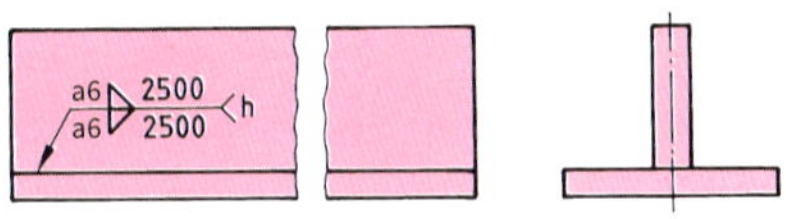

② Rohr

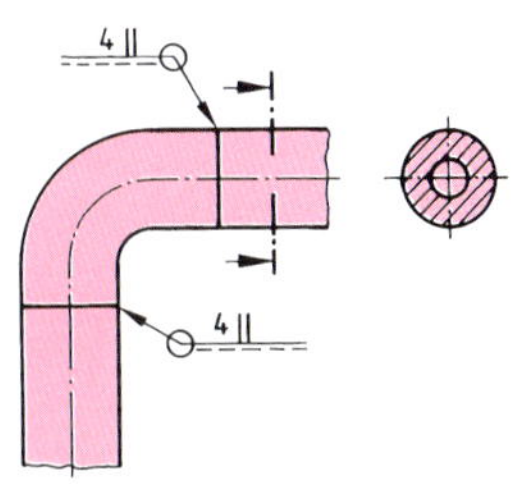

③ Zugstange

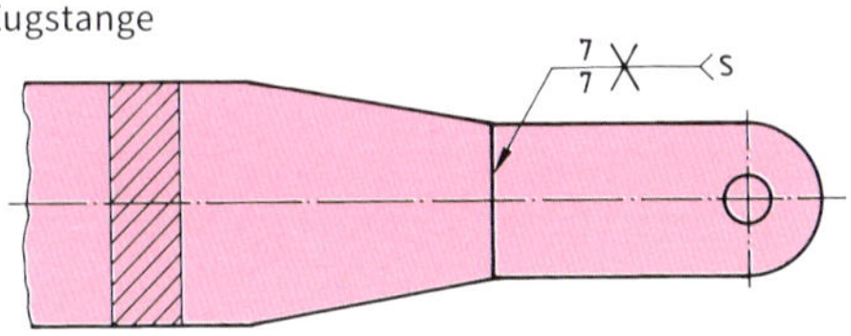

14/96 a) Erklären Sie, warum es beim Lichtbogenschweißen mit Gleichstrom zu einer Blaswirkung kommt.

b) Skizzieren Sie die Abbildung auf Ihr Lösungsblatt. Deuten Sie an, an welcher Stelle Sie die Kabelklemme befestigen. Begründen Sie Ihre Entscheidung.

c) Das Schweißgut für die Kehlnaht soll vor allem hohe mechanische Gütewerte gewährleisten. Folgende Stabelektroden stehen zur Auswahl:

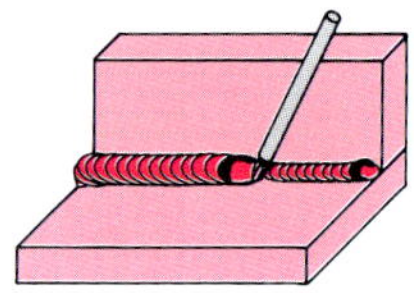

- E 46 4 B 42 H5,
- E 38 0 RC 11,
- E 42 2 RB 12.

Entschlüsseln Sie zunächst die drei Bezeichnungen nach DIN ISO 2560-A und wählen Sie anschließend für das Schweißen eine geeignete Stabelektrode aus.

14/97 Beim Schutzgasschweißen können Lichtbogen und Schweißstelle durch verschiedene Gasarten geschützt werden.
Wie unterscheidet sich die Gruppe der inerten Gase von den aktiven Gasen hinsichtlich
- ihrer Zusammensetzung und
- des Verhaltens auf die Schweißstelle?

14/98 Vergleichen Sie die Schutzgasschweißverfahren.
Übertragen Sie dazu die Tabelle und ergänzen Sie diese durch Ankreuzen der zutreffenden Art des Schutzgases und der Elektrode.

	Schutzgas		Elektrode	
	inert	aktiv	nicht abschmelzend	abschmelzend
MIG	?	?	?	?
MAG	?	?	?	?
WIG	?	?	?	?

14/99 Zum Metall-Schutzgasschweißen werden u. A. auch Gleichrichter und Impuls-Schweißstromquellen eingesetzt.

a) Stellen Sie für beide Schweißstromquellen den Stromverlauf über der Zeit dar.

b) Erläutern Sie die Auswirkung des Stromverlaufes auf den Tropfenübergang.

c) Wodurch lässt sich die Abschmelzleistung beim Schweißen mit einer Impuls-Schweißstromquelle vergrößern?

14/100 Beim Metall-Schutzgasschweißen unterscheidet man:
- inerte Gase, - aktive Gase und - Mischgase.

a) Welche allgemeinen Aufgaben haben Schutzgase?

b) Wodurch unterscheiden sich inerte und aktive Gase?

c) Ordnen Sie folgende Schutzgase den drei Schutzgasarten zu:
- Schutzgas 92 % Argon und 8 % Kohlendioxid;
- Schutzgas 30 % Argon und 70 % Helium;
- Schutzgas 99,996 % Argon;
- Schutzgas 99,5 % CO_2.

14/101 Zeichnen Sie folgendes Schema ab. Wählen Sie für die angegebenen Werkstoffe geeignete Schutzgase aus. Tragen Sie diese in das Schema ein und geben Sie das jeweilige Schweißverfahren an.

Werkstoff	Schutzgas	Gruppe	Schweißverfahren
13 CrMo 4-5	?	?	?
S235	?	?	?
X 20 CrMoV 12-1	?	?	?
EN AW-AlMg 3	?	?	?
15 Mo 3	?	?	?
E295	?	?	?
X 5 CrNi 18-9	?	?	?
EN CW-CuSn 6	?	?	?

14/102 In die Rohrböden von Wärmetauschern aus chemisch beständigem Chrom-Nickel-Stahl sollen Rohre eingeschweißt werden.
Begründen Sie für diese Aufgabe den Einsatz des WIG-Verfahrens.

14/103 a) Welche Schweißstromquelle würden Sie zum WIG-Schweißen von Stahl bzw. Aluminium einsetzen?
b) In unserer Schweißerei erzählte mir ein Schweißer, dass er für das Schweißen von Aluminiumblechen eine Schweißstromquelle einsetzt, die Wechselstrom (Transformator) abgibt.
Erklären Sie warum? *(Hinweis:* Aluminium besitzt eine hochschmelzende Oxidschicht.)

14/104 An eine Rohrleitung aus warmfestem Stahl 13 CrMo 4-5 soll ein aufgesetzter Stutzen mit dem WIG-Verfahren angeschweißt werden.
a) Entschlüsseln Sie den Kurznamen des zu verschweißenden Stahles.
b) Das Schweißen des 13 CrMo 4-5 erfolgt mit artgleichem Schweißzusatzwerkstoff.
Wählen Sie aus der nachfolgenden Tabelle den geeigneten Schweißstab aus, und geben Sie den Kurznamen an.
(*Hinweis:* Im Kurzzeichen werden Legierungsanteile in abgerundeten Zahlen angegeben.)

Legierungskurzzeichen für Schweißstäbe gemäß DIN EN ISO 21952-A sowie die Richtanalyse des Schweißstabs (Herstellerangabe)

Legierungs-kurzbezeichnung	Chemische Zusammensetzung in %				
	C	Si	Mn	Cr	Mo
W MoSi	0,10	0,60	1,10	–	0,50
W CrMo1Si	0,10	0,60	0,60	1,20	0,50
W CrMo2Si	0,05	0,60	1,00	2,70	1,00
W CrMo5Si	0,07	0,50	0,50	5,70	0,60

14/105 a) Durch welches Wärmebehandlungsverfahren kann ein durch Schweißen verändertes Stahlgefüge in der Schweißzone wieder in ein einheitliches und feinkörniges Gefüge überführt werden?
b) Wie verhalten sich Metalle hinsichtlich ihres Volumens
– beim Erwärmen, – beim Abkühlen?
c) Wie verzieht sich das geschweißte Werkstück nach dem vollständigen Abkühlen?

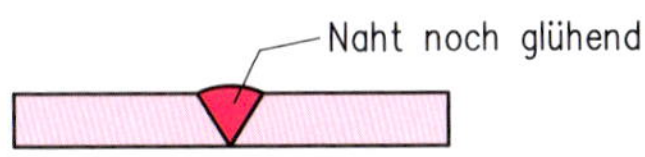

14/106 a) Wie unterscheiden sich beim Metallschweißen die Schweißfehler: – Poren und – Bindefehler?
b) Welche Schweißnahtfehler zeigen die Darstellungen A und B?

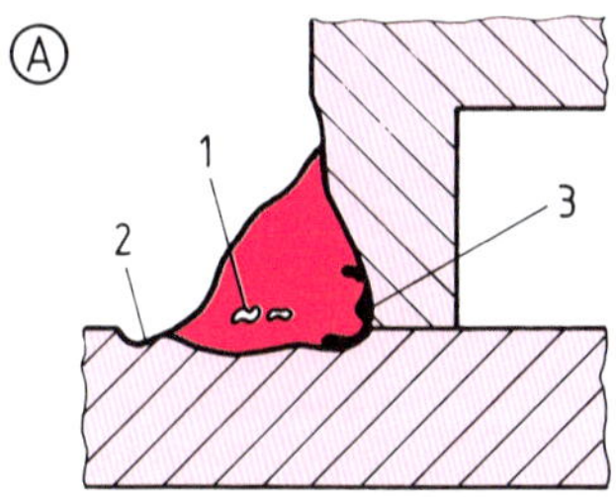

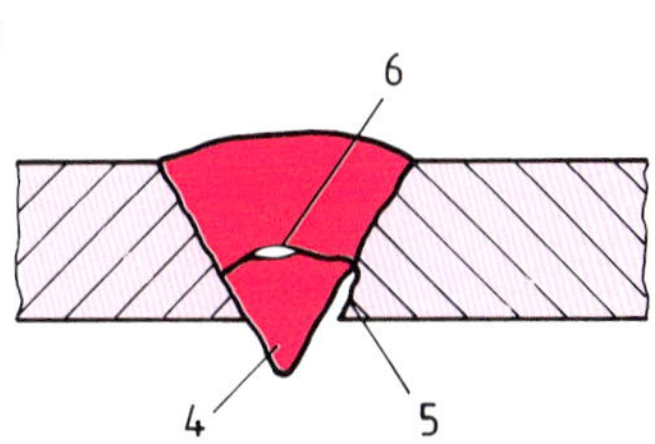

14/107 a) Beim Gasschmelzschweißen wurden Schweißstäbe benutzt, die durch längere Lagerung in einem feuchten Raum korrodiert sind.
Mit welchem Schweißnahtfehler ist beim Einsatz dieser Schweißstäbe zu rechnen?
b) Durch welche Prüfverfahren lässt sich der auftretende Fehler an den geschweißten Bauteilen nachweisen?

14/108 a) Zwei Bleche wurden mit dem Lichtbogenhandschweißverfahren verbunden (Position „fallend"). Bei der Durchstrahlungsprüfung wurden Bindefehler festgestellt.
Geben Sie die wahrscheinliche Fehlerursache an.

b) Rohre mit einer Wandstärke von 5 mm wurden mit einer 1 mm dicken Drahtelektrode im MAG-Verfahren verschweißt. Der Schweißer stellte eine Schutzgasmenge von 14 l/min ein.
Begründen Sie, warum in der Schweißnaht Poren entstanden.

14/109 Die Wurzellage einer V-Naht ist, wie nebenstehend dargestellt, MAG-geschweißt.

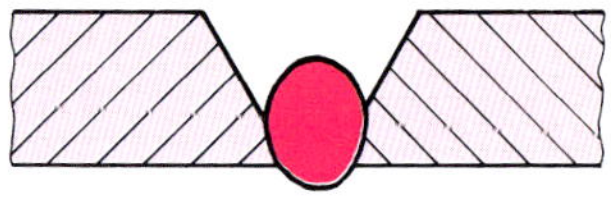

a) Welcher Schweißnahtfehler kann beim Schweißen der nachfolgenden Lage (Zwischen- oder Decklage) auftreten?

b) Welche Maßnahme muss der Schweißer vor dem Schweißen der folgenden Lage durchführen, um den Fehler zu vermeiden?

14/110 Nennen Sie einen Schweißnahtfehler, der ausschließlich beim WIG-Schweißen auftreten kann.

a) Wodurch entsteht dieser Schweißnahtfehler?

b) Wie wirkt sich dieser Fehler unter Belastung des Bauteiles aus?

14/111 Aus 4 mm dicken PVC-Platten soll die skizzierte Abdeckung durch Zuschnitt, Biegen und Verschweißen hergestellt werden. Erstellen Sie einen Vorschlag zur Fertigung.

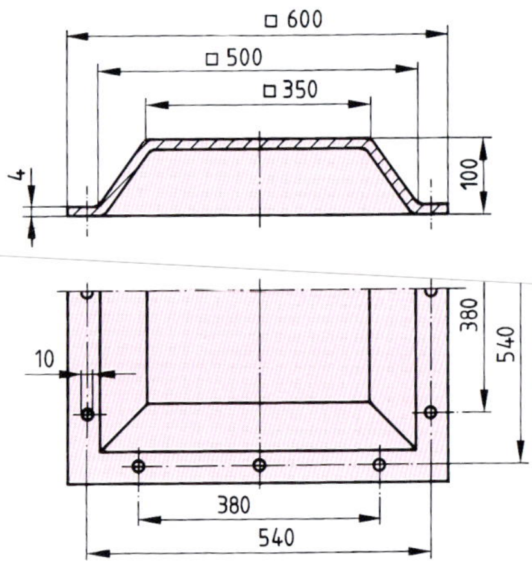

a) Skizzieren und bemaßen Sie die Einzelteile, die gefertigt werden müssen.

b) Beschreiben Sie die Schweißnahtvorbereitung.

c) Welche Schweißtemperatur ist einzustellen?

d) Geben Sie die Reihenfolge der Schweißungen an.

14/112 Zum Einbau von Messgeräten wird vom Betriebslabor ein PVC-Gehäuse gewünscht. Es wird der folgende Auftrag in die Werkstatt gegeben.

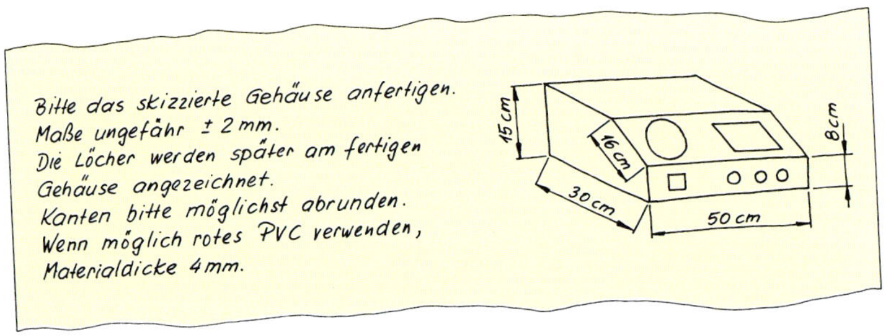

a) Zeichnen Sie eine Abwicklung, nach der ein Gehäuse gebaut werden kann, das möglichst weitgehend den Wünschen des Labors entgegenkommt. Das Gehäuse erhält keinen Boden. Es sollen möglichst wenig Kanten geschweißt werden.

b) Beschreiben Sie in Stichworten den Ablauf der Fertigung. Geben Sie dort, wo es möglich ist, Daten an.

14/113 Bei Instandsetzungsarbeiten müssen zwei PE-Rohre (80 mm Durchmesser, 5 mm Wanddicke) verschweißt werden. Es steht ein Rohrschweißgerät entsprechend der Abbildung im Lehrbuch zur Verfügung.
Erstellen Sie einen Plan über die Arbeitsschritte.

14/114 Zwei Polyethylen-Rohre sollen miteinander verschweißt werden.

a) Beschreiben Sie die Schweißnahtvorbereitung.
b) Geben Sie die Schweißtemperatur an.
c) Berechnen Sie die Schweißkraft.
d) Schildern Sie den Schweißvorgang.
e) Ermitteln Sie die Abkühlzeit.
f) Welche Fehler können Ursache von ungenügender Bindung an der Fügestelle sein?

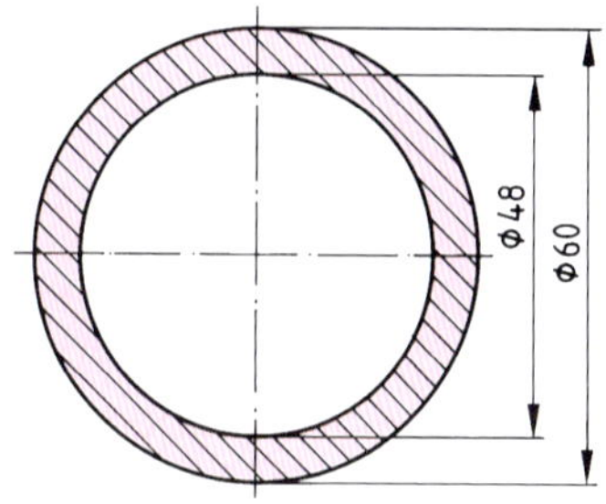

Fügen durch Löten

14/115 Vergleichen Sie Löten und Schweißen im Hinblick auf folgende Gesichtspunkte:
- Temperatur an der Fügestelle,
- Art von Grundwerkstoff und Zusatzwerkstoff,
- Kraftübertragung in der Fügestelle.

14/116 Welche besonderen Vorteile haben Lötverbindungen gegenüber Schweißverbindungen?

14/117 Wie entsteht beim Löten an den Grenzen zwischen Lot und Grundwerkstoff der Zusammenhang?

14/118 a) Wie werden die Werkstückoberflächen an der Lötstelle zum Löten vorbereitet?
b) Welche Aufgaben haben Flussmittel beim Lötvorgang?

14/119 Wie wird das Lot bei folgenden Beispielen an die Lötstelle gebracht:
- Verlöten von Kabelenden,
- Verlöten einer überlappenden Eckverbindung,
- Einlöten eines Kupferrohrs in einen Flansch,
- Einlöten eines Widerstands in eine Leiterplatte?

14/120 Warum soll der Spalt zwischen den Bauteilen an der Lötstelle möglichst eng sein?
Geben Sie die günstige Breite an.

14/121 a) Wovon ist die niedrigste und höchste Löttemperatur abhängig?
b) Wie ist die Arbeitstemperatur beim Löten festgelegt worden?
c) Warum muss nach dem Fließen des Lotes in der Lötstelle die Löttemperatur ungefähr 1 min lang beibehalten werden?

14/122 a) Wie unterscheidet man die Lötverfahren nach der Höhe der Arbeitstemperatur?
b) Worauf ist bei der Auswahl eines Flussmittels für einen Lötvorgang besonders zu achten?

14/123 a) Warum verwendet man beim Weichlöten als Lötkolbenwerkstoff Kupfer?
b) Warum kann man mit einem Lötkolben keine Hartlötungen durchführen?

14/124 Zwei Rohre sollen gelötet werden.
Untersuchen Sie die vorgelegten Vorschläge zur Gestaltung der Verbindung im Hinblick auf löttechnische Probleme und mögliche Kraftübertragung.

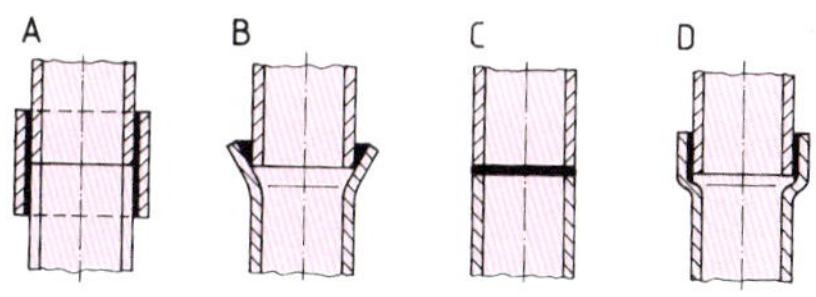

14/125 a) Entschlüsseln Sie die Zusammensetzung folgender Lote:
S-Pb50Sn50; S-Sn60Pb38Cu2; AG 207; Cu 301; NI 105.
b) Ordnen Sie die oben aufgeführten Lote den Lötverfahren
- Weichlöten, - Hartlöten und - Hochtemperaturlöten zu.
c) Finden Sie heraus, zu welchen Werkstoffen und zu welchem Anwendungsbereich der Einsatz der Lote geeignet ist.

14/126 Welche Gesichtspunkte sind bei der Auswahl eines Flussmittels von Bedeutung?

14/127 Eine Zinkblechwanne zum Auffangen von Kondenswasser ist in einer Biegekante angerissen. Die Reparatur soll durch Weichlöten erfolgen.
Stellen Sie einen Arbeitsplan auf, und geben Sie die erforderlichen Hilfsmittel an.

14/128 Ein Kupferrohr soll in einer Düse enden. Die Düse aus Messing soll durch Drehen hergestellt werden. Düse und Rohr sollen durch Weichlöten verbunden werden.
Zur Gestaltung der Verbindung werden folgende Vorschläge gemacht:

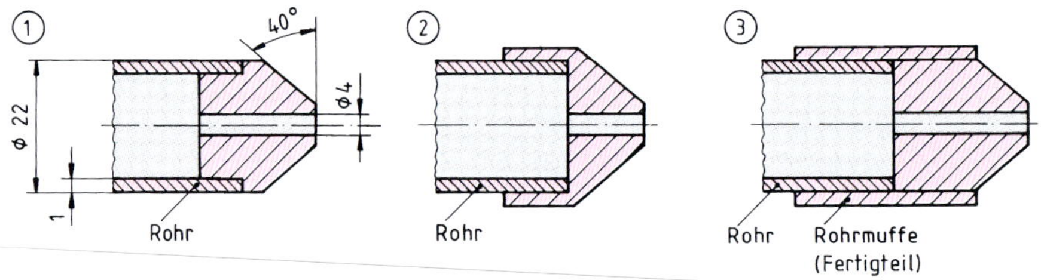

a) Entscheiden Sie sich für einen der Vorschläge, und begründen Sie Ihre Entscheidung.
b) Zeichnen und bemaßen Sie die Düse entsprechend Ihrem Vorschlag. Es sind nur der Durchmesser der Bohrung mit 4 mm und die Abschrägung mit 40° verbindlich. Die übrigen Maße müssen Sie selbst bestimmen.
c) Wählen Sie Lot und Flussmittel aus.

Einstecktiefen für Kupferrohre beim Löten

Außen-ø in mm	Einstecktiefe in mm
12	7
15	8
18	9
22	11
28	13

Fügen durch Kleben

14/129 Welche Vorteile hat das Kleben gegenüber dem Löten hinsichtlich
- der Fügetemperatur,
- der Werkstoffe der zu fügenden Bauelemente,
- der elektrischen Eigenschaft der Klebestelle,
- der Spannungsverteilung gegenüber genieteten Verbindungen?

14/130 Warum wird in der Luft- und Raumfahrtindustrie das Metallkleben besonders häufig eingesetzt?

14/131 Die Festigkeit einer Klebeverbindung ist von zwei unterschiedlichen Kräften abhängig, die in dem Schemabild mit ① und ② gekennzeichnet sind.
a) Wie heißen die Kräfte ① und ②?
b) Beschreiben Sie diese physikalischen Größen.

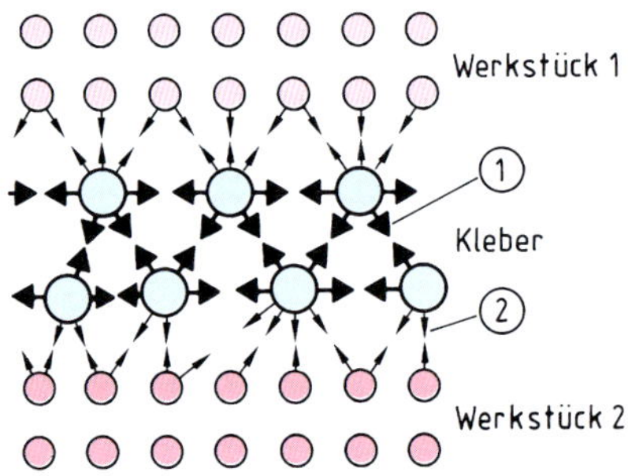

14/132 Warum dürfen beim Kleben keine Fett- oder Schmutzteilchen an der Klebestelle sein?

14/133 Warum sollen in einer Klebeverbindung möglichst nur Scherspannungen auftreten?

14/134 In Klebeverbindungen sollen möglichst nur Scherspannungen auftreten.
Durch welche konstruktiven Maßnahmen erreicht man eine günstige Gestaltung von Klebeverbindungen für folgende Klebeprobleme:

① Treibriemen

(Treibriemen ist zu lang)

② Rohrverbindungen

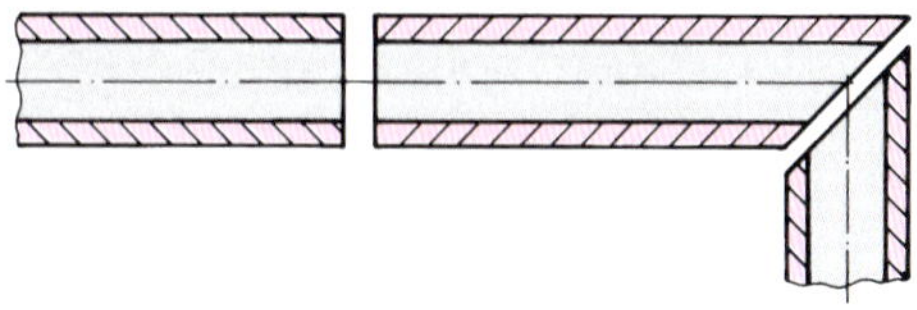

③ Blechverbindungen für Schaltkästen

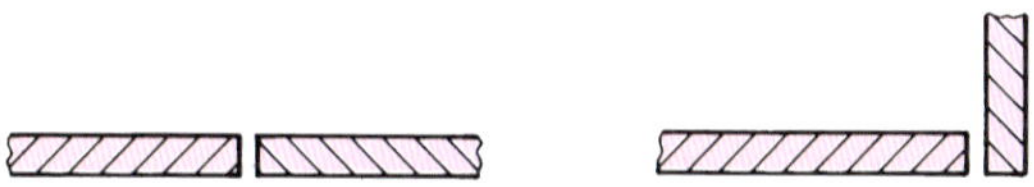

(Bleche sind zugeschnitten)

14/135 Zwei Platten aus Stahl sollen durch verschiedene Fügeverfahren gefügt werden.
Zeichnen Sie die Tabelle ab und füllen Sie diese aus.

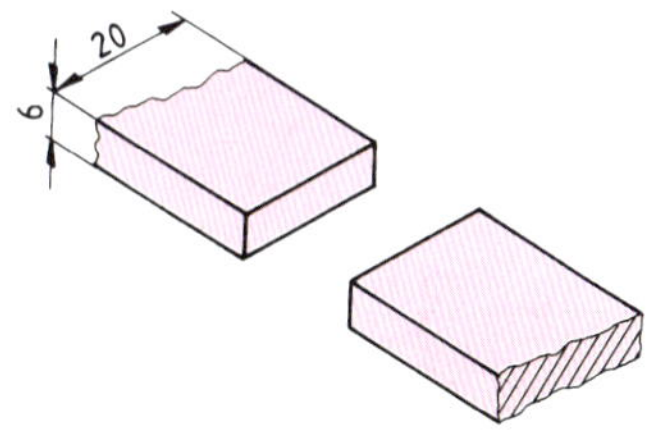

	Fügen durch Schweißen	Fügen durch Löten	Fügen durch Kleben	Fügen durch Schrauben	Fügen durch Nieten
Gestaltung der Fügestelle (Skizze für je ein Beispiel)	?	?	?	?	?
Fügeverfahren (Lösbarkeit)	?	?	?	?	?
Art der Kraftübertragung (Schluss)	?	?	?	?	?
Verzug der Bauelemente (stark, gering, nicht vorhanden)	?	?	?	?	?
Mögliche Betriebstemperatur über bzw. unter 200 °C oder 700 °C	?	?	?	?	?

14/136 Nach welchen Abbindemechanismen können Klebstoffe erhärten?

14/137 Bestimmen Sie für folgende Beispiele die Abbindemechanismen der Kleber:

a) Ein Fahrradschlauch wird mithilfe von Gummilösung geflickt.
b) Holz-, Metall-, Glasteile werden mit „Alleskleber“ einseitig bestrichen, Klebeteile angedrückt und evtl. nachkorrigiert.
c) Mit einer Klebepistole wird ein Klebestift geschmolzen. Der Kleber wird auf die Fügestelle eines Stuhlbeins aufgetragen und dann einige Minuten mit dem Stuhl in der richtigen Lage zusammengefügt.
d) Ein Metallgriff wird auf eine Glasplatte geklebt. Dazu wird der pastenförmige Binder mit Härter-Pulver verrührt. Das Kunststoffgemisch wird auf beide Klebeflächen dünn aufgetragen. Die Teile werden ohne Druck zusammengefügt und ca. 15 min fixiert.

15 Beschichten

15/1 Schreiben Sie die Arbeitsvorgänge heraus, bei denen beschichtet wird.

- Einfetten von Messwerkzeugen
- Nitrieren eines Anschlagwinkels
- Verchromen von Türklinken
- Verkleiden eines Getriebes
- Vergüten von Bauteilen
- Lackieren eines Autos
- Sandstrahlen einer Stahlkonstruktion

15/2 Bestimmen Sie bei den Beispielen den Hauptzweck der Beschichtung. Übernehmen Sie dazu die Tabelle, und kreuzen Sie entsprechend an.

	Schutz gegen Zerstörung durch Korrosion	Verschönerung	Kennzeichnung	Verbesserung der Eigenschaften	Ausgleich von Abnutzung
Blauer Anstrich bei Sauerstoffflaschen	?	?	?	?	?
Auftragsschweißen von abgenutzten Straßenbahnschienen	?	?	?	?	?
Grüner Anstrich bei Werkzeugmaschinen	?	?	?	?	?
Gelber Anstrich von Acetylenleitungen	?	?	?	?	?
Verzinken von Wellblechen für ein Dach	?	?	?	?	?
Verchromen eines Stahlgestells für einen Tisch	?	?	?	?	?

15/3 Ein Schutzkasten aus Stahlblech wird durch Anstreichen beschichtet.
Beschreiben Sie die erforderlichen Arbeitsgänge der Vorbereitung und des Anstrichs.

15/4 Welche Anforderungen muss eine gute Beschichtung erfüllen?

15/5 Eine Firma liefert Stahlkonstruktionen. Beim Korrosionsschutz geht es um die Überlegung, welches Anstrichsystem verwendet werden soll.
Anstrich A kostet 16,00 €/kg und hält etwa 5 Jahre, bevor er erneuert werden muss.
Anstrich B hält ca. 7 Jahre und kostet 28,00 €/kg.
1 kg des Beschichtungsstoffes ergibt bei jeder Sorte 5 m^2 bei einem Spritzauftrag. Vier Schichten müssen zu einem wirksamen Korrosionsschutz aufeinander gespritzt werden.
Kalkulieren Sie nach nebenstehendem Schema den Preis in €/kg, der für ein Jahr Korrosionsschutz aufzubringen ist.

	Beschichtung A Kosten in € je m^2	Beschichtung B Kosten in € je m^2
Entrosten durch Sandstrahlen	8,80	8,80
Lohnkosten für 4 Beschichtungen (1 Beschichtung kostet 1,60 €/m^2)	?	?
Materialkosten für 4 Beschichtungen	?	?
Gesamtkosten	?	?
Haltbarkeit in Jahren	5	?
Korrosionsschutzkosten in e/Jahr	?	

15/6 Die Schutzdauer eines Zinküberzuges hängt von der Dicke der Zinkschicht und dem Standort des Objekts ab.

	Abtrag in mm/Jahr
Industrieluft	9 bis 13
Meeresluft	2 bis 4

In DIN 50960 sind als Richtwerte festgehalten:
Die vorgeschriebene Mindestdicke einer Verzinkungsschicht beträgt 50 bis 80 µm je nach Wanddicke des Werkstücks. Für 8 mm Wanddicke sind 80 µm vorgeschrieben.

a) In welchen zeitlichen Grenzen liegt die zu erwartende Schutzdauer einer DIN-gerechten Schutzschicht auf einem 8 mm dicken Blech in Industrieluft?
b) Wie hoch sind die Verzinkungskosten für einen Stahlbehälter mit 12,5 m^2 Gesamtfläche und 8 mm Wanddicke, wenn die Verzinkungskosten 520 € je Tonne Stahl mit 8 mm Wanddicke betragen.
c) Welche Korrosionsschutzkosten fallen je Jahr an, wenn für den angegebenen Behälter die kürzeste Schutzdauer in Industrieluft angenommen wird.

15/7 Frisch verzinkte Teile sehen blank aus. Nach einiger Zeit verliert sich dieser Glanz.
Erläutern Sie den Aufbau der blanken und der stumpfen Schicht.

15/8 Die Zinkschicht auf einem Stahlträger wurde beim Anreißen eingeritzt. Beschreiben Sie, warum die Schutzwirkung des Zinkes an dieser Stelle erhalten bleibt.

15/9 Ordnen Sie die vorbereiteten Arbeiten zur Feuerverzinkung eines Werkstückes aus Stahl in ihrer Reihenfolge richtig. Die notwendigen Stoffe bzw. Geräte sind den Arbeitsschritten zuzuordnen.
Arbeitsschritte:
Spülen, Beizen, Entfetten, Trocknen, Säubern, Benetzbarkeit erhöhen.
Stoffe bzw. Geräte:
Trockenofen, Sandstrahlen, Wasser, Säuren, Lösungsmittel, Flussmittel.

15/10 Wie heißt der chemischen Vorgang, bei dem Teile durch Galvanisieren beschichtet werden?

15/11 Beim Beschichten durch Galvanisieren werden die Werkstücke in entsprechende Salzlösungen gehängt. Nach Einschalten des elektrischen Stromes überziehen sich diese mit dem gewünschten Schutzmetall.

a) An welchen Pol der Spannungsquelle werden die Werkstücke angeschlossen?
b) Durch welche Maßnahme verhindert man die Verarmung der Lösung an Schutzmetall?
c) Das Schutzmetall ist in den meisten Fällen edler als die zu beschichtenden Werkstücke. Warum sich beim Galvanisieren das edlere Metall auflöst und nicht das unedlere?

15/12 Metallspritzen kann mit dem Sauerstoff-Acetylen-Brenner oder mit dem Lichtbogen erfolgen.
Vergleichen Sie beide Verfahren, indem Sie die folgende Tabelle übernehmen und durch die vorgegebenen Begriffe vervollständigen: mäßig, gut, hoch, niedrig, schwach porös, nicht porös.

	Schmelzpunkt des Auftragsmetalls	Haftung des aufgetragenen Metalls	Porosität des metallischen Überzuges
Flammspritzen	?	?	?
Lichtbogenspritzen	?	?	?

16 Arbeitssicherheit und Unfallschutz

16/1 Auf einer Flasche mit einem Entfettungsmittel sind die dargestellten Warnzeichen aufgebracht.

a) Was ist über diesen Stoff auszusagen?
b) Was ist beim Gebrauch zu beachten?

16/2 Nennen Sie Betriebsbereiche, in denen das nebenstehende Verbotszeichen angebracht sein muss.

16/3 a) Geben Sie bei folgenden Sicherheitszeichen an, ob es sich um – Verbotszeichen, – Warnzeichen, – Gebotszeichen handelt.

b) Geben Sie bei jedem Sicherheitskennzeichen die Bedeutung an.

16/4 Auf Dosen für Lösungsmittel und für Kleber können Sie die dargestellten Warnhinweise finden.

a) Erklären Sie die Bedeutung dieser Warnhinweise.
b) Welche Vorsichtsmaßnahmen müssen Sie beim Gebrauch einhalten?

Warnzeichen

16/5 Ein Facharbeiter beobachtet, wie ein Hobbyhandwerker mit einem Meißel arbeitet, der einen Bart am Meißelkopf hat.

a) Welchen Ratschlag wird der Fachmann geben, damit das Unfallrisiko verringert wird?
b) Auf welche Gefährdungen beim Meißeln muss man noch achten?

16/6 In welchem Augenblick besteht beim Bohren die größte Gefahr, dass das Werkstück mitgerissen wird? Welche Gefährdung besteht in diesem Fall bei nicht fachgerechter Handhabung?

16/7 „Spannschlüssel und Austreibkeile gehören grundsätzlich an die Kette, damit sie nicht ‚verklüngelt' werden", sagt ein älterer Mechaniker.
Was halten Sie davon?

16/8 Beim Drehen einer Welle hatte der Zerspanungsmechaniker den Endschalter zur Vorschubbegrenzung richtig eingestellt. Nach einigen Verstellarbeiten von Hand fuhr dennoch plötzlich der Support in das Dreibackenfutter.
Welcher Fehler ist wahrscheinlich gemacht worden?

16/9 An einer Drehmaschine hat der dort tätige Mechaniker versehentlich die NOT-AUS-Taste gedrückt.

a) Wie ist der Ablauf zur erneuten Inbetriebnahme?
b) Warum kann man nicht durch erneutes Drücken der NOT-AUS-Taste die Maschine wieder in Betrieb setzen?

16/10 An einer Schleifmaschine ist das Zeichen für „Augenschutz tragen“ angebracht.
Darf der Träger einer normalen Brille ohne weitere Schutzmaßnahmen hier arbeiten?
Begründen Sie Ihre Antwort.

16/11 An einer sehr lauten Maschine trägt der Maschinenbediener keinen Gehörschutz. Er begründet dies damit, dass er so die Maschine akustisch besser überwachen könne, und zudem schade der Lärm auch nicht.
Äußern Sie sich zu dieser Einstellung.

16/12 Auf einer Schleifscheibe steht „... v_{max} = 25 m/s ...“.
Darf die Schleifscheibe von 400 mm Durchmesser auf einem Schleifbock mit n = 3 000 1/min betrieben werden?

16/13 Wie schleifen Sie eine Reißnadel am Schleifstein an, um Unfallgefahren auszuschließen?

16/14 Welche Sicherheitsregeln sind beim Wechseln einer Schleifscheibe zu beachten?

16/15 „Wegen der paar Spritzer beim E-Schweißen ziehe ich mir doch keine Schweißhandschuhe an“, verkündet ein Auszubildender furchtlos.
Welchen Gefahren setzt er sich aus?

17 Umweltschutz

17/1 In Ihrem Betrieb hat sich eine beachtliche Menge unbrauchbarer Schmier- und Kühlschmiermittel angesammelt. Ihr Kollege macht den Vorschlag, die gefüllten Fässer bei der nächsten Mülldeponie abzugeben.
Was antworten Sie Ihrem Kollegen?

17/2
a) Welche Belastungen der Umwelt treten durch den Gebrauch von Autos auf?
b) Welche Möglichkeiten sehen Sie, die Umweltbelastung durch das Auto zu verringern?

Werkstofftechnik

1 Eigenschaften der Werkstoffe

Physikalische Eigenschaften

1/1 Ein Werkstück mit einer Masse $m = 0{,}54$ kg hat ein Volumen $V = 0{,}2$ dm³.

a) Berechnen Sie die Dichte ϱ des Werkstoffes.
b) Welcher metallische Werkstoff liegt vor?

1/2 Ein Stahlprofil an einem Lkw ist 1,2 m lang und hat den folgenden Querschnitt. Es wird durch ein Aluminiumprofil ersetzt, das wegen der geringeren Festigkeit des Aluminiums einen größeren Querschnitt hat.

a) Welche Masse hat das Stahlprofil?
b) Welche Masse hat das Aluminiumprofil?
c) Wie viel % der Masse wird durch das Aluminiumprofil eingespart?

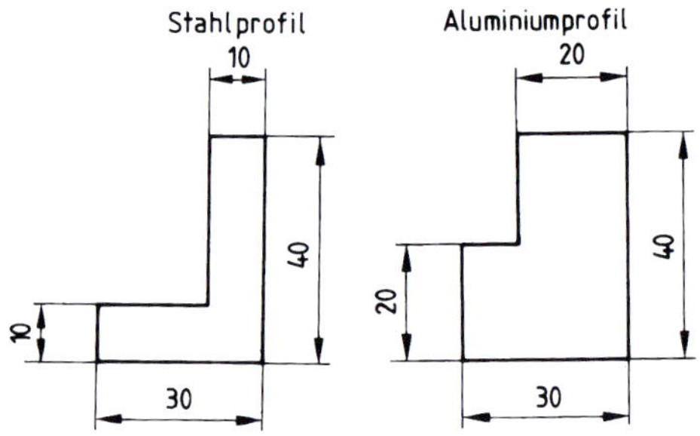

1/3 Aus Rundstahl, 50 mm Durchmesser, sollen Wägestücke von 500 g Masse abgeschnitten werden. Welche Länge muss jeder Abschnitt haben?

1/4 a) Ermitteln Sie die Zugfestigkeit eines Kupferdrahtes. Gehen Sie dabei wie folgt vor:
- Befestigen Sie den Kupferdraht (0,5 mm bis 1 mm Durchmesser) an einem Ende.
- Befestigen Sie an dem anderen Ende einen Federkraftmesser.
- Dehnen Sie den Draht bis zum Bruch. Lesen Sie die größte Kraft am Federkraftmesser ab, und berechnen Sie die Zugfestigkeit.

b) Wie könnte man vorgehen, wenn der Kraftbereich des Federkraftmessers nicht ausreicht, um den Draht zu zerreißen? Machen Sie dazu Vorschläge.

1/5 Ein Stab aus Kupfer hat einen Querschnitt von 4 mm². Er reißt bei einer Zugkraft von 400 N. Ein Stab aus Aluminium hat einen Querschnitt von 5 mm². Er reißt bei einer Zugkraft von 480 N. Welcher Stab hat die höhere Festigkeit?

1/6 Zeichnen Sie eine Tabelle nach dargestelltem Schema:

elastisch	plastisch	spröde
?	?	?

a) Ordnen Sie folgende Werkstoffe in diese Tabelle richtig ein: Gummi, Plastilin, Beton, Blei, Federstahl, Porzellan, Leder.
b) Suchen Sie noch je ein weiteres Beispiel, und ordnen Sie es ein.

1/7 In einer Kiste liegen gehärtete und ungehärtete Stahlbolzen. Sie sind äußerlich nicht zu unterscheiden.
Wie kann man auf einfache Weise die Bolzen sortieren?

1/8 Ein Bimetall besteht aus zwei verschiedenen Metallstreifen, die fest miteinander verbunden sind. Beide Metalle haben sehr unterschiedliche Wärmedehnung, sodass sich der Streifen bei Erwärmung verbiegt.
Einem Auszubildenden kam die Idee, eine Zigarettenablage am Aschenbecher mit einem Bimetall so zu gestalten, dass eine vergessene und bis zum Ende glühende Zigarette nicht auf die Tischdecke fällt, sondern automatisch in den Ascher geschoben wird.
Machen Sie einen Vorschlag zur Verwirklichung der Idee, und geben Sie mögliche Werkstoffe für das Bimetall an.

1/9 Ein Holzgriff und ein Griff aus Stahl haben die gleiche Temperatur von –10 °C. Trotzdem „fühlt sich der Holzgriff nicht so kalt an".
Erklären Sie dies.

1/10 In Rohren von Heizkesseln und Durchlauferhitzern lagert sich häufig im Inneren ein Belag aus Kesselstein ab.
Welche wirtschaftlichen und betriebstechnischen Auswirkungen hat diese Ablagerung?

1/11 Im Unterricht wird folgender Versuch gezeigt:
Vier Blechstreifen mit gleichen Abmessungen aus unterschiedlichen Werkstoffen sind in der Mitte zusammengenietet. Am Ende eines jeden Bleches steht ein Streichholz mit dem Kopf nach unten.
In welcher Reihenfolge werden die Streichhölzer zünden, wenn in der Mitte erwärmt wird?

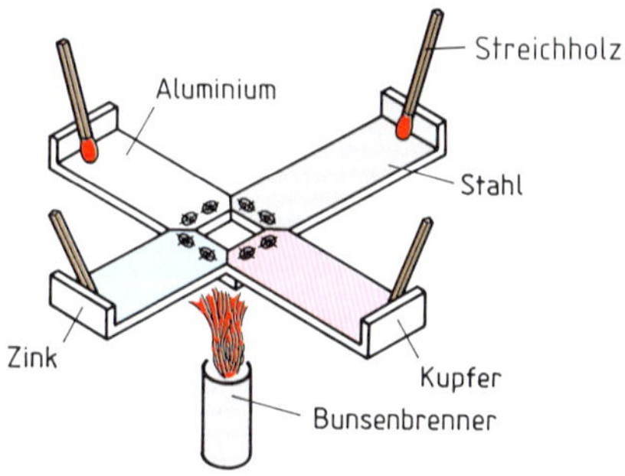

Chemische Eigenschaften

1/12 Schreiben Sie jeweils die nachfolgenden Sätze ab, und tragen Sie die Werkstoffe ein, aus denen die angegebenen Bauteile gefertigt werden.

a) Dachrinnen und Fallrohre sollen witterungsbeständig sein, darum fertigt man sie aus ___?___.
b) Waschlaugen greifen z. B. Baustahl und Zink an und zerstören sie. Darum fertigt man die Trommeln von Waschmaschinen aus ___?___.
c) Wasserrohre aus Stahl werden durch eine Metallschicht geschützt. Diese Schicht ist aus ___?___.

1/13 Einem Kollegen ist ein Quecksilberthermometer zerbrochen. Er sammelt die Scherben auf. Die kleinen Kügelchen vom Quecksilber lässt er in den Fußbodenritzen verschwinden. „So kann sie keiner mehr berühren und sich daran vergiften", sagt er.
Äußern Sie sich dazu.

Technologische Eigenschaften

1/14 In einem Lexikon steht über Gusseisen:
„Gusseisen hat eine Dichte von $\varrho = 7{,}2\ \text{kg/dm}^3$ und lässt sich gut in Formen vergießen. Sein Schmelzpunkt liegt bei etwa 1 200 °C. Gusseisen ist spröde und schlecht schweißbar. Gegenüber vielen Stahlsorten ist Gusseisen korrosionsbeständiger und leichter spanend zu bearbeiten."
Schreiben Sie auf, welche technologischen Eigenschaften des Gusseisens in diesem Bericht erwähnt werden.

1/15 Welche physikalischen, chemischen und technologischen Eigenschaften fordert man von einem Werkstoff für die Felgen eines Rennrades?

1/16 Testen Sie die Kerbempfindlichkeit von Blechen. Fertigen Sie dazu vier Proben aus Blech an. Im engsten Querschnitt sollen die Proben 20 mm breit sein. Eine Probe bleibt ungekerbt, die zweite wird mit einer Blechschere gekerbt, die dritte an der Engstelle mit einem Radius versehen und die letzte Probe soll mit einem schlanken Übergang in der Breite verringert werden.

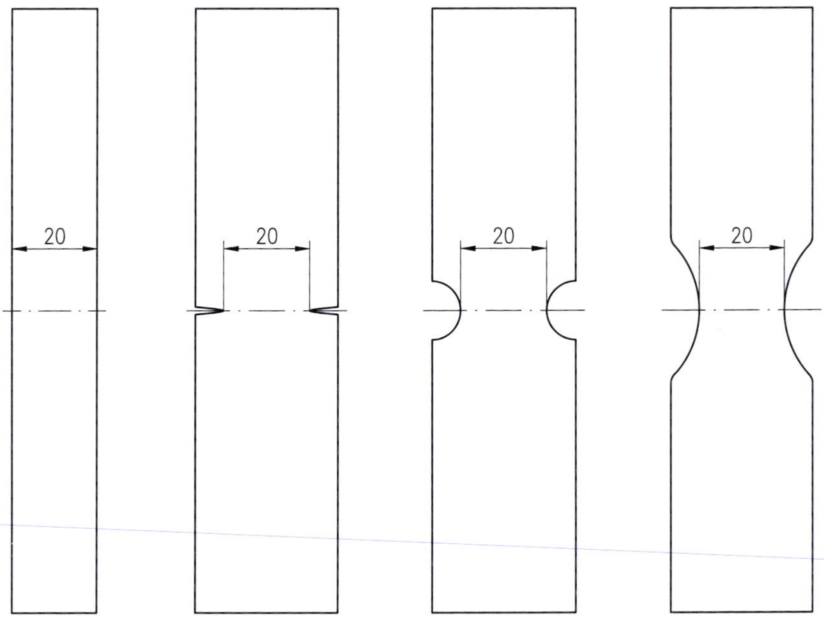

a) Spannen Sie jede Probe zur Prüfung so in den Schraubstock ein, dass die Mitte etwa um die Blechdicke über die Backen hinausragt.
   Biegen Sie die Probe nun jeweils abwechselnd um ca. 60° nach rechts und links.
   Ermitteln Sie die Zahl der Biegungen bis zum Auftreten eines Risses.
b) Wiederholen Sie den Versuch mit neuen Probekörpern, die Sie zunächst bei etwa Rekristallisationstemperatur geglüht haben.
   Lesen Sie dazu den entsprechenden Abschnitt zu Rekristallisationsglühen in diesem Buch.
   Schauen Sie auch im Tabellenbuch nach.
c) Formulieren Sie in wenigen Sätzen das Ergebnis der Versuche

2 Aufbau metallischer Werkstoffe

Chemische Elemente

2/1 Zeichnen Sie das nebenstehende Schema ab, und ordnen Sie die Elemente in das Schema ein. In der Klammer nach dem chemischen Element steht die zugehörige Dichte in kg/dm³.
Eisen (7,86), Schwefel (2,06), Kohlenstoff (2,25), Magnesium (1,74), Vanadium (5,96), Phosphor (1,82), Zink (7,13), Zinn (7,30), Blei (11,35), Aluminium (2,70), Kupfer (8,93), Titan (4,50).

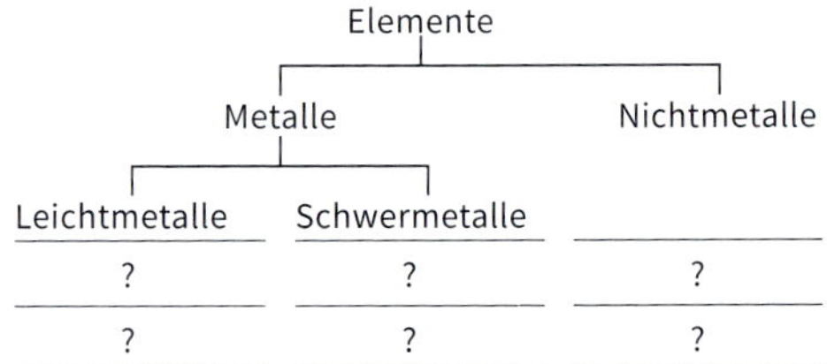

2/2 Schreiben Sie die Namen folgender chemischer Elemente ab, und tragen Sie hinter jeden Namen das chemische Symbol ein.
Wasserstoff, Kupfer, Zinn, Zink, Schwefel, Kohlenstoff, Eisen, Blei, Stickstoff, Mangan, Magnesium, Sauerstoff, Chrom.

2/3 Metallische Werkstoffe werden durch Kurzzeichen erfasst. Im Kurzzeichen der Werkstoffe stehen unter anderem die chemischen Symbole der Elemente, die der Werkstoff enthält.
Schreiben Sie die Kurzzeichen ab, und bestimmen Sie die Namen der chemischen Elemente, die in diesen metallischen Werkstoffen enthalten sind:

- C45
- NiCu14FeMo
- CuAl12Ni5
- MgAl6Zn
- 16MnCr4
- CuZn40Pb2

2/4 Zeichnen Sie folgendes Schema ab, und füllen Sie es vollständig aus.

	Name des Atombausteins	elektrische Ladung	Massevergleich
Atomkern	? ?	? ?	? ?
Elektronenhülle	?	?	?

2/5 Wodurch unterscheiden sich die Atome zweier verschiedener Elemente in ihrem Aufbau?

2/6 In der Tabelle „Atomaufbau der Elemente 1 bis 18" im Lehrbuch stehen links die metallischen Elemente, z. B. Natrium, Magnesium, Aluminium.
Auf der rechten Seite dieser Tabelle stehen die nichtmetallischen Elemente, z. B. Sauerstoff, Schwefel, Fluor, Chlor.

a) Welche Gemeinsamkeit in der Atomhülle haben die metallischen Elemente?
b) Welche Gemeinsamkeit in der Atomhülle haben die nichtmetallischen Elemente?

Aufbau von reinen Metallen

2/7 Ein Stück Aluminium besteht aus vielen Aluminiumionen.
Wie werden diese Aluminiumionen zusammengehalten?

2/8 Ein Kochsalzkristall (chemische Formel: NaCl) besteht aus positiv geladenen Natriumionen ⊕ und negativ geladenen Chlorionen ⊖.
Wie wird sich dieser Kristall im Gegensatz zu einem Metallkristall verhalten, wenn man die Schichten um einen Atomabstand gegeneinander zu verschieben versucht?

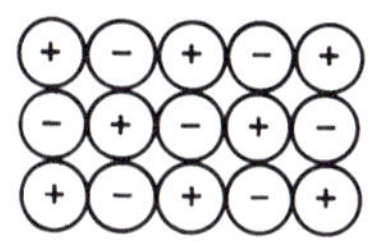

2/9 Metalle werden als elektrische Leiter, z. B. in Elektrokabeln, verwendet.
Warum leiten Metalle den elektrischen Strom?

2/10 Wie verhalten sich die kleinsten Teilchen eines Metallstückes

a) beim Erwärmen des Metallstückes,
b) beim Aufschmelzen des Metallstückes,
c) in der Metallschmelze?

2/11 Um den Erstarrungspunkt von Kupfer zu ermitteln, wurden in einem Versuch nebenstehende Werte ermittelt.

Zeit in min	0	5	15	30	40	45	60
Temperatur °C	1 300	1 190	1 083	1 083	1 083	1 020	860

a) Stellen Sie aus den gegebenen Messwerten ein Diagramm auf, in dem die waagerechte Achse die Zeit in Minuten und die senkrechte Achse die Temperatur von 900 bis 1 400 °C enthält.
Zeichnen Sie einen Kurvenzug.
b) Bestimmen Sie aus dem Diagramm die Erstarrungstemperatur von Kupfer.

2/12 Die Abbildung stellt ein stark vergrößertes Schema eines Gefügebildes dar.

a) Skizzieren Sie das Gefügebild so ab, dass lediglich die Korngrenzen gezeichnet werden.

b) Beschreiben Sie, unter Berücksichtigung des Erstarrungsvorganges, die Begriffe Korn und Korngrenze.

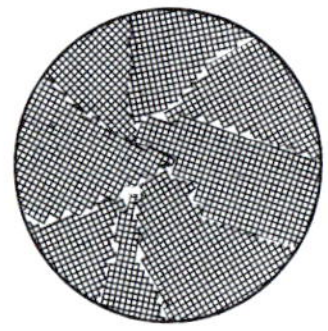

2/13 Stahlteile werden feuerverzinkt, indem man sie nach der Reinigung in flüssiges Zink eintaucht. Man sieht dann oft auf der Oberfläche ein interessantes Muster.
Wie ist dieses Muster aus der Erstarrung der Zinkschicht zu erklären?

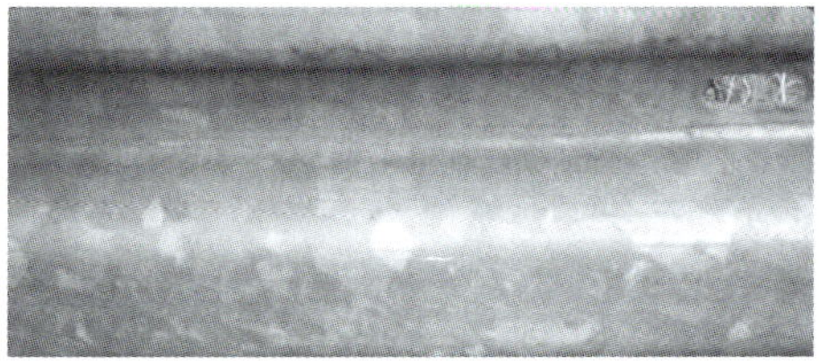

2/14 Rundmaterial aus Messing soll grobkorngeglüht werden.

a) Welche Eigenschaft soll damit verbessert werden?

b) Welche Eigenschaft wird mit Sicherheit verschlechtert?

2/15 Zeichnen Sie die Tabelle ab, und ordnen Sie die aufgeführten Metalle nach ihrer Um-formbarkeit in die Tabelle ein:

zufriedenstellend umformbar	gut umformbar	sehr gut umformbar
?	?	?

Chrom (krz) Magnesium (hex) Zink (hex) Eisen (erwärmt) (kfz) Aluminium (kfz) Kupfer (kfz)

2/16 In einem Metall sind die Metallionen gemäß der nebenstehenden Zeichnung angeordnet.
Fertigen Sie eine Skizze entsprechend der Vorlage an, und geben Sie den Gittertyp an.
Verbinden Sie zur besseren Übersicht die Mitte eines Ions mit den Mitten seiner Nachbarionen.

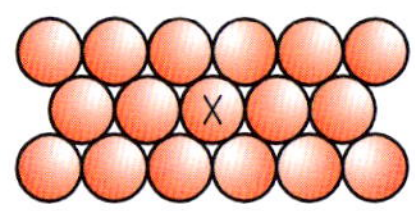

Draufsicht auf den Kristall

Legierungen

2/17 Warum legiert man Metalle?

2/18 Wie nennt man folgende Legierungen:

a) Eine Legierung, die aus etwa 99 % Eisen und 1 % Kohlenstoff besteht.

b) Eine Legierung, die aus etwa 97 % Eisen und 3 % Kohlenstoff besteht.

c) Eine Legierung, die aus etwa 65 % Kupfer und 35 % Zink besteht.

2/19 Übernehmen Sie das Schema und ergänzen Sie die vorgegebenen Lücken.

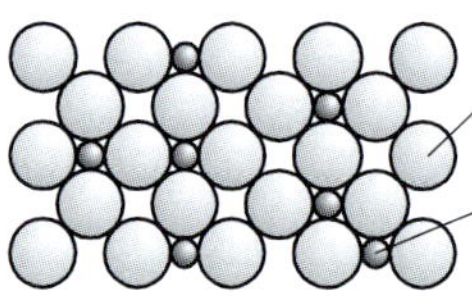

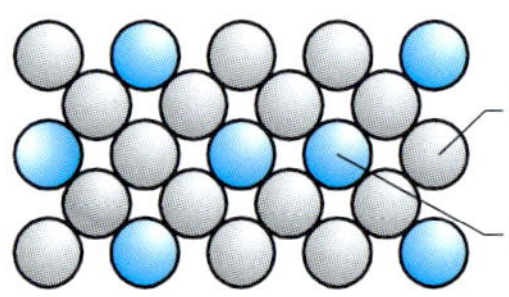

___?___ mischkristall ___?___ mischkristall

Anforderungen an die Fremdatome

___?___ 1. ___?___ 2. ___?___

2/20 Welche Eigenschaften haben Legierungen mit Mischkristallen?

2/21 Das Diagramm zeigt die Aufheizkurve einer Kupfer-Nickel-Legierung mit 50 % Nickel. Übernehmen Sie das Diagramm, und tragen Sie die Worte
- Ende des Schmelzvorganges,
- Beginn des Schmelzvorganges

richtig in das Diagramm ein.

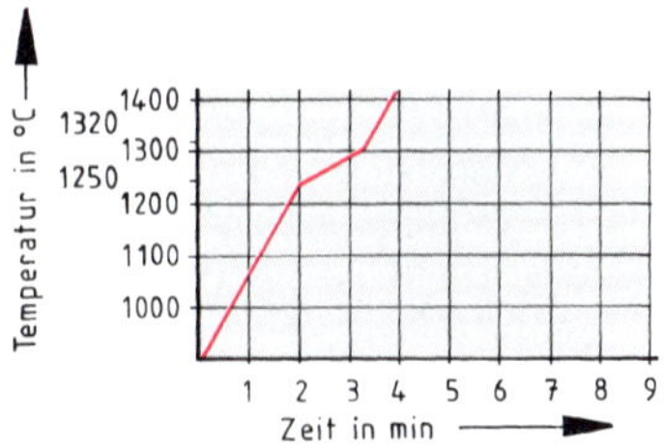

2/22 Es sind nebeneinander Abkühlungskurven ermittelt worden.

a) Übernehmen Sie diese Kurven, und zeichnen Sie das dazugehörige Zustandsdiagramm.

b) Beschriften Sie die einzelnen Felder des Diagramms.

c) Bestimmen Sie für eine Legierung mit 40 % Ni den Beginn und das Ende der Erstarrung.

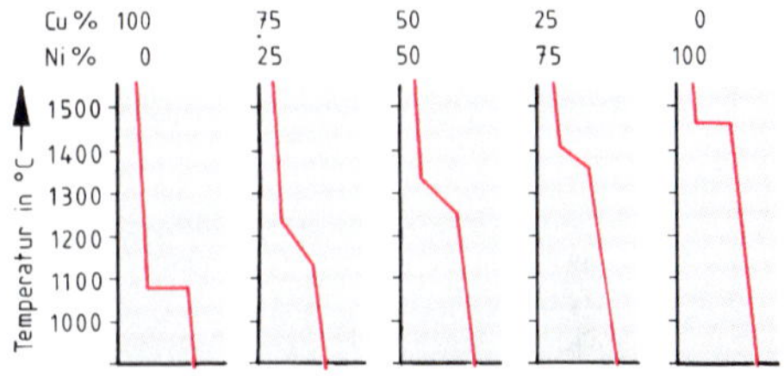

2/23 Die Darstellung stellt ein Gefügebild von Gusseisen mit Lamellengraphit dar.

a) Skizzieren Sie das Gefügebild ab, und beschriften Sie die Gefügebestandteile.

b) Erklären Sie, warum es sich um ein Kristallgemenge handelt.

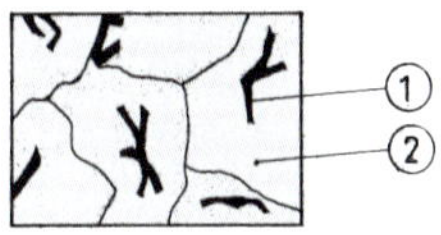

2/24 Gusseisen eignet sich gut als Werkstoff für Gleitlager, für Führungsbahnen sowie für Kolbenringe in Kraftfahrzeugmotoren. Erklären Sie dies anhand des Gefüges.

2/25 Die Abbildung zeigt schematisch ein Gefügebild einer Messingsorte, die sich sehr gut auf Zerspanungsautomaten bearbeiten lässt. Man nennt sie Automatenmessing. Automatenmessing enthält unter anderem 2 % Blei.

a) Skizzieren Sie das Gefügebild ab, und kennzeichnen Sie den Gefügeanteil Blei.

b) Welche Bedeutung hat das Zulegieren von Blei im Automatenmessing?

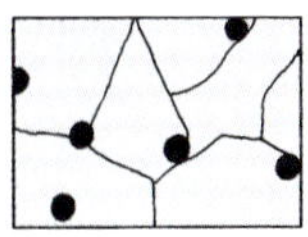

2/26 Von den Blei-Zinn-Legierungen hat die eutektische Legierung die Zusammensetzung von 62 % Zinn und 38 % Blei. Im Folgenden ist eine Legierung mit 60 % Blei und 40 % Zinn zu untersuchen.

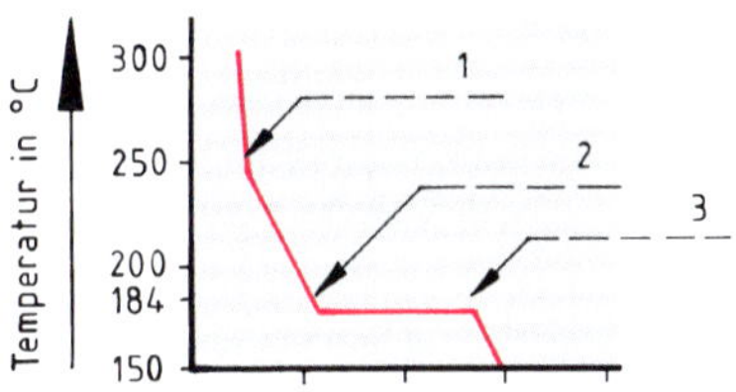

a) Welcher Bestandteil ist in dieser Legierung gegenüber der eutektischen Legierung im Überschuss?

b) Welcher Bestandteil der Legierung beginnt zuerst zu erstarren?

c) Zeichnen Sie die vorgegebene Abkühlungskurve dieser Legierung ab, und beschriften Sie die angegebenen Stellen.

d) Beschreiben Sie den Erstarrungsvorgang dieser Legierung. Die Erstarrung beginnt bei 250 °C und endet bei 184 °C.

2/27 Legierungen aus Aluminium und Silizium bilden Kristallgemenge. Unter diesen Al-Si-Legierungen weist die Legierung mit 11,7 % Si ein besonders feines Kristallgemenge auf.

a) Wie nennt man dieses besonders feine Kristallgemenge?
b) Welche Eigenschaften hat die Legierung hinsichtlich
   - Abkühlungsverhalten,
   - Erstarrungsverlauf,
   - Erstarrungstemperatur

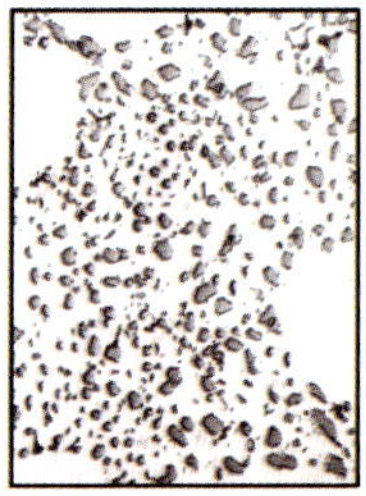

EN AC-AlSi 12
veredeltes Gefüge

2/28 Es liegt eine Legierung mit Kristallgemenge vor.

a) Woran erkennt man im Schliffbild, dass ein Kristallgemenge vorliegt?
b) Woran erkennt man im Schliffbild, dass eine nicht eutektische Legierung vorliegt?

2/29 Bei einer Untersuchung von Blei-Zinn-Legierungen wurden folgende Abkühlungskurven aufgenommen:

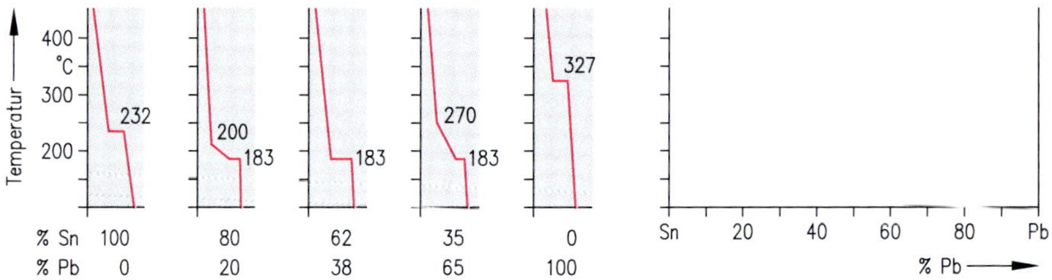

a) Übernehmen Sie diese Abkühlungskurven, und zeichnen Sie das zugehörige Zustandsdiagramm mit allen Beschriftungen.
b) Beim Löten in der Elektro- und Elektronikindustrie benötigt man möglichst niedrig schmelzende Lote, die schnell erstarren.
   Welche Pb-Sn-Legierung empfehlen Sie nach dem Zustandsdiagramm?
c) Zum Löten von Kabelmänteln benötigt man Lote, die sich im breiigen Zustand „schmieren" lassen. Zwischen Beginn und Ende der Erstarrung soll ein Temperaturunterschied von 70 °C liegen. Welche Zusammensetzung muss das Lot haben?

3 Eisen und Stahl

Roheisen- und Stahlerzeugung

3/1 Die Metallgewinnung erfolgt in Stufen.

a) Nennen Sie die Stufen der Metallgewinnung.
b) Geben Sie die Aufgaben jeder Stufe an.

3/2 Das in Schweden geförderte Eisenerz Magneteisenstein enthält etwa 70 % Fe_3O_4.

a) Wie viel Tonnen Fe_3O_4 sind in 5 000 t Magneteisenstein enthalten?
b) Wie viel Tonnen reines Eisen kann man daraus gewinnen, wenn die chemische Verbindung Fe_3O_4 78 % reines Eisen enthält?

3/3 Im Hochofen wird aus den aufbereiteten Eisenerzen Roheisen gewonnen.
Durch welchen chemischen Vorgang wird aus den chemischen Verbindungen des Eisens Roheisen gewonnen?

3/4 Im folgenden sind Einzelvorgänge vom Hochofenprozess aufgeführt. Schreiben Sie diese Sätze in anderer Reihenfolge so ab, dass ein sinnvoller Bericht über den Hochofenprozess daraus wird.

- Die dünnflüssige Schlacke schwimmt auf dem Roheisen und wird gesondert abgezogen.
- Bei der Verbrennung des Kokses entstehen Kohlenmonoxid und Kohlendioxid.
- Heiße Luft wird durch Düsen von unten in den Hochofen geblasen.
- Koks, Erz und Zuschläge werden über einen Schrägaufzug von oben schichtweise in den Hochofen geschüttet.
- Das flüssige Roheisen sammelt sich im untersten Teil des Hochofens.
- Das reduzierte Eisen nimmt Kohlenstoff auf; dabei sinkt die Schmelztemperatur des Roheisens um 300 °C.
- Die Reduktion der oxidischen Eisenerze erfolgt mit den Reduktionsmitteln Kohlenstoff und Kohlenmonoxid.
- Im obersten Teil des Hochofens wird das Erz auf etwa 200 °C vorgewärmt; Wasser entweicht als Dampf.

3/5 Erläutern Sie den Unterschied zwischen Roheisen und Stahl

a) in der Zusammensetzung und
b) in den Eigenschaften Schmiedbarkeit und Schweißbarkeit.

3/6 Die Verunreinigungen im Roheisen haben ein höheres Verbindungsbestreben mit Sauerstoff als Eisen.
Wie kann man diese Verunreinigungen im Roheisen beseitigen, wenn man das höhere Verbindungsbestreben zu Sauerstoff ausnutzt?

3/7 Die folgenden Aussagen beschreiben Teilvorgänge bei der Stahlgewinnung durch das LD-Verfahren. Schreiben Sie diese Sätze in richtiger Reihenfolge so ab, dass ein sinnvoller Fachbericht über das LD-Verfahren entsteht.

- die Oxide der Verunreinigungen entweichen zum Teil als Gas, und zum Teil schwimmen sie als Schlacke auf der Schmelze.
- Durch diese Lanze wird Sauerstoff auf die Schmelze geblasen.
- Dieser chemische Vorgang, den man als Oxidation bezeichnet, bewirkt eine beträchtliche Temperatursteigerung in der Schmelze.
- Eine wassergekühlte Lanze wird in den Tiegel geführt.
- Die Roheisenschmelze wird in einen schwenkbaren Tiegel gegeben.
- Da die Verunreinigungen des Roheisens höheres Verbindungsbestreben mit Sauerstoff haben als Eisen, verbinden sich diese mit dem eingeblasenen Sauerstoff.
- Am Ende des Blasvorganges werden je nach Bedarf Legierungselemente zugegeben.
- Die Temperaturerhöhung in der Schmelze ist so groß, dass Kühlschrott hinzugegeben werden muss.
- Der flüssige Stahl wird abgegossen und weiterverarbeitet.

3/8 Die Roheisenschmelze wird bei LD-Verfahren mit etwa 1 300 °C in den Tiegel gegeben. Warum wird die Schmelze im Tiegel bei der Umwandlung zu Stahl nicht fest, obwohl Stahl einen Schmelzpunkt von etwa 1 500 °C hat?

3/9 Welche Vorteile bietet das Stahlgewinnungsverfahren im Lichtbogenofen gegenüber dem LD-Verfahren im Hinblick auf:

a) Verunreinigung durch den Energieträger,
b) Zusammensetzung des Endproduktes,
c) die Möglichkeit zu legieren?

3/10 Suchen Sie aus der Tabelle „Übersicht über die Wirkungen von Begleit- und Legierungselementen“ diejenigen Elemente heraus, welche bei Eisen und Stahl

- die Warmfestigkeit,
- die Korrosionsbeständigkeit erhöhen.

Gefüge und Eigenschaften von Stahl

3/11 Ein unlegierter Stahl mit 0,65 % C ist auf 1 000 °C erwärmt worden.

a) Liegt bei dieser Temperatur ein Kristallgemenge oder ein Mischkristallgefüge vor?
b) Welche Bezeichnung trägt dieses Gefüge?
c) Wie ist der Gitteraufbau?
d) Wie liegt der Kohlenstoff im Gefüge vor?
e) Wie verhält sich das Gefüge beim Umformen?

3/12 Die folgenden Aussagen beschreiben Gefügebestandteile von Stahl.
Nennen Sie die Gefügebezeichnung des jeweils beschriebenen Gefügebestandteils:

a) chemische Verbindungen aus Fe und C. Es ist ein harter und spröder Gefügebestandteil;
b) Kristallgemenge aus Fe und Fe_3C;
c) Mischkristall aus Fe und C. Dieser Gefügebestandteil liegt bei höheren Temperaturen vor;
d) nahezu kohlenstofffreies Eisen mit krz-Gitter.

3/13 In einem Untersuchungsbericht eines Metalllabors über eine Metallprobe heißt es u. a.: „... das Gefüge weist zu etwa gleichen Teilen Ferrit und Perlit auf."

a) Welchen Kohlenstoffgehalt hat der Stahl?
b) Welchen Gitteraufbau hat Ferrit?

3/14 Das nebenstehende Gefügebild zeigt das Gefüge eines Stahles mit 0,8 % Kohlenstoffgehalt.

a) Wie bezeichnet man dieses Gefüge?
b) Das streifenförmige Aussehen kommt dadurch zustande, dass zwei einzelne Bestandteile fein verteilt nebeneinander liegen.
Wie nennt man diese beiden Bestandteile?
c) Welche chemische Formel hat der kohlenstoffreichere Bestandteil?
d) Welche Eigenschaften haben die einzelnen Bestandteile?

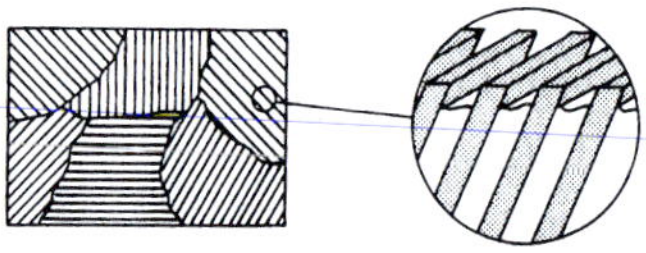

3/15 Die nebenstehenden Darstellungen sind Gefügebilder von Stählen mit 0,2 %, 0,45 %, 0,8 % und 1,5 % Kohlenstoffgehalt.

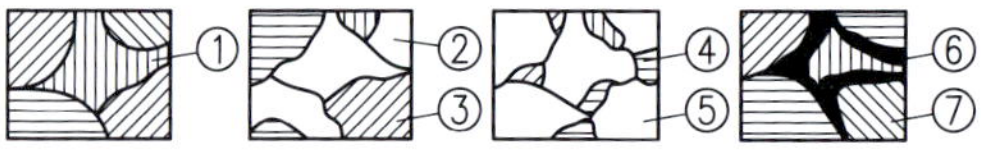

1 ..... %C 2 ..... %C 3 ..... %C 4 ..... %C

a) Skizzieren Sie die Bilder geordnet nach dem Kohlenstoffgehalt ab.
b) Benennen Sie die gekennzeichneten Gefügebestandteile.

Stoffeigenschaftändern von Stählen

3/16 a) Wie ändert sich beim Weichglühen das Gefüge eines unlegierten Stahles?
b) Welchen Zweck hat das Weichglühen von unlegiertem Stahl?

3/17 a) Bei welcher Temperatur ist ein Stahl mit 0,6 % C weichzuglühen?
b) Bei welcher Temperatur wird ein Stahl mit 1 % C weichgeglüht?

3/18 Eine Schweißkonstruktion aus Stahl ist spannungsarm zu glühen.
Schreiben Sie eine Glühanweisung.

3/19 Ein Stahlgussgehäuse mit 20 mm Wanddicke mit 0,45 % C wurde falsch vergütet. Es soll deswegen normalisiert werden.
Schreiben Sie eine Glühanweisung.

3/20 Ein Stahldraht wurde kalt gezogen.

a) Beschreiben Sie, wie sich folgende Eigenschaften verändert haben:
– Härte, – Festigkeit, – Dehnbarkeit.
b) Schreiben Sie eine Glühanweisung für das Rekristallisieren.

3/21 Übernehmen Sie die folgende Beschreibung über das Härten einer Meißelschneide. Setzen Sie dabei die in den Klammern zur Auswahl stehenden Begriffe richtig ein:
Die Meißelschneide aus C70 wird auf 800 °C erwärmt. Es entsteht *(das Kristallgemenge/das Mischkristallgefüge)* Austenit mit *(krz/kfz)*-Gitter. Der Kohlenstoff ist dabei in das Gitter *(eingebaut/nicht eingebaut)*. Anschließend wird die Meißelschneide *(schnell/langsam)* abgekühlt. Aus dem *(krz/kfz)*-Gitter des Austenits wird ein *(krz/kfz)*-Gitter. Durch die *(schnelle/langsame)* Abkühlung werden die Kohlenstoffatome *(im Gitter eingeschlossen/aus dem Gitter herausgehalten)*. Dies bewirkt *(eine Verzerrung des Gitters/einen regelmäßigen Gitteraufbau)*. Dadurch wird die Meißelschneide wesentlich härter.

3/22 Prüfen Sie einen „Stahlnagel“ (ca. 0,5 % C) und einen etwa gleich großen „normalen“ Nagel (ca. 0,1 % C) bei unterschiedlichen Wärmebehandlungszuständen.

a) Erhitzen Sie beide Nägel in der Flamme eines Bunsenbrenners bis zur Weißglut, und halten Sie diese Temperatur etwa 1 Minute lang. Lassen Sie dann die Nägel an der Luft langsam abkühlen.
Beurteilen Sie die Härte der Nägel durch Befeilen.
Wie sind die Gefüge beider Nägel nach der langsamen Abkühlung aufgebaut?

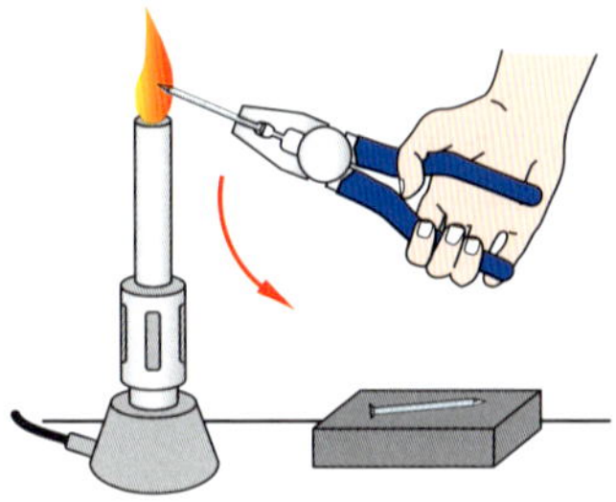

b) Erhitzen Sie beide Nägel erneut bis zur Weißglut, und schrecken Sie die Nägel anschließend sofort in Wasser ab.
Beurteilen Sie wieder die Härte durch Befeilen. Welche Gefüge liegen jetzt in den Nägeln vor?

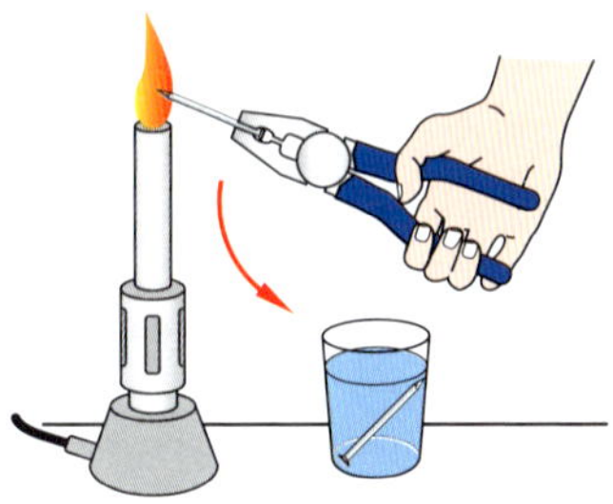

3/23 Eine Reißnadel aus Stahl soll an der Spitze gehärtet werden. Der Stahl hat die Kurzbezeichnung C60.
Von welcher Temperatur ist die Nadel abzuschrecken?
Ermitteln Sie die Temperatur aus dem Fe-Fe_3C-Diagramm.

3/24 Auf einem Meißel steht Lufthärter. Welche Bedeutung hat diese Aufschrift?

3/25 Warum härten dickwandige Werkstücke aus unlegierten Stählen nicht durch?

3/26 Eine Schneidplatte aus unlegiertem Werkzeugstahl mit 1 % C soll gehärtet werden. Das Aufheizen soll in zwei Stufen erfolgen.
Erstellen Sie eine Glühanweisung mit Temperaturen, Zeiten und Abschreckmitteln.

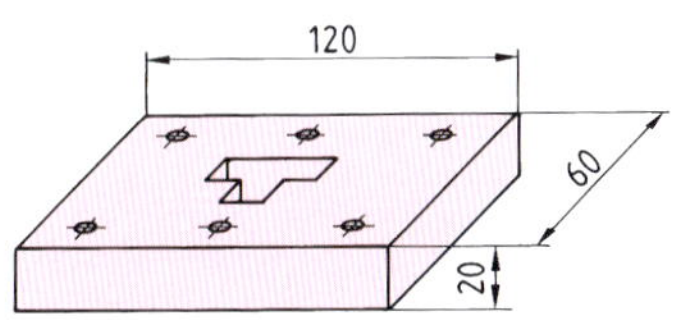

3/27 Nach dem Härten wird die Schneidplatte aus Aufgabe 3/26 angelassen. Bestimmen Sie die Anlasstemperatur.
Was geschieht im Werkstoff bei diesem Anlassen?

3/28 a) Bei welcher Temperatur ist eine Welle aus C60 (Stahl mit 0,6 % C) zu vergüten, damit 900 N/mm² Zugfestigkeit erreicht werden?

b) Ein Schalthebel aus C35 soll entsprechend der Glühanweisung bei 500 °C vergütet werden. Welche Zugfestigkeit ist zu erwarten?

c) Um wie viel % ist die Zugfestigkeit eines C45 wahrscheinlich abgefallen, wenn er statt bei 450 °C versehentlich bei 500 °C angelassen wurde?

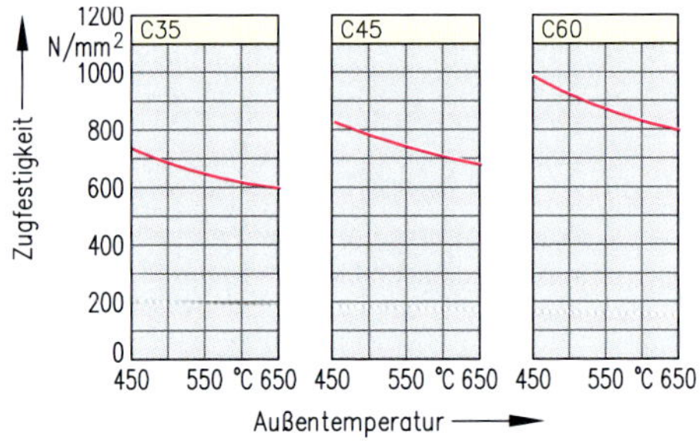

Vergütungsschaubilder

3/29 Eine Achse von ⌀ 35 mm aus C45 soll vergütet werden. Der Werkstoff liegt im normal geglühten Zustand vor.
Geben Sie eine genaue Glühanweisung für das Härten und das anschließende Anlassen. Es soll eine Zugfestigkeit von 750 N/mm² erreicht werden.

3/30 Welche Vorteile bietet das Randschichthärten von Werkstücken gegenüber dem Durchhärten?

3/31 Skizzieren Sie eine Einrichtung zum Flammhärten von Bolzen.
Die Skizze „Induktionshärten eines Bolzens“ im Lehrbuch soll als Hilfe für Ihren Entwurf dienen.

3/32 Vergleichen Sie die Randschichthärteverfahren Flammhärten und Induktionshärten hinsichtlich
- Anlagekosten,
- Einhärtetiefe und
- möglichen Formen der zu härtenden Werkstücke.

	Flammhärten	Induktionshärten
Anlagekosten	?	?
Einhärtetiefe	?	?
Form der zu härtenden Werkstücke	?	?

Zeichnen Sie dazu obenstehende Tabelle ab und ergänzen Sie diese, indem Sie aus den vorgegebenen Aussagen entsprechend einsetzen:
hoch, niedrig, beliebig, mindestens 1 mm, ab etwa 0,1 mm, gleichmäßig, ungleichmäßig, abhängig von der Form der Spule.

3/33 Beschreiben Sie das Einsatzhärten eines Werkstückes aus C15. Gehen Sie dabei auf Einsatz- und Härtetemperaturen sowie auf Gefügeänderungen ein.

3/34 Stäbe aus C20 für Sicherheitsgitter werden einsatzgehärtet.

a) Bestimmen Sie die Einsatztemperatur.

b) Der Stahl soll in der Randschicht 0,6 % C erreichen.
Bestimmen Sie den notwendigen CO-Gehalt der Glühatmosphäre.

c) Von welcher Temperatur soll abgeschreckt werden?

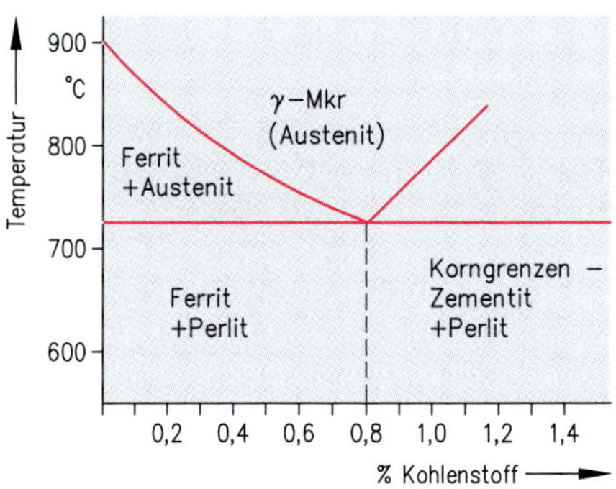

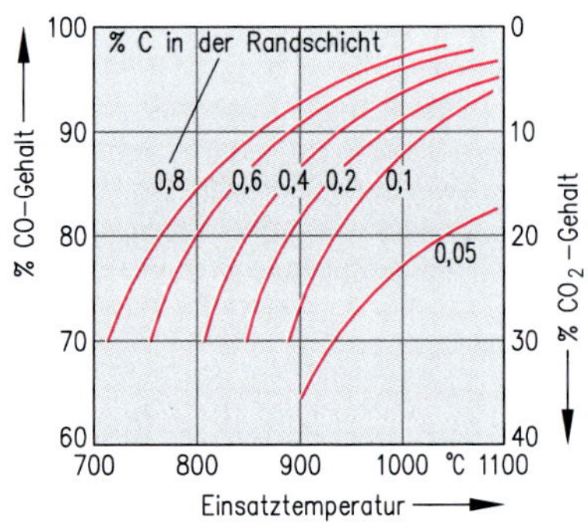

3/35 Wodurch entsteht die hohe Härte beim Nitrieren?

3/36 Nennen Sie Vor- und Nachteile des Randschichthärtens durch Nitrieren gegenüber dem Ab-schreckhärten.

3/37 Mit welchen Legierungselementen sind in der Regel Nitrierstähle legiert?

3/38 Nennen Sie ein stickstoffabgebendes Mittel, das zum Nitrieren verwendet wird?

Einteilung, Normung und Verwendung von Stählen

3/39 Leiten Sie aus den Kurznamen die Eigenschaften folgender Stähle ab:

a) S490Q, **b)** P355K6N, **c)** H420, **d)** L355M, **e)** E335.

3/40 Bei niedrig legierten Stählen werden im Kurznamen die Prozent-Angaben der Legierungselemente durch die Faktoren 4, 10 und 100 verschlüsselt angegeben.

a) Zum leichteren Merken der Legierungselemente, die mit dem Faktor 4 verschlüsselt werden, gibt es den Spruch:
„**Si**eh, **Co**nrad **Cr**amer **W**usste **Ni**e **Man**gan."
Welche Elemente werden in diesem Merkspruch angegeben?
Lernen Sie den oben angegebenen Merkspruch auswendig.

b) Nennen Sie die vier Elemente, die durch den Faktor 100 verschlüsselt angegeben werden.
Merkspruch: „**C**aesar **P**utzte **S**eine **N**ase."

c) Nennen Sie die Elemente, die durch den Faktor 10 verschlüsselt angegeben werden.
Versuchen Sie selbst, ein Merkwort oder einen Merksatz zu finden.

3/41 Zeichnen Sie die Tabelle ab, und vervollständigen Sie die Tabelle, indem Sie die Zusammensetzung der Stähle bestimmen.

	C %	Mn %	S %	Cr %	Al %	Ni %	Mo %	V %	Pb %
38Cr2	?	?	?	?	?	?	?	?	?
16MnCr5	?	?	?	?	?	?	?	?	?
34CrAlNi7	?	?	?	?	?	?	?	?	?
40CrMoV6-7	?	?	?	?	?	?	?	?	?
9SMnPb3-6	?	?	?	?	?	?	?	?	?

3/42 **a)** Woran erkennt man im Kurznamen hoch legierte Stähle?

b) Durch welchen Faktor wird bei hoch legierten Stählen der Prozentanteil von Kohlenstoff und der übrigen Legierungselemente verschlüsselt angegeben?

3/43 Entschlüsseln Sie die folgenden Kurznamen hoch legierter Stähle:

X22 CrNi17, X6 CrNiMo18-10, X10 CrMoWV12-1.

3/44 Geben Sie die Zusammensetzung der Stähle für folgende Bauteile an:

a) Einlassventil aus X45 SiCr6-3,

b) Ablaufblech einer Haushaltsspüle X6 CrNi18-9,

c) Auslassventil für einen Rennmotor X45 CrNiMo22-6-3.

3/45 Wie viel Prozent Eisen enthält etwa der nicht rostende Stahl, der mit dem Kurznamen X10 CrNi18-8 gekennzeichnet ist?

3/46 Schreiben Sie die Kurznamen der für die folgenden Bauteile verlangten Werkstoffe auf.

a) Ein Hebel im Maschinenbau soll aus unlegiertem Stahl mit einer Streckgrenze von 355 N/mm^2 hergestellt werden.
b) Eine Druckfeder soll aus einem Stahl mit 0,7 % Kohlenstoffgehalt und 1,75 % Siliziumgehalt gewickelt werden.
c) Ein Achsgehäuse soll aus Gusseisen mit Kugelgraphit gegossen werden und eine Mindestzugfestigkeit von 400 N/mm^2 haben.

3/47 Werkstoffnummern kann man nur mithilfe von Tabellen näher entschlüsseln. Es gibt jedoch einige einfach zu erkennende Regeln.
Übernehmen Sie die folgenden Sätze und ergänzen Sie diese:

a) Eine Werkstoffnummer für Stahl erkennt man ___?___
b) In den Werkstoffnummern für Grundstähle beginnt die Sortennummer stets mit ___?___, es folgt ___?___.
c) Nicht rostende, hoch mit Chrom legierte Stähle beginnen in der Werkstoffnummer mit ___?___.

3/48 In einer Konstruktion soll eine Zugstange aus E360 durch eine Stange aus S235 ersetzt werden.

a) Welche mechanischen Werte muss man miteinander vergleichen, um auf die notwendige Querschnittvergrößerung zu schließen?
b) Um wie viel Prozent muss der Querschnitt vergrößert werden?

3/49 Welcher Zusammenhang besteht bei Stählen zwischen Zugfestigkeit und Bruchdehnung?
Ergänzen Sie dazu den folgenden Satz:
Mit steigender Zugfestigkeit nimmt ___?___.

3/50 Wie ändert sich bei schweißgeeigneten Feinkornbaustählen die Streckgrenze mit der Probenstärke?

3/51 Schreiben Sie aus den folgenden Kurznamen von Stählen diejenigen heraus, die Einsatzstähle kennzeichnen.

C60, C15, C10, 34CrNiMo6, E360, 16MnCr5.

3/52 Die Darstellung ist das Gefügebild der Randzone eines Einsatzstahles C15.
Geben Sie an, in welchem Stadium der Behandlung sich dieser Einsatzstahl befindet. Begründen Sie Ihre Antwort.

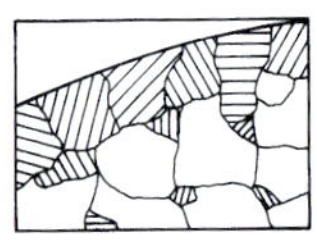

3/53 Welche Legierungselemente müssen in Nitrierstählen vorhanden sein, damit durch das Warmbehandlungsverfahren Nitrieren eine harte und verschleißfeste Oberfläche entsteht?

3/54 Durch welche Maßnahme bewirkt man in Automatenstählen die Spanbrüchigkeit?

3/55 Welche Elemente in Federstählen bewirken die hohe Elastizität dieser Stähle?

3/56 Welche Information ist der Bezeichnung HS 8-3-3-2 zu entnehmen?

Eisen-Kohlenstoff-Gusswerkstoffe

3/57 Welche Unterschiede bestehen zwischen Stahl und Gusseisen hinsichtlich

- Kohlenstoffgehalt des Werkstoffes,
- Ausbildung des Kohlenstoffs im Gefüge,
- Zerspanbarkeit,
- Festigkeit.

3/58 Bestimmen Sie die Schmelztemperaturen für
- einen Stahlguss mit 0,5 % Kohlenstoff,
- ein Gusseisen mit 4,2 % Kohlenstoff.

Benutzen Sie dazu Diagramme.

3/59 Zeichnen Sie die folgende Tabelle ab und vervollständigen Sie diese.

	Gusseisen mit Lamellengraphit	Stahlguss
Kohlenstoffgehalt	?	?
Schmelztemperatur	?	?
Zugfestigkeit	?	?
Volumenverminderung beim Erkalten	?	?

3/60 Warum ist Stahlguss viel schwieriger zu gießen als Gusseisen?

3/61 Die nebenstehenden Darstellungen sind Gefügebilder von zwei verschiedenen Guss-eisensorten.
Zeichnen Sie die Gefügebilder ab, und benennen Sie jeweils Grundgefüge und Graphitform.

1

2
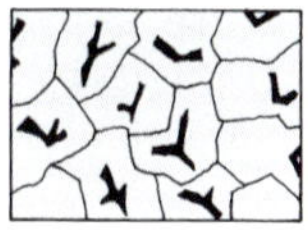

3/62 Der Graphit im Gusseisen kann lamellenförmig oder kugelförmig vorliegen.
Erklären Sie, warum bei gleichem Graphitanteil das Gusseisengefüge mit kugelförmigem Graphit höhere Festigkeit aufweist als Gusseisengefüge mit Lamellengraphit.

3/63 Die Festigkeit von Gusseisen hängt sowohl vom Grundgefüge als auch von der Graphitform ab.
Die folgenden Aussagen sind Beschreibungen verschiedener Gusseisengefüge.
- Gusseisen mit Kugelgraphit in perlitischem Grundgefüge,
- Gusseisen mit Lamellengraphit in ferrtitischem Grundgefüge,
- Gusseisen mit Lamellengraphit in perlitischem Grundgefüge.

Ordnen Sie die beschriebenen Gefüge nach steigender Festigkeit.

3/64 Werkzeugmaschinenständer werden häufig aus Gusseisen mit Lamellengraphit gegossen.
a) Welche Eigenschaften des Gusseisens mit Lamellengraphit begünstigen die Herstellung dieser Bauteile durch Gießen?
b) Welchen Einfluss haben die Graphitlamellen im Gusseisen auf die fertigen Werkzeugmaschinen?

3/65 Worin unterscheiden sich Gusseisen mit Lamellengraphit und Gusseisen mit Kugelgraphit hinsichtlich
- Gefügeaufbau, - Zugfestigkeit, - Dehnbarkeit.

3/66 Übernehmen Sie die Bezeichnung folgender Bauteile und bestimmen Sie, aus welchen Eisen-Kohlenstoff-Gusswerkstoffen diese Bauteile hergestellt werden sollen.
a) Hinterachsgehäuse für Lastkraftwagen, b) Turbinenschaufeln, c) Kanaldeckel.

3/67 Für die folgenden Bauelemente werden die angegebenen Werkstoffe verwendet.
Entschlüsseln Sie die Normbezeichnungen.
a) Nietmaschinenrahmen GE300
b) Schachtdeckel EN-GJL-200
c) Drehmaschinenbett EN-GJL-350
d) Pkw-Lenkgehäuse EN-GJS-500

4 Nichteisenmetalle

Aluminium und Aluminiumlegierungen

4/1 In einer Rahmenkonstruktion für ein Fahrzeug werden Stäbe mit einer Zugkraft von 10 000 N belastet. Man steht vor der Wahl, entweder für diese Stäbe eine Aluminiumlegierung oder Stahl zu verwenden.

a) Welchen Querschnitt muss ein Stab haben, wenn eine Aluminium-Legierung mit einer zulässigen Belastung von $\sigma_{zul} = 60\ N/mm^2$ verwendet wird?

b) Welchen Querschnitt muss ein Stab bei der Verwendung von Stahl haben, wenn der vorgesehene Stahl mit $\sigma_{zul} = 110\ N/mm^2$ belastet werden darf?

c) Die Stäbe sind 1 300 mm lang. Berechnen Sie die Massen der Stäbe ($\varrho_{Al} = 2{,}7\ kg/dm^3$ und $\varrho_{Stahl} = 7{,}8\ kg/dm^3$).

4/2 Warum ist Aluminium in der Luft trotz seines höheren Verbindungsbestrebens mit Sauerstoff korrosionsbeständiger als Stahl?

4/3 Wie ändern sich die Zugfestigkeit, die Dehnbarkeit und die Härte von Reinstaluminium durch Zulegieren anderer Elemente?

4/4 Folgende Bauteile werden aus Aluminiumlegierungen gefertigt:

- Motorgehäuse für Moped,
- Kolben für Verbrennungsmotor,
- Profilstab für Rolladen,
- Fensterrahmenprofil.
- Felge für Rennrad,

Ordnen Sie diese Beispiele den folgenden Gruppen zu:

- Aluminium-Knetlegierung,
- Aluminium-Gusslegierung.

4/5 Ein Profil aus EN AW-AlCuMg 1 soll warm ausgehärtet werden.

a) Welche Daten müssen Sie aus Datenblättern entnehmen, damit Sie eine Glühanweisung geben können?

b) Geben Sie den Ablauf der Wärmebehandlung an.

4/6 Bei Normbezeichnungen für Aluminiumlegierungen unterteilt man das Kurzzeichen in mehrere Teile. Nennen Sie die Teile, und kennzeichnen Sie diese im folgenden Kurzzeichen:
EN AC-AlMgSi 0,5 O

4/7 Schlüsseln Sie folgende Kurzzeichen auf.

a) EN AC-AlSi10Mg, b) EN AW-AlCu4SiMg1, c) EN AW-AlCuPbMgMn.

Kupfer und Kupferlegierungen

4/8 Kupfer wird wegen seiner besonderen Eigenschaften auch als reines Metall häufig verwendet.
Zeichnen Sie das nebenstehende Schema ab, und ergänzen Sie die besonderen Eigenschaften in den vorgegebenen Beispielen.

Verwendung	maßgebende Eigenschaft
Lötkolbenspitze	?
Heizungsrohr	?
Elektrokabel	?
Dichtung für Heißdampfleitung	?
getriebene Haustür-verzierung	?

4/9 Man unterscheidet zwei Messingsorten. Die eine Sorte wird für Umformarbeiten, die andere Sorte zum Zerspanen und Gießen verwendet.
Zeichnen Sie das Schema richtig ab, und ordnen Sie folgende Begriffe richtig ein.
Hülsen und Federn, Ventile und Uhrenteile, Kristallgemenge, Mischkristalle Zinkgehalt unter 38 %, Zinkgehalt über 38 %.

	Gefüge	Zinkgehalt	Beispiele für Verwendung
Messing zum Umformen	?	?	?
Messing zum Gießen und Zerspanen	?	?	?

4/10 Aus welchen Elementen bestehen folgende Legierungen?

a) Messing b) Zinn-Bronze c) Rotguss d) Neusilber

4/11 Entschlüsseln Sie die folgenden Kurzzeichen:

a) GD-CuZn28, b) G-CuSn12, c) GK-CuZn37Al1, d) GZ-CuPb10Sn8.

4/12 In einer Zeichnung ist laut Stückliste für ein Schneckenrad eine gegossene Zinnbronze vorgesehen. Die Normbezeichnung ist jedoch nicht genau zu erkennen. Es kann G-CuSn16 oder G-CuSn6 heißen. Welche Bezeichnung muss aus Ihrer Kenntnis über Kupfer-Zinn-Legierungen richtig sein?

5 Sinterwerkstoffe

5/1 Geben Sie jeweils den Grund für die Fertigung der folgenden Bauteile durch Sintern an:

a) Schneidplatte aus Hartmetall,
b) Lagerbuchse für einen Kleinstmotor,
c) Filter aus Messing für das Filtern von Lösungsmitteln,
d) Zahnräder für einen Handrasenmäher.

5/2 Schlüsseln Sie folgende Normbezeichnungen für Sinterteile auf:

a) SINT-B 20 isostatisch gepresst, b) SINT-G 40,
c) SINT-D 10 sintergeschmiedet.

Hartmetalle

5/3 Unterscheiden Sie tabellarisch Hartmetalle HW und HTC.

5/4 Welche Auswirkungen hat ein höherer Co-Anteil auf die Biegefestigkeit von Hartmetall-Wendeschneidplatten?

5/5 Wählen Sie ein Hartmetall zum Zerspanen von Gehäusen aus Stahlguss GS-X6CrNiMo18-10 aus. Es soll wegen teilweise unterbrochenen Schnitts besonders zäh sein.

Keramische Werkstoffe

5/6 Begründen Sie die Verwendung von Keramiken bei folgenden Bauteilen:

a) Zündkerzenkopf,
b) Schneidplatte aus Aluminiumoxid,
c) Pumpenkolben einer Hochdruckpumpe aus Aluminiumoxid,
d) Rotor eines Turboladers,
e) Fadenführung an einer Textilmaschine.

5/7 Heißisostatisches Pressen gilt als eines der besten Verfahren zur Erzeugung hochfester Keramik. Erklären Sie die Durchführung des Verfahrens, und zeigen Sie dabei die Unterschiede zum kalt-isostatischen Pressen auf.

5/8 Eine Lagerbuchse aus Keramik muss eingepasst werden.
Welche Werkstoffe sind für die Werkzeuge zur spanenden Bearbeitung der Buchse geeignet?

5/9 Ein Pumpenkolben aus Al_2O_3 hat einen Durchmesser von 29,887 mm. Der Kolben bewegt sich in einem Stahlzylinder mit 30,008 mm Innendurchmesser. Die Maße wurden bei 20 °C gemessen.
Berechnen Sie das Spiel für eine Betriebstemperatur von 80 °C (α_{Stahl} = 0,000 012 1/K).

5/10 An der Einführung des Metallstreifens in ein Werkzeug entsteht starker Verschleiß. Der Verschleiß soll durch Einsetzen einer Keramikleiste vermindert werden.
Planen Sie die Durchführung dieses Auftrages.

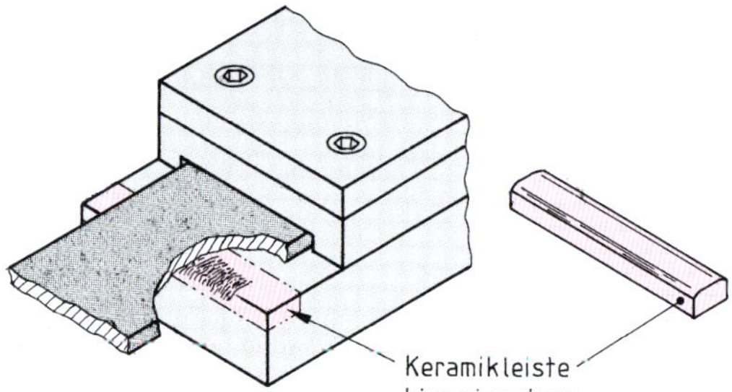

6 Verbundwerkstoffe

6/1 Übernehmen Sie die Tabelle, und ordnen Sie den Bauteilen die zutreffende Art des Verbundwerkstoffes zu:

Bauteile	Art des Verbundwerkstoffes
Stahlbeton	?
Verbundglasscheibe	?
Drahtglas	?
Sinterlager	?
Angelrute	?
Schleifscheibe	?

6/2 In Stahlgürtelreifen sind Stahldrähte in Gummi eingebettet.

a) Um welche Art von Verbundwerkstoff handelt es sich hier?
b) Ist die Kombination von Stahldraht und Gummi für einen Verbundwerkstoff ideal? Begründen Sie Ihre Antwort.

7 Kunststoffe

7/1 Die folgenden Abbildungen zeigen zwei Handbandschleifmaschinen. Ein Modell hat ein Aluminiumgehäuse, das andere ein Gehäuse aus Kunststoff.

Maschine mit Kunststoffgehäuse **Maschine mit Aluminiumgehäuse**

a) Vergleichen Sie beide Gehäuse hinsichtlich Gewicht, elektrischer Isolierfähigkeit und mechanischer Festigkeit.
b) Welche Maschine würden Sie bei häufigem Arbeiten im Freien – auch im Winter – vorziehen? Geben Sie eine kurze Begründung.
c) Worin unterscheiden sich die beiden Werkstoffe in ihrem inneren Aufbau?

7/2 Vergleichen Sie die Dichten von Kunststoffen mit den Dichten von Metallen in einem Schaubild. Zeichnen Sie dazu zunächst eine Strecke von 150 mm mit einer Einteilung nach folgendem Schema:

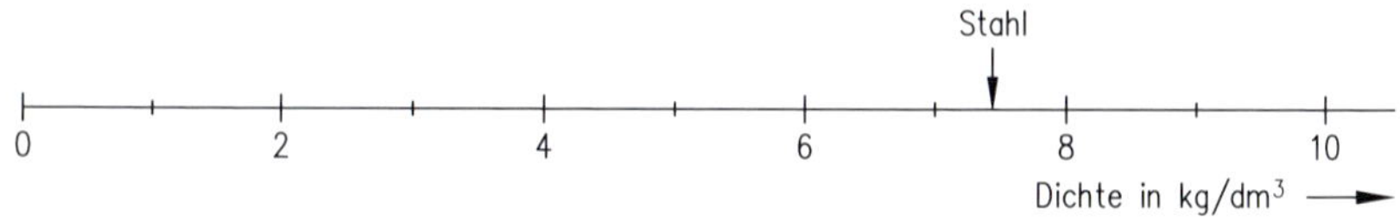

a) Tragen Sie oberhalb dieser Strecke die Dichten der folgenden metallischen Werkstoffe so ein, wie es für Stahl (Fe) geschehen ist.
$\varrho_{(Magnesium)}$ = 1,7 kg/dm³; $\varrho_{(Titan)}$ = 4,5 kg/dm³; $\varrho_{(Aluminium)}$ = 2,7 kg/dm³;
$\varrho_{(Messing)}$ = 8,6 kg/dm³.

b) Kennzeichnen Sie unterhalb der Strecke die Dichten der folgenden Kunststoffe durch einen Pfeil und Angabe des Kurzzeichens:
PS Polystyrol-Hartschaum (Styropor) $\varrho_{(PS)}$ = 0,05 kg/dm³
PE Polyethylen $\varrho_{(PE)}$ = 0,9 kg/dm³
PVC Polyvinylchlorid $\varrho_{(PVC)}$ = 1,4 kg/dm³
MF Melaminharz $\varrho_{(MF)}$ = 1,5 kg/dm³

c) Was zeigt Ihnen der Vergleich der Dichten von Kunststoffen und Metallen?

7/3 Untersuchen Sie an den Beispielen in der Tabelle, warum Kunststoff verwendet wird.
Übernehmen Sie dazu die Tabelle, und ordnen Sie den vorgegebenen Gegenständen durch Ankreuzen eine oder zwei wichtige Eigenschaften zu, die dazu führen, Kunststoff in diesen Fällen als Werkstoff zu verwenden.

	leicht	korrosionsbeständig	elektrische Isolierung	Wärmeisolierung
Gehäuse einer elektrischen Handbohrmaschine	?	?	?	?
Dachrinne	?	?	?	?
Auskleidung einer Tiefkühltruhe	?	?	?	?
Heizöltank	?	?	?	?

7/4 Polyethylen dehnt sich bei Temperaturerhöhung 15-mal mehr als Stahl. Eine 6 m lange Stahlschiene wird bei Erwärmung von 0 auf 30 °C etwa 2,2 mm länger.

a) Berechnen Sie die Verlängerung eines 6 m langen Rohres aus Polyethylen beim Erwärmen von 0 °C auf 30 °C.
b) Um welchen Betrag wird das Kunststoffrohr länger als das Stahlrohr?

7/5 An einer Maschine wird ein Kabel durch einen Silikonschlauch gegen hohe Temperaturen geschützt. Der Kunststoff Silikon nimmt unter den Kunststoffen eine Sonderstellung ein.
Wodurch unterscheidet sich dieser Kunststoff im inneren Aufbau von anderen Kunststoffen?

7/6 Polyester können je nach Ausgangsstoffen thermoplastisch oder duroplastisch sein. Thermoplastisch ist z. B. der Textilfaserwerkstoff Diolen®, duroplastisch ist z. B. der meist mit Glasfasern verstärkte Karosseriewerkstoff Leguval®.

a) Wo liegt der wesentliche Unterschied im inneren Aufbau der beiden Polyesterarten?
b) Welche unterschiedlichen Eigenschaften sind aufgrund des inneren Aufbaus zu erwarten?

7/7 Erklären Sie die unterschiedliche Eignung von Thermoplasten und Duroplasten
- zum Schweißen, - zum Umformen

aus der unterschiedlichen Anordnung der Makromoleküle.

7/8 Ordnen Sie die Kunststoffe, welche für die folgenden Fälle verwendet werden müssen, nach Thermoplasten, Duroplasten und Elasten.

- Kunststoffhandlauf an einem Geländer aus Stahl
- Kunststoff für Dehnungsfugen zwischen Betonplatten
- Kunststoffgriff an Bügeleisen
- Kunststoffplatten zur Herstellung geschweißter Entlüftungsschächte
- Faltenbalg zum Abdecken eines Gelenks

7/9 Teflon® ist der bekannte Handelsnamen des Beschichtungsstoffes Polytetrafluorethylens (PTFE), der durch Polymerisation von Tetrafluorethen etwa nach diesem Schema entsteht:

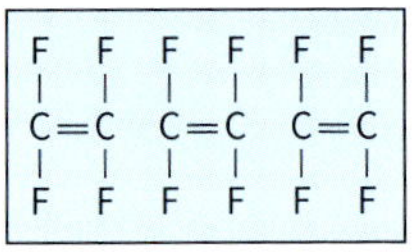

Ausgangsmoleküle aus Tetrafluorethen

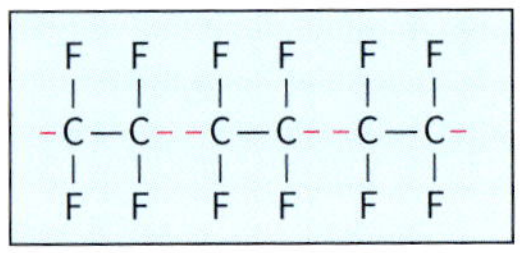

Doppelbindung „aufgeklappt“

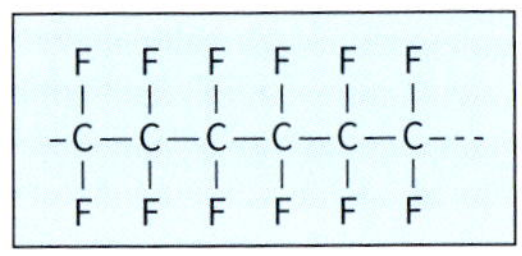

zum Kunststoff PTFE polymerisiert

Zeigen Sie nach dem gleichen Schema wie Vinylchlorid zu Polyvinylchlorid (PVC) polymerisiert wird.

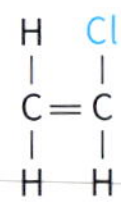

7/10 PVC-Abfälle werden von Müllverbrennungsanlagen nicht übernommen, weil bei der Verbrennung eine Säure entsteht, welche die Ausmauerung der Kamine angreift.
Welche Säure kann bei der Verbrennung entstehen? Schreiben Sie Formel und Bezeichnung.

7/11 Aus PVC-Plattenmaterial mit 5 mm und 10 mm Dicke soll ein Lüftungskasten entsprechend nebenstehender Skizze hergestellt werden.
Bei der Herstellung soll möglichst wenig geschweißt werden und der Materialverbrauch soll ebenfalls gering sein.
Beschreiben Sie den Ablauf der Fertigung und geben Sie die Maße für den Zuschnitt der Teile an.

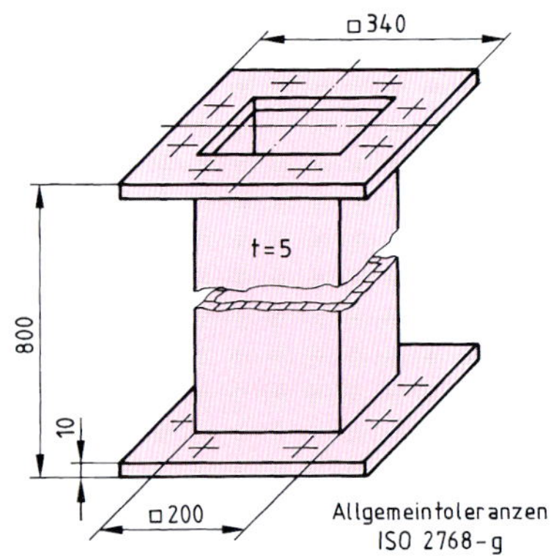

7/12 PTFE besitzt eine geringere Elastizität als Gummi.
Ein Hersteller von Dichtringen (O-Ringe) aus PTFE kennzeichnet in seinem Prospekt den Einbau in der nebenstehenden Weise.
Begründen Sie die Anweisung der Firma.

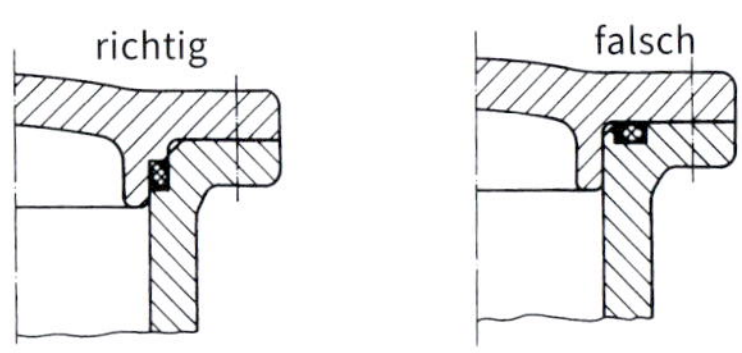

8 Werkstoffprüfung

Mechanische Prüfverfahren

8/1 Die folgenden Diagramme sind Kraft-Verlängerungs-Schaubilder zweier verschiedener Stähle. Beide Probestäbe hatten einen Durchmesser d_o = 10 mm und eine Anfangsmesslänge von L_0 = 50 mm.

a) Ermitteln Sie für die Probe II die Streckgrenze R_{eH}.

b) Berechnen Sie die Zugfestigkeit R_m der Proben I und II.

c) Zeichnen Sie die folgende Tabelle ab, und tragen Sie die ermittelten Ergebnisse ein.

	Probe I	Probe II
Streckgrenze		
R_{eH} in N/mm²	–	?
Zugfestigkeit		
R_m in N/mm²	?	?

d) Welcher Werkstoff ist für eine Umformung, z. B. durch Biegen, besser geeignet?
Begründen Sie Ihre Antwort.

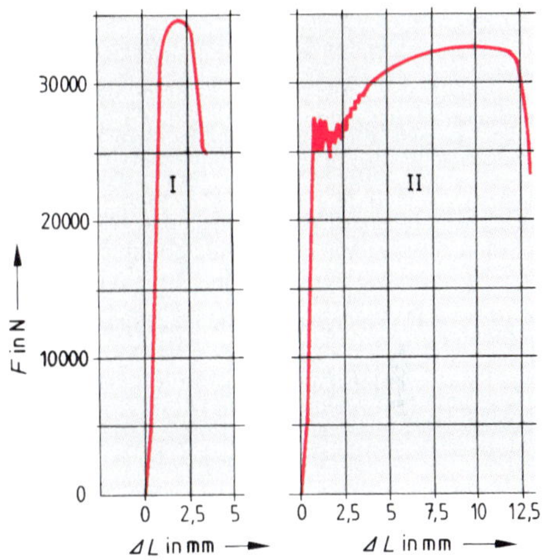

Zugversuch

Formeln

Spannung: $$\sigma = \frac{F}{S_o}$$

Zugfestigkeit: $$R_m = \frac{F_m}{S_o}$$

Streckgrenze: $$R_{eH} = \frac{F_S}{S_o}$$

Dehnung: $$\varepsilon = \frac{\Delta L}{L_o} \cdot 100\,\% = \frac{L - L_o}{L_o} \cdot 100\,\%$$

Bruchdehnung: $$A = \frac{L_u - L_o}{L_o} \cdot 100\,\%$$

Formelzeichen

σ	Spannung
F	Kraft
S_o	Anfangsquerschnitt
R_m	Zugfestigkeit
R_{eH}	Streckgrenze
F_m	Höchstkraft
F_s	Kraft an der Streckgrenze
ε	Dehnung
L	Messlänge
L_o	Anfangsmesslänge
L_u	Messlänge nach Bruch
A	Bruchdehnung
ΔL	Längenänderung

8/2 Bei einem Zugversuch an einer Probe mit einem Anfangsquerschnitt von 50 mm² zeigt der Kraftmesser im Augenblick eine Kraft von 18 140 N an. Die Probe hatte eine Anfangsmesslänge von 40 mm. Im Augenblick zeigt das Längenmessgerät eine Länge von 46,5 mm an.

a) Berechnen Sie die im Augenblick auftretende Spannung.

b) Berechnen Sie die zur Zeit auftretende Dehnung.

8/3 Eine Flachprobe hat die Maße 5 mm x 10 mm. Die Anfangsmesslänge beträgt 40 mm. Dieser Probestab wird mit einer Kraft von 21 200 N belastet. Die gemessene Länge beträgt 44 mm.

a) Berechnen Sie die Zugspannung bei der angegebenen Kraft.
b) Bestimmen Sie die Dehnung.

8/4 Ein Zugversuch wurde an einer Probe von d_o = 8 mm und einer Anfangsmesslänge von L_o = 40 mm durchgeführt.

Die Messergebnisse betrugen:	Höchstkraft:	F_m = 22 142 N,
	Kraft an der Streckgrenze:	F_S = 13 218 N,
	Länge nach Bruch:	L_u = 45,8 mm.

Werten Sie den Zugversuch aus. Berechnen Sie

a) Streckgrenze, b) Zugfestigkeit, c) Bruchdehnung.

8/5 Bei einem Probestab vermutet man, dass er aus S235 ist. Er hat einen Durchmesser von 8 mm, und im Zugversuch reißt er bei einer Kraft von 18 000 N.

a) Welche Zugfestigkeit hat der geprüfte Stab?
b) Welche Mindestzugfestigkeit muss ein S235 haben? Genügt der geprüfte Stahl den an einen S 235 hinsichtlich der Mindestzugfestigkeit gestellten Anforderungen?

8/6 Erklären Sie den Begriff Härte.

8/7 Auf einer Mehrspindelbohrmaschine werden gleichzeitig 16 Löcher in Gehäuseflansche gebohrt. Warum sollen die Gehäuse möglichst gleichmäßige Härte besitzen?

8/8 In einem Betrieb werden Bolzen vergütet. Durch Unachtsamkeit sind die bereits vergüteten Bolzen mit Bolzen, die erst gehärtet waren, durcheinander geraten. Im Aussehen ist kein Unterschied festzustellen.
Wie kann man mit einfachen Mitteln die Bolzen sortieren?

8/9 Bei einem Brinellversuch an einer Kupfer-Aluminium-Legierung EN GC-CuAl10Ni mit einer Prüfkraft von 10 000 N bei 10 mm Durchmesser der gehärteten Prüfkugel ergab sich ein Eindruckdurchmesser von 3,35 mm. Die Prüfdauer betrug 10 Sekunden. Berechnen Sie die Härte und geben Sie die Kurzbezeichnung für diesen Versuch an.

8/10 Bei der Brinellhärteprüfung eines Stahles mit einer Hartmetallkugel von D = 5 mm und der Prüfkraft F = 7 350 N ergab sich nebenstehender Eindruck:

a) Berechnen Sie die Brinellhärte.
b) Welche Zugfestigkeit wird der Stahl annähernd haben?

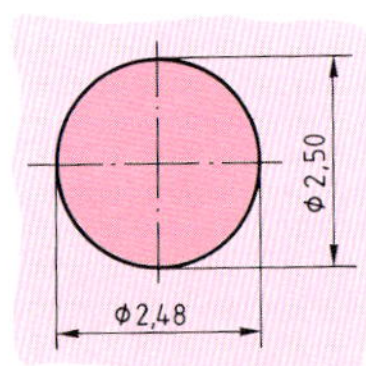

8/11 Bei einem niedrig legierten Stahl 37MnSi5 wurde nach einer Belastung mit einer Prüfkraft von 294,2 N der nebenstehende Eindruck ausgemessen:
Berechnen Sie die Vickershärte.

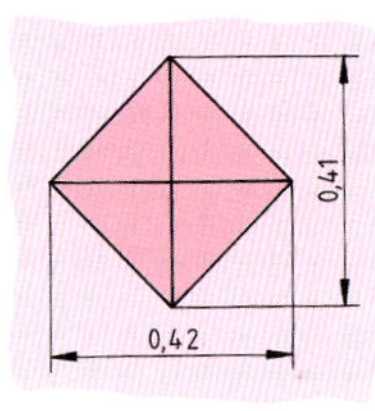

8/12 Gusseisen darf nicht mit der Vickers-Härteprüfung geprüft werden. Begründen Sie diese Forderung.

8/13 Vergleichen Sie die Härteprüfverfahren. Zeichnen Sie dazu die folgende Tabelle ab und vervollständigen Sie diese.

	Härteprüfung nach Brinell	Härteprüfung nach Vickers	Härteprüfung nach Rockwell-C
Form des Prüfkörpers	?	?	?
Werkstoff des Prüfkörpers	?	?	?
Ermittlung der Härte	?	?	?
Anwendung	?	?	?

8/14 Erläutern Sie die Werkstoffeigenschaften „spröde“ und „zäh“ anhand der Ergebnisse des Kerbschlag-Biegeversuchs.

8/15 a) Nennen Sie die Bedeutung des Kerbschlag-Biegeversuchs.
b) Welcher Kennwert eines Werkstoffes wird im Kerbschlag-Biegeversuch ermittelt?

8/16 Für Behälter zum Transport tiefgekühlter, verflüssigter Gase sucht man geeignete Stähle. Sollte der Steilabfall für den Werkstoff bei hoher oder bei sehr tiefer Temperatur liegen?

Technologische Prüfverfahren

8/17 Bei zwei Ausbreitproben an Flachstählen wurden folgende Ergebnisse festgestellt:
Ein Flachstahl 50 x 8 konnte auf 120 mm Breite bis zum ersten Anriss ausgeschmiedet werden.
Ein Flachstahl 80 x 8 zeigte bei einer Breitung auf 160 mm den ersten Anriss.
Welcher Werkstoff zeigte die bessere Eignung zum Schmieden?

8/18 Zeichnen Sie das folgende Schema ab. Kreuzen Sie im Schema jeweils die Eigenschaft an, welche für die angeführte Verwendung wesentlich ist.

	Faltbarkeit	Ausbreitung	Tiefung
Werkstoff für Meißel	?	?	?
Werkstoff für Autokarosserieblech	?	?	?
Werkstoff für Dachrinnenblech	?	?	?
Werkstoff für Schraubenschlüssel	?	?	?
Werkstoff für Konservendosenblech	?	?	?

8/19 Das Diagramm zeigt die Mindesttiefung, die Feinbleche aus dem zu prüfenden Werkstoff aufweisen müssen.
Im Werkstofflabor wurde ein 1 mm starkes Blech im Tiefungsversuch geprüft. Es wurde eine Tiefe von 10,8 mm gemessen.

a) Welchen Mindestwert der Tiefung müsste das Blech nach DIN EN 10131 erreichen?
b) Genügt das Blech hinsichtlich seiner Tiefung den Normanforderungen?

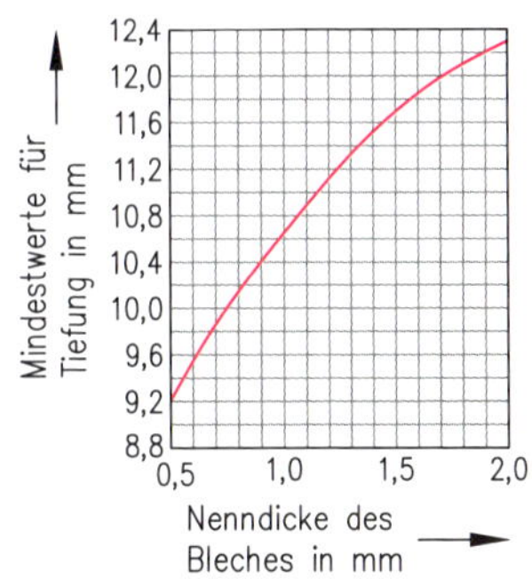

Metallografische Prüfverfahren

8/20 Die Abbildung zeigt eine geschnittene Kurbelwelle. Die Schnittfläche wurde geschliffen und geätzt.

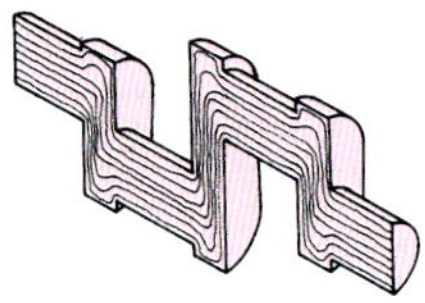

a) Wurde hier eine mikroskopische oder eine makroskopische Untersuchung durchgeführt?

b) Was zeigt der Schliff?

8/21 Das Gefüge von Stangenmaterial ø 20 mm soll mikroskopisch untersucht werden. Nennen Sie die einzelnen Arbeitsvorgänge, welche bis zur mikroskopischen Betrachtung des Materials durchzuführen sind.

Zerstörungsfreie Prüfverfahren

8/22 Das nebenstehende Bild zeigt die Röntgenaufnahme einer fehlerhaft geschweißten X-Naht.

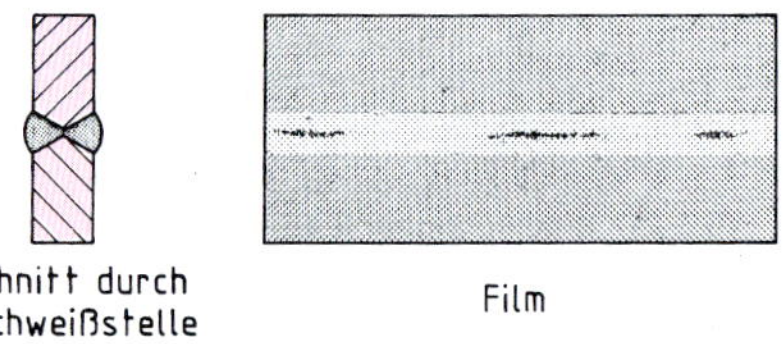

a) Warum erscheint die Schweißnaht auf dem Film heller als das Blech?

b) Welchen typischen Schweißfehler erkennen Sie?

c) Bei der Prüfung mit Röntgenstrahlen sind besondere Sicherheitsmaßnahmen zu beachten. Begründen Sie diese Forderung. Welche Maßnahmen sind zu treffen?

8/23 Schreiben Sie aus der folgenden Aufstellung diejenigen Fehler heraus, die mit Kapillarverfahren sichtbar gemacht werden können:

a) Lunker im Innern eines Maschinenständers,

b) Oberflächenriss an einem Zahnrad,

c) Flockenriss im Innern einer Schwungscheibe aus Stahlguss,

d) Mikrolunker an einem Gussgehäuse, die mit der Oberfläche in Verbindung stehen,

e) Riss in einer Schweißnaht.

8/24 Blattfedern aus Stahl wurden im oberen Teil mit Kunststoff beschichtet. Bei einigen wurden im Gebrauch Anrisse im Bereich der Ausklinkung festgestellt. Nun sollen alle mit einfachen Mitteln untersucht werden. Machen Sie einen detaillierten Vorschlag.

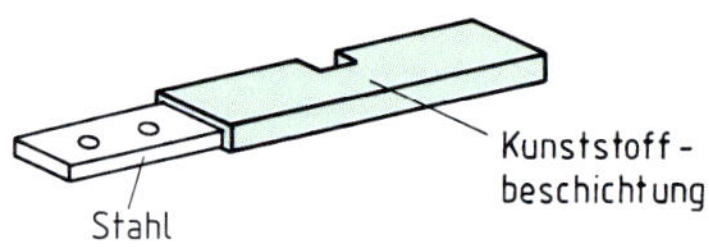

Maschinen- und Gerätetechnik

1 Technische Systeme

1/1 Untersuchen Sie das System Fräsmaschine.
Ergänzen Sie dazu das Schema, indem Sie Stoffe, Energien und Informationen benennen.

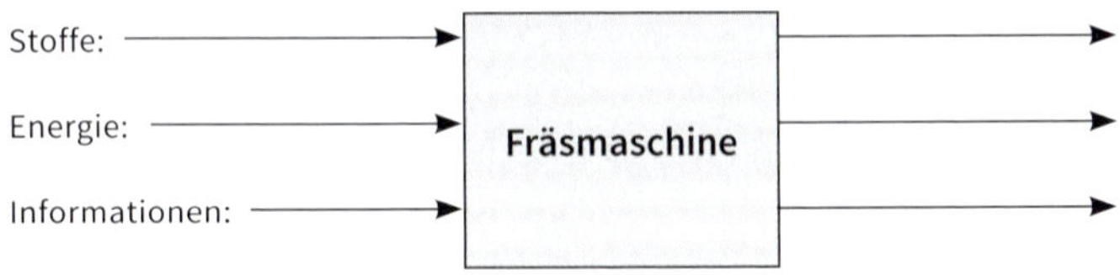

1/2 Eine Tanksäule mit digitaler Anzeige soll auf ihre Eingangs- und Ausgangsgrößen hin untersucht werden.

a) Welche Hauptfunktion hat das System Tanksäule?
b) Stellen Sie die Tanksäule als technisches System dar.
c) Bestimmen Sie, welcher Art der Stoff, die Energie und die Information für Eingang und Ausgang sind.

1/3 Die Darstellung zeigt einen Schweißbrenner als technisches System. Der Schweißbrenner hat getrennte Anschlüsse für Brenngas und Sauerstoff, Stellventile für die Einstellung der Gasmenge und am Ausgang eine Düse, an der das Gasgemisch verbrennt.

a) Welche Hauptfunktion hat das System Schweißbrenner?
b) Bestimmen Sie, welcher Art der Stoff, die Energie und die Information für Eingang und Ausgang sind.

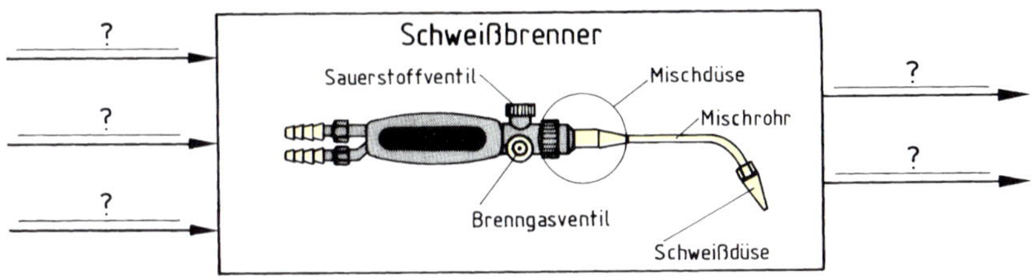

1/4 Nennen Sie die Hauptfunktionen der dargestellten Systeme.
Geben Sie dabei an, ob Transport, Formung oder Umwandlung stattfindet.

a)

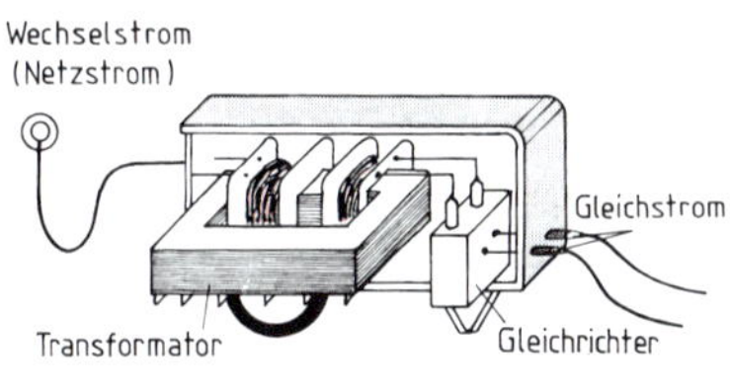

Schweißgleichrichter

b)

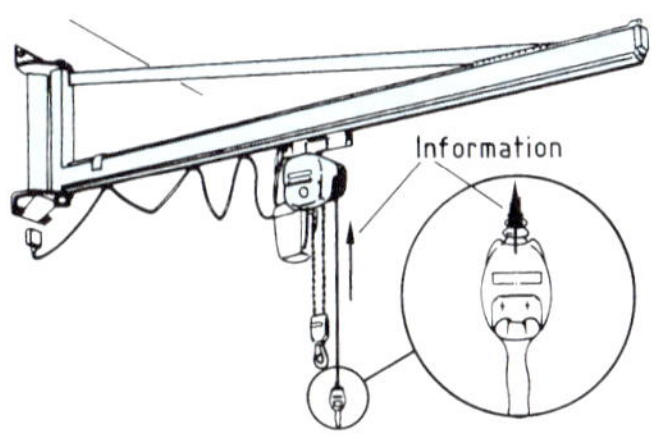

Fernsteuerung

c)

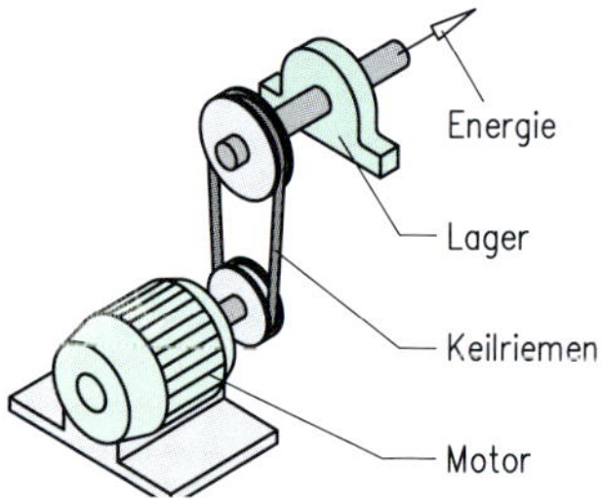

Keilriemengetriebe

d)

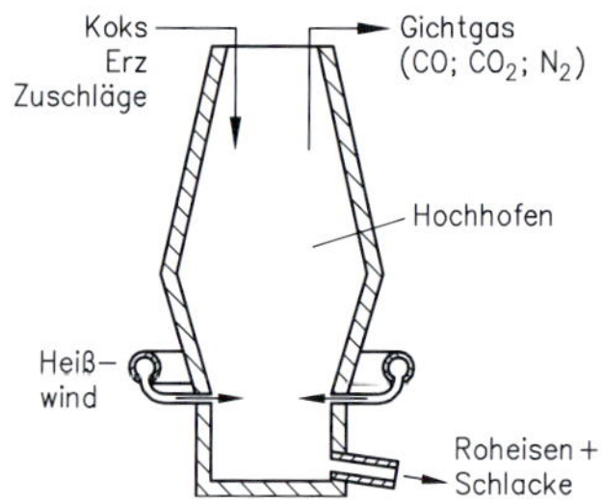

Hochofen

1/5 Listen Sie für das System Motorrad die verschiedenen Einrichtungen auf, und geben Sie die Funktionen der Einrichtungen an.
Stellen Sie den Energiefluss gemäß folgendem Schema durch die verschiedenen Einrichtungen des Motorrades dar.

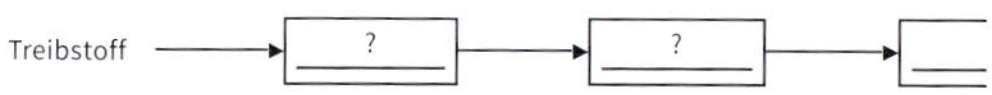

1/6 Eine Datenverarbeitungsanlage ist ein technisches System, das aus verschiedenen Einrichtungen besteht.

a) Nennen Sie die Hauptfunktion des Systems.
b) Geben Sie die verschiedenen Einrichtungen innerhalb des Systems an.
c) Geben Sie Funktionsgruppen innerhalb der Einrichtung Computer an.
d) Nennen Sie Elemente innerhalb der Funktionsgruppe Kühlgebläse.
e) Stellen Sie das System DV-Anlage gemäß folgendem Muster in einem Schaubild dar.

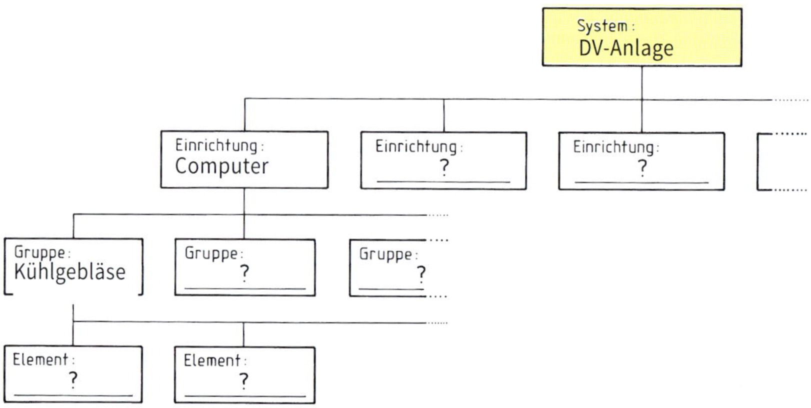

1/7 Geben Sie die Grundfunktionen der folgenden Baugruppen an. Übernehmen Sie dazu die Tabelle.

Baugruppe	Grundfunktion
Kurbeltrieb	?
Kompressorkessel	?
Keilriementrieb	?
Kupplung im Motorrad	?
Vergaser im Kfz	?
Rohrleitung in einer Druckluftanlage	?

1/8 Untersuchen Sie die Baugruppen am Schraubstock auf ihre Grundfunktionen hin.

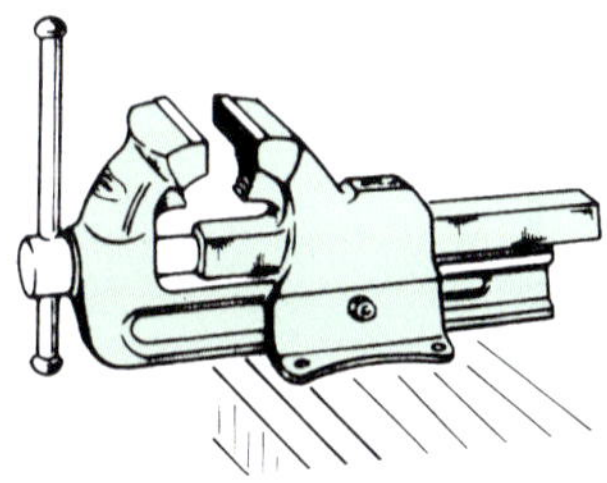

2 Systeme zur Umsetzung von Energie, Stoff und Information

Systeme zum Energieumdatz

2/1 Zwei Kollegen sehen, wie ein anderer einen Sack auf die Schulter hebt und über den ebenen Werkshof trägt. Der eine sagt zum anderen: „Der arbeitet aber schwer!" Da antwortet sein Kollege: „Rein physikalisch arbeitet der zur Zeit gar nicht. Er hat im physikalischen Sinne nur einmal kurz gearbeitet." Ist die Behauptung des Kollegen richtig? Geben Sie eine Begründung.

2/2 An einer Baustelle stehen zwei gleich große Container für den Erdaushub. Sie haben unterschiedlich lange Rampen. Zwei Arbeiter beladen die Container mit gleichen Schubkarren, die gleich schwer beladen sind.

a) Äußern Sie sich zu beiden Fällen hinsichtlich aufzuwendender Kraft, Weg auf der Rampe und erbrachter physikalischer Arbeit.
b) Formulieren Sie entsprechend Ihrer Antwort eine Regel. – Man nennt diese Regel die „Goldene Regel der Mechanik".

2/3 Im internationalen Einheiten-System (SI-System) sind die Einheiten und die Formelzeichen für physikalische Größen ge-normt. Übernehmen Sie die folgende Tabelle und vervollständigen Sie diese.

physikalische Größe	Formelzeichen	Einheit im SI-System
Weg	?	?
?	?	Ws
Arbeit	?	?
?	?	kg
?	F_G	?

Mechanische Arbeit, Leistung, Wirkungsgrad

	Formel
Mechanische Arbeit:	$W = F \cdot s$
Leistung:	$P = \frac{W}{t} = \frac{F \cdot s}{t}$ $P = F \cdot v$
Wirkungsgrad:	$\eta = \frac{P_e}{P_i}$ $\eta_{ges} = \eta_1 \cdot \eta_2 \cdot \ldots$

Formelzeichen

- W mechanische Arbeit in Nm (J, Ws) oder kWh
- F Kraft
- s Weg
- v Geschwindigkeit
- P Leistung in Nm/s (W) oder kW
- t Zeit
- η Wirkungsgrad
- η_{ges} Gesamtwirkungsgrad
- P_e Nutzleistung (effektive Leistung)
- P_i aufgewendete Leistung (induzierte Leistung)

2/4 Berechnen Sie die fehlenden Angaben in der folgenden Tabelle.

	a)	b)	c)	d)	e)
Kraft	3 000 N	4 000 N	? N	100 N	0,3 kN
Weg	50 mm	? m	5 dm	5 km	? m
Arbeit	? Nm	18 kJ	2 J	? kJ	1 200 Nm

2/5 Der Bär eines Gesenkschmiedehammers hat eine Gewichtskraft von 5 kN. Er soll um 80 cm angehoben werden.
Welche Arbeit ist dazu notwendig?

2/6 Mit einer Hebebühne wird ein Pkw angehoben. Die durch die Hebebühne verrichtete Arbeit beträgt 36 000 J.
Berechnen Sie die Gesamtmasse von Pkw und Hebebühne.

2/7 Ein Förderband transportiert in 1 Stunde 40 m^3 Sand (ϱ = 1,8 kg/dm^3) auf 3 m Höhe.
Wie groß ist die verrichtete Arbeit bei einer Betriebszeit von 9 Stunden?

2/8 Ein Gabelstapler hebt eine Last von 1,35 t. Er bewältigt dies mit 0,3 m/s.
Berechnen Sie die Arbeit und die Leistung, wenn die Last 1,8 m hoch gehoben wird.

2/9 Von vier verschiedenen Anlagen sind die folgenden Daten gegeben.
Ermitteln Sie die jeweils fehlenden Werte.

	a)	b)	c)	d)
Leistung	? kW	? kW	12 kW	? kW
Kraft	3 260 N	25 kN	–	20 kN
Zeit	7,5 s	? s	45 min	2,7 min
Arbeit	39 120 Nm	318,75 kNm	? kJ	? kJ
Geschwindigkeit	? m/s	0,85 m/s	–	40 m/min

2/10 Erklären Sie den Begriff „mechanische Energie“, und unterscheiden Sie die verschiedenen Formen der mechanischen Energie.
Geben Sie für jede Form ein konkretes Beispiel.

2/11 Eine Druckfeder hat die Aufgabe, zwei Hebel auf einem bestimmten Abstand zu halten. Sie wird dabei um 8 mm zusammengedrückt.
Die Kraft ist bei der Längenänderung einer Feder nicht konstant, sondern wächst mit größer werdender Längenänderung. Man errechnet die Arbeit aus der Fläche unter der Kurve des Kraft-Weg-Diagramms.
Ermitteln Sie die Energie, die zum Zusammendrücken der Feder um 8 mm notwendig ist.

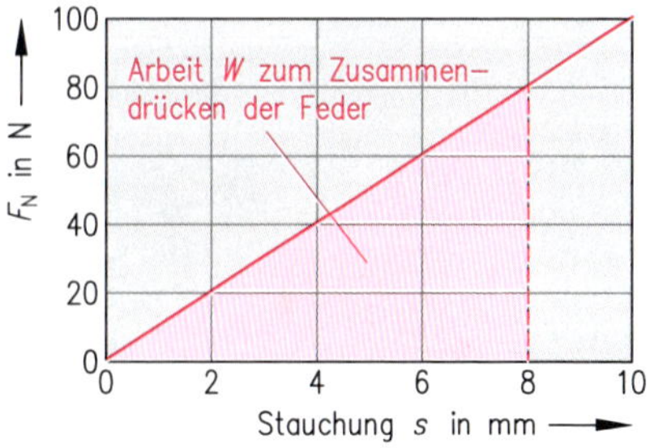

2/12 Ein Pumpspeicherwerk fördert in der Nacht 180 000 m^3 Wasser zurück in das Rückhaltebecken auf eine Höhe von 35 m.
Bestimmen Sie die Energie des nach oben gepumpten Wassers.

2/13 Ein Hebezeug hebt ein Gussstück von 280 kg in 7 Sekunden 1,2 m hoch auf eine Werkzeugmaschine.
Die Leistungsaufnahme des Hebezeugs ist 1,52 kW. Berechnen Sie den Wirkungsgrad.

2/14 Der Gesamtwirkungsgrad in einer Anlage beträgt 0,504. Die Anlage setzt sich aus drei Einzelwirkungsgraden zusammen (E-Motor – Getriebe – Werkzeugmaschine).
Der Elektromotor hat einen Wirkungsgrad von 90 %, die Werkzeugmaschine einen von 70 %.
Bestimmen Sie den dritten Wirkungsgrad.

2/15 Ein Motor nimmt 6 kW aus dem Netz auf. Er hat einen Wirkungsgrad von 0,9. Das angetriebene Hebezeug hat einen Wirkungsgrad von 0,5.
Welche Last kann in 10 s auf 5 m Höhe gehoben werden?

2/16 Stellen Sie den Energieumsatz in einem Wasserkraftwerk in einem Schema dar.

2/17 In windreichen Gegenden, z. B. an Küsten, werden in stärkerem Maße Windkraftwerke errichtet. Welche Vor- und Nachteile haben diese Systeme?

2/18 Übertragen Sie die Tabelle, bezeichnen Sie die vier Takte eines Ottomotors und geben Sie jeweils die Ventilstellungen mit *offen* beziehungsweise *geschlossen* an.

	Bezeichnung des Taktes	Einlassventil	Auslassventil
1. Takt	?	?	?
2. Takt	?	?	?
3. Takt	?	?	?
4. Takt	?	?	?

Systeme zum Stoffumsatz

2/19 Ordnen Sie die folgenden Fälle in formlose Stoffe und geometrisch bestimmte Körper: Sand, Transportbeton, gegossene Eisenbahnschwelle, Kunststoffgranulat, Klebstoff, Gießharz, Kupferrohr, Blechabschnitt, Träger, Blechtafel, Feilspäne, gefeilter Schlüssel, Wachsmodell.

2/20 Einem Gießereibetrieb, in dem Getriebegehäuse hergestellt werden, wird eine mechanische Werkstatt zur Bearbeitung der Gussteile angegliedert. Man berät, ob der Transport zwischen beiden Betriebsteilen mit Gabelstaplern oder mit einer Hängebahn durchgeführt werden soll.

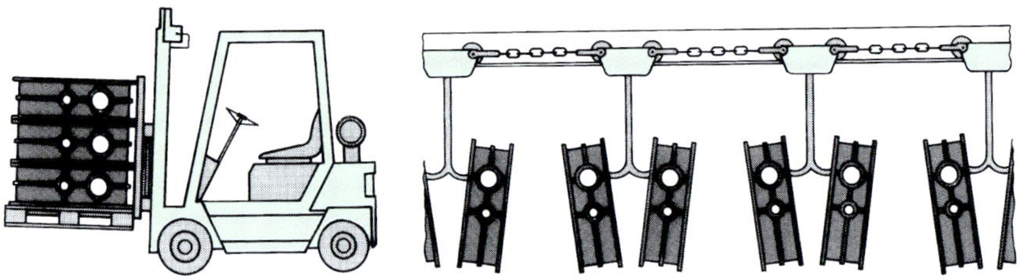

Führen Sie Vor- und Nachteile beider Transportmöglichkeiten auf.
Wie sollte man sich entscheiden?

Stofftransport

	Formel	Formelzeichen
Geschwindigkeit:	$v = \frac{s}{t}$	v Geschwindigkeit s Weg t Zeit t_{ges} benötigte Gesamtzeit
Massestrom:	$\dot{m} = \frac{m}{t_{ges}}$	m Masse $\dot{m}$ Massestrom in kg/h
Volumenstrom:	$q_v = \frac{V}{t}$ $q_v = S \cdot v$	V gefördertes Volumen q_v Volumenstrom in dm^3/s S Leitungsquerschnitt
Kontinuitätsgleichung:	$S_1 \cdot v_1 = S_2 \cdot v_2$	

2/21 Für drei verschiedene Förderanlagen, **a**), **b**) und **c**), sind die folgenden Daten gegeben. Ermitteln Sie die fehlenden Werte.

- v Geschwindigkeit des Förderbandes
- s Förderweg auf dem Band
- t Förderzeit für die Strecke s
- t_{ges} Laufzeit des Bandes

	a)	b)	c)
v	1,2 m/s	? m/s	2,1 m/s
s	? m	200 m	30 m
t	35 s	70 s	? s
t_{ges}	7 h	? min	4 h
m	8,5 t	7 t	? t
$\dot{m}$	? kg/h	10 000 kg/h	0,8 t/h

2/22 In einem Salzstock wird das abgebaute Salz auf Förderbändern mit einer Geschwindigkeit von $v = 1{,}19$ m/s befördert.

a) Wie lange ist das Fördergut unterwegs, wenn die Einrichtung 360 m lang ist?

b) In einer 7-Stunden-Schicht werden 300 t transportiert. Berechnen Sie $\dot{m}$ in t/s und in kg/s.

2/23 In einer Rohrleitung mit dem Querschnitt S wird in der Zeit t das Volumen V transportiert. Berechnen Sie die fehlenden Werte der Tabelle.

	a)	b)	c)
V	? dm³	5 m³	13 m³
t	12 s	0,45 h	? s
q_v	? dm³/s	? dm³/s	5 200 dm³/s
S	15 mm²	491 mm²	? dm²
v	2,3 m/s	? m/s	1,5 m/s

2/24 In einer Hydraulikanlage hat das Öl eine Strömungsgeschwindigkeit von 3,55 m/s.

a) Wie groß ist der Volumenstrom der Pumpe in m³/s, wenn der Leitungsdurchmesser 25,4 mm beträgt?

b) Berechnen Sie den Durchmesser für die Saugleitung, wenn die Strömungsgeschwindigkeit in ihr 1,6 m/s beträgt.

2/25 Der Querschnitt einer Rohrleitung beträgt $S_1 = 310\ \text{mm}^2$ und nach einer Querschnittsänderung $S_2 = 12\ \text{mm}^2$.
Welche Strömungsgeschwindigkeit hat die Flüssigkeit nach der Querschnittsänderung, wenn sie vorher 2,5 m/s betrug?

2/26 Durch eine Rohrleitung strömen 4,2 m³ Wasser in einer Stunde.
Berechnen Sie den Durchmesser für das Rohr, wenn die Strömungsgeschwindigkeit 0,3 m/s beträgt.

2/27 Ein Öltank fasst 10 000 Liter Öl. In 27 min wird der Tank über eine Zuleitung mit dem Durchmesser von 65 mm gefüllt.
Wie groß ist die Strömungsgeschwindigkeit in der Leitung in m/s?

2/28 Die schematische Darstellung zeigt eine Bandsäge.
Skizzieren Sie die Darstellung ab, und be-nennen Sie jeweils die Funktionen der ge-kennzeichneten Einheiten.

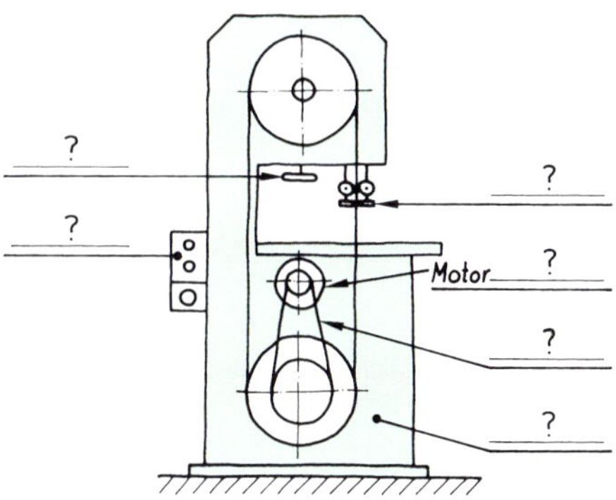

2/29 Erklären Sie den Unterschied zwischen Pumpen und Verdichtern.

2/30 Der dargestellte Verdichter ist ein Rootsverdichter. Nach welchem Prinzip arbeitet der Verdichter?
Begründen Sie Ihre Antwort.

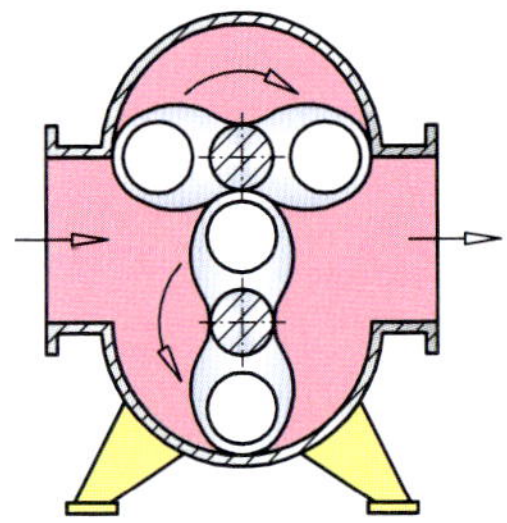

Systeme zum Informationsumsatz

2/31 Bei der Informationsübertragung in technischen Systemen kann der Mensch oder die Maschine jeweils als Sender bzw. als Empfänger auftreten.
Bestimmen Sie, wer – Mensch oder Maschine – als Sender bzw. als Empfänger bei folgenden Vorgängen auftritt.

a) Eine E-Lok fährt über einen Schienenkontakt, daraufhin schließt die Straßenschranke.
b) Eine Gegensprechanlage wird eingeschaltet und benutzt.
c) Eine Sicherheitsanlage löst Alarm aus.
d) Ein Pkw-Fahrer schaltet an seinem Auto die Warnblinkanlage ein.
e) Die eingeschaltete Warnblinkanlage veranlasst die Verkehrsteilnehmer, die hinter einem Pkw fahren, langsamer zu fahren.

2/32 Untersuchen Sie, welche der folgenden Vorgänge dialog arbeitende Kommunikationssysteme darstellen und welche nicht dialog arbeiten. Begründen Sie Ihre Antwort.

a) Die Zapfsäule an der Tankstelle zeigt die entnommene Kraftstoffmenge, den dafür zu zahlenden Geldbetrag sowie den Literpreis an. Am Ende des Tankvorganges wird ein entsprechender Kassenbon ausgedruckt.
b) Auf einem Kopierapparat erscheint nach längerem Kopieren die Schrift „Bitte Papier nachlegen“. Ist Papier nachgelegt, erscheint am Bedienungspult die Schrift „Kopierbereit“.
c) Mit der Fernbedienung kann das Fernsehgerät ein- und ausgeschaltet werden. Die Programme werden damit gewechselt. Außerdem können die Lautstärke und die Farbintensität verändert werden.

2/33 Die linke Darstellung zeigt das Funktionsprinzip eines Feinzeigers (Minimeter).
Erklären Sie an diesem Gerät die Teilsysteme eines Messsystems.

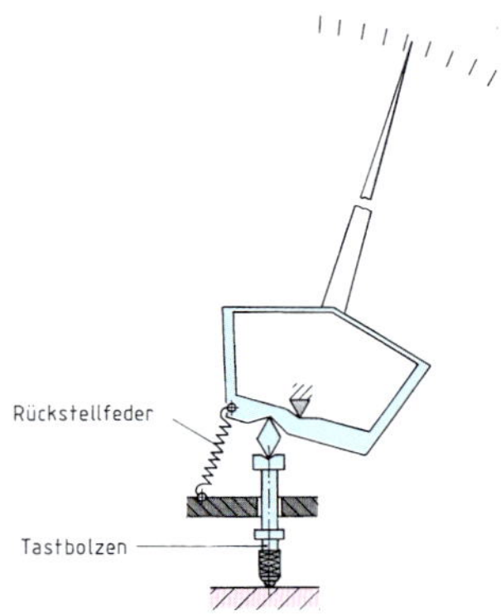

Feinzeiger

2/34 Die rechte Darstellung zeigt ein Flüssigkeitsthermometer.

a) Erklären Sie das physikalische Prinzip dieses Thermometers.
b) Erklären Sie die Teilsysteme eines Messsystems am Beispiel des Thermometers.
c) Durch welche konstruktive Änderung kann man die Ablesegenauigkeit erhöhen?

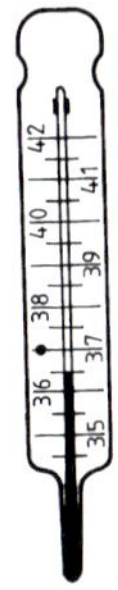

Thermometer

2/35 Entscheiden Sie, welcher Vorgang gesteuert und welcher geregelt ist.

a) Autofahren,
b) „Kochen auf automatischem Herd“ mit Zeitschaltuhr für die Kochplatte,
c) Duschen unter Warmwasserbrause mit Mischbatterie bei konstanter Wassertemperatur,
d) Verkehrsampel,
e) Druckminderventil für Sauerstoffflasche.

2/36 In der Skizze ist ein Wasserstandsregler dargestellt.

a) Welche Größe wird geregelt?
b) Benennen Sie das Stellglied.
c) Welchen Einfluss hat die Lage des Drehpunktes?
d) Kennzeichnen Sie den Informationskreislauf.

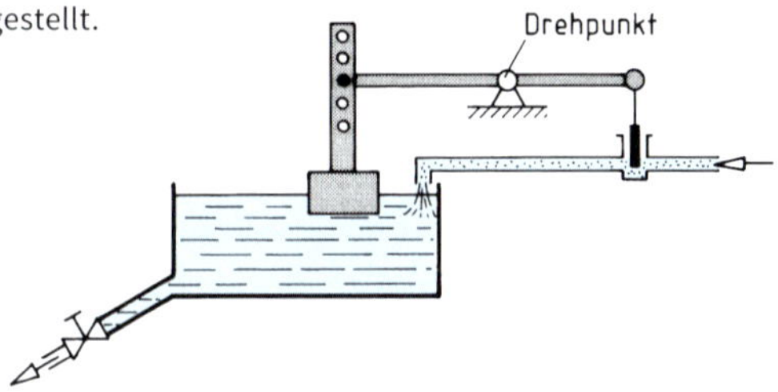

2/37 In einer Diskussion geht es darum, ob ein Vorgang gesteuert oder geregelt ist. Ein Kollege behauptet, beim Gasschmelzschweißen würde die Gaseinstellung – Brenngas und Sauerstoff – durch den Schweißer gesteuert, ein anderer sagt, das sei Regeln. Nur bei der Düsenauswahl sind sie sich einig. Welche ist die richtige Aussage?
Begründen Sie Ihre Stellungnahme.

2/38 Aktive Transponder sind mit einer Spannungsquelle versehen, damit sie über weitere Strecken aktiv sein können, wie z. B. die Transponder in Schließanlagen für Autotüren.
Informieren Sie sich im Internet über die damit verbundenen Gefahren einer Manipulation und über entsprechenden Schutzmaßnahmen.

Lösen Sie die folgenden zwei Aufgaben mithilfe eines Internetprogramms zum Erstellen von Codierungen.
Sie finden im Internet kostenlose Programme zum Erstellen von Strich- und QR-Codes, z. B. für Mobile:
http://barcode-generator.online und für PC: http:/ free-barcode.com.

2/39 Erstellen Sie mithilfe eines Programms im Barcodetyp *Interleafed 2of5* einen Barcode mit der Zahlenfolge **„026843“**.
Lassen Sie eine andere Person mittels des Smartphones den erstellten Barcode entschlüsseln.

2/40 Generieren Sie einen QR-Code mit dem Text **„Baugruppe 4.356-3“**.
Lassen Sie eine andere Person mittels des Smartphones den erstellten QR-Code entschlüsseln.

2/41 Sie haben ein neues Tablet erhalten. Welche Schutzprogramme sollten Sie unbedingt sofort installieren?

3 Funktionseinheiten des Maschinenbaus

3/1 Fertigen Sie nach folgendem Muster eine Tabelle an.

Bauelemente und Baueinheiten	Funktion
?	Verbindungselement
?	Abstützungselement
?	Einheit zur Übertragung mechanischer Energie
?	Einheit zur Umformung der Energie
?	Antriebseinheiten

Ordnen Sie folgende Bauelemente und Baueinheiten in die Tabelle ein.
Verbrennungsmotor, Riementrieb, Niet, Schraube, Antriebswelle, Stift, Leitspindel, Gleitlager, Maschinenständer, Drehmaschinenbett, Hydraulikmotor, Kettengetriebe.

Funktionseinheiten zum Stützen und Tragen

Auflagerkräfte

Lageplan:

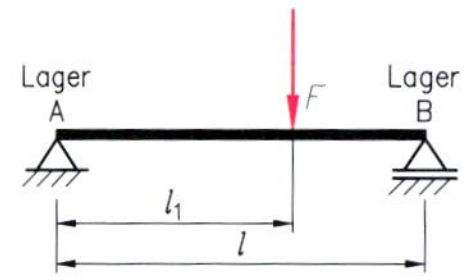

Kräfte am Träger:

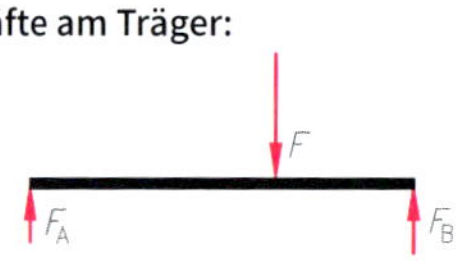

Betrachtung des Hebels als Träger:

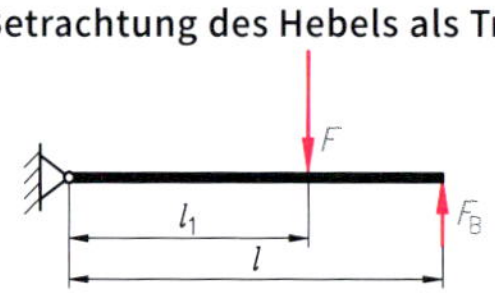

Formel

Kräftegleichgewicht

$$F = F_A + F_B$$

Momentengleichgewicht

$$\overset{\curvearrowright}{M_r} = \overset{\curvearrowleft}{M_l}$$

$$F \cdot l_1 = F_B \cdot l$$

$$F_B = \frac{F \cdot l_1}{l}$$

$$F_A = F - F_B$$

Formelzeichen

F_A Auflagerkraft im Lager A
F_B Auflagerkraft im Lager B

$\overset{\curvearrowright}{M_r}$ rechts drehendes Moment
$\overset{\curvearrowleft}{M_l}$ links drehendes Moment

3/2 Berechnen Sie die Auflagerkräfte.

a)

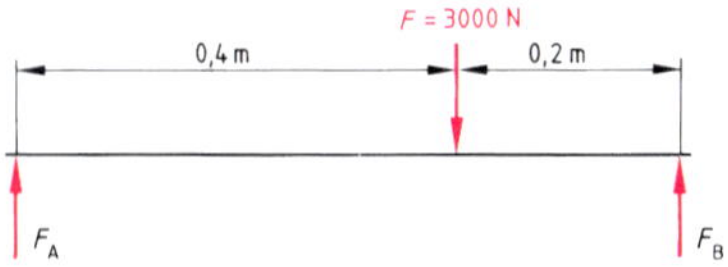

b)

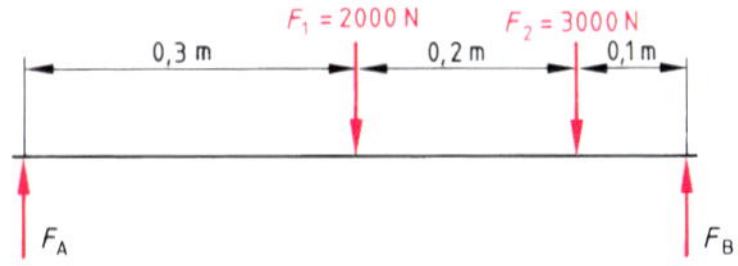

c)

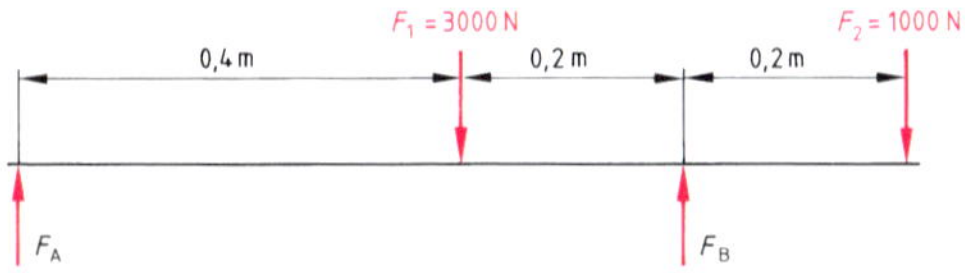

3/3 Zwischen der Führungsschiene und dem Laufrad eines Portalkranes wirkt eine Druckkraft von 50 kN.
Wie groß sind die Kräfte F_1 und F_2 in den Lagern?

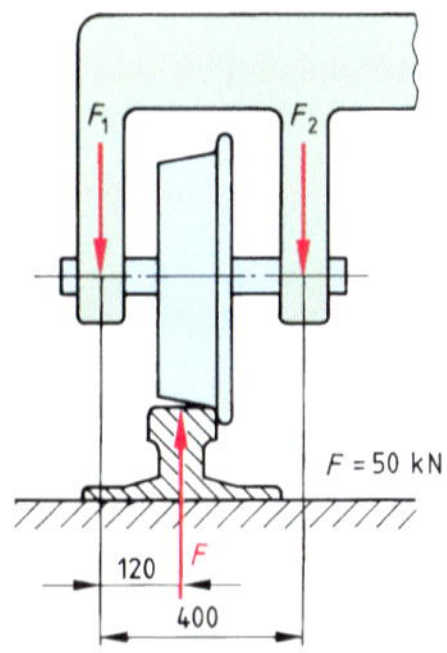

3/4 Die Verteilung der Gewichtskräfte an einem Drehmaschinenschlitten ist entsprechend der Abbildung.
Berechnen Sie die jeweiligen Auflagerkräfte in den beiden Führungen.

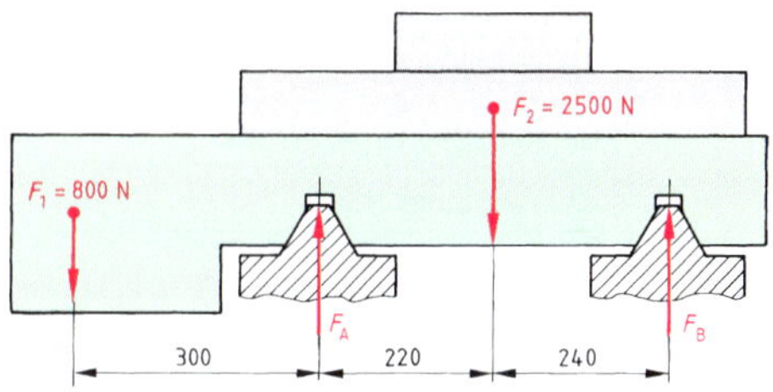

3/5 Schreiben Sie heraus, welche Bezeichnung für das jeweilige Lager richtig ist:
Axiallager als Gleitlager,
Axiallager als Wälzlager,
Radiallager als Gleitlager,
Radiallager als Wälzlager.

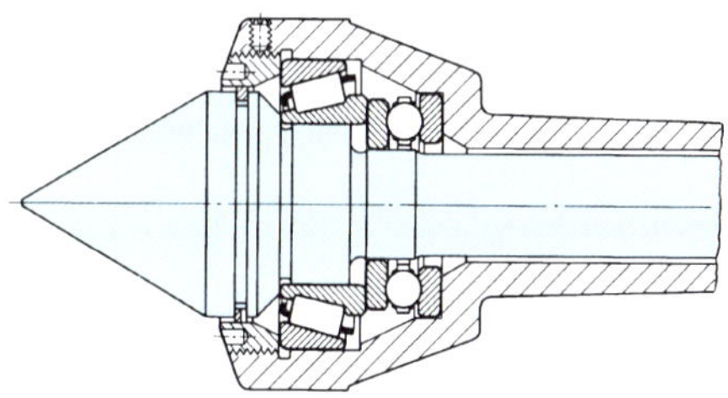

3/6 Zeichnen Sie das folgende Schema ab, und ordnen Sie die Lagerwerkstoffe Polyamid, SINT-B10 und Lg-PbSn10 in das Schema entsprechend ein.

	sehr gut	gut	befriedigend	ausreichend
Gleiteigenschaft	?	?	?	?
Tragfähigkeit	?	?	?	?
Notlaufeigenschaft	?	?	?	?

3/7 Haushaltmaschinen, z. B. Rührgeräte, werden nur kurzzeitig und mäßig belastet. Der Hausfrau soll die Wartung der Geräte nicht abverlangt werden.
Wählen Sie einen Lagerstoff für die Lager aus, und begründen Sie die Auswahl.

3/8 In einem Prospekt zu einem Schmiermittel wird angegeben:
„... Das Schmiermittel verbessert die Notlaufeigenschaften ..."
Was v-ersteht man unter dem Begriff Notlaufeigenschaft?

3/9 Eine Mischtrommel ist in Gleitlagern gelagert. Sie läuft nach längerer Stillstandzeit an.
Erklären Sie, wie sich beim Anlaufen die Reibung zwischen Welle und Lager ändert.

3/10 Warum dürfen in der unteren Hälfte eines Lagers keine Schmiernuten angebracht werden?

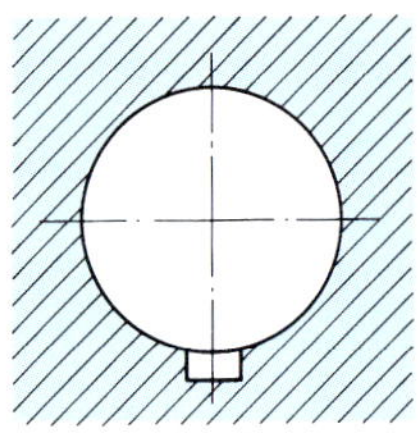
falsch

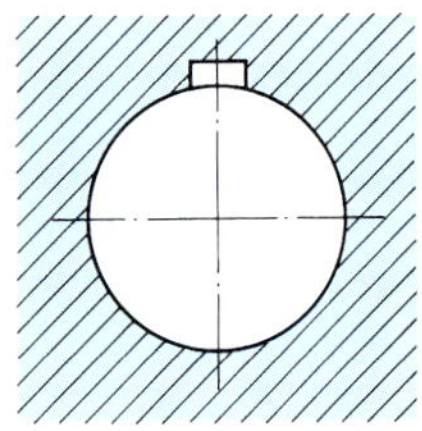
richtig

3/11 Welche Vorteile bietet der Einsatz von Zentralschmierung bei großen Maschinen?

3/12 Vergleichen Sie tabellarisch hydrodynamisch und hydrostatisch geschmierte Gleitlager. Übernehmen Sie dazu die Tabelle.

	hydrodynamisch geschmiert	hydrostatisch geschmiert
Reibung beim Anlauf	?	?
Abhängigkeit von der Drehzahl	?	?
Laufgenauigkeit	?	?
Kosten	?	?

3/13 Begründen Sie, warum bei niedrigen Drehzahlen eine Fettschmierung einer hydrodynamischen Ölschmierung vorgezogen wird.

3/14 Bezeichnen Sie die mit A, B, C und D bezeichneten Teile des Wälzlagers.

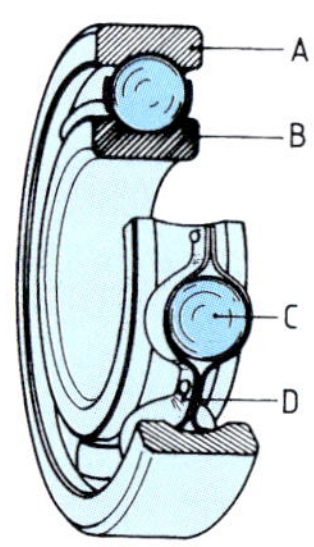

3/15 Welche Aufgaben hat ein Wälzlagerkäfig?

3/16 In einer Konstruktion ist zwischen Wellendurchmesser und Innendurchmesser des Lagergehäuses kein sehr großer maßlicher Unterschied. Es soll ein Wälzlager eingebaut werden.
Welche Art der Wälzlagerung schlagen Sie vor? Geben Sie eine Beschreibung für Ihren Vorschlag.

3/17 Benennen Sie die folgenden Wälzlager.

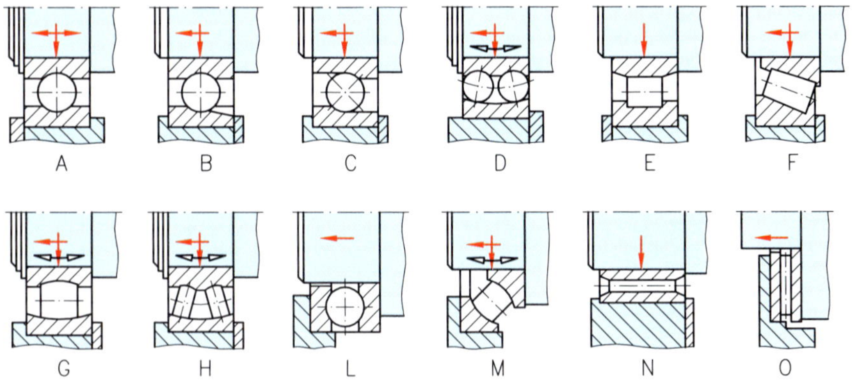

3/18 Skizzieren Sie das Schema der Lager und die Tabellen ab. Tragen Sie die Belastungsarten in die Tabellen ein.

Lager A

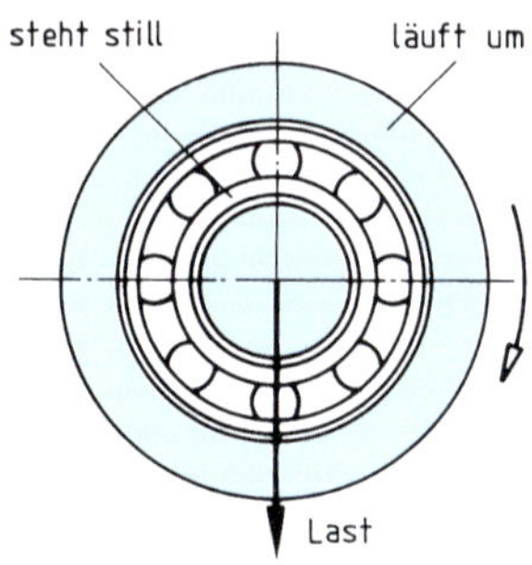

Lager B

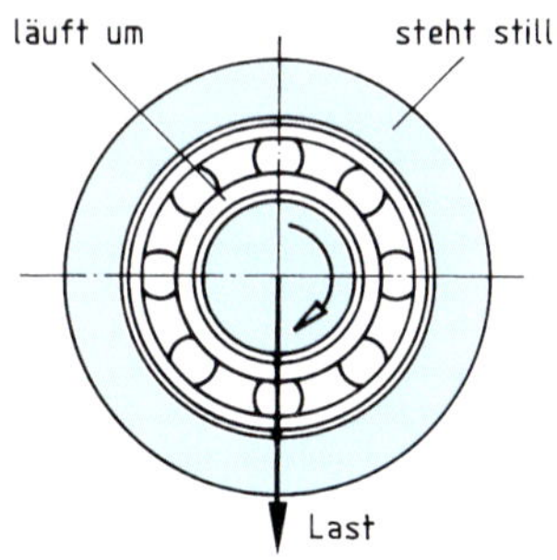

	Belastungsart
Außenring	?
Innenring	?

	Belastungsart
Außenring	?
Innenring	?

3/19 Die Seilrolle eines Krans ist in einem Wälzlager gelagert. Bei der Montage stellt der Mechaniker fest, dass sich die Achse der Rolle sehr leicht mit dem Innenring des Walzlagers fügen lässt. Der Außenring ist nur mit großem Kraftaufwand mit dem Lagersitz in der Hakenflasche zu fügen. Ist dies so in Ordnung?

Begründen Sie Ihre Antwort.

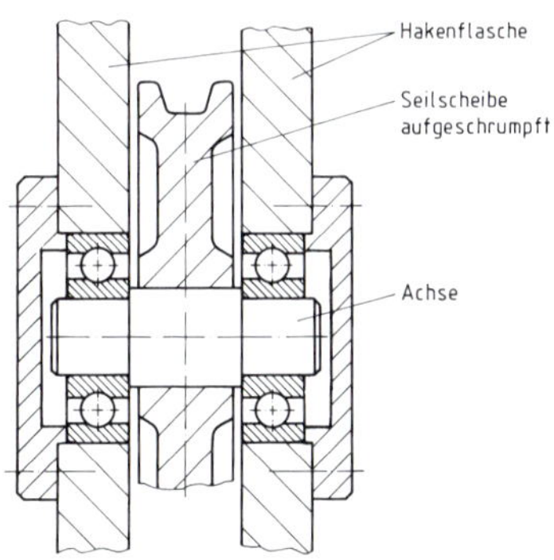

3/20 a) Geben Sie an, auf welcher Seite das Festlager und an welcher Seite das Loslager in den dargestellten Fällen ist.

b) Wie erfolgt eine Verschiebung der Loslager bei Wärmedehnung?

c) Geben Sie für alle Lager die richtigen Kurzbezeichnungen an.

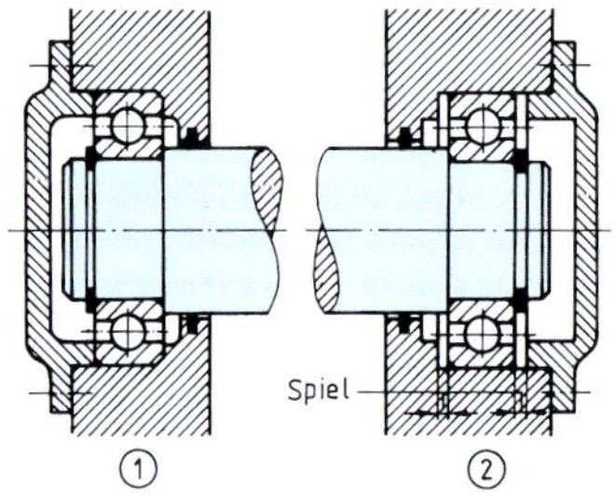

3/21 Ein Mechaniker sagt: „Gut gewartete Wälzlager halten ewig, wenn sie nicht überlastet werden."
Was ist von der Aussage zu halten?
Begründen Sie Ihre Antwort.

3/22 Für die Vorderradlagerung eines Autos und für die Lager einer ständig laufenden Turbine ist jeweils eine Lagerart auszuwählen. Begründen Sie Ihre Entscheidung, ob Gleitlager oder Wälzlager zu wählen sind, in einem Fachbericht.

3/23 Gleitführungen nutzen sich auf den Gleitflächen im Laufe der Zeit geringfügig ab.
Welche Wirkung hat diese Abnutzung auf die Flach- und Schwalbenschwanzführung einerseits und auf die V- und Dachführung andererseits?

3/24 Zeichnen Sie die folgende Tabelle ab, und vergleichen Sie die Gleitführungen mit den Wälzführungen in Bezug auf die angegebenen Gesichtspunkte. Benutzen Sie dabei jeweils die Begriffspaare *„gering - größer"*, *„leicht - schwerer"* o. Ä.

	Gleitführung	Wälzführung
Art der Reibung	?	?
Kraftaufwand zum Verschieben	?	?
Schmiermittelverbrauch	?	?
Stick-Slip-Effekt	?	?
Möglichkeit des Austauschbaus	?	?
Passungsspiel	?	?

3/25 Erklären Sie, was man unter dem Stick-Slip-Effekt versteht.

3/26 Welche Bewegungen lässt eine Kugelführung mit zylinderförmigen Laufflächen für das aufgesetzte Teil zu?

3/27 Ein Maschinenteil, das auf Wälzführungen läuft, führt einen festgelegten Hub durch.
Begründen Sie, warum die Wälzführung über das Maschinenteil hinausragt.

3/28 Eine Längsführung für ein Werkzeug ist mit einer Wälzführung ausgestattet. Das Werkzeug hat einen Hubweg von 30 mm. Es wird auf 80 mm Länge geführt.
Berechnen Sie die Länge der Wälzführung.

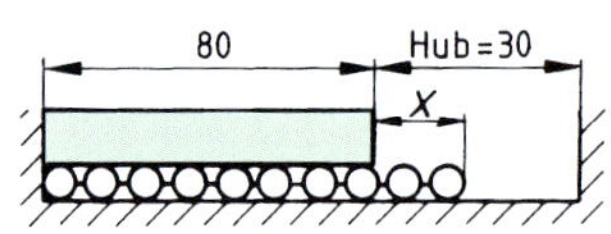

3/29 Berechnen Sie das größte Biegemoment für die dargestellte Achse. Der vierrädrige Wagen hat ein Gesamtgewicht von 300 kg, und die Last ist gleichmäßig verteilt.

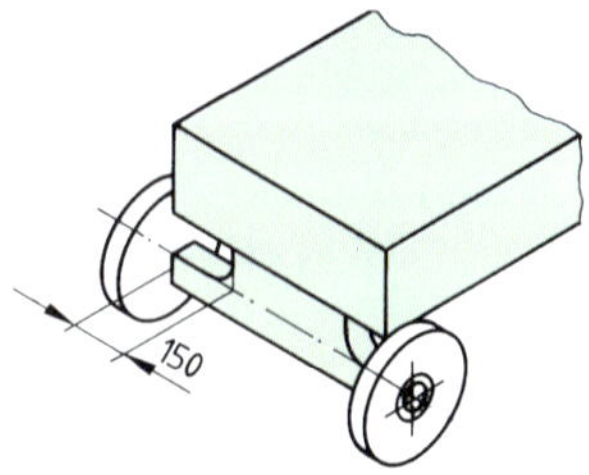

3/30 Die Achse eines Fahrrades ist entsprechend der Abbildung belastet.
Geben Sie an, auf welcher Seite der Achse Druckspannungen und auf welcher Seite Zugspannungen entstehen.

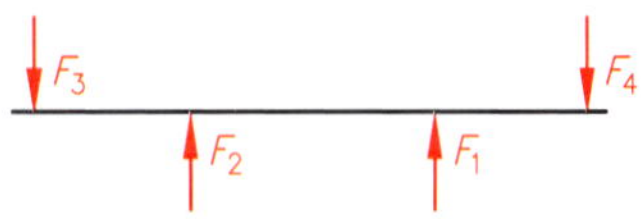

3/31 Die Achse eines Wagens dreht sich mit.
Welche Spannungen herrschen bei dieser Radstellung in der Achse an den Positionen 1, 2 und 3?

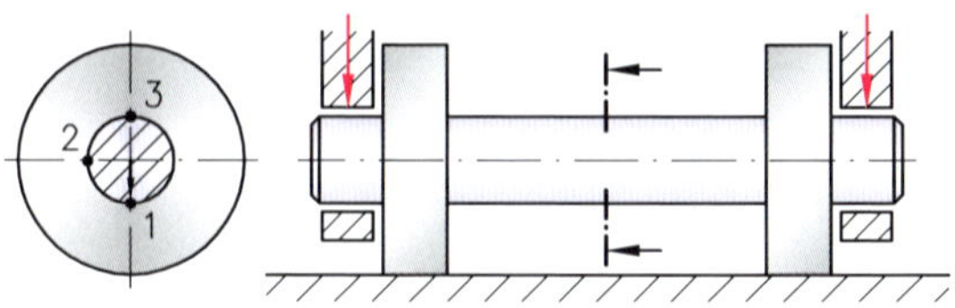

Elemente und Gruppen zur Energieübertragung

3/32 Geben Sie an, ob die beschriebenen Bauelemente richtig mit Achse bzw. Welle bezeichnet sind, und begründen Sie Ihre Antwort.

a) Tretlagerachse eines Fahrrades,
b) Gelenkwelle eines Autos,
c) Motorachse im Elektromotor,
d) Gelenkbolzen in einer Rollenkette.

3/33 Schreiben Sie die unvollständigen Sätze ab und ergänzen Sie diese:
Wellen werden stets auf ...?... beansprucht. Achsen dagegen werden hauptsächlich auf ...?... beansprucht.
Wellen sind Bauelemente, die ...?... weiterleiten.

3/34 Die dargestellte Welle wird entsprechend der Pfeilrichtung durch eine Kurbel gedreht.
Übernehmen Sie die Abbildung, und tragen Sie den Verlauf und die Richtung der Spannung, die in der Welle wirkt, ein. Beachten Sie, dass die einzutragenden Spannungspfeile der äußeren Belastung entgegenwirken müssen.

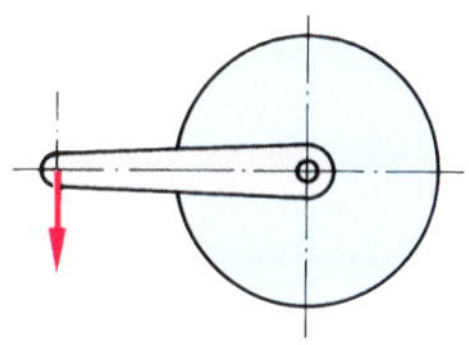

3/35 Wodurch unterscheiden sich Halszapfen und Stirnzapfen voneinander?

3/36 Beschreiben Sie die Funktionen eines Ringzapfens.

3/37 Eine Welle ist am Übergang zum Zapfen eingerissen.
Erklären Sie, welche Ursachen dazu geführt haben können. Wie sollte die Ersatzwelle beschaffen sein, damit ein erneuter Schaden vermieden wird?

3/38 Eine Winde soll hergestellt werden.

Der Besteller hat eine einfache Skizze vorgegeben.

Es sollen Gleitlager verwendet werden.

Planen und gestalten Sie die Verbindungen von

- Welle mit Kurbel,
- Welle mit Seiltrommel,
- Welle zwischen Lagern,
- Handkurbelzapfen mit Handgriff.

Fertigen Sie eine ausführliche Skizze an.

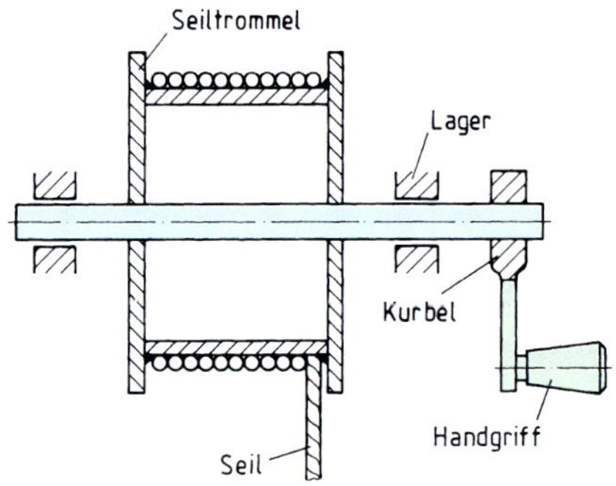

3/39 Vergleichen Sie eine Keilverbindung mit einer Federverbindung, indem Sie die gegebenen Begriffe in einer Tabelle richtig zuordnen.
Zentrieren von Welle und Nabe, axiale Sicherung notwendig, Keilverbindung, leicht lösbar, Nabe und Welle verkanten, empfindlich gegen wechselnde Belastung, sicherer Sitz der Nabe in axialer Richtung, Federverbindung, unempfindlich gegen wechselnde Belastung.

3/40 Nennen Sie ein Beispiel für die Verwendung von Gelenkwellen.

3/41 Warum befindet sich in einer Gelenkwelle zwischen den Gelenken stets ein Teleskopstück?

3/42 Unterteilen Sie die gegebenen Kupplungsbeispiele in schaltbare und nicht schaltbare Kupplungen.

a) Autokupplung,
b) Freilauf im Fahrradhinterrad,
c) Klauenkupplung zwischen Motor und Pumpe.

3/43 Warum soll eine Scheibenkupplung schwieriger einzubauen sein als eine Schalenkupplung?

3/44 Zwei Wellenenden stehen genau gegenüber. Die Wellen haben jedoch eine geringe Winkelbeugung zueinander.
Schlagen Sie eine Kupplung vor, die nicht schaltbar sein muss.

3/45 Bei einer Mehrspindelbohrmaschine befindet sich zwischen der Arbeitsspindel und den einzelnen Bohrspindeln jeweils eine Kupplung.

a) Wie heißt diese Kupplung?
b) Beschreiben Sie die Aufgabe dieser Kupplung.

3/46 Bei einfachen Kegelkupplungen tritt im eingekuppelten Zustand eine Kraft in Achsrichtung auf.
Wie müsste eine Kegelkupplung gestaltet werden, damit diese Kraft entfällt?
Skizzieren Sie Ihren Vorschlag.

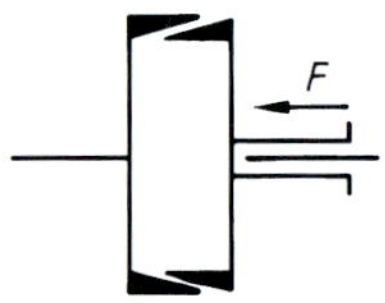

3/47 Bei Drehmaschinen gibt es an mehreren Stellen Kupplungen.
An welchen Stellen im Energiefluss einer herkömmlichen mechanischen Drehmaschine befinden sich Kupplungen? Welche Kupplungsart wird verwendet?

3/48 Im folgenden Text sind Einzelaussagen über eine Lamellenkupplung ungeordnet zusammengestellt. Schreiben Sie diese Aussagen in der richtigen Reihenfolge ab, sodass ein Fachbericht über die Lamellenkupplung entsteht.

- Lamellenkupplungen bestehen aus zwei Kupplungshälften, die jeweils mit einem Wellenende verbunden sind.
- Die Andruckkraft kann mechanisch, hydraulisch, pneumatisch oder elektronisch erzeugt werden.
- Die Übertragung des Drehmomentes geschieht durch Lamellen.
- Die Innenlamellen werden vom Kupplungsteil auf der getriebenen Welle in Nuten mitgenommen.
- Dabei wird durch Reibung das Drehmoment von den Außenlamellen auf die Innenlamellen übertragen.
- Die Lamellen werden beim Einschalten gegeneinander gepresst.
- Die Außenlamellen werden vom Kupplungsgehäuse mitgenommen.
- Dabei unterscheidet man Außen- und Innenlamellen.

3/49 Beschreiben Sie die Arbeitsweise der im Lehrbuch dargestellten, elektrisch geschalteten Lamellenkupplung.

3/50 Formulieren Sie aus den vorgegebenen Begriffen eine Beschreibung der Wirkungsweise einer Strömungskupplung.
„getriebene Schale“, „treibende Schale“, „wirkt wie Turbine“, „wirkt wie Pumpe“, „strömendes Öl“, „Drehmoment wird übertragen“

3/51 Von welchen Faktoren hängt die Größe des zu übertragenden Drehmoments bei Strömungskupplungen ab?

3/52 Beschreiben Sie die prinzipielle Funktion einer Überlastkupplung.

3/53 Der Freilauf am Fahrrad ist eine richtungsbetätigte Schaltkupplung.
Erklären Sie, unter welchen Bedingungen der Freilauf einkuppelt und welche Bedingungen zum Auskuppeln führen.

Umfangsgeschwindigkeit, Übersetzungsverhältnis

	Formeln
Umfangsgeschwindigkeit:	$v = d \cdot \pi \cdot n$
Einstufige Getriebe:	$v_1 = v_2$ $d_1 \cdot \pi \cdot n_1 = d_2 \cdot \pi \cdot n_2$ $d_1 \cdot n_1 = d_2 \cdot n_2$
Übersetzungsverhältnis:	$i = \frac{n_1}{n_2} = \frac{d_2}{d_1}$
Mehrstufige Getriebe:	$i_{ges} = \frac{n_A}{n_E}$; $i_{ges} = i_1 \cdot i_2 \cdot i_3 \cdot \ldots$

Formelzeichen

v	Umfangsgeschwindigkeit in m/min (m/s)
n	Umdrehungsfrequenz in 1/min (1/s)
d	Durchmesser
i	Übersetzungsverhältnis
i_{ges}	Übersetzungsverhältnis insgesamt
n_A	Umdrehungsfrequenz des ersten treibenden Rades
n_E	Umdrehungsfrequenz des letzten getriebenen Rades

3/54 Berechnen Sie die Umfangsgeschwindigkeit v in m/min eines Werkstücks auf einer Drehmaschine, wenn der Durchmesser d = 350 mm und die Umdrehungsfrequenz n = 220 1/min beträgt.

3/55 Berechnen Sie die Umdrehungsfrequenz für einen Bohrer mit 20 mm Durchmesser, wenn seine Schnittgeschwindigkeit v_c = 115 m/min beträgt.

3/56 Die Umdrehungsfrequenz zweier aufeinander abrollender Räder sind $n_1 = 400\ 1/\text{min}$ und $n_2 = 100\ 1/\text{min}$. Der Durchmesser des ersten Rades ist $d_1 = 60$ mm.

Berechnen Sie den Durchmesser d_2 des zweiten Rades.

3/57 Eine doppelte Zahnradübersetzung hat Räder mit $d_1 = 60$ mm, $d_2 = 150$ mm, $d_3 = 72$ mm, $d_4 = 288$ mm.

a) Errechnen Sie Einzelübersetzungen i_1 und i_2.
b) Bestimmen Sie Gesamtübersetzung i_{ges}.

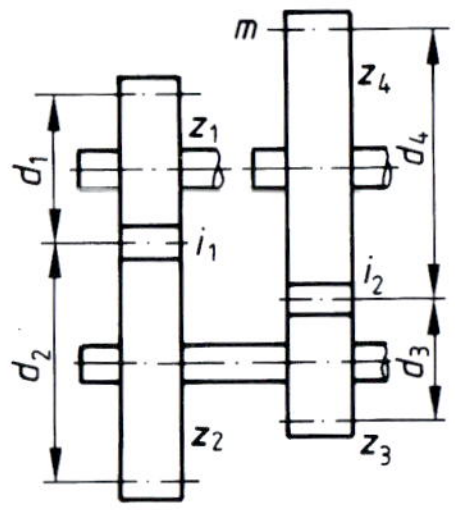

Drehmoment

Formeln

Berechnung des Drehmoments aus Kraft und Hebelarm:

$$M_d = F \cdot r$$

Berechnung des Drehmoments aus Leistung und Umdrehungsfrequenz (Drehzahl):

$$M_d = \frac{P}{2 \cdot \pi \cdot n}$$

Formelzeichen

M_d Drehmoment
F Kraft am Umfang
r Hebelarm
P Leistung
n Umdrehungsfrequenz (Drehzahl)

3/58 Von einem Elektromotor wird das Drehmoment mit einem Keilriementrieb weitergeleitet. Das Motordrehmoment beträgt 3,5 Nm.
Berechnen Sie die Umfangskraft an Rad 1 und Rad 2.

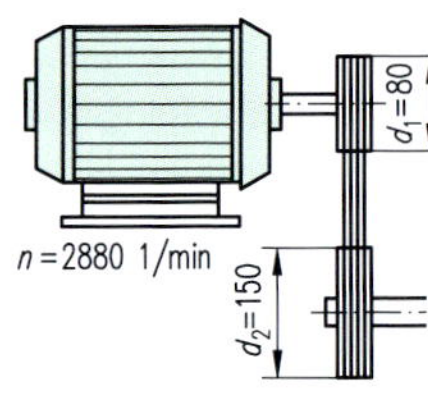

3/59 Eine dreistufige Riemenscheibe überträgt mit der kleinsten Scheibe $d_1 = 80$ mm die Umfangskraft 1 200 N.
Berechnen Sie die Drehmomente für die Stufenscheibe in Nm.
Was folgern Sie aus dem Ergebnis?

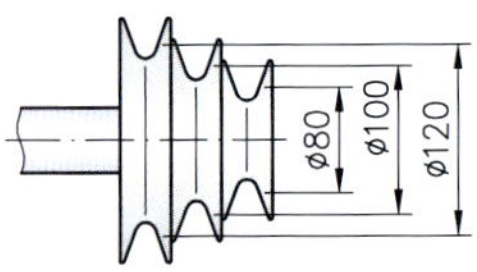

3/60 Bei einem Versuch zur Ermittlung der Schnittkraft wurden 1 080 N gemessen. Die Arbeitsspindel hat einen Durchmesser von 60 mm.
Berechnen Sie das Drehmoment an der Arbeitsspindel, wenn das Werkstück, an dem die Schnittkraft gemessen wurde, 120 mm Durchmesser hat.

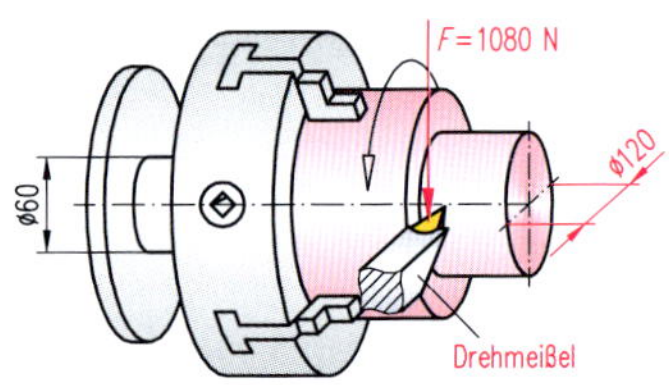

3/61 Ein Elektromotor leistet bei 3 000 1/min 3 kW (3 000 Nm/s).

a) Welches Drehmoment bringt der Motor auf?
b) Welche Umfangskraft tritt an einer aufgesetzten Keilriemenscheibe von 100 mm Durchmesser auf?

3/62 Mit der dargestellten Winde wird eine Masse von 400 kg gehoben.

a) Berechnen Sie die Kraft F_1 am Umfang des großen Rades.

b) Welche Handkraft ist erforderlich?

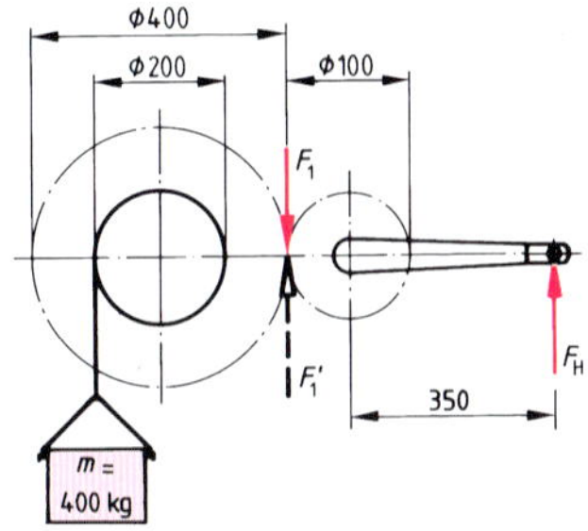

3/63 An einer Drehmaschine wird ein Span mit der Schnittkraft von 2 200 N abgetrennt. Das Werkstück hat 80 mm Durchmesser. Die Umdrehungsfrequenz beträgt 1 000 1/min.

a) Welches Drehmoment entsteht am Werkstück?

b) Berechnen Sie die Leistung an der Spindel.

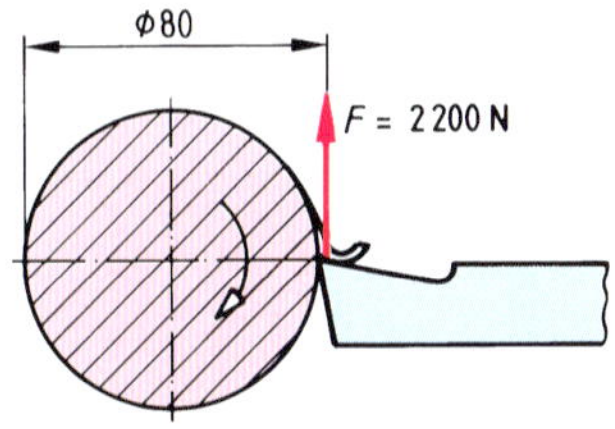

3/64 Erklären Sie die Vor- und Nachteile eines stark vorgespannten Flachriemens.

3/65 Übernehmen Sie die folgenden Aussagen über Riemengetriebe. Setzen Sie dabei die in den Klammern zur Auswahl stehenden Begriffe richtig ein.
Riementriebe übertragen Drehbewegungen *(formschlüssig/kraftschlüssig)*. Die Größe der übertragbaren *(Umfangskraft/Schnittkraft)* wächst mit *(steigender/fallender)* Normalkraft, mit *(kleiner/größer)* werdender Reibungszahl und mit *(kleinerem/größerem)* Umschlingungswinkel des *(größeren/kleineren)* Rades.

3/66 Beschreiben Sie, warum ein Flachriemen die Umfangsgeschwindigkeit des treibenden Rades nie voll auf das getriebene Rad übertragen kann. Benutzen Sie dafür auch die Begriffe Schlupf, Leertrum und Arbeitstrum.

3/67 Bei einer Drehmaschine wird die Drehbewegung vom Motor auf die Arbeitsspindel mit mehreren Keilriemen übertragen.
Warum setzt man keine Flachriemen ein? Begründen Sie Ihre Antwort.

3/68 Die Drehbewegung vom Tretlager eines Fahrrades auf das Hinterrad wird mit einem Kettengetriebe übertragen.
Beschreiben Sie, warum man keinen Riementrieb nimmt.

3/69 Nennen Sie formschlüssige und kraftschlüssige Zugmittelgetriebe. Beschreiben Sie die besonderen Aufgaben von Zugmittelgetrieben.

3/70 Bei Werkzeugmaschinen ist in den meisten Fällen zwischen Antrieb und der Arbeitsspindel ein kraftschlüssiges Zugmittelgetriebe.
Begründen Sie diese Maßnahme.

3/71 An einer Landmaschine werden durch einen Kettentrieb zwei Stößel so bewegt, dass sie einen Hub genau gemeinsam machen und der nächste Hub von einem Stößel allein erfolgt.
Die Kette ist schlaff geworden. Zur Straffung müssten drei Kettenglieder entfernt werden. Der Mechaniker lehnt dies ab, weil dann die Anlage nicht mehr funktioniere.
Äußern Sie sich dazu.

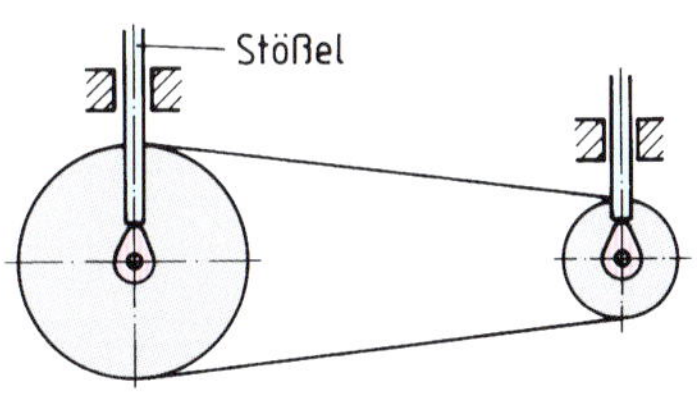

Stirnradabmessungen

	Formeln
Zahnteilung:	$p = m \cdot \pi$
Modul:	$m = \frac{d}{z}$
Teilkreisdurchmesser:	$d = m \cdot z$
Zahnkopfhöhe:	$h_a = m$
Zahnfußhöhe:	$h_f = m + c$
Zahnhöhe:	$h = 2 \cdot m + c$
Kopfkreisdurchmesser:	$d_a = d + 2 \cdot m$ $d_a = m \cdot (z + 2)$
Fußkreisdurchmesser:	$d_f = d - 2(m + c)$ $d_f = m \cdot (z - 2{,}4)$
Achsabstand:	$a = \frac{d_1 + d_2}{2} = \frac{m \cdot (z_1 + z_2)}{2}$
Übersetzungsverhältnis:	$i = \frac{n_1}{n_2} = \frac{z_2}{z_1}$

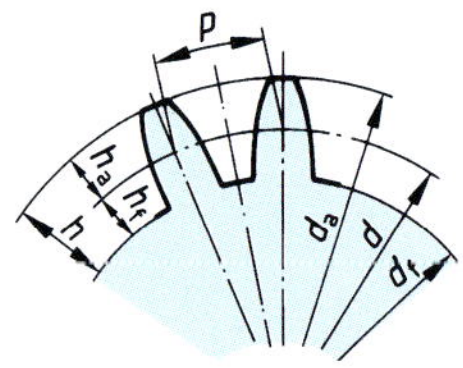

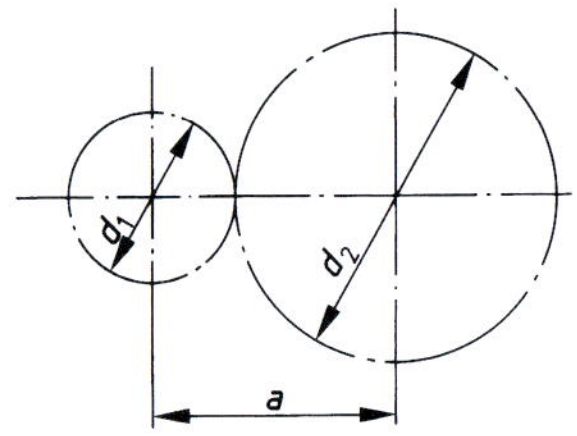

Formelzeichen:

- p Zahnteilung
- m Modul
- z Zähnezahl
- h_a Zahnkopfhöhe
- h_f Zahnfußhöhe
- h Zahnhöhe
- d Teilkreisdurchmesser
- d_a Kopfkreisdurchmesser
- d_f Fußkreisdurchmesser
- a Achsabstand
- c Kopfspiel ($0{,}1 \cdot m \ldots 0{,}3 \cdot m$) (im Maschinenbau $c \approx 0{,}2 \cdot m$)
- i Übersetzungsverhältnis
- n Umdrehungsfrequenz

3/72 Berechnen Sie die fehlenden Werte der Tabelle für Stirnradabmessungen.

	a)	b)	c)	d)	e)
p	?	?	?	?	?
m	2,5 mm	?	3 mm	?	?
d	?	240 mm	240 mm	?	?
d_a	?	?	?	?	260 mm
d_f	?	?	?	94 mm	?
h	?	?	?	?	?
h_a	?	?	?	?	3,25 mm
h_f	?	?	?	?	?
z	80	60	?	40	?

3/73 Erklären Sie die Begriffe Modul, Teilkreisdurchmesser und Teilung und deren Bedeutung für einen Zahnradtrieb.

3/74 Welche Auswirkungen hat ein Zwischenrad

a) auf das Übersetzungsverhältnis,
b) auf die Drehrichtung des getriebenen Rades?

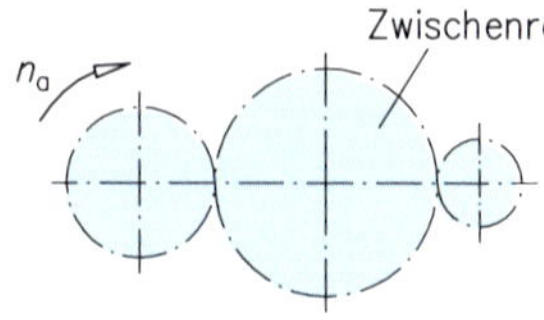

3/75 Ein Zahnrad in einem Zahnradgetriebe muss ersetzt werden. Im Ersatzteillager findet sich ein Zahnrad, das zwar die gewünschte Zähnezahl hat, jedoch einen geringfügig abweichenden Modul.
Können Sie dieses Zahnrad einbauen? Begründen Sie Ihre Antwort.

3/76 Übernehmen Sie die folgende Abbildung, und tragen Sie die wichtigsten Größen für das Zahnrad ein. Drücken Sie die Zahnradmaße auch durch die Formelzeichen aus.

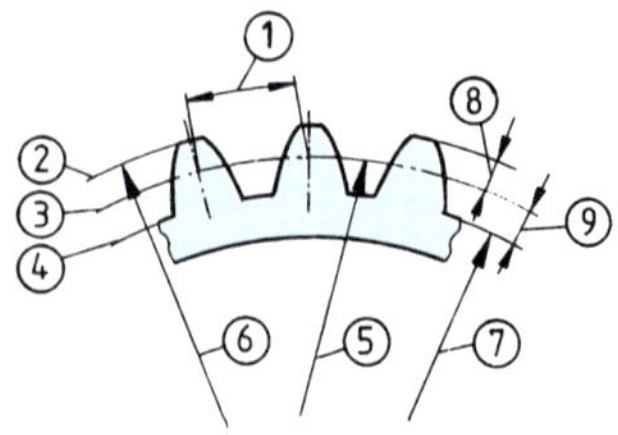

3/77 An einem beschädigten Zahnrad ließ sich lediglich die Zähnezahl mit 61 und der Kopfkreisdurchmesser mit 126 mm ermitteln.
Es sind die Größen $d; p; m; d_f$ zu ermitteln.

3/78 Bei einem Zahnradgetriebe ist das getriebene Zahnrad beschädigt. Es ist auszuwechseln (Modul $m = 0{,}8$ mm). Der Teilkreisdurchmesser des getriebenen unbeschädigten Zahnrades beträgt 37,6 mm. Das Übersetzungsverhältnis der beiden Räder beträgt 2,617 : 1.
Berechnen Sie für das neue Zahnrad die Zähnezahl, die Teilung, den Kopfkreisdurchmesser und den Fußkreisdurchmesser.

3/79 Zwei geradverzahnte Stirnräder mit dem Modul 8 mm und den Zähnezahlen 17 und 84 stehen im Eingriff.
Wie groß ist der Achsabstand der beiden Räder?

3/80 Der Achsabstand zweier geradverzahnter Stirnräder ist 144 mm. Das erste Zahnrad hat 35 Zähne und einen Modul von 4 mm.
Berechnen Sie die Zähnezahl des zweiten Zahnrades.

3/81 Beweisen Sie rechnerisch, dass ein Zahnrad mit 18 Zähnen und dem Modul 3 mm nicht mit einem Zahnrad von 45 Zähnen und einem Modul von 4 mm gepaart werden kann.

3/82 Erläutern Sie die folgenden Zahnräder: – N-Rad, – V-Rad, – V-Plus-Rad.

3/83 Zeichnen Sie die folgende Tabelle ab, und vergleichen Sie die beiden Zahnformen miteinander.

	Evolventen-Verzahnung	Zykloiden-Verzahnung
Schwierigkeit der Herstellung	?	?
Abrollverhalten	?	?
Verschleiß	?	?
Verwendung	?	?

3/84 Bei der geometrischen Konstruktion der Zahnflanken unterscheidet man verschiedene Kurvenformen. Die folgenden Darstellungen zeigen zwei Konstruktionen.

a) Benennen Sie die jeweiligen Kurven. Beschreiben Sie die Entstehung des Kurvenverlaufs.
b) Geben Sie die jeweiligen Einsatzmöglichkeiten entsprechend verzahnter Getriebe an.

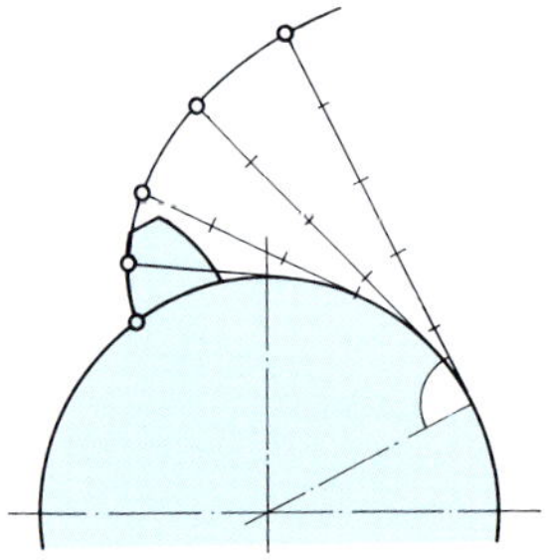
A

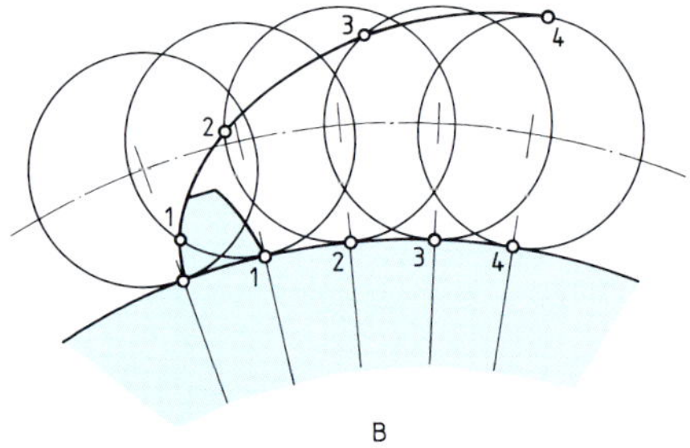

B

3/85 a) Benennen Sie die in den Abbildungen dargestellten Zahnradgetriebe.
b) Beschreiben Sie die jeweilige Lage der Wellen zueinander.

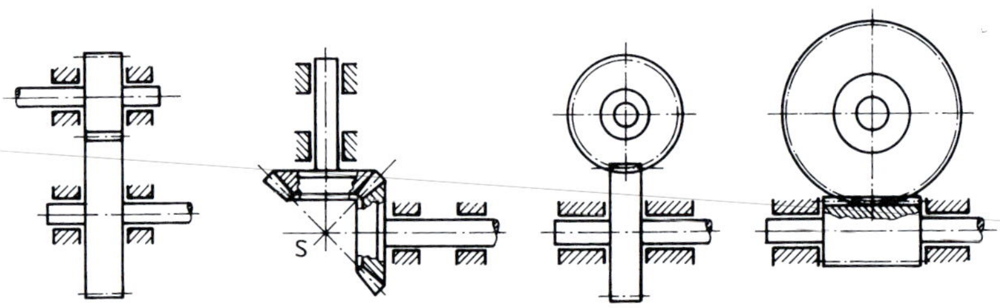

① ② ③ ④

3/86 Vergleichen Sie tabellarisch geradverzahnte und schräg verzahnte Stirnräder miteinander.

	geradverzahntes Stirnrad	schräg verzahntes Stirnrad
Wirkungsgrad	?	?
Kräfteverteilung in den Wellen	?	?
Laufruhe	?	?
Auswirkung geringer Fertigungsfehler	?	?
Eignung für hohe Drehzahlen	?	?

3/87 Skizzieren Sie in einer Ansicht einmal Doppelschrägverzahnung und zum anderen Pfeilverzahnung. Welchen Nachteil der Schrägverzahnung kann man durch Doppelschräg- oder Pfeilverzahnung beheben?

3/88 Schreiben Sie den folgenden Text ab, und ergänzen Sie die fehlenden Begriffe.

Schnecken- und Schraubenradgetriebe übertragen Drehbewegungen bei ...?... Wellen.

Schraubenradgetriebe übertragen ...?... Drehmomente. Durch die Art der Berührung haben Schraubenradgetriebe ...?... Verschleiß.

Schneckengetriebe dagegen übertragen ...?... Drehmomente. Sie laufen mit ...?... Geräusch. Schneckengetriebe haben durch die Gleitbewegung ...?... Verschleiß. Mit Schneckengetrieben sind ...?... Übersetzungen möglich.

3/89 Welche Zahnradtriebe sind dargestellt?

①

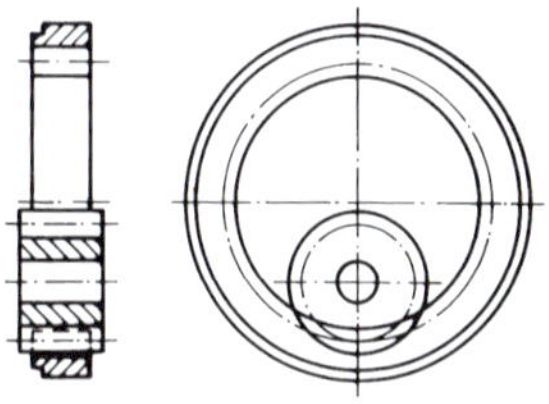

②

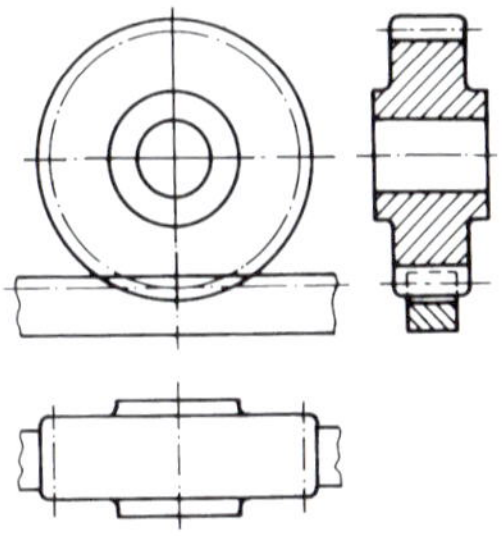

③

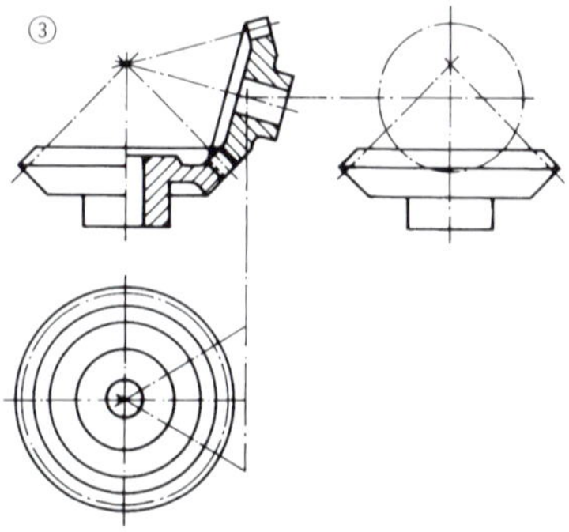

④

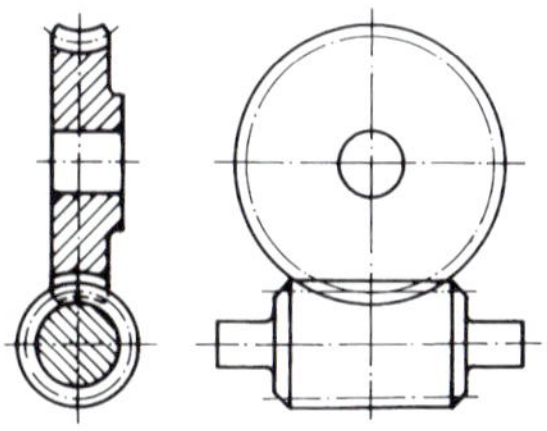

3/90 Wie viel verschiedene Umdrehungsfrequenzen lassen sich mit dem dargestellten Schieberadgetriebe schalten?

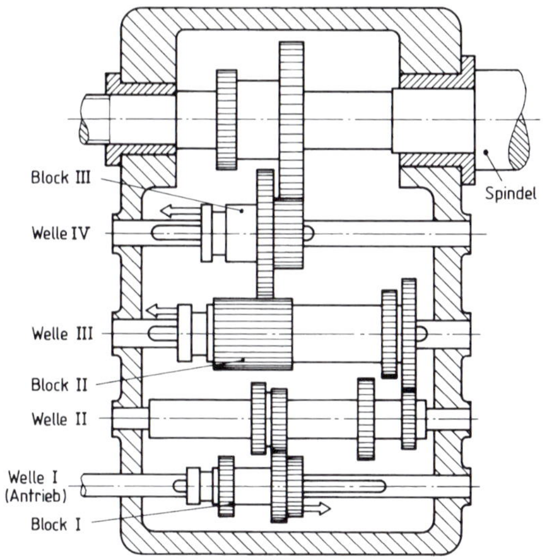

4 Festigkeitsberechnungen von Bauelementen

Grundlagen zur Festigkeitsberechnung

4/1 Geben Sie die Art der Beanspruchung für die gegebenen Bauelemente in folgenden Beispielen an.

a) Schraubstock beim Spannen des Werkstücks

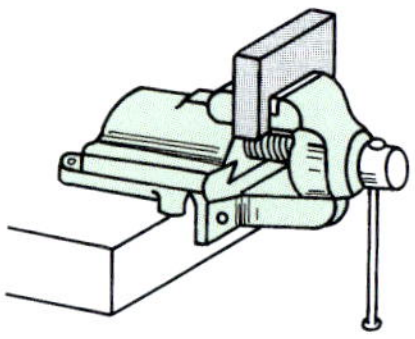

- Gewindespindel
- Schraubstockbacken
- Handhebel
- Gewinde in der Mutter

b) Klemmhebel beim Drehen an der Kurbel

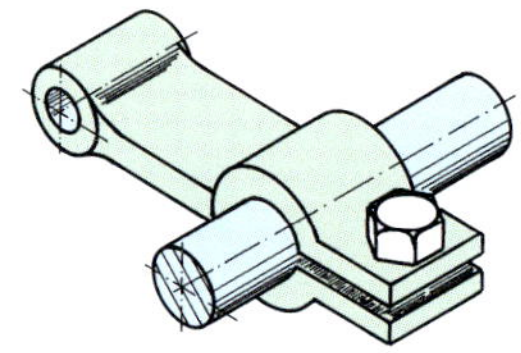

- Welle
- Hebel
- Schraube
- Klemmbacken des Hebels

c) Hebezeug beim Anheben der Last

- Seil
- Zugkette
- Wellen für Rollen

4/2 Ein Gelenklager ist an der Decke befestigt. Die Stange wird auf Zug und Druck beansprucht. Geben Sie die Beanspruchungs- und Belastungsarten von Bolzen und Schraube an.

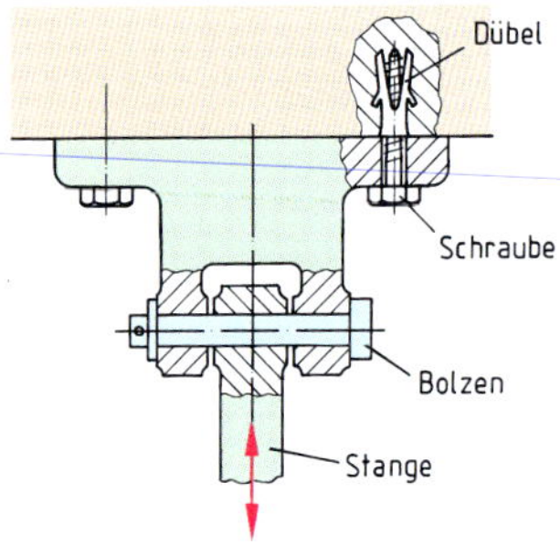

Zugbeanspruchung

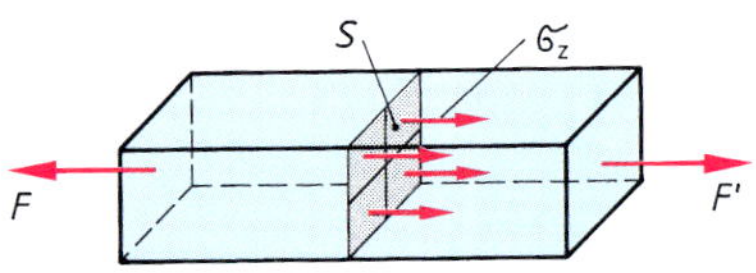

Formel

$$\sigma_z = \frac{F}{S}$$

$$S_{erf} = \frac{F_{max}}{\sigma_{z\,zul}}$$

Formelzeichen

σ_z	Zugspannung
F	Zugkraft
S	beanspruchter Querschnitt
S_{erf}	erforderlicher Querschnitt
$\sigma_{z\,zul}$	zulässige Zugspannung
F_{max}	größte Zugkraft

4/3 Berechnen Sie die fehlenden Werte für folgende Zugstäbe.

	a) Rundstab	b) Winkelprofil	c) Vierkantstab
Maße	⌀ ? mm	L 45 x 30 x 5 mm	▭ ? x 12 mm
F_{max}	65 kN	45 kN	64,7 kN
σ_z	63,4 N/mm²	?	180 N/mm²

4/4 Welche Zugkraft kann eine Gliederkette aus E 295 aufnehmen, wenn die Glieder der Kette aus Rundmaterial mit 5 mm Durchmesser gefertigt sind?

4/5 Ein Draht aus E 360 wird entsprechend der Skizze mit 10 000 N schwellend belastet. Welchen Durchmesser muss der Draht haben?

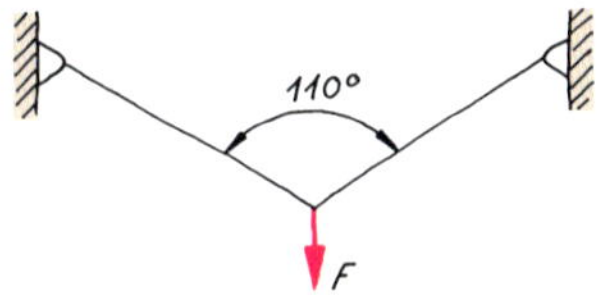

4/6 Ein 5 m hoher Mast wird mit einem Seil unter 30° abgespannt. Berechnen Sie den tragenden Querschnitt des Seiles, wenn die zulässige Spannung des Werkstoffes 320 N/mm² beträgt.

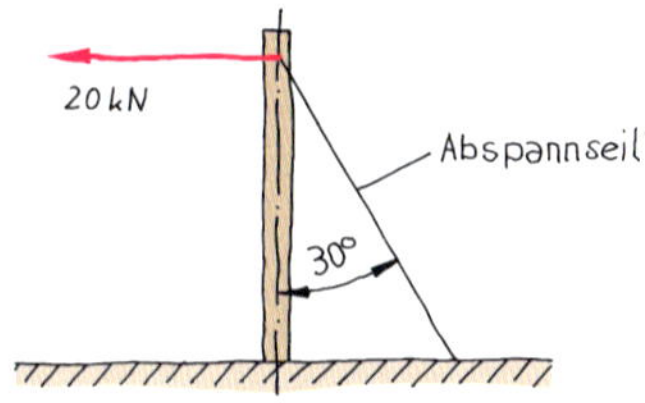

Druckbeanspruchung

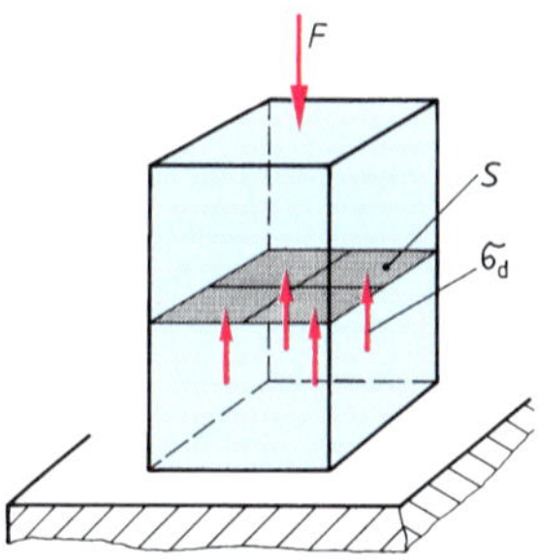

Formeln

$$\sigma_d = \frac{F}{S}$$

$$S_{erf} = \frac{F_{max}}{\sigma_{d\,zul}}$$

$$1\ \text{bar} \triangleq 0{,}1\ \frac{\text{N}}{\text{mm}^2} \triangleq 10\ \frac{\text{N}}{\text{cm}^2}$$

Formelzeichen

- σ_d Druckspannung
- F Druckkraft
- S beanspruchter Querschnitt
- S_{erf} erforderlicher Querschnitt
- $\sigma_{d\,zul}$ zulässige Druckspannung
- F_{max} größte Druckkraft

4/7 Berechnen Sie die zulässige Druckkraft F_{zul} in N für die gegebenen Druckstäbe.

	a) Vierkantstab	b) Quadratstab	c) Rundstab
Maße	□ 40 x 16 mm	□ 16 mm	⌀ 25 mm
$\sigma_{d\,zul}$	110 N/mm²	85 N/mm²	75 N/mm²
F_{zul}	?	?	?

4/8 Welche Spannung tritt in der Kolbenstange auf, wenn der Druck von 30 bar

a) von der Kolbenstangenseite her wirkt?
b) auf den Boden des Kolbens wirkt?

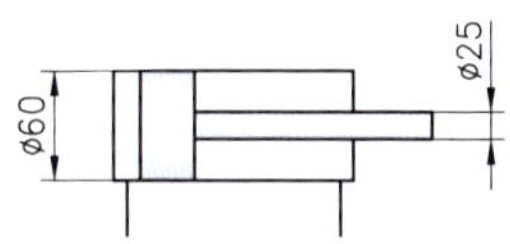

Flächenpressung

Flächenpressung entsteht in den Berührungsflächen zweier Werkstücke. Als Berührungsfläche gilt die Projektionsfläche senkrecht zur Wirkungsrichtung der Kraft.

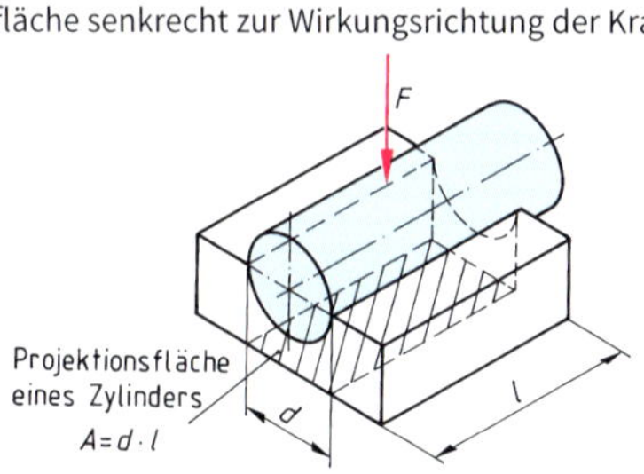

Formel

$$p_{zul} = \frac{F}{A}$$

$$A_{erf} = \frac{F_{max}}{p_{zul}}$$

Formelzeichen

- p_{zul} zulässige Flächenspannung
- A_{erf} erforderliche Fläche
- A Projektion der Berührungsfläche
- F_{max} größte Kraft
- F Druckkraft

4/9 Eine rechteckige Stahlplatte aus S 235 soll eine Druckkraft von 15 kN auf eine Unterlage übertragen, deren Werkstoff ein p_{zul} von 0,8 N/mm² hat.
Berechnen Sie die Abmessungen der Stahlplatte, wenn $a : b = 1 : 2$ sein soll.

4/10 Ein quadratischer Maschinenständer aus Gusseisen soll eine Druckkraft von 250 kN auf den Hallenboden übertragen ($p_{zul} = 12{,}5$ N/mm²).
Berechnen Sie die Größe der Auflagefläche.

4/11 Ein Zapfen mit einem Durchmesser von 40 mm wird bis 125 kN beansprucht.
Auf welcher Länge muss der Zapfen aus S 235 aufliegen, wenn dies der schwächste Werkstoff ist?

4/12 Ein Gleitlager wird mit 61,2 kN beansprucht. Der Zapfendurchmesser beträgt 24 mm und liegt 30 mm im Lager auf.
Berechnen Sie die Flächenpressung.

Scherbeanspruchung

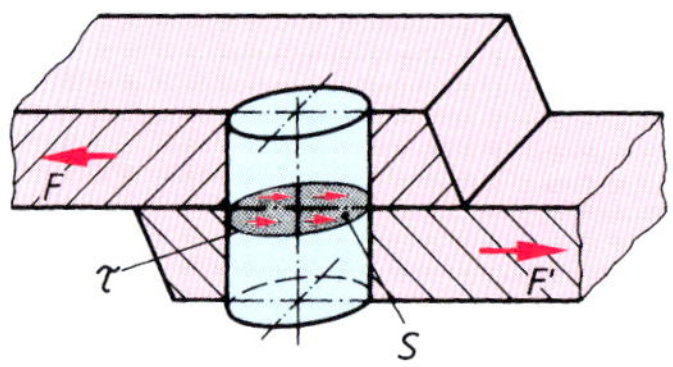

Für Stahl gilt: $\tau_{szul} = 0{,}8 \cdot \sigma_{zzul}$

Formeln

$$\tau_s = \frac{F}{S}$$

$$S_{erf} = \frac{F_{max}}{\tau_{szul} \cdot N}$$

Formelzeichen

τ_s	Scherspannung
F	Scherkraft
S	beanspruchter Querschnitt
S_{erf}	erforderlicher Querschnitt
τ_{szul}	zulässige Scherspannung
F_{max}	größte Scherkraft
N	Zahl der Scherquerschnitte

4/13 Bestimmen Sie die zulässigen Scherspannungen für die folgenden Bauelemente, und berechnen Sie die fehlenden Werte.

	a) Zylinderstift	b) Bolzen	c) Niet
Werkstoff	E 295	E 360	S 235
σ_{zzul}	110 N/mm²	170 N/mm²	80 N/mm²
τ_{szul}	?	?	?
F_{max}	60 kN	?	?
S_{erf}	?	50,3 mm²	103 mm²

4/14 Der dargestellte Bolzen wird auf Zug beansprucht.
Bestimmen Sie D und h so, dass durch sie die gleiche Kraft übertragen werden kann wie durch den Bolzen mit dem Durchmesser $d = 20$ mm.
$\sigma_{zul} = 80$ N/mm², $p_{zul} = 60$ N/mm²

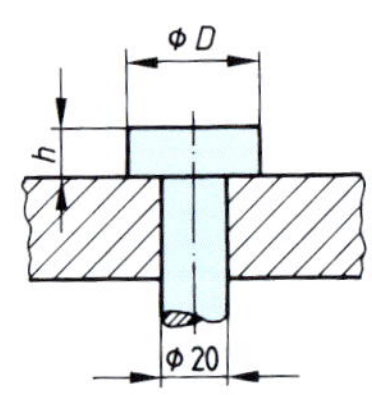

4/15 Bestimmen Sie die Zahl der Schnitte, und berechnen Sie den Bolzendurchmesser für $\tau_{zul} = 80$ N/mm².

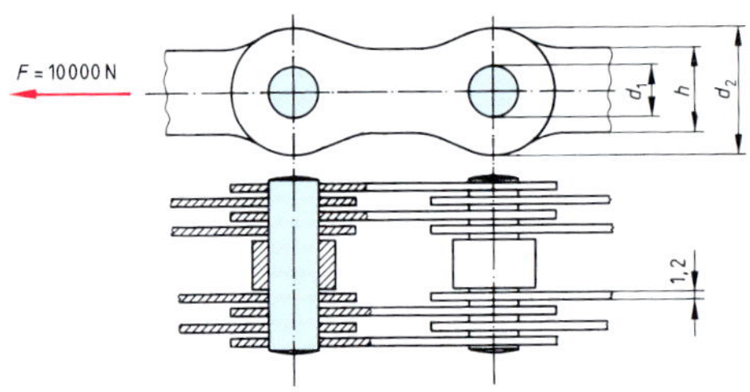

Berechnungen von Verbindungselementen

Schraubenverbindungen

Schrauben werden auf Zug beansprucht.

	Formeln	Formelzeichen	
Schrauben **ohne** Vorlast:	$S_s = \dfrac{F_B}{\sigma_{zzul}}$	S_s	Spannungsquerschnitt
		F_B	Betriebskraft
	$\sigma_{zzul} = \dfrac{R_{eH}}{2}$	R_{eH}	Streckgrenze
		σ_{zzul}	zulässige Zugspannung
		v	Sicherheit (2-fach, *ohne* Vorlast)
Schrauben **mit** Vorlast:	$F_{max} = 1.7 \cdot F_B$	F_{max}	Gesamtbelastung
		F_B	Betriebslast
		m	Einschraubtiefe
		P	Gewindesteigung
		d_2	Flankendurchmesser
Einschraubtiefe:	$m = \dfrac{F_{max} \cdot P}{d_2 \cdot \pi \cdot H_1 \cdot p_{zul}}$	H_1	Tragtiefe
		p_{zul}	zulässige Flächenpressung

4/16 Übernehmen Sie die folgende Tabelle, und ermitteln Sie die fehlenden Größen für eine Schraube ohne Vorlast.

F_B	Festigkeitsklasse	R_{eH}	v	σ_{zzul}	S_s (berechnet)	Gewinde (gew.)
21 500 N	6.6	?	2	?	?	?

4/17 Der gezeigte Zughaken hat das Gewinde M 16. Mit welcher Kraft kann der Haken maximal beansprucht werden, wenn der Belastungsfall II zugrunde gelegt wird. Der Haken ist aus E360 gefertigt.

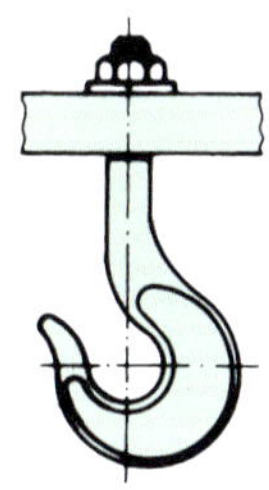

4/18 Die Zugstangen eines Antennenmastes werden mit Spannschlössern gespannt. Die Schraubhaken sind aus S235 gefertigt.

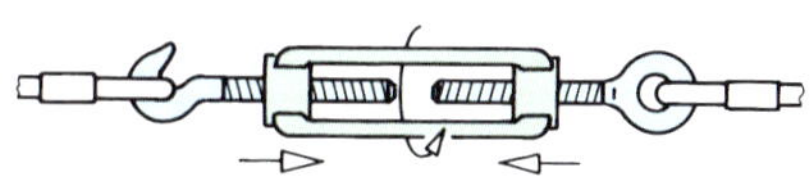

Berechnen Sie den Spannungsquerschnitt S_s der Schraubhaken, wenn von jedem Spannschloss maximal eine Spannkraft von 11 kN aufzunehmen ist, und wählen Sie das entsprechende Gewinde.

4/19 Ein Hängelager wird mit zwei metrischen Schrauben an einer Deckenplatte aus E295 befestigt. Die Schrauben gehören zur Festigkeitsklasse 4.8 und haben die Betriebslast von $F = 11{,}5$ kN aufzunehmen. Die Schrauben stehen unter Vorlast. Sie beträgt 70 % der Betriebslast.
Die Sicherheit für die Schrauben soll 2 betragen.
Berechnen Sie den Durchmesser für die Schrauben und wählen Sie richtig aus.

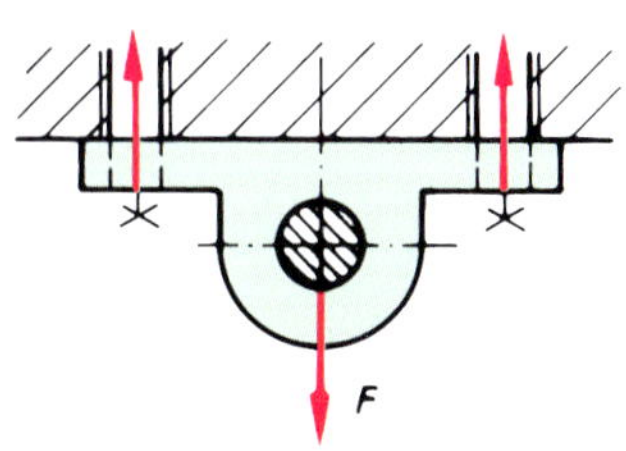

Stiftverbindungen

Stifte werden auf Scherung beansprucht.

	Formeln	Formelzeichen
Verbindungsstifte:	$S_{erf} = \frac{F_{max}}{\tau_{szul}}$ für Stahl: $\tau_{szul} = 0{,}8 \cdot \sigma_{zzul}$	F_{max} größte Scherkraft S_{erf} erforderlicher Querschnitt τ_{szul} zulässige Scherspannung τ_{sB} Scherfestigkeit σ_{zzul} zulässige Zugspannung R_m Zugfestigkeit
Sicherungsstifte:	$S_{erf} = \frac{F_{max}}{\tau_{sB}}$ für Stahl: $\tau_{sB} = 0{,}8 \cdot R_m$	

4/20 Eine Handkurbel wird durch einen Zylinderstift drehsicher mit der Welle verbunden. Die entsprechenden Werte sind der Abbildung zu entnehmen.

a) Berechnen Sie die Scherkraft am Zylinderstift.

b) Welcher Stiftdurchmesser ist erforderlich, wenn die zulässlge Scherspannung 130 N/mm² beträgt?

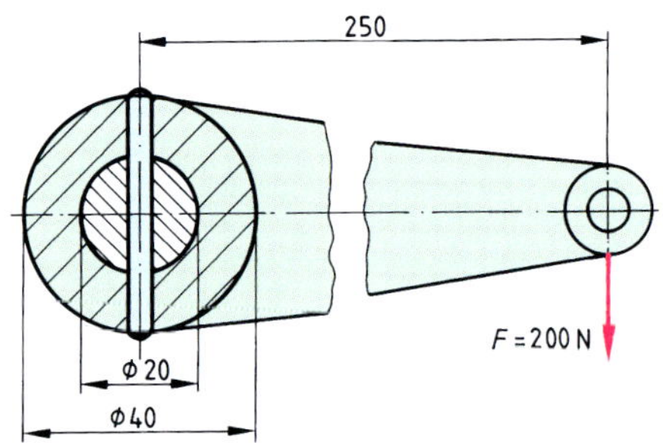

4/21 Ein Anschlag ist durch zwei Zylinderstifte mit der Grundplatte gegen Verschieben gesichert.

a) Wie groß ist die Scherspannung in den Stiften, wenn 3,1 kN auf den Anschlag wirken?

b) Die zulässige Scherspannung beträgt 80 N/mm². Vergleichen Sie rechnerisch die vorhandene mit der zulässigen Spannung, und überprüfen Sie, ob Stifte mit kleinerem Durchmesser ausreichen.

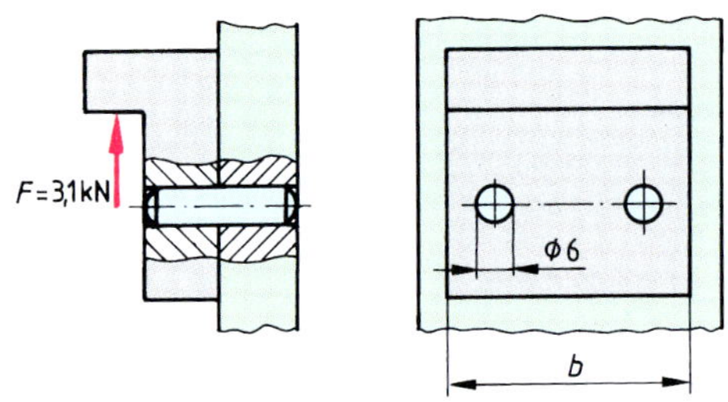

4/22 In den beiden dargestellten Fällen dient jeweils ein Zylinderstift als Sicherungsstift.
Mit welcher Kraft F können jeweils die Baueinheiten maximal belastet werden, wenn die Zylinderstifte aus E 295 sind?

a)

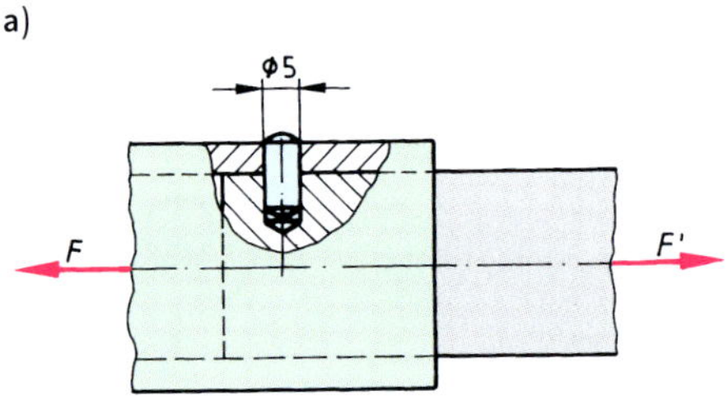

b)

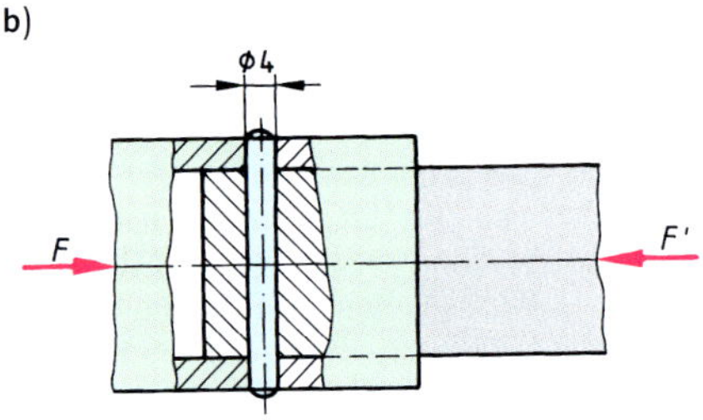

Passfederverbindungen

Passfederverbindungen werden auf Flächenpressung berechnet.

Formeln

geradstirnige Passfedern: $l_{erf} = \dfrac{4M_d}{d \cdot h \cdot p_{zul}}$

rundstirnige Passfedern: $l_{erf} = \dfrac{4M_d}{d \cdot h \cdot p_{zul}} + b$

Formelzeichen

l_{erf}	Passfederlänge
M_d	Drehmoment
d	Wellendurchmesser
h	Passfederhöhe
b	Passfederbreite
p_{zul}	zulässige Flächenpressung

4/23 Der Bohrungsdurchmesser einer Kupplung beträgt 70 mm. Die Kupplung soll bei einer Drehzahl von 1 200 1/min eine Leistung von 60 kW übertragen. Die beiden Kupplungshälften sind durch genormte Passfedern mit den Wellen verbunden. Die zulässige Flächenpressung beträgt 110 N/mm^2.
Bestimmen Sie die Länge für rundstirnige Passfedern ohne Halteschraube.

4/24 Mit einer Welle aus E 335 (p_{zul} = 70 N/mm$_2$) ⌀ 28 mm, ist eine Riemenscheibe aus Stahlguss durch eine Passfeder aus E 295 zu verbinden. Es soll ein Drehmoment von 50 Nm übertragen werden.

a) Welche Nabenbreite ist mindestens erforderlich?
b) Welche Abmessungen muss eine Passfeder Form B haben?

4/25 Ein Zahnrad aus 25 CrMo 4, das auf einer Welle aus E 360 verschoben werden kann, ist durch eine Passfeder mit der Welle verbunden.

a) Welches maximale Drehmoment lässt sich mit dieser Passfeder aus E 295 übertragen?
b) Wie groß ist die Umfangkraft am Teilkreis des Zahnrades?

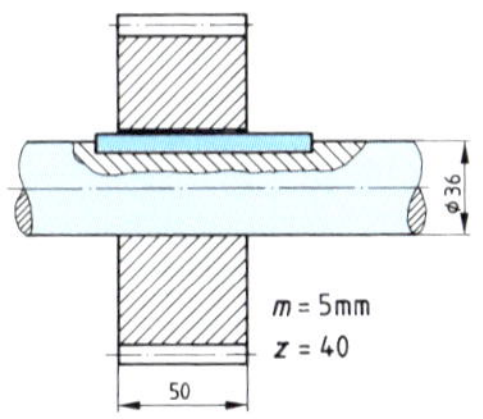

Klebe- und Lötverbindungen

Die notwendige Überlappungsfläche wird aus der zulässigen Scherspannung des Klebers bzw. Lotes errechnet.

Formel

$l_ü = \dfrac{F}{\tau_{szul} \cdot b}$

Formelzeichen

τ_{szul}	zulässige Scherspannung	b	Breite der Naht
$l_ü$	Überlappungslänge	F	Belastung

4/26 30 mm breite Aluminiumbleche sollen durch Überlappung geklebt werden.
Berechnen Sie für eine Zugkraft von 1 800 N die erforderliche Überlappungslänge, wenn der Klebstoff eine zulässige Scherspannung von 8,5 N/mm^2 hat.

4/27 Bei einer Weichlötung hat das Lot eine zulässige Scherspannung von 18 N/mm^2. Die Überlappungslänge beträgt 40 mm, die Breite 25 mm.
Welche Zugkraft kann die Lötstelle übertragen?

4/28 Zwei 400 mm breite und 2 mm dicke Aluminiumbleche sollen entsprechend der Abbildung geklebt werden.
Die zulässige Zugspannung des Bleches beträgt 80 N/mm^2, die des Klebstoffes 9 N/mm^2.

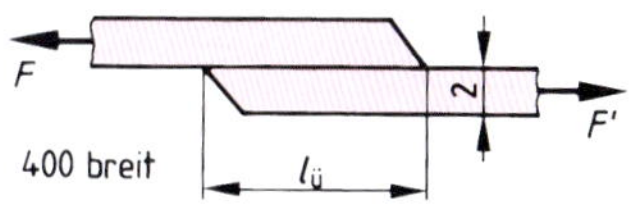

a) Welche Zugkraft kann von den Blechen aufgenommen werden?
b) Wieviel mm müssen die Bleche überlappt werden, damit die Klebestelle die errechnete Zugkraft sicher übertragen kann?

Technische Kommunikation

1 Technisches Zeichnen

1/1 Beschreiben Sie, was man unter dem Begriff „Technische Kommunikation“ versteht?

1/2 Erörtern Sie, welche der aufgeführten Kommunikationsmittel für die Fertigung eines Werkstücks am Besten geeignet ist:
Text, Skizze, Technische Zeichnung, Mündlicher Auftrag.

1/3 Technische Zeichnungen bestehen aus der Darstellung von Körperansichten.

a) Beschreiben Sie in eigenen Worten, was man unter einer Ansicht versteht.
b) Wie viele Ansichten werden benötigt, um ein Werkstück eindeutig darzustellen? Begründen Sie Ihre Antwort.

1/4 Skizzieren Sie die dargestellten Werkstücke in drei Ansichten. Die Lage der Vorderansicht ist vorgegeben. Die Werkstückmaße sind den Werkstückzeichnungen zu entnehmen.

Werkstück 1

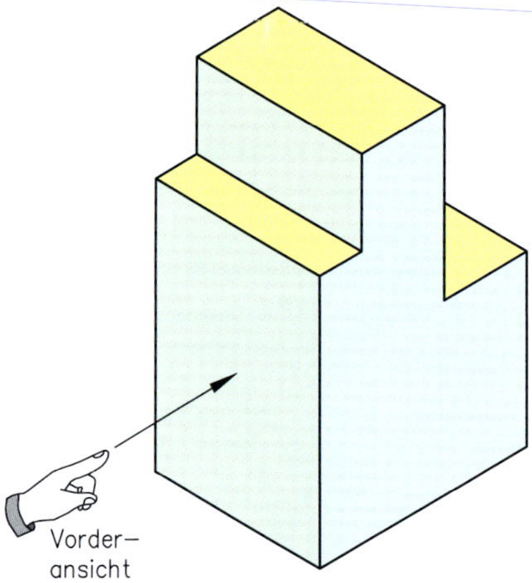

Werkstück 2

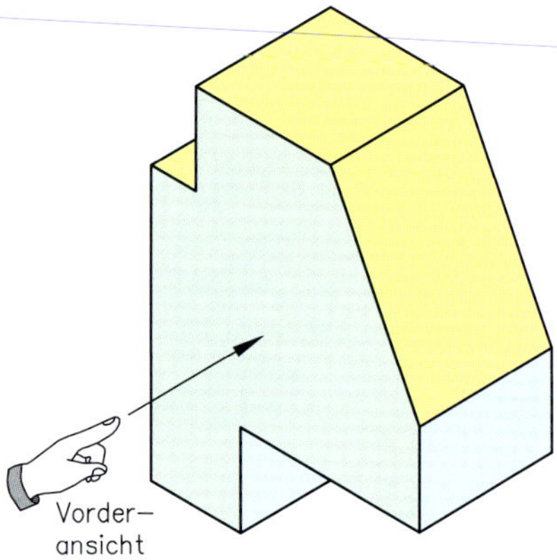

1/5 Wählen Sie nun für die Werkstücke selbst eine geeignete andere Vorderansicht als Hauptansicht aus und skizzieren Sie die Werkstücke nochmals in drei Ansichten.

1/6 Der Aufbau und die Angaben in einem Schriftfeld für Zeichnungen sind genormt. Nennen Sie mindestens 5 Pflichtangaben, die in einem Schriftfeld enthalten sein müssen.

1/7 Von den dargestellten Ansichten ist jeweils nur eine richtig. Um die richtigen Ansichten herauszufinden, geben Sie zu allen Feldern in den übrigen Darstellungen die Anzahl der Fehler an.

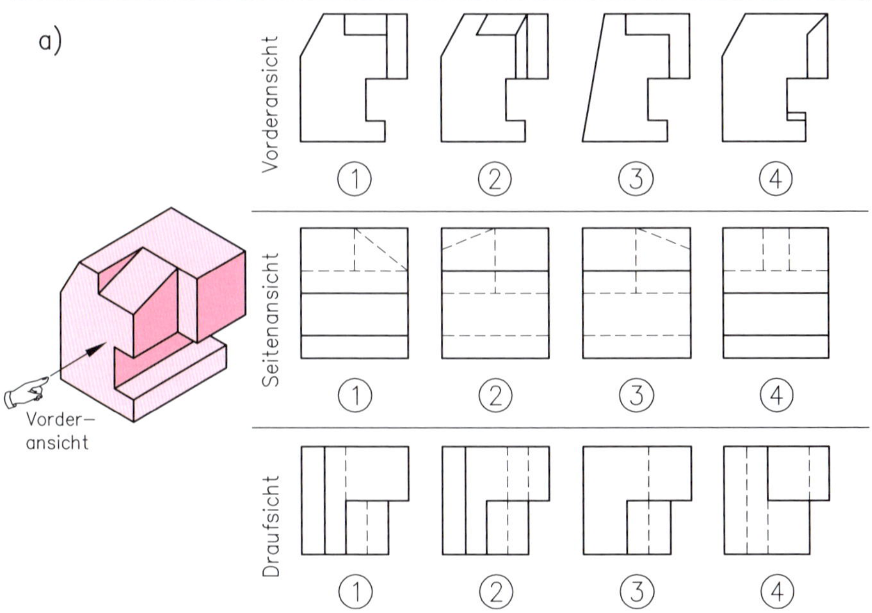

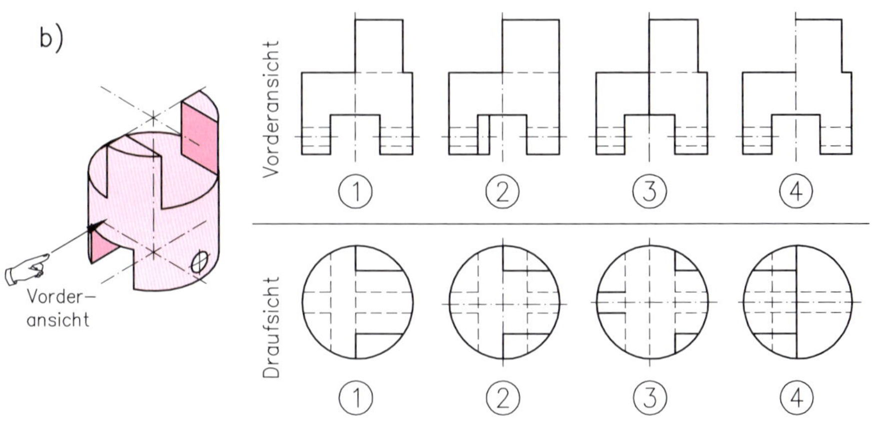

Maßstäbe in Zeichnungen

- Der verwendete Maßstab muss in der Zeichnung kenntlich gemacht werden.
- Die Bemaßung erfolgt immer mit den Maßen des natürlichen Maßstabs

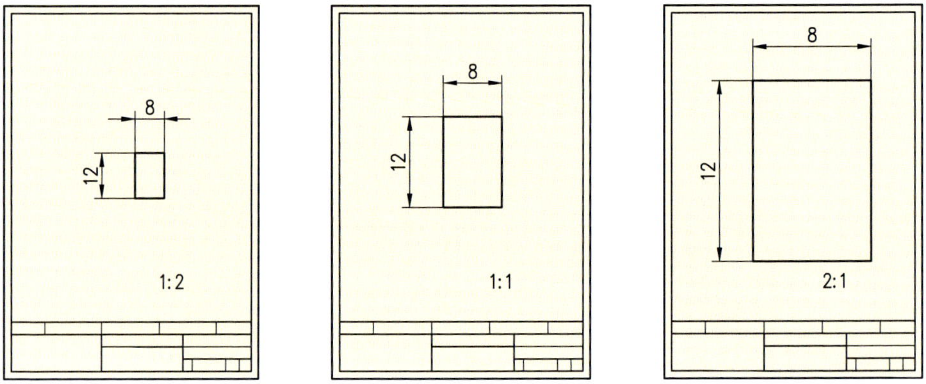

1:2; 1:5; 1:10 Verkleinerungsmaßstäbe ←

Maßstab 1:1 natürlicher Maßstab

2:1; 5:1; 10:1 Vergrößerungsmaßstäbe →

1/8 Maßstäbliche Darstellung eines Werkstücks

Zeichnen Sie das Werkstück im Maßstab 1:2 (1:5) auf Zeichenkarton, DIN A4.

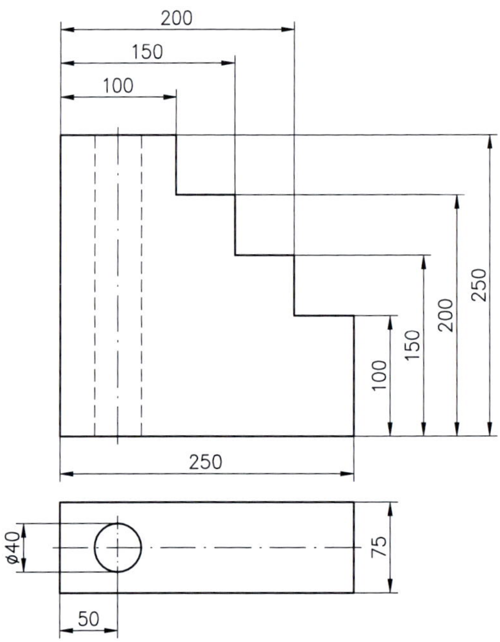

1/9 Für den dargestellten Lkw sollen drei maßstabsgetreue Zeichnungen (DIN A0; DIN A2; DIN A4) gefertigt werden.

a) Ermitteln Sie für die jeweilige Zeichnungsgröße einen geeigneten Maßstab.
b) Zeichnen Sie den Lkw maßstabsgetreu auf ein DIN-A4-Blatt.

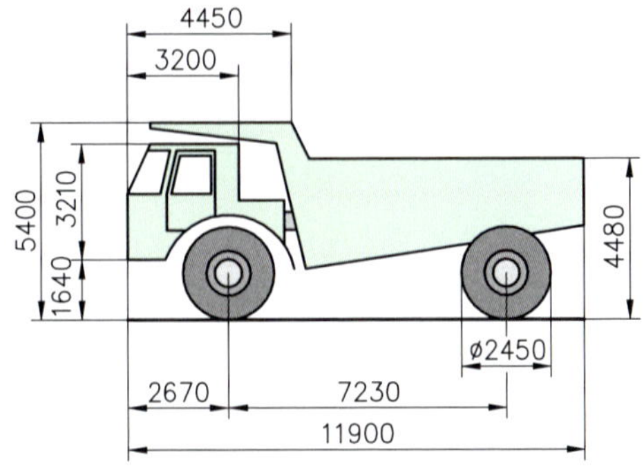

Alle nicht angegebenen Maße sind abzuschätzen.

1/10 Tragen Sie in die Zeichnungen von Aufgabe 1/4 eine normgerechte Bemaßung der Werkstücke nach Bezugsebenen ein.

1/11 Darstellung und Bemaßung symmetrischer Werkstücke

a) Skizzieren Sie das Werkstück 3 in drei Ansichten und das Werkstück 4 nur in der Draufsicht. Die Werkstückmaße sind den Werkstückzeichnungen zu entnehmen.
b) Erarbeiten Sie Vorschläge für die Bemaßung der Skizzen.
c) Zeichnen und bemaßen Sie die skizzierten Werkstücke normgerecht. Erstellen Sie die Werkstückzeichnung auf Zeichenkarton, DIN A4.

Werkstück 3

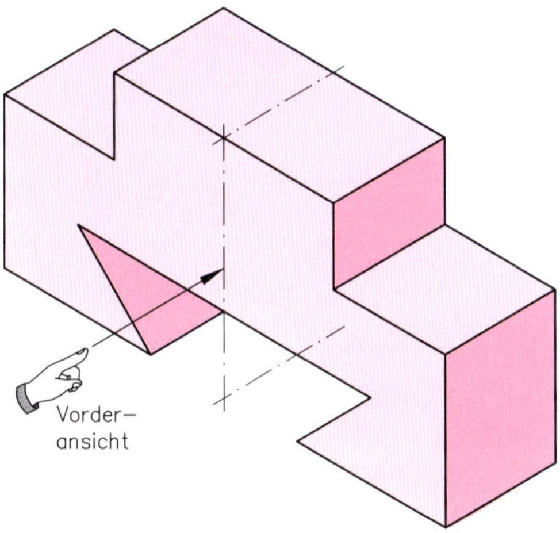

Werkstück 4

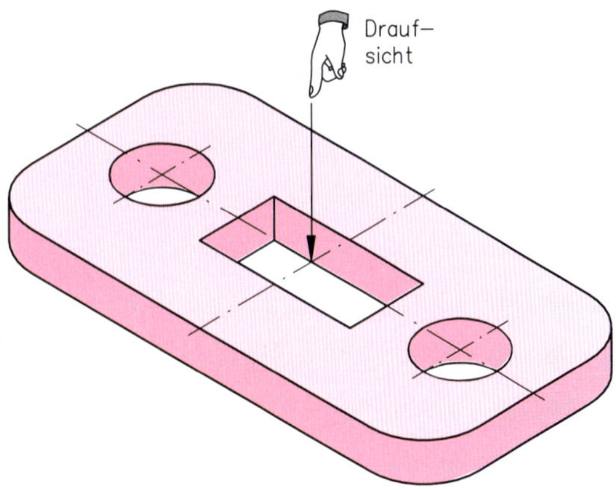

1/12 Ergänzen Sie die Einzelteilzeichnung des Werkstücks 3 (Aufgabe 1/11) mit folgenden Oberflächenangaben:

- Die Oberflächen der Schwalbenschwanz-Nut soll geschliffen werden und eine Rauheitskenngröße *Rz* = 6,3 µm nicht überschreiten.
- Alle anderen Oberflächen sollen eine Rauheitskenngröße Rz besitzen, die durch Fräsen (geschlichtet) erreicht werden kann.

1/13 Ein Werkstück ist prüfgerecht bemaßt. Bestimmen Sie anhand der Zeichnung die für das Anreißen notwendigen Maße. Erstellen Sie anschließend eine neue Zeichnung mit allen notwendigen Anreißmaßen. Kennzeichnen Sie die gewählten Maßbezugskanten mit einem Pfeil.

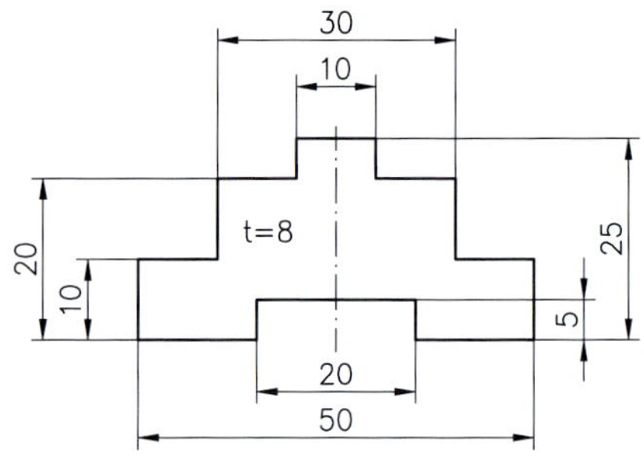

1/14 Erarbeiten Sie Vorschläge, wie der genaue Mittenabstand zweier Bohrungen mithilfe eines Messschiebers ermittelt werden kann.

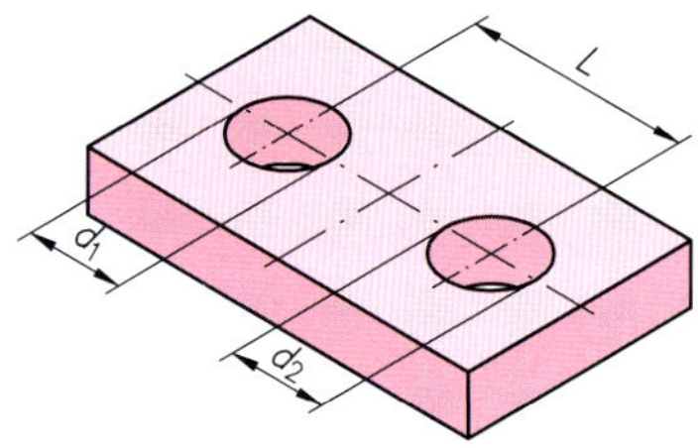

1/15 Die nebenstehende Zeichnung ist fertigungsgerecht bemaßt. Zeichnen Sie das dargestellte Werkstück neu und bemaßen Sie es prüfgerecht. Die angegebenen Maßtoleranzen sind zu beachten.

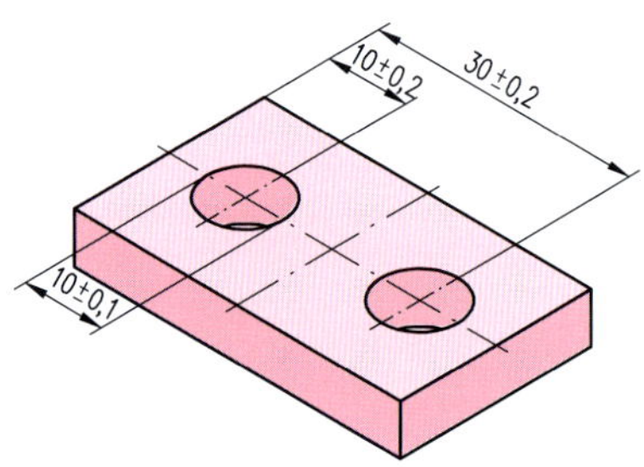

1/16 Darstellung und Bemaßung von Drehteilen

a) Skizzieren Sie die Seitenansicht von links der Drehteile 5 und 6. Die Werkstückmaße sind dem Raster zu entnehmen. Der Abstand der Rasterlinien entspricht 5 mm.
b) Erarbeiten Sie Vorschläge für die Bemaßung der Skizzen.
c) Zeichnen und bemaßen Sie die skizzierten Werkstücke normgerecht. Erstellen Sie die Werkstückzeichnung auf Zeichenkarton, DIN A4.

Werkstück 5

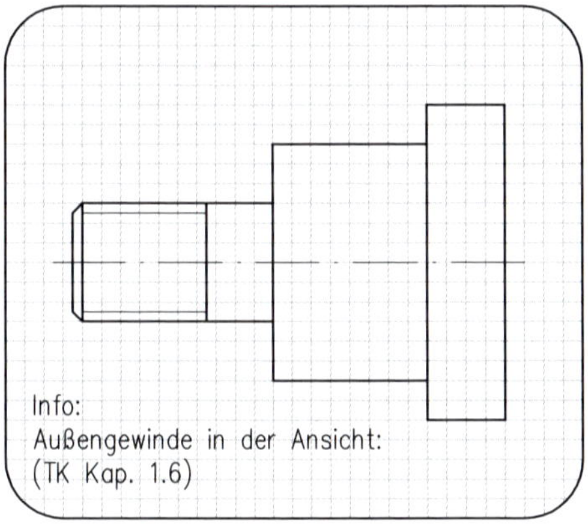

Werkstück 6

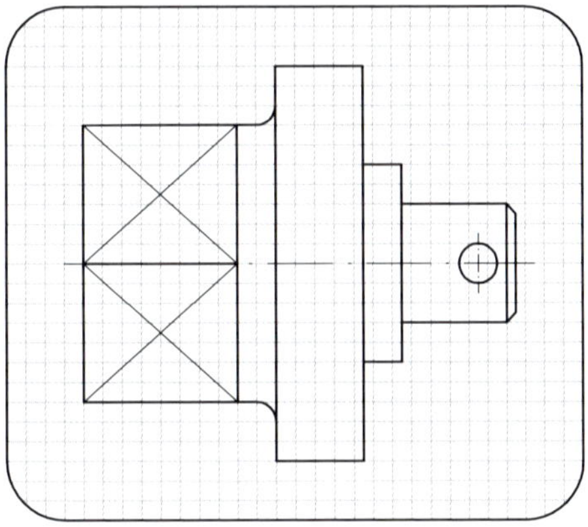

1/17 Darstellung und Bemaßung zylindrischer Werkstücke

a) Skizzieren Sie die Werkstücke 7 und 8 in drei Ansichten. Die Werkstückmaße sind den Werkstückzeichnungen zu entnehmen.
b) Erarbeiten Sie Vorschläge für die Bemaßung der Skizzen.
c) Zeichnen und bemaßen Sie die skizzierten Werkstücke normgerecht. Erstellen Sie die Werkstückzeichnungen auf Zeichenkarton, DIN A4.

Werkstück 7

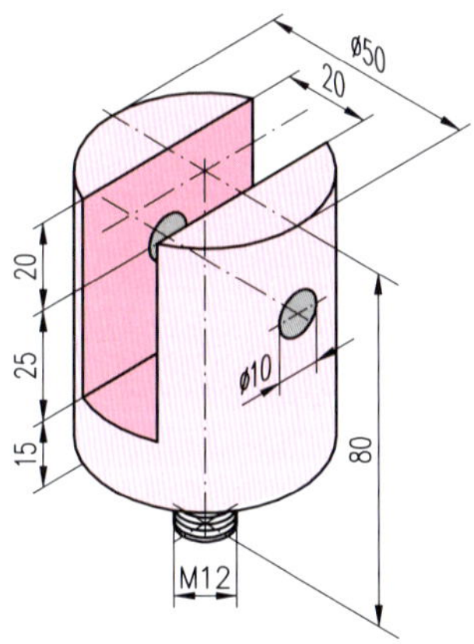

Werkstück 8

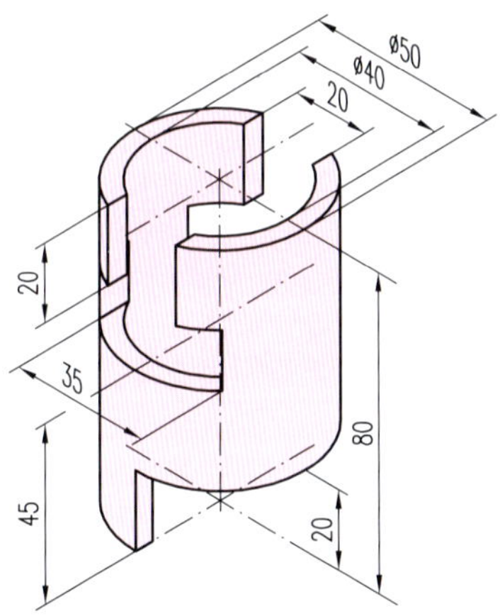

1/18 Schnittdarstellungen und Bemaßung von Drehteilen

a) Skizzieren Sie das Werkstück 11 im Halbschnitt (Maßstab 1:1) und das Werkstück 12 mit Teilschnitt im Maßstab 2:1. Der Teilschnitt für das Teil 12 ist so zu legen, dass die Zentrierbohrung sichtbar wird. Die Werkstückmaße sind dem Raster zu entnehmen. Der Abstand der Rasterlinien entspricht 5 mm.
b) Erarbeiten Sie Vorschläge für die Bemaßung der Skizze von Werkstück 11.
c) Zeichnen und bemaßen Sie die skizzierten Werkstücke normgerecht. Erstellen Sie die Werkstückzeichnung auf Zeichenkarton, DIN A4.

Werkstück 11

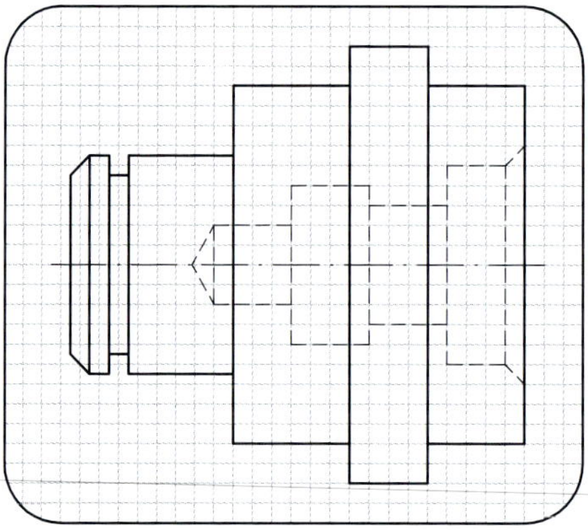

Werkstück 12 (Wellenende)

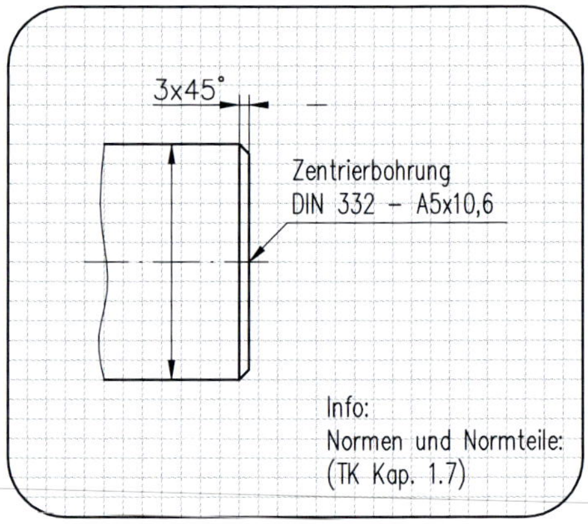

1/19 Darstellung und Bemaßung von Werkstücken im Vollschnitt

a) Skizzieren Sie zu der Draufsicht von Werkstück 9 die Vorder- und Seitenansicht im Vollschnitt. Die Vorderansicht von Werkstück 10 soll im Vollschnitt dargestellt werden. Die Werkstückmaße sind dem Raster zu entnehmen. Der Abstand der Rasterlinien entspricht 5 mm.
b) Erarbeiten Sie Vorschläge für die Bemaßung der Skizzen. Achtung: Die vorgegebene Bemaßung ist vereinfacht dargestellt. Die genauen Maße sind dem Tabellenbuch zu entnehmen.
c) Zeichnen und bemaßen Sie die skizzierten Werkstücke normgerecht. Erstellen Sie die Werkstückzeichnungen auf Zeichenkarton, DIN A4.

Werkstück 9

(Fl DIN 174 – 50 × 40 × 100)

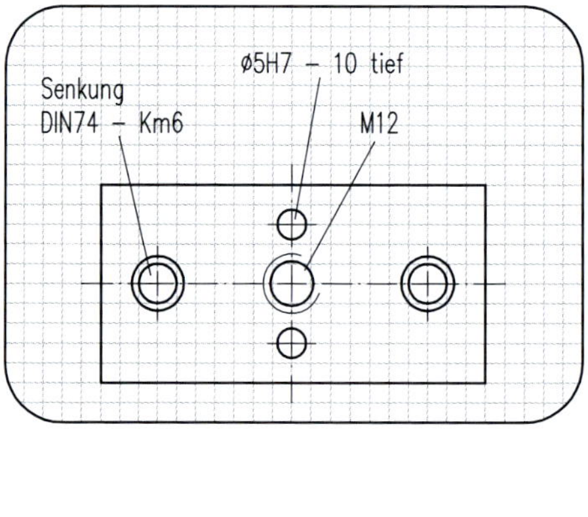

Werkstück 10

(Fl DIN 174 – 80 × 70 × 120)

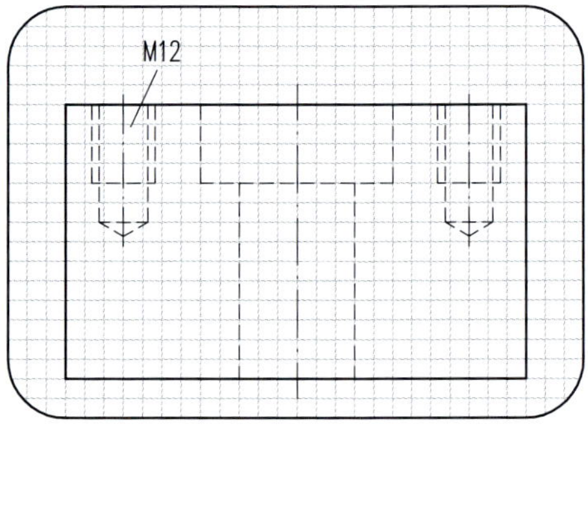

1/20 Schnittdarstellungen

Die nachfolgenden Schnittdarstellungen sind zum Teil fehlerhaft. In jeder Reihe ist jedoch eine Darstellung richtig. Um diese herauszufinden, ist jede Darstellung auf Fehler zu überprüfen. Die gefundenen Fehler sind zu benennen.

a)

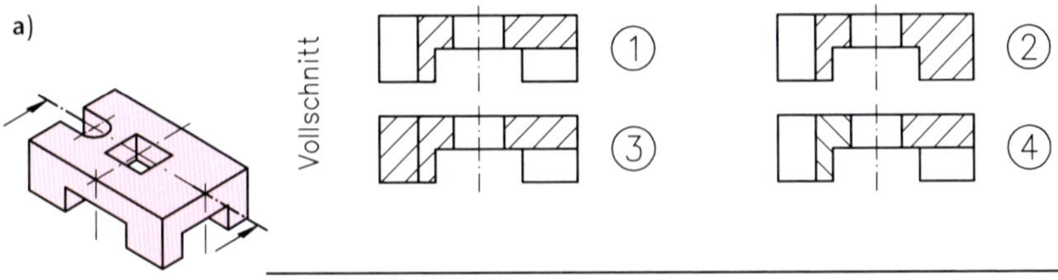

b)

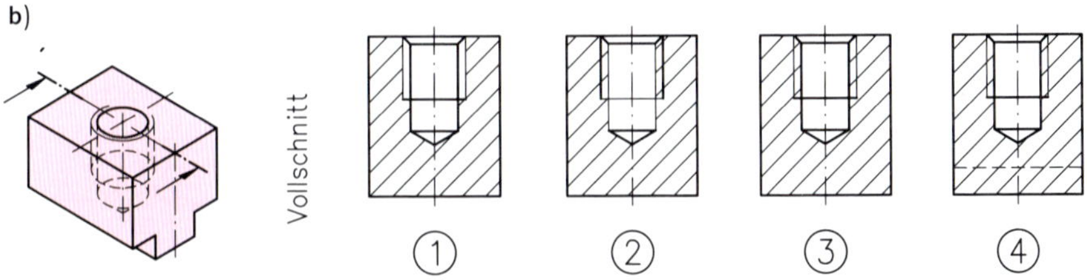

c)

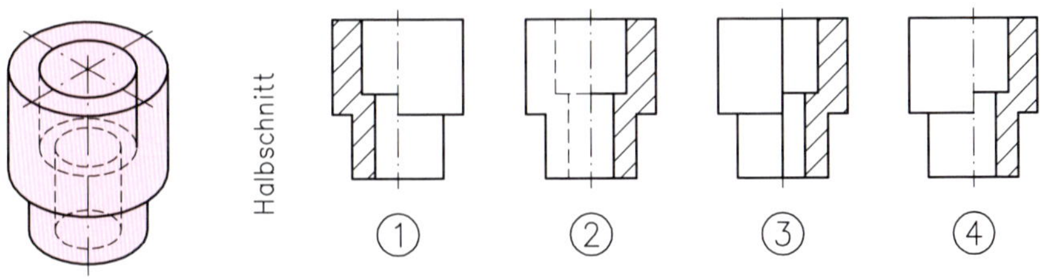

d)

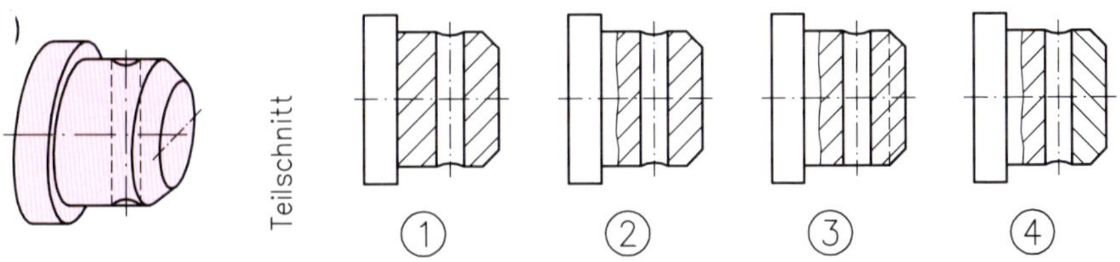

1/21 Bemaßung an Werkstücken

a) Die Bemaßung der folgenden Werkstücke sind fehlerhaft. Geben Sie die Art des Fehlers an und skizzieren Sie einen Verbesserungsvorschlag.
b) Alle Werkstücke sind im Maßstab 2:1 zu zeichnen und fehlerfrei zu bemaßen.

Blech:

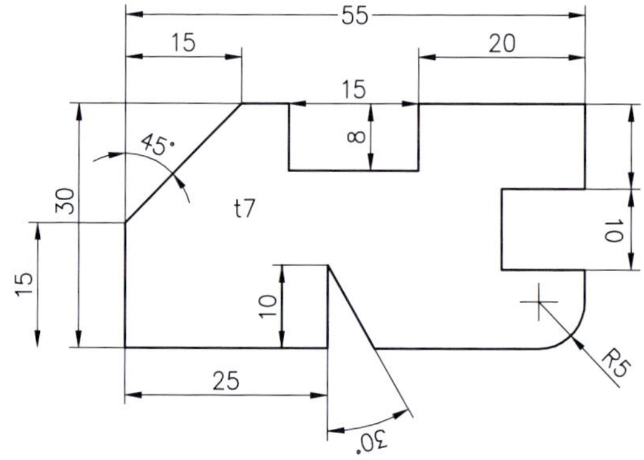

Führungsstück:

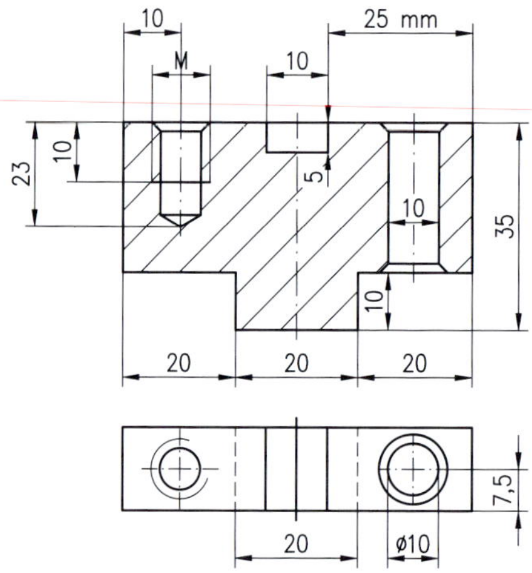

Lagerbolzen:

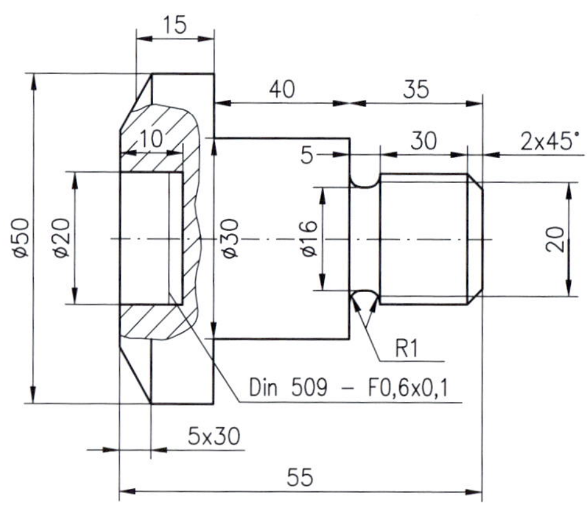

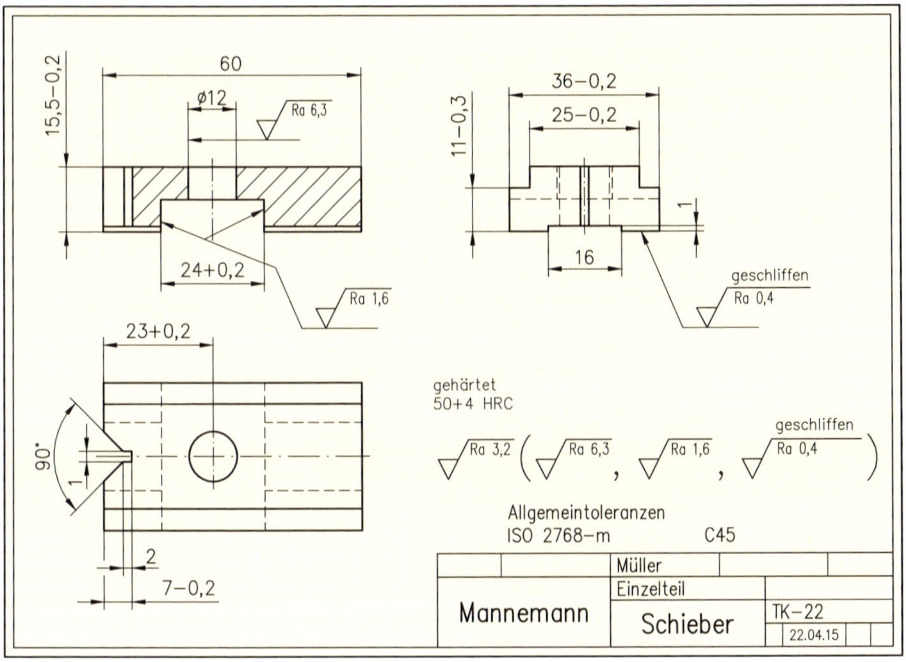

1. Aus welchem Werkstoff soll der Schieber gefertigt werden? Begründen Sie die Werkstoffauswahl.
2. Wählen Sie einen geeigneten Rohling (Halbzeug) zur Herstellung des Schiebers aus.
3. Berechnen Sie die Masse des Rohlings in Gramm.
4. Wie viel Werkstoff muss vom Rohling (Halbzeug) abgespant werden, um den Schieber zu fertigen?
5. Der Preis für 1 kg C45 beträgt 1,10 €. Berechnen Sie den Materialpreis für einen Schieber.
6. Erläutern Sie die Oberflächenangaben in der Teilzeichnung:
   √Ra 3,2 bzw. √Ra 3,2 (√Ra 6,3 …)
7. Ist der Oberflächenrauheitswert √Ra 3,2 durch Fräsen ohne besondere Sorgfalt herzustellen?
8. a) Mit welchem Fertigungsverfahren soll der Rauheitswert √Ra 0,4 erreicht werden?
   b) Welcher kleinste Rauheitswert kann mit dem in a) genannten Fertigungsverfahren ohne besondere Sorgfalt erreicht werden?
   c) Mit welchem Rauheitswert sollen die Schenkel des 90°-Winkels gefertigt werden?
9. Geben Sie die Maßtoleranzen für die folgenden Maße an: 1; 60; Ø 12.
10. Begründen Sie die gewählten Maßtoleranzen der Maße: 8 + 0,1; 25 – 0,2.

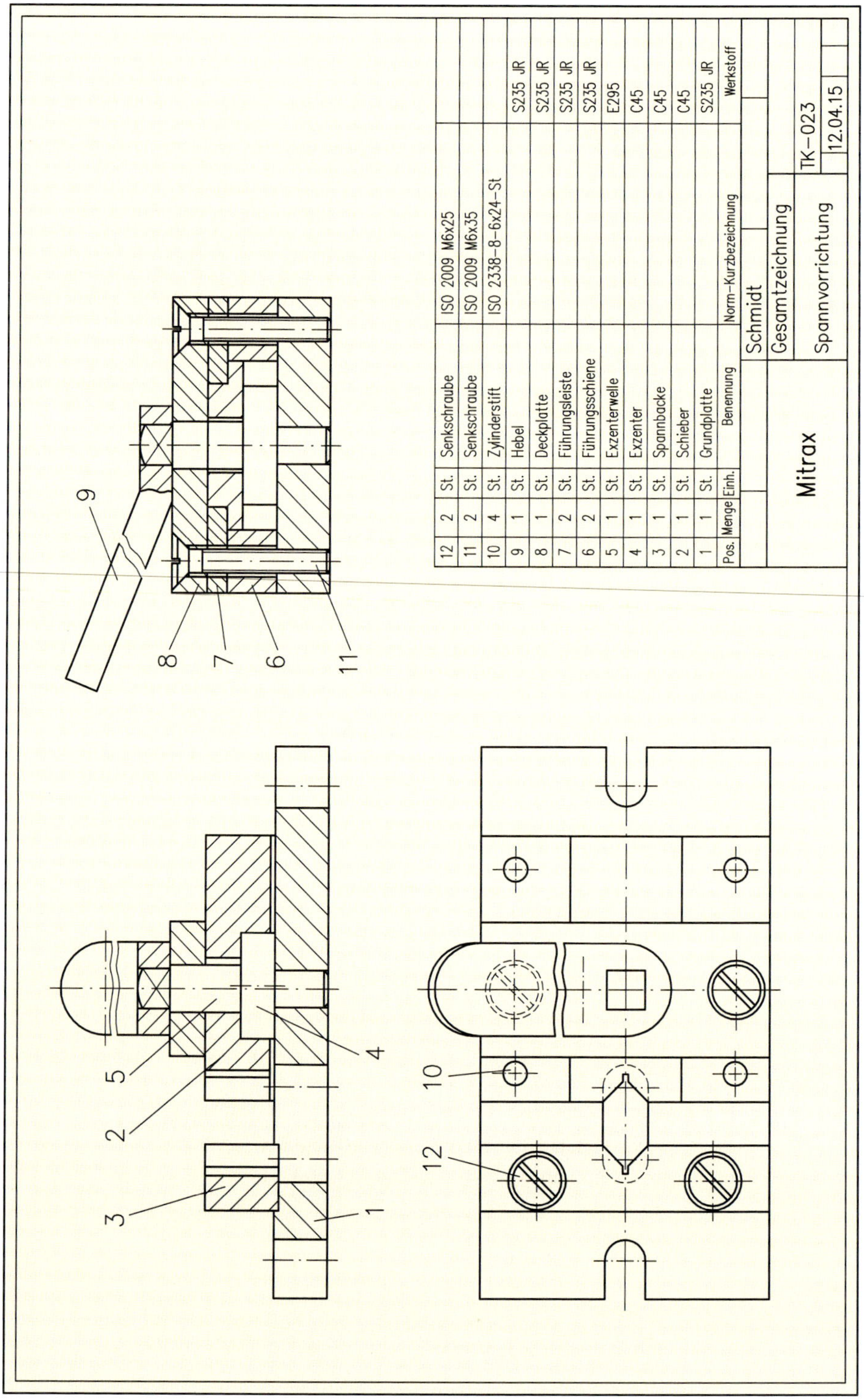

Pos.	Menge	Einh.	Benennung	Norm-Kurzbezeichnung	Werkstoff
12	2	St.	Senkschraube	ISO 2009 M6x25	
11	2	St.	Senkschraube	ISO 2009 M6x35	
10	4	St.	Zylinderstift	ISO 2338-8-6x24-St	
9	1	St.	Hebel		S235 JR
8	1	St.	Deckplatte		S235 JR
7	2	St.	Führungsleiste		S235 JR
6	2	St.	Führungsschiene		S235 JR
5	1	St.	Exzenterwelle		E295
4	1	St.	Exzenter		C45
3	1	St.	Spannbacke		C45
2	1	St.	Schieber		C45
1	1	St.	Grundplatte		S235 JR

a) Fragen zu Funktionen

1. Beschreiben Sie die Vorgänge, die in der dargestellten Spannvorrichtung ablaufen, wenn Hebel 9 bewegt wird.
2. Die Spannvorrichtung ist besonders zum Spannen runder Teile geeignet. Begründen Sie diese Aussage.
3. Bestimmen Sie den maximalen Hub der Spannvorrichtung.
4. Um welchen Winkel muss der Hebel gedreht werden, damit der größte Hub erreicht wird?
5. Bestimmen Sie den kleinsten und den größten Werkstückdurchmesser, der mit der Spannvorrichtung gespannt werden kann. Beachten Sie bei ihren Überlegungen, dass der Spannbereich eines Exzenterspanners zwischen 60° und 120° liegt. Die Hebeldrehung beginnt dabei in der hinteren Endstellung der Vorrichtung.
6. Begründen Sie, warum die Auflagefläche des Schiebers eine Längsnut hat.
7. Geben Sie Gründe an, weshalb die Spannbacke 3 in die Grundplatte 1 eingelassen wurde.
8. Warum besitzt die Grundplatte an beiden Enden Langlöcher?
9. Geben Sie die Bedeutung des Langlochs in der Grundplatte an, das sich im Spannbereich der Vorrichtung befindet.
10. Welcher Bohrungsdurchmesser kann für die Durchgangsbohrungen in zylindrischen Werkstücken verwendet werden, ohne die Vorrichtung zu beschädigen?

b) Fragen zur Montage

1. Welche Aufgabe haben die Zylinderstifte Position 10?
2. Aus welchem Grund braucht Teil 3 nicht verstiftet zu werden?
3. Zu Beginn der Fertigung der Einzelteile gibt der Meister den folgenden Hinweis: „Die Bohrungen für die Stifte fertigt ihr erst, nachdem ihr die Vorrichtung verschraubt habt." Begründen Sie die Anweisung des Meisters.

c) Fragen zur Fertigung der Spannvorrichtung

1. Zählen Sie die Fertigungsverfahren auf, die bei der Herstellung der Vorrichtung zum Einsatz kommen. Fertigen Sie zu diesem Zweck eine Tabelle mit folgendem Muster an:

Pos.	Benennung	Fertigungsverfahren	
		Gruppe	Verfahren
8	Deckplatte	Trennen	1. Sägen 2. Feilen 3. Bohren 4. Senken

2. Warum werden Grundplatte 1, Schieber 2 und Exzenterwelle 5 aus unterschiedlichen Werkstoffen gefertigt?

3. Für die Abmessungen der Einzelteile der Vorrichtung sollen die Allgemeintoleranzen DIN ISO 2768-m gelten. Überlegen Sie, ob das auch für den Zapfen an der Exzenterwelle 5 und die zugehörige Bohrung in der Grundplatte 1 gelten kann. Begründen Sie Ihre Antwort. Erarbeiten Sie einen Vorschlag für die Tolerierung von Zapfen und Bohrung.

4. Nennen Sie weitere Stellen an der Vorrichtung, an denen die Abmessungen der Einzelteile gesondert toleriert werden müssen. Formulieren Sie anschließend einen allgemeinen Grundsatz, der die Stellen beschreibt, für die eine gesonderte Tolerierung notwendig ist.

1/24 Maßstäbliche Darstellung einer Schraubverbindung

Zeichnen Sie die verschraubten Teile im Vollschnitt im Maßstab 5:1 auf Zeichenkarton, DIN A4.

Teil 1 soll mit Teil 2 verschraubt werden.
Teil 2 erhält dafür eine Gewindebohrung von 9 mm Tiefe.

Werkstück 13

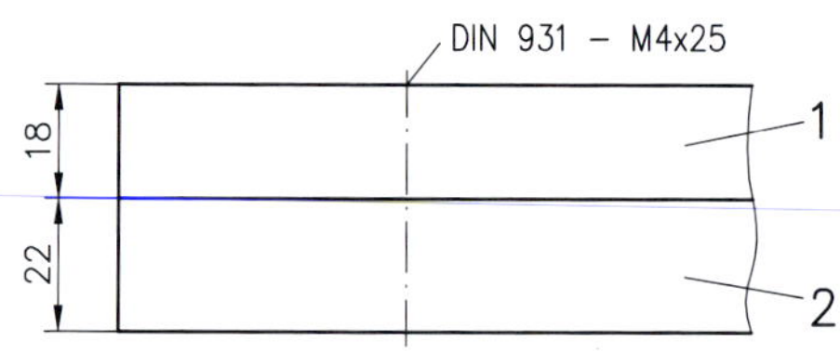

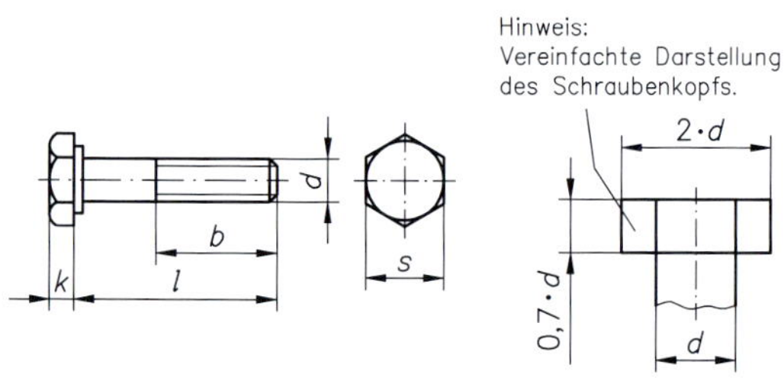

d	M4	M5	M6	M8
s	7	8	10	13
k	2,8	3,5	4	5,3
b	14	16	18	22
l	25–40	25–50	30–60	35

2 3D-CAD-Systeme

2/1 Erstellen Sie ein Aufbauschema nach dem Sie den Anschlag mit Führung in einem 3D-CAD-System aufbauen würden.

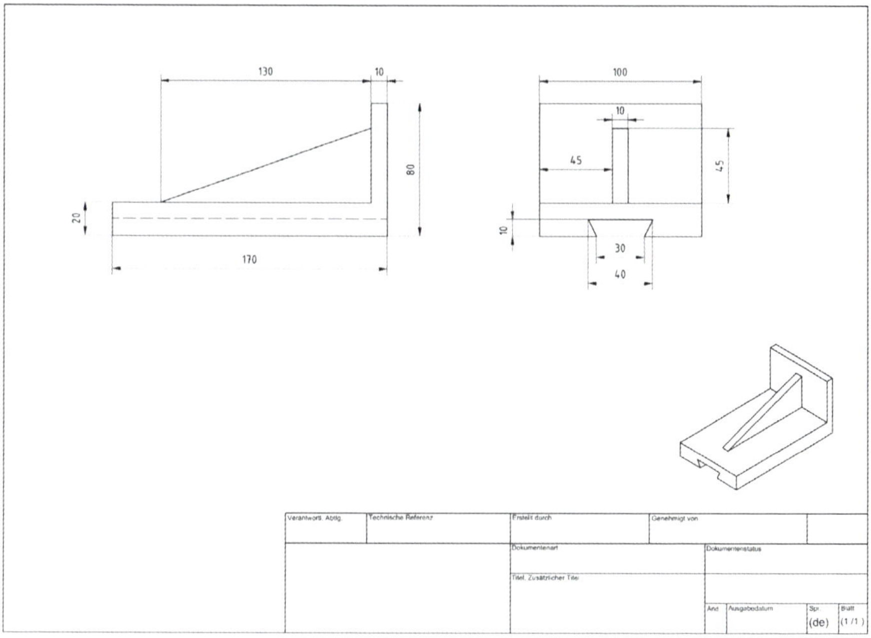

2/2 Erarbeiten Sie drei Vorteile eines 3D-CAD-Systems gegenüber einem 2D-CAD-System und begründen Sie Ihre Auswahl.

3 Technische Informationsquellen

3/1 Erstellen Sie für die dargestellte Grundplatte, Teil 1 der Spannvorrichtung, einen Arbeitsplan.

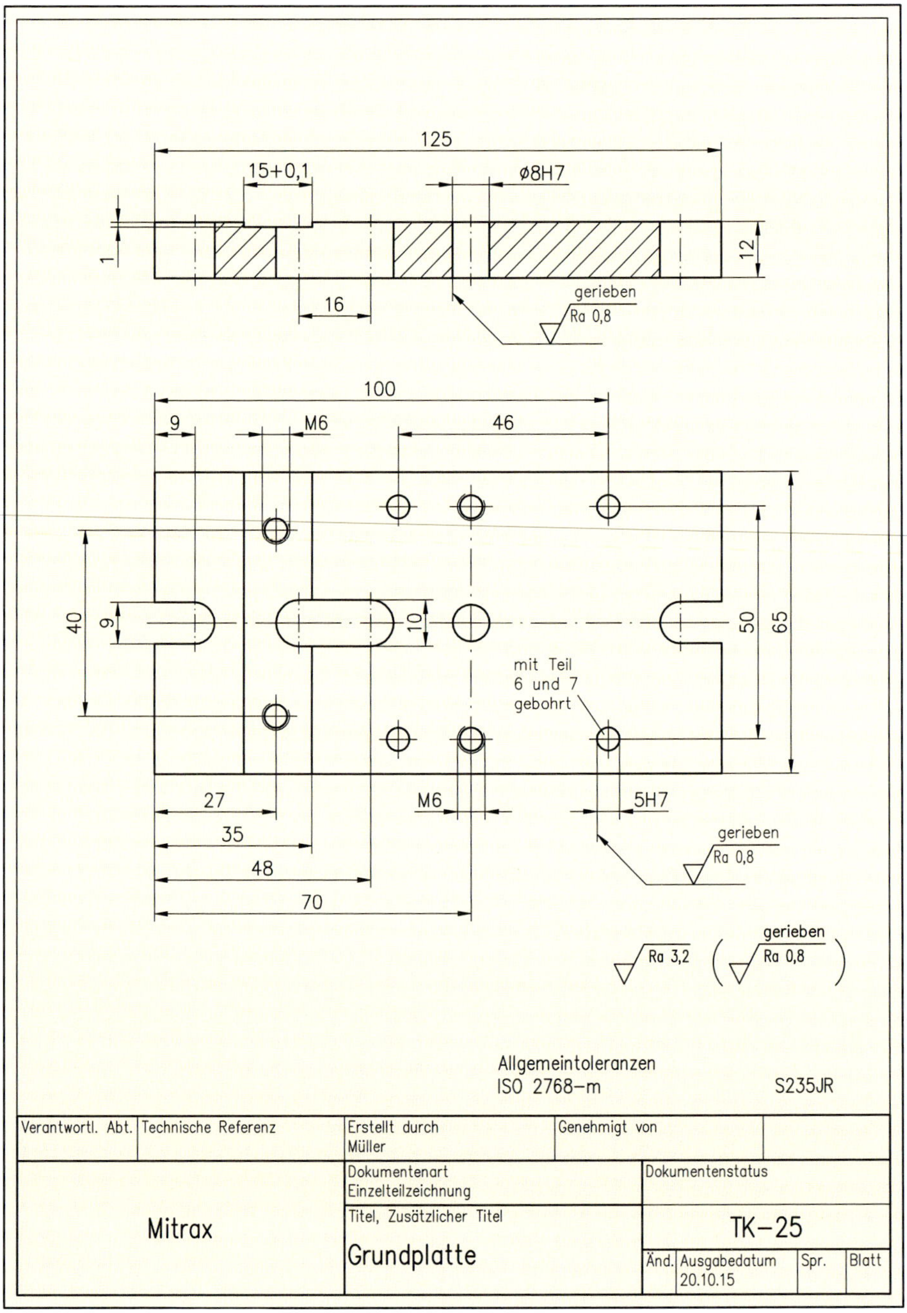

3/2 Ordnen Sie die nachfolgend beschriebenen Arbeitsgänge für den Einbau von Kegelrollenlagern in Kraftfahrzeug-Radnaben so, dass eine einwandfreie Montage gewährleistet ist:

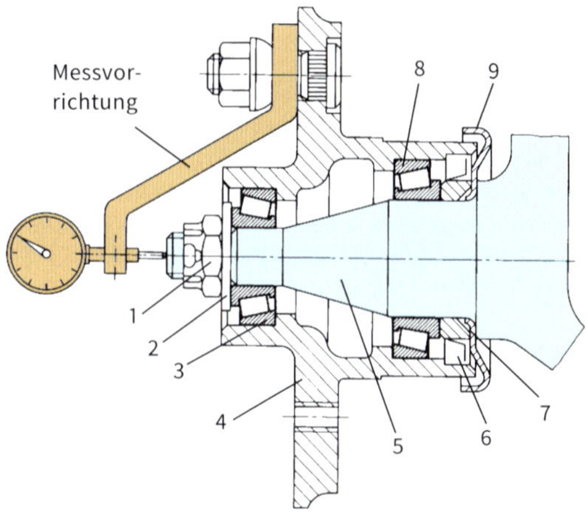

1 Kronenmutter
2 Stoßscheibe
3 äußeres Lager
4 Nabe
5 Achsschenkel
6 Wellendichtring
7 Zwischenring
8 inneres Lager
9 Schutzkappe

a) Innenring gut einfetten und in die Nabe einsetzen.
b) Stoßscheibe aufsetzen.
c) Nabenkörper reinigen.
d) Nabe auf den Achsschenkel schieben.
e) Deckel aufsetzen.
f) Innenring des äußeren Lagers gut fetten und auf den Achsschenkel schieben.
g) Sitzstellen leicht einölen und die beiden Außenringe einpressen.
h) Schutzkappe und Zwischenring auf den Achsschenkel aufsetzen.
i) Kronenmutter aufschrauben und bei gleichzeitigem Drehen der Radnabe anziehen.
j) Axialluft mit Messvorrichtung prüfen.

Grundlagen der CNC-Technik

1 CNC-Werkzeugmaschinen

1/1 In einer CNC-Drehmaschine werden die über das Programm eingegebenen Befehle in Schaltvorgänge oder in Werkzeugbewegungen umgesetzt. Legen Sie eine Tabelle an, und ordnen Sie die Vorgänge den „Schaltinformationen“ und „Weginformationen“ zu:

Drehbewegung ein / Werkzeug im Eilgang in Startposition fahren / Stirnfläche plandrehen / Rechtslauf der Arbeitsspindel / Kühlmittel ein / Gewinde in mehreren Schnitten drehen / Umdrehungsfrequenz einstellen / Übergangsradius drehen / Zapfen drehen / Vorschub einstellen / Längsdrehen / Werkzeug zum Einsatz bringen / Maschinenhalt / kegelförmigen Zapfen drehen.

1/2 Das Bild zeigt einen Regelkreis für eine Bearbeitung auf einer herkömmlichen Werkzeugmaschine.

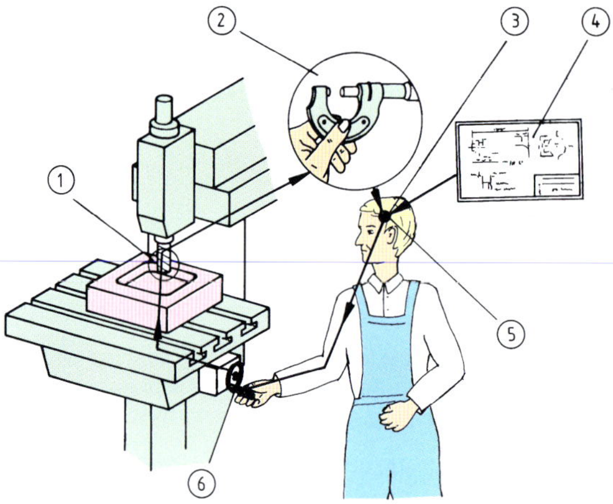

a) Ordnen Sie den Ziffern am Bild die folgenden Begriffe zu:
Bearbeitung
Soll-Istwert-Vergleich
Verstellung
Istwert
Sollwert
Stellbefehl geben

b) Skizzieren Sie schematisch einen Regelkreis, und benennen Sie die angegebenen Positionen mit den o. g. Begriffen.

c) Formulieren Sie einige Sätze über einen Regelkreis, in denen alle genannten Begriffe verwendet werden.

1/3 Wodurch unterscheiden sich Messlineale an CNC-Maschinen zum inkrementalen Messen von denen zum absoluten Messen?

1/4 Skizzieren Sie das Werkstück ab, und bemaßen Sie die Skizze absolut. Gehen Sie vom linken unteren Eckpunkt aus.

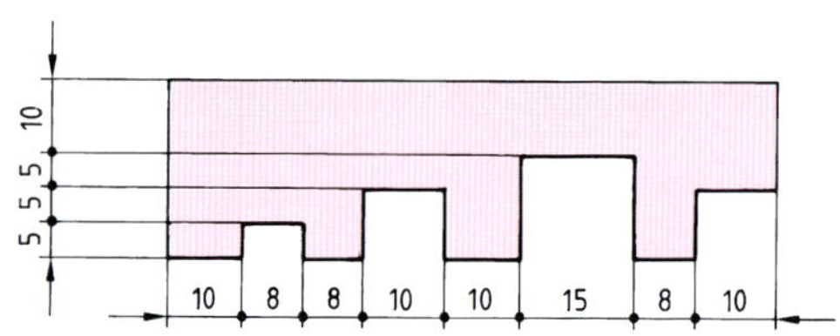

1/5 Ein Facharbeiter reißt mithilfe eines Parallelreißers Bohrungen an einem Werkstück an. Der Parallelreißer kann in jeder beliebigen Höhe durch Knopfdruck auf „0“ gestellt werden.

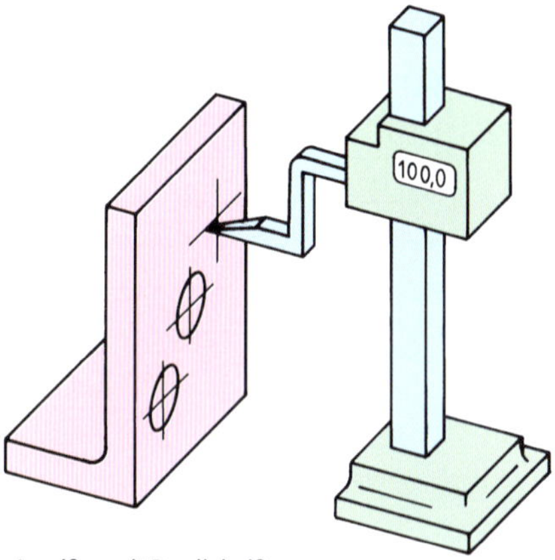

Anreißen mit Parallelreißer

a) Der Facharbeiter geht so vor:
Nach Anreißen der ersten Bohrung stellt er den Parallelreißer auf „0“. Danach schiebt er den Bügel 100 mm hoch, reißt an, setzt wiederum auf „0“, stellt abermals 100 mm ein.
Benennen Sie die beschriebene Messmethode mit
„absolutes Messen“ oder *„inkrementales Messen“*.
Formulieren Sie einen Satz, der das Wesentliche dieser Methode beschreibt.

b) Wie muss der Facharbeiter vorgehen, wenn er die andere Art des Messens bevorzugt? Geben Sie in der Beschreibung auch Maße an.

c) Vergleichen Sie die beiden Arten des Messens in Bezug auf Auswirkung von Messfehlern.

1/6 Die Abbildung zeigt ein absolut codiertes Lineal. Zeichnen Sie die Fortführung des Lineals bis zum Wert 20.
Die waagerechten Spuren haben den jeweils links angegebenen Wert, der sich aus Zweierpotenzen ergibt. Jede Zahl ist die Summierung der in den Spuren geätzten Einzelwerte.

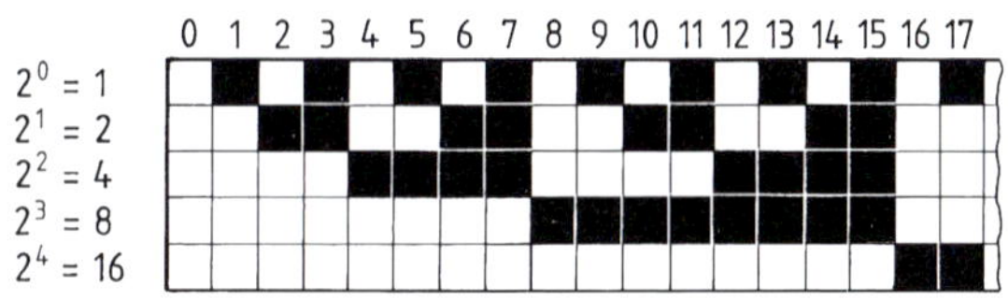

1/7 Ein Laie hat den Begriff „$2\frac{1}{2}$ D-Bearbeitung“ gelesen. Er sagt: „Ich kann mir zweidimensionales Arbeiten vorstellen, z. B. das Schreiben. Ich kann mir auch dreidimensionales wie das Bildhauen vorstellen aber 2-$\frac{1}{2}$-dimensionales ist mir unerklärlich.” Wir würden Sie ihm den Begriff 2-$\frac{1}{2}$-D-Bearbeitung erklären?

1/8 Auf einer Fräsmaschine soll die skizzierte Spiralwendel gefräst werden. Welcher Art muss die Bahnsteuerung der Maschine sein? Begründen Sie Ihre Antwort.

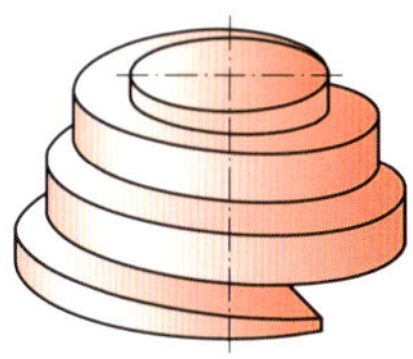

2 Grundlagen zur manuellen Programmierung

2/1 Für die Programmierung des dargestellten Drehteils ist die Spannskizze und eine Auswahl von Drehwerkzeugen vorgegeben. Zeichnen Sie nach folgendem Muster eine Tabelle, in der Sie in groben Schritten die Arbeitsfolge mit den zugehörigen Werkzeugen auflisten.

Spannskizze

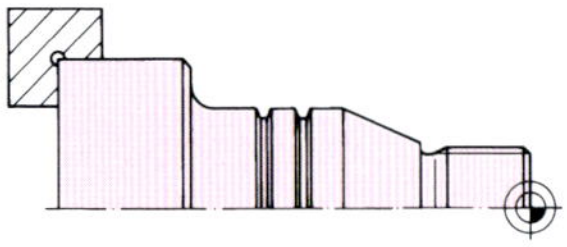

	Technologische Daten				
Werkzeug-Nr.	T 0101	T 0202	T 0303	T 0404	T0505
Schneidenradius	0,8	0,8	0,4		
Schnittgeschwindigkeit	160 m/min	160 m/min	180 m/min	140 m/min	120 m/min
Schnittiefe $a_{pmax.}$	2,5 mm	2,5 mm	0,5 min		
Schneidstoff	P 25	P 25	P 25	P 20	P 20
Vorschub je Umdrehung Steigung	0,4 mm	0,4 mm	0,15 mm	0,1 mm 0,05 mm	bis 1,5 mm

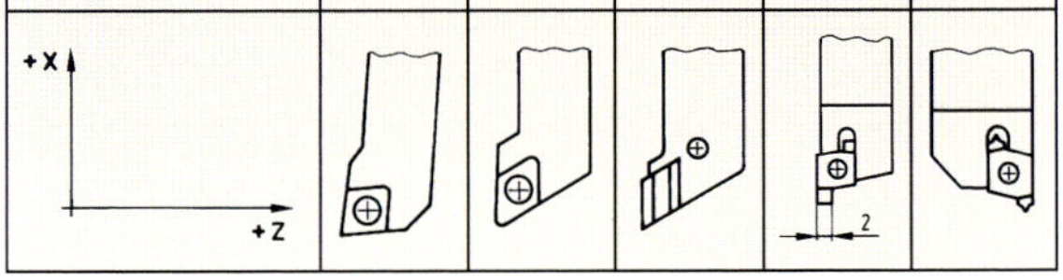

Arbeitsplan

Nr.	Arbeitsfolge	Messzeug/Werkzeug
1	Rohmaße prüfen	–
2	Rohteil einspannen	

2/2 In der DIN 66217 wird das rechtshändige, rechtwinklige Koordinatensystem mit den Achsen X, Y und Z verwendet.

a) Ordnen Sie die Achsen den einzelnen Fingern zu.

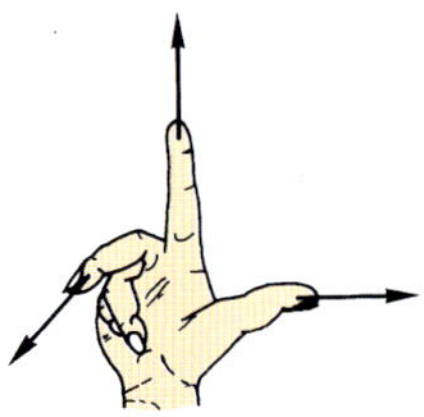

Daumen: ___?___ -Achse
Zeigefinger: ___?___ -Achse
Mittelfinger: ___?___ -Achse

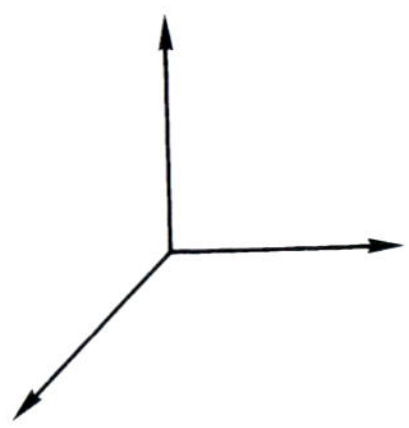

b) Skizzieren Sie das räumliche Koordinatensystem ab, und tragen Sie die positiven Ausrichtungen entsprechend der dargestellten Hand ein.

2/3 a) Skizzieren Sie die Lage der Koordinatensysteme für die drei gezeichneten Werkstücke ab. Tragen Sie die jeweils fehlende Achse nach der „Rechten-Hand-Regel" ein.

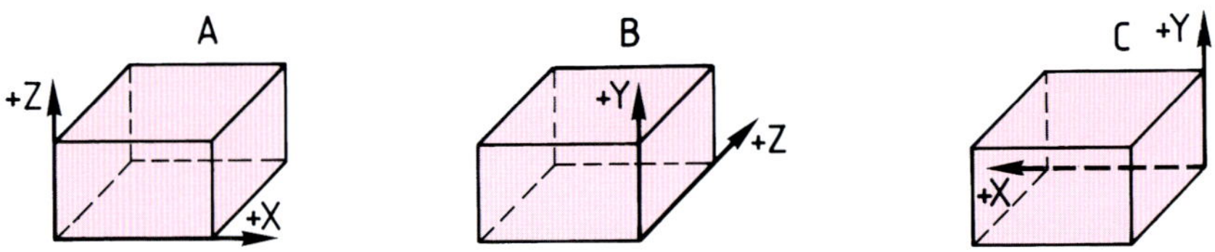

b) Geben Sie an, nach welchem Gesichtspunkt die Lage der Z-Achse bei allen Werkzeugmaschinen festgelegt ist.

c) Beschreiben Sie, nach welchem Gesichtspunkt die positive Richtung der Z-Achse bestimmt wird.

2/4 Bei der Absolutbemaßung geht man von Bezugsflächen und Bezugskanten oder Symmetrielinien aus.
Skizzieren Sie die Werkstücke (A, B, C) ab, wählen Sie den Werkstücknullpunkt. Begründen Sie die Wahl.

A

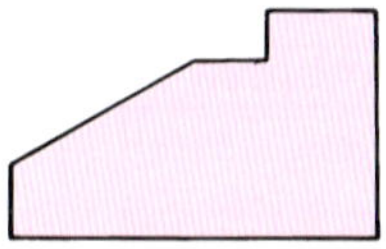

B

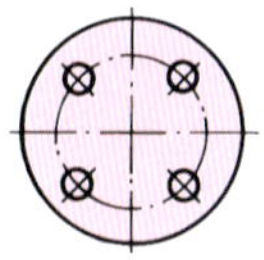

C

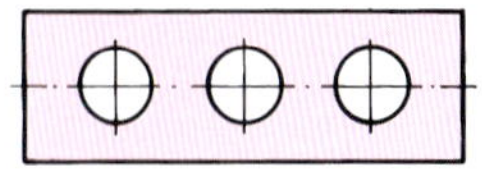

2/5 Die Form des dargestellten Bleches wird einer CNC-Brennschneidmaschine durch die Koordinaten der jeweiligen Streckenendpunkte eingegeben.
Skizzieren Sie die Form des Bleches und die Tabelle ab.
Vervollständigen Sie die Tabelle durch Eintragung der Koordinaten der Punkte P_1 bis P_7.

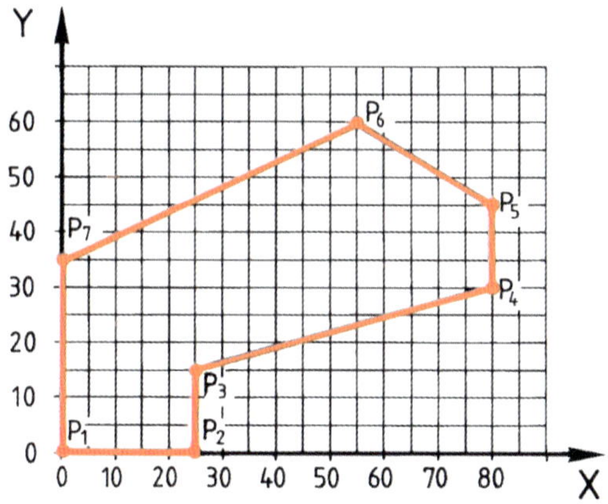

G 90

	X	Y
→ P_1	?	?
→ P_2	X25	?
→ P_3	?	Y15
→ P_4	?	?
→ P_5	?	?
→ P_6	?	?
→ P_7	?	?

2/6 In einem CNC-Programm einer Brennschneidmaschine wird die Form des Werkstückes durch die Koordinaten, die in der folgenden Tabelle aufgeführt sind, beschrieben.
Zeichnen Sie ein Koordinatensystem im Maßstab 1:10 (10 mm Werkstücklänge entsprechen 1 mm im Koordinatensystem), und skizzieren Sie in diesem Koordinatensystem das Werkstück.

G 90

	X	Y
→ P_1	X150	Y000
→ P_2	X500	Y000
→ P_3	X700	Y150
→ P_4	X700	Y250
→ P_5	X400	Y250
→ P_6	X400	Y350
→ P_7	X650	Y500
→ P_8	X300	Y550
→ P_9	X000	Y300
→ P_{10}	X150	Y000

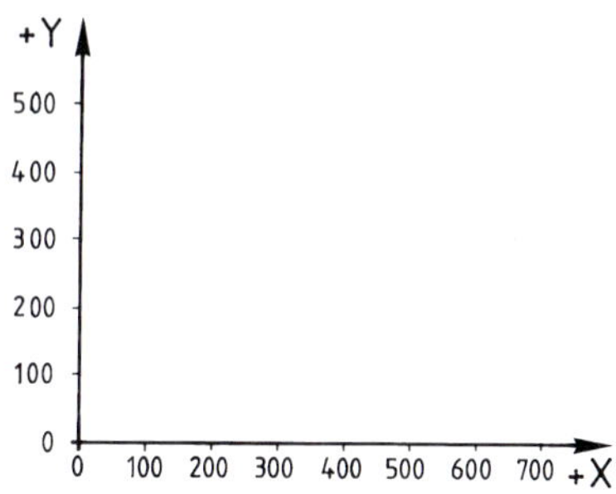

2/7 Die Abbildung zeigt eine bemaßte Platte. Übernehmen Sie die Zeichnung.

a) Bemaßen Sie die Zeichnung inkremental.

b) Mit welchem Befehlswort wird eine Inkrementalbemaßung programmiert?

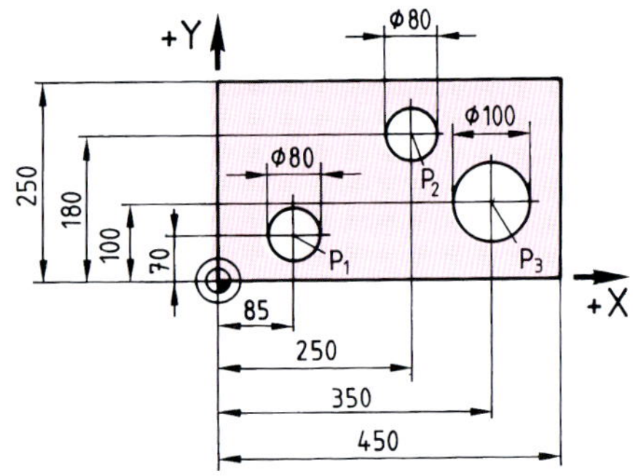

2/8 Das dargestellte Blech, das auf einer CNC-Brennschneidmaschine ausgeschnitten werden soll, ist auf einem Raster von 50 mm x 50 mm dargestellt.

a) Skizzieren Sie das Blech zweimal ab.

b) Bemaßen Sie zur Vorbereitung der Programmierung die erste Skizze absolut in steigender Bemaßung, ausgehend von der linken unteren Ecke. Tragen Sie an der Skizze das für die entsprechende Programmierung richtige G-Wort an.

c) Bemaßen Sie die zweite Skizze inkremental, und fügen Sie das richtige G-Wort an.

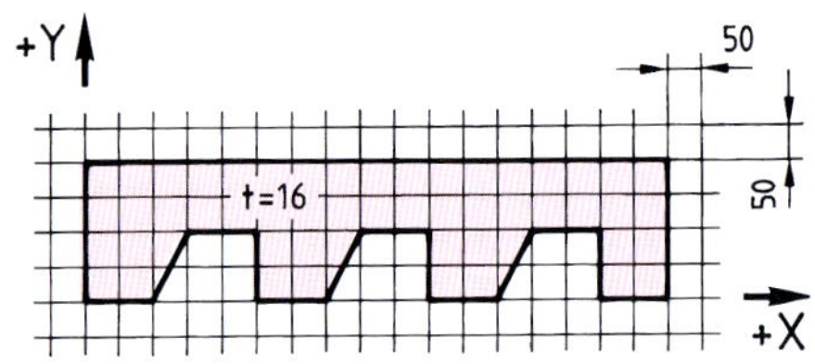

Umrechnungen von Koordinatenangaben

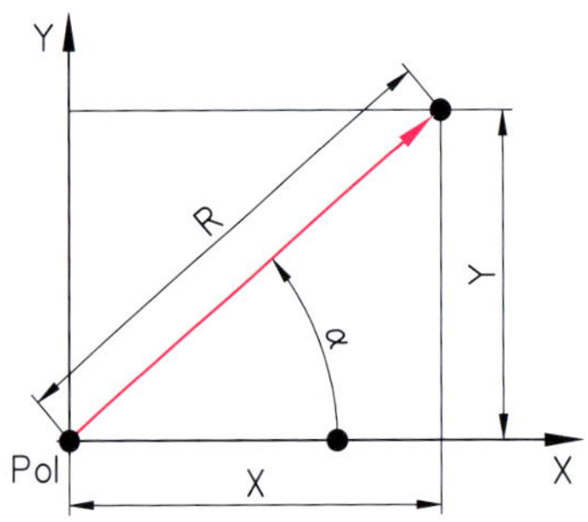

Polarkoordinaten in kartesische Koordinaten

$$Y = R \cdot \sin\alpha$$
$$X = R \cdot \cos\alpha$$

kartesische Koordinaten in Polarkoordinaten

$$\tan\alpha = \frac{Y}{X}$$

$$R = \sqrt{x^2 + y^2}$$

2/9 Zur Erzeugung eines Lochkreises in einem größeren Werkstück wurde der entsprechende Teil des Programms in Polarkoordinaten geschrieben.

Das Programm soll aber nun auf einer älteren Maschine eingesetzt werden, deren Steuerung Polarkoordinaten nicht verarbeiten kann.

Berechnen Sie die X- und Y-Koordinaten der Bohrungsmitten, damit diese in das Programm eingefügt werden können.

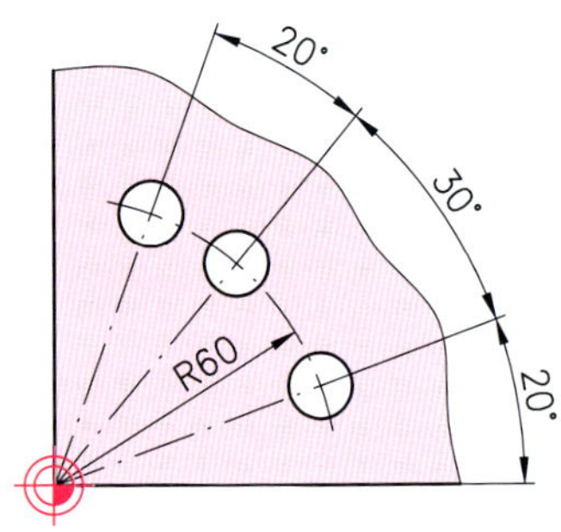

2/10 Es ist ein regelmäßiges Fünfeck zu fräsen. Der Werkstücknullpunkt liegt im Zentrum des Umkreises. Dieser hat einen Durchmesser von 120 mm.

Bestimmen Sie die Polarkoordinaten der Eckpunkte des Fünfecks.

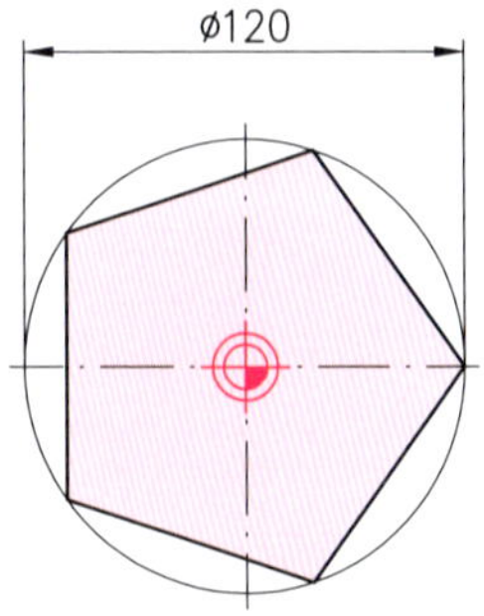

2/11 In einer humorvoll gestalteten Anweisung zum Programmieren einer Fräsmaschine steht neben einem sehr wichtigen Satz über eine Grundlage des Programmierens die nebenstehende Abbildung.

Formulieren Sie den Satz, der mit diesem Bild erläutert werden sollte.

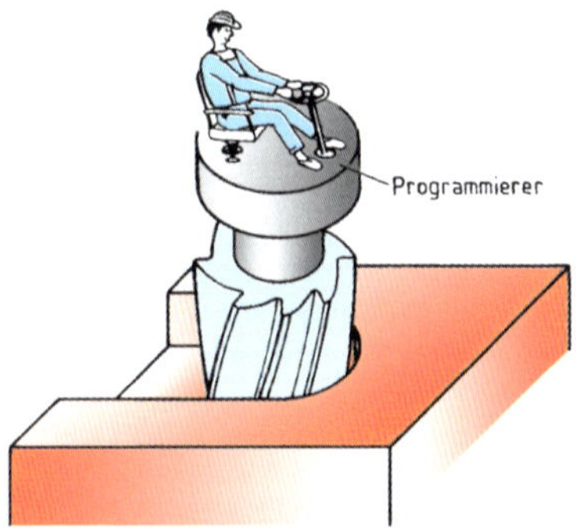

2/12 Geradlinige Bewegungen an CNC-Maschinen mit dem Werkzeug im Eingriff werden mit G 01 (G 1) programmiert. An einer Laserschneidmaschine erfolgt die Konturbeschreibung vom Punkt P_0 über P_1, P_2 bis zu P_0 zurück (Werkzeugwechselpunkt X –100; Y –100). Bei der verwendeten Steuerung soll die Wegbedingung G 01 bis zu einem Änderungsbefehl wirksam sein.

a) Skizzieren Sie das Werkstück und die Tabelle ab; ergänzen Sie die fehlenden Programmschritte.
b) Skizzieren Sie das Werkstück nochmals ab, und bemaßen Sie es inkremental. Beschreiben Sie in einer Tabelle die Wege von P_0 über P_1 usw. bis zurück zu P_0 inkremental.

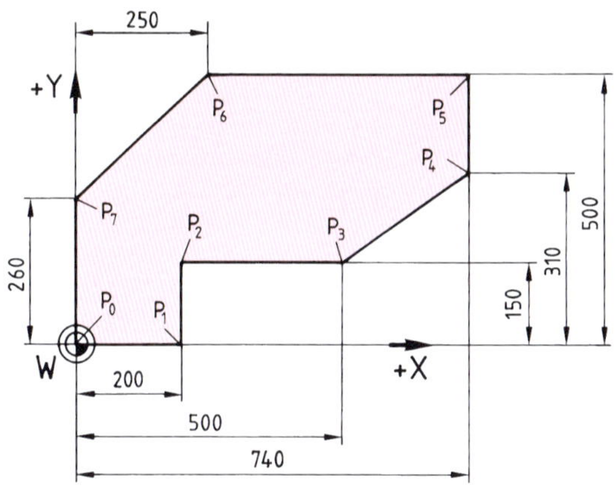

	G 90		
	G	**X**	**Y**
P_0	?	X0	X0
P_1	G 01	X 20	Y0
P_2		?	?
P_3		?	?
P_4		?	?
P_5		?	?
P_6		?	?
P_7		?	?

2/13 Die Wegbedingungen für Kreisbögen werden mit den G-Worten G 02 (G 2) und G 03 (G 3) programmiert.

a) Skizzieren Sie die Zeichnungen und Tabellen. Ergänzen Sie die Tabelle bis → P_4.

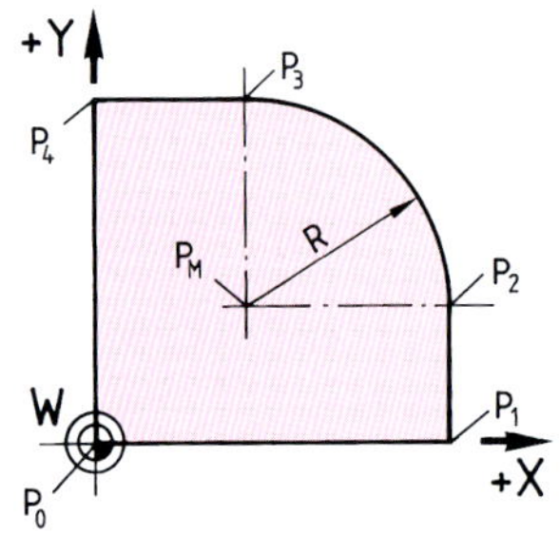

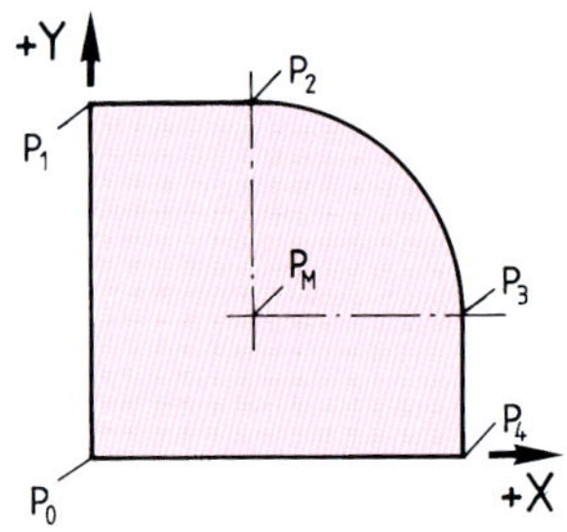

	G	X	Y	I	J
P_0	G 90				
→ P_1	G 01	?	?		

	G	X	Y	I	J
P_0	G 91				
→ P_1	G 01	?	?		

b) Bemaßen Sie die Werkstücke. Der Kreismittelpunkt liegt in 25 mm Abstand von der X-Achse und in 30 mm Abstand von der Y-Achse. Der Radius beträgt 40 mm.

c) Beschreiben Sie ausgehend von P0 die Kontur bei Umlauf rechts herum. Der Kreismittelpunkt soll so programmiert werden, wie es mit G 90 und G 91 angegeben ist.

2/14 In eine rechteckige Tafel von 100x90 mm soll das Firmenlogo AP mit einem 5mm breiten Gravierstichel gefräst werden. Das Logo soll mit einer 3 mm breit gefrästen Rille umrandet werden. Es liegt ein Entwurf auf kariertem Papier vor.

a) Ergänzen Sie die Beschreibung des Fräserweges zum Fräsen des Logos mit Absolutmaßangaben. Der Fräser steht in X-50 Y-50 und Z+5. Von dort fährt er im Eilgang zum unteren Fußpunkt des A. An diesem Punkt taucht er 5 mm tief in das Werkstück ein. Anschließend fährt er die gewünschte Bahn ab.

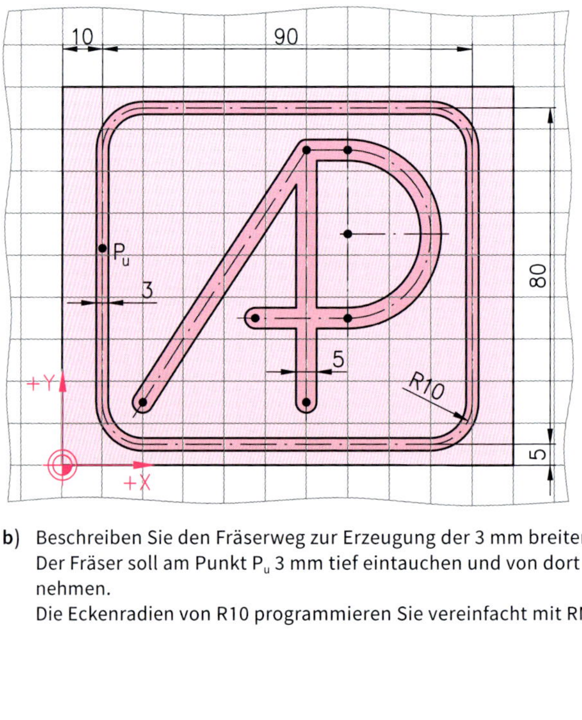

G0 X20 Y15
G1 Z-5
G1 X... Y...
....
....

b) Beschreiben Sie den Fräserweg zur Erzeugung der 3 mm breiten Umrandung. Der Fräser soll am Punkt P_u 3 mm tief eintauchen und von dort aus seinen Weg im Uhrzeigersinn nehmen. Die Eckenradien von R10 programmieren Sie vereinfacht mit RN.

2/15 Entwerfen Sie entsprechend der vorigen Aufgabe ein Logo mit den Initialien ihres Namens und beschreiben Sie inkremental den Weg, den der Fräser zur Erzeugung der Kontur abfahren muss.

2/16 In einem CNC-Programm für ein Drehteil müssen Schaltinformationen verschlüsselt werden.

Schreiben Sie die folgenden Zeilen ab, und ergänzen Sie diese durch die entsprechenden Befehle.

Längsrunddrehen:	Durchmesser 120 mm		X ?
	Spindeldrehzahl n = 1000 1/min	G ?	S ?
	Vorschub f = 0,4 mm	G ?	F ?
Drehen einer Wendelnut:	Durchmesser 116 mm		X ?
	Spindelumdrehungsfrequenz n = 100 1/min	G ?	S ?
	Steigung 10 mm → f = ?	G ?	F ?
Werkzeugaufruf:	Bohrer (ø 18 mm) hat die Werkzeugnummer 06	? 06	

2/17 Übernehmen Sie die folgende Tabelle und ergänzen Sie die Lücken.

Befehl	Funktion
?	Werkzeugwechsel
?	Spindel EIN, Linkslauf
?	Kühlmittel EIN
M3	?
M0	?
M30	?

2/18 Geben Sie die Reihenfolge der Adressbuchstaben bei der Programmierung von Daten nach DIN 66025 an.

2/19 Die Innenkontur eines Blechs soll auf einer Drahterodiermaschine ausgeschnitten werden. Programmieren Sie den Weg des Erodierdrahtes ab Satz 60. Gehen Sie davon aus, dass der Erodierdraht durch eine Bohrung im Punkt P_0 durchgeführt ist. Der Vorschub wird nicht programmiert, sondern entsprechend den elektrischen Größen geregelt.

N	G	X	Y
N60	G1	X30	
N70			
N80			

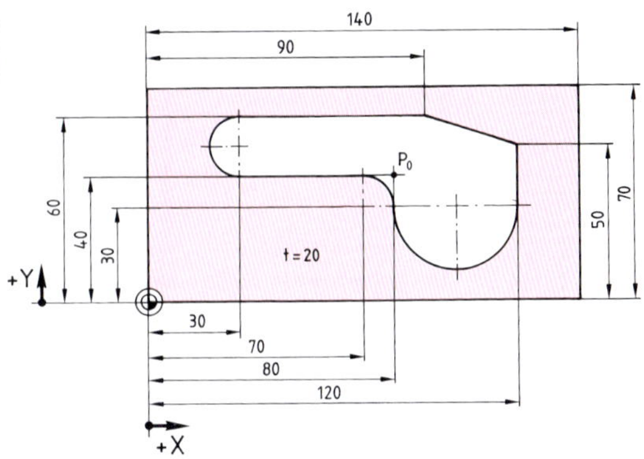

3 Programmieren zur Fertigung von Drehteilen

3/1 Das Koordinatensystem von Werkzeugmaschinen ist an der Lage der Führungsbahnen orientiert und auf das Werkstück bezogen. Auf CNC-Drehmaschinen wird mit Werkzeugen gefertigt, die sich entweder vor der Drehmitte oder hinter der Drehmitte befinden.

a) Welche Achse des Koordinatensystems läuft parallel zur Spindelachse?
b) Welche Regel gilt in allen Fällen für die Festlegung der positiven X-Richtung?
c) Skizzieren Sie die folgenden Bilder ab, und tragen Sie in die Skizzen die Richtungen + X und + Z ein.

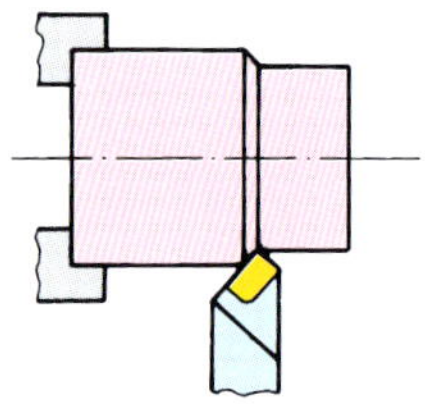

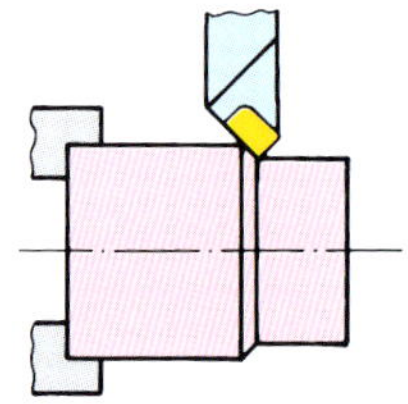

3/2 Der Maschinenhersteller legt für Werkzeugmaschinen den Maschinennullpunkt fest. Dieser gilt für das Koordinatensystem und das Messsystem.

a) Zeichnen Sie das Symbol für den Maschinennullpunkt.
b) Beschreiben Sie die Lage des Maschinennullpunktes an Drehmaschinen.
c) Zeichnen Sie das dargestellte Symbol ab, und schreiben Sie seine Bedeutung auf.

3/3 a) Skizzieren Sie die Zeichnung ab. Stellen Sie dabei die Bemaßung auf eine programmiergerechte Absolutbemaßung in steigender Bemaßung um.
b) Übernehmen Sie die Tabelle, und beschreiben Sie die Kontur des Drehteils ausgehend von P1 bis P7. Fügen Sie die Wegbedingung hinzu.

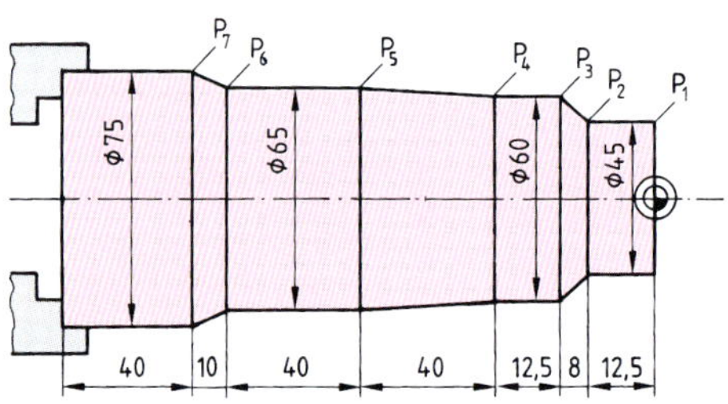

	G	X	Y
	G __?__	?	?
→ P_1	G 1	?	?
→ P_2	?	?	?

3/4 Im Kurs über Programmieren streiten sich zwei Teilnehmer bei folgender Darstellung:

Einer der Teilnehmer sagt, hier bewege sich der Drehmeißel auf einer Kreisbahn im Uhrzeigersinn. Der andere widerspricht.

a) Wer hat recht? Ist die Bewegung mit G 2 oder mit G 3 zu programmieren?
b) Wie lautet die Regel zur Festlegung des Richtungssinns bei kreisförmigen Werkzeugbewegungen?

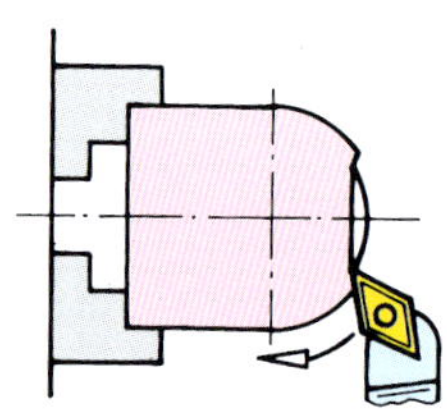

3/5 Beschreiben Sie die Konturen der dargestellten Werkstücke zur Fertigung auf einer CNC-Drehmaschine, deren Steuerung die Eingabe des Radius möglich macht.

Übernehmen Sie dazu die nebenstehende Tabelle.

N	G	X	Z	R
?	?	?	?	?

①

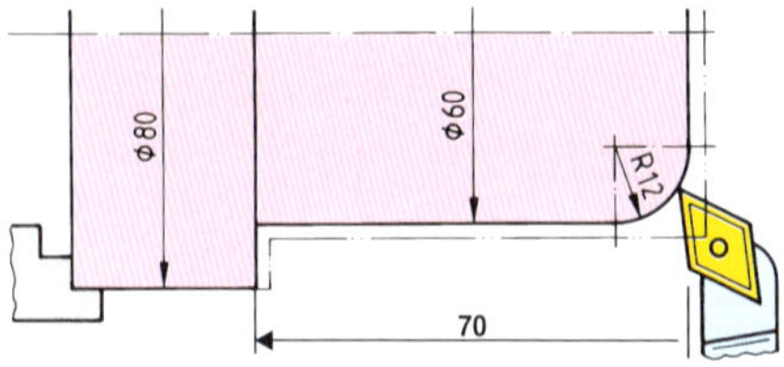

②

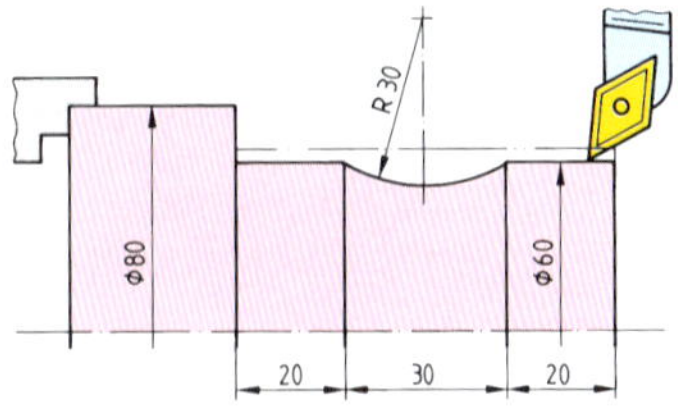

3/6 Mit dieser Aufgabe sollen Ihnen die Vorteile einer Bearbeitung mit Zyklen deutlich gemacht werden.

a) Programmieren Sie die Schruppbearbeitung mit einer Schnitttiefe von 2 mm, ohne einen Schruppzyklus zu verwenden. Die Zugabe für den Schlichtschnitt soll 0,5 mm betragen.
b) Anschließend programmieren Sie die Drehbearbeitung mit einem Schruppzyklus (PAL).

②

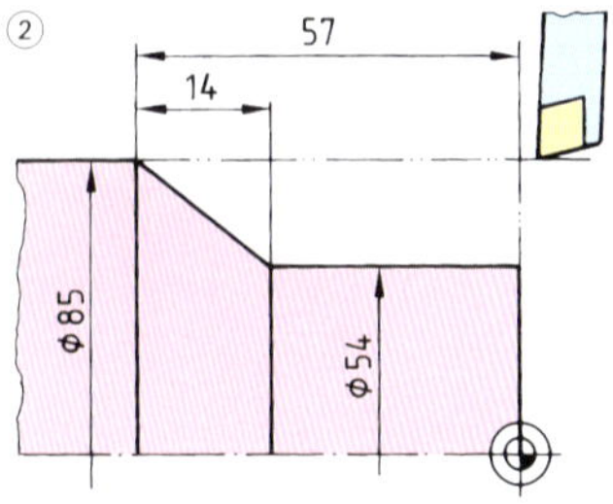

3/7 Programmieren Sie die komplette Drehbearbeitung mit einem Schruppzyklus (PAL).
Werkstoff des Drehteils: S335J0
Werkzeug: T4
Schneidplatte: E B G N 16 04 E L - P20
Schnittgeschwindigkeit $v_c = 120$ m/min
Maximale Schnitttiefe: $a_p = 3$ mm
Vorschub: $f = 0{,}4$ mm
Kühlschmiermitteleinsatz

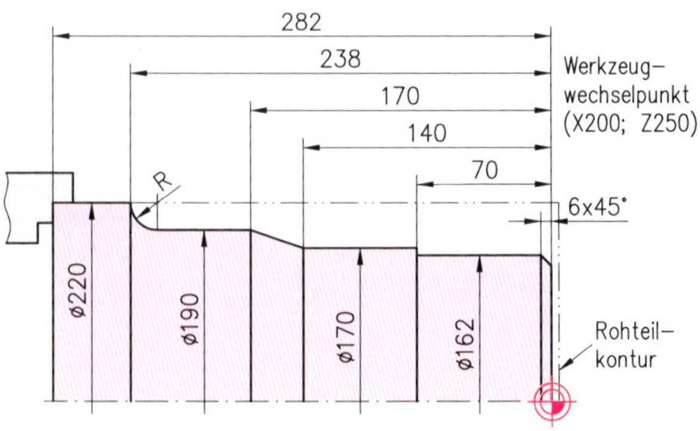

3/8 Die Lage der Schneide eines Drehwerkzeugs muss der Steuerung mit dem Platz im Revolverkopf und mit Bezug auf den Werkzeugeinstellpunkt eingegeben werden.

a) Beschreiben Sie die Lage des Werkzeugeinstellpunkts für Drehwerkzeuge mit Werkzeughalter nach DIN.
b) Durch welchen Adressbuchstaben wird das Werkzeug aufgerufen?
c) Durch welche Zusatzfunktion erfolgt der Werkzeugwechsel?
d) Schreiben Sie die folgenden Sätze mit den richtigen Angaben heraus: Das Maß 120 mm gibt die *(Querablage Q/Länge L)* der Werkzeugschneide vom Werkzeugeinstellpunkt an. Das Maß wird in *(X-Richtung/ Z-Richtung)* gemessen. Das Maß 86 mm gibt die *(Querablage Q/ Länge L)* der Werkzeugschneide vom Werkzeugeinstellpunkt an. Das Maß wird in *(X-Richtung/Z-Richtung)* gemessen.

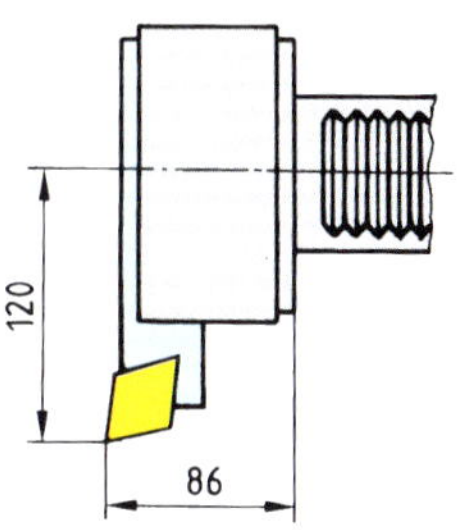

3/9 Bei der manuellen Ermittlung der Werkzeugmaße *Q* und *L* werden durch Längsrunddrehen und Querplandrehen die in der Skizze angegebenen Werkstückmaße für den Durchmesser und für die Länge gemessen. Die Lagen des Werkzeugnullpunkts sind für beide Bearbeitungen mit P_{w1} und P_{w2} gekennzeichnet. Ihre Abstände zum Werkstücknullpunkt sind in der Skizze angegeben. Berechnen Sie mithilfe dieser Messwerte die Werkzeugmaße *Q* und *L*.

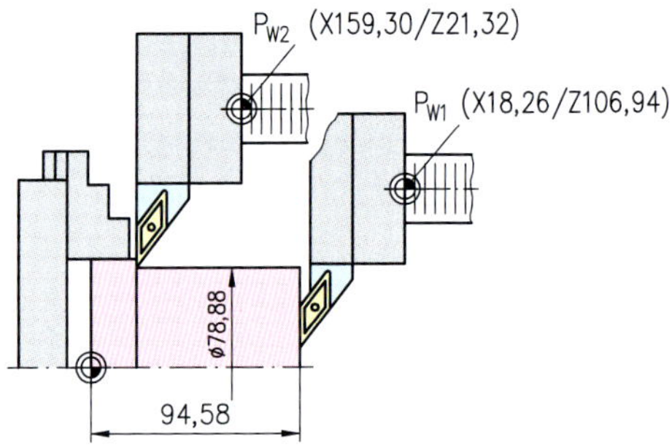

3/10

a) Skizzieren Sie die folgenden Bearbeitungsbeispiele ab. Tragen Sie neben jedem Beispiel das G-Wort für die Schneidenradiuskompensation und den Wegbefehl für die Bearbeitung ein.

b) Durch welchen Wegbefehl wird die Schneidenradiuskompensation aufgehoben?

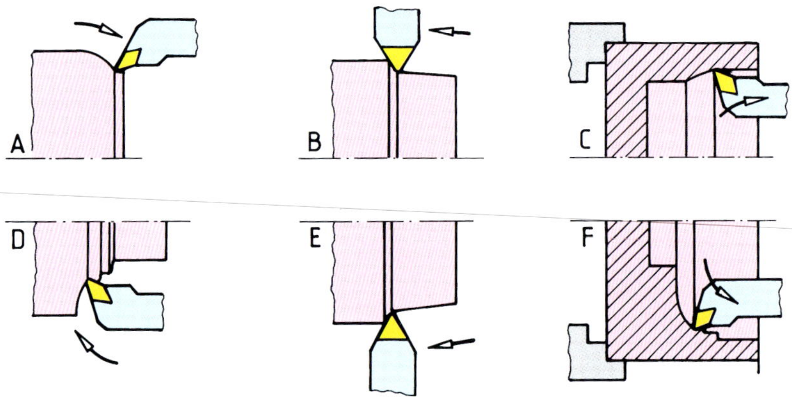

3/11

a) Geben Sie zu den Bearbeitungsbeispielen in Aufgabe 3/15 die Lage des jeweiligen Schneidenradius nach dem nebenstehenden Werkzeugquadranten mit der zutreffenden Zahl an.

b) Warum ist die Stellung des Radius zum Werkstück unbedingt für die Schneidenradiuskompensation erforderlich?

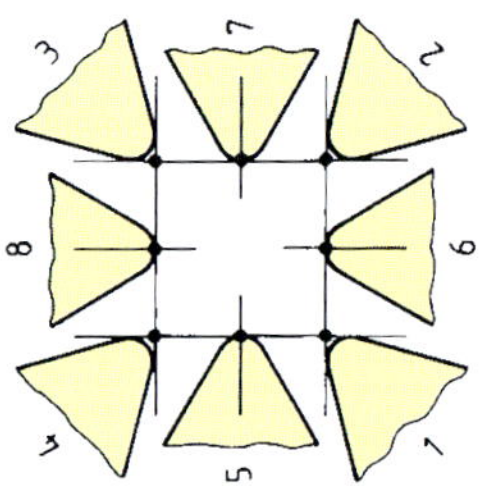

Werkzeugquadranten 1 bis 8

4 Programmieren zur Fertigung von Frästeilen

4/1 a) Skizzieren Sie für die Fräsbearbeitungen jeweils das Werkzeug mit der zugehörigen Z-Achse. Geben Sie durch einen Pfeil die jeweilige Drehrichtung des Werkzeugs an. Schreiben Sie an die jeweiligen Drehpfeile das Befehlswort für die Drehrichtung der Arbeitsspindel.

b) Beschreiben Sie, wie Sie die Blickrichtung bei Drehmaschinen bzw. Fräsmaschinen wählen müssen, um die Spindeldrehrichtungen richtig zu benennen.

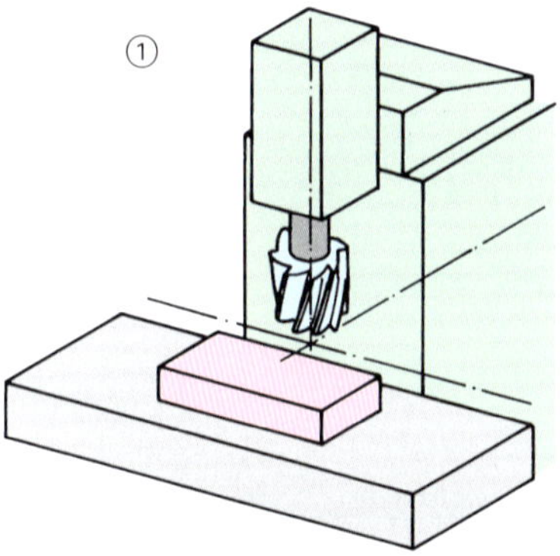

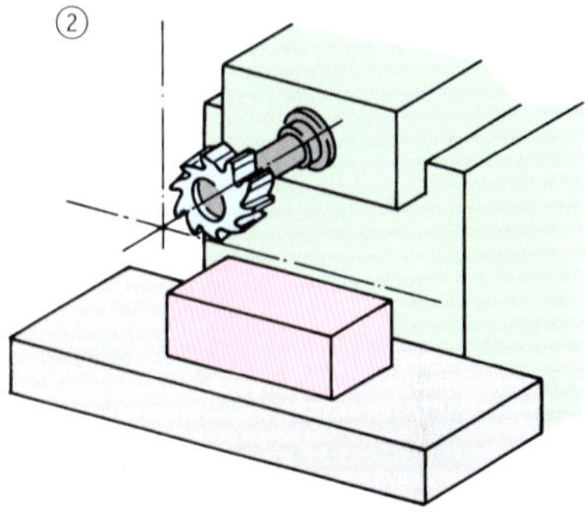

4/2 Zwei Firmenprospekte beschreiben nahezu gleich aussehende Fräsmaschinen. In einem Prospekt ist von einer $2\frac{1}{2}$-D-Bahnsteuerung die Rede – im anderen Prospekt von einer 3-D-Bahnsteuerung.

a) Beschreiben Sie die Unterschiede der beiden Steuerungen.

b) Beschreiben Sie Werkstückkonturen, die mit einer $2\frac{1}{2}$-D-Bahnsteuerung nicht zu fertigen sind.

4/3 a) Skizzieren Sie die Werkstücke ab und wählen Sie eine günstige Lage der Werkstücknullpunkte. Zeichnen Sie diese mit dem entsprechenden Symbol ein.

b) Begründen Sie jeweils die gewählte Lage des Nullpunkts.

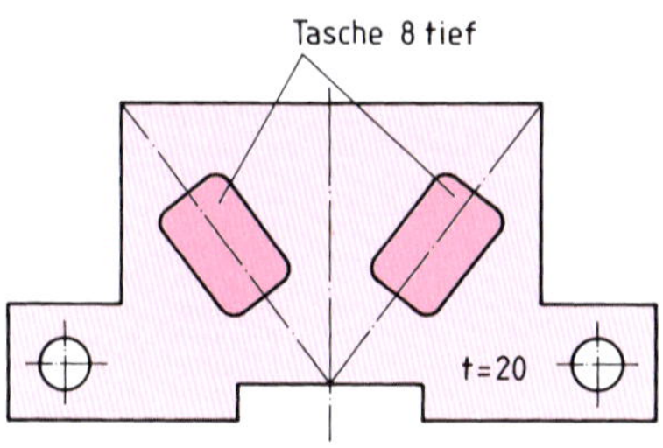

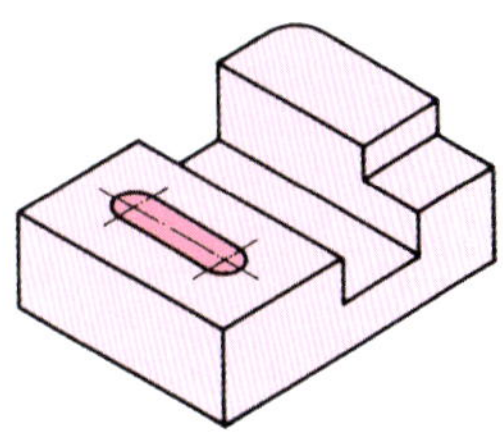

4/4 Das dargestellte Frästeil soll auf einer CNC-Fräsmaschine bearbeitet werden. Die Innenkontur wird mit Nullpunktverschiebung programmiert.
Skizzieren Sie das Teil ab. Tragen Sie einen sinnvollen Anfangsnullpunkt ein, und geben Sie die weiteren Nullpunktverschiebungen an.

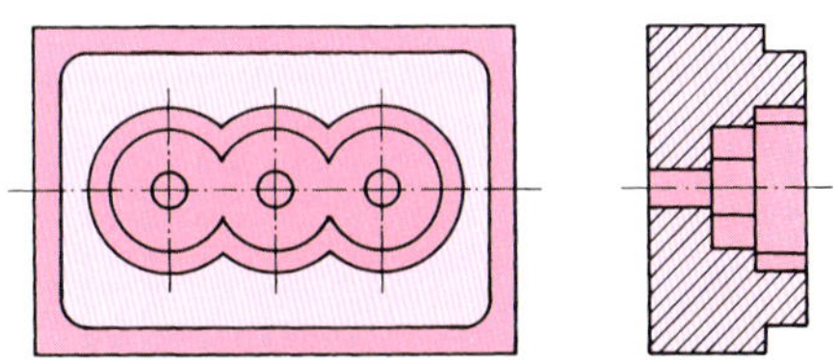

4/5 a) Schreiben Sie für die Fertigung der Zwischenplatte nur den Programmsatz für die Nullpunktverschiebung von W1 zu W2.

b) Beschreiben Sie anhand des Beispiels die Vorteile, die eine Nullpunktverschiebung bei der Programmierung bietet.

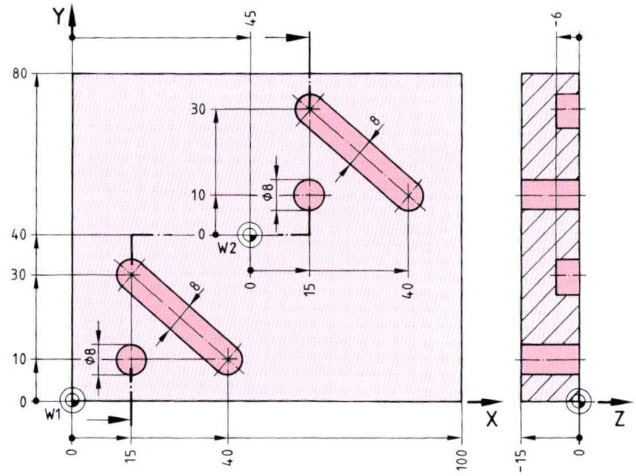

4/6 Bei Bahnsteuerungen wird die Werkzeugbahn mit den Befehlen G 41 und G 42 korrigiert. Skizzieren Sie die Vorderansicht des Werkstücks ab, und geben Sie die G-Wörter für die Bahnkorrektur an den gekennzeichneten Stellen an.

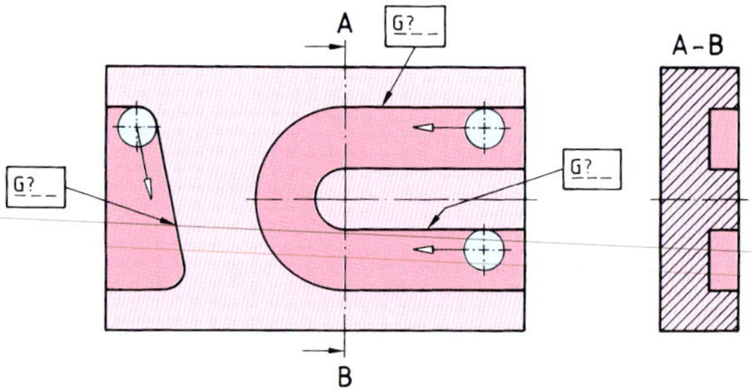

4/7 In das Untergesenk aus Warmarbeitsstahl sind zwei Bohrungen für Führungsbolzen mit dem **„Tieflochzyklus mit Spänebrechen“ G 82** zu bohren. Der **„Zyklusaufruf auf einer Linie“ G 76** ist zu verwenden. Programmieren Sie nach PAL die Bohrbearbeitung mit allen erforderlichen Parametern.

Zusatzinformationen:
Zum Bohren wird ein Bohrer mit Hartmetallschneiden T04 eingesetzt, Schnittgeschwindigkeit v_c = 80 m/min, Vorschub f = 0,4 mm und Kühlschmiermitteleinsatz.

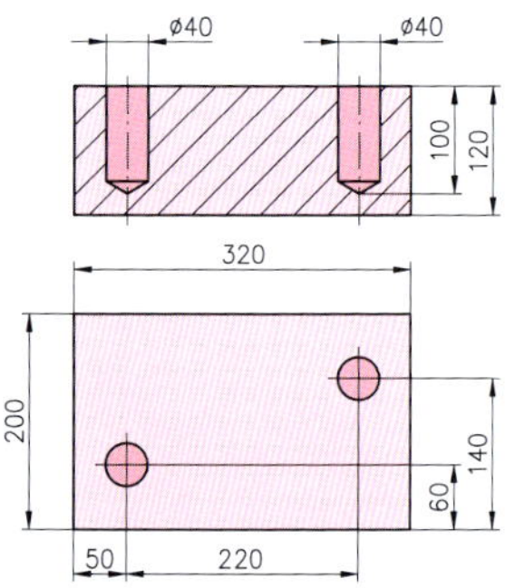

4/8 Programmieren Sie das Fräsen der Rechtecktaschen mit dem Taschenfräszyklus. Beginnen Sie mit dem Anfahren des Startpunktes im Eilgang und programmieren Sie nur die Weginformationen.

Zusatzinformationen:
- Der Fräserhalbmesser muss jeweils dem geforderten Radius der Rechtecktasche entsprechen.
- Als maximale Schnitttiefe der Fräser ist im Arbeitsspeicher 5 mm eingegeben, der Programmierer hat die Einzelschnitttiefe zu ermitteln.

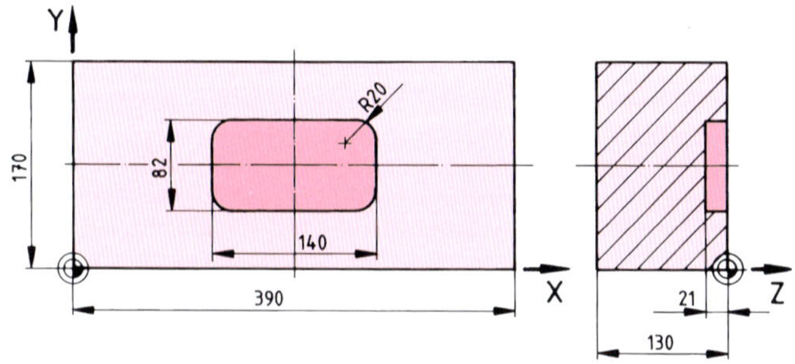

4/9 Programmieren Sie nach PAL das Fräsen der Rechtecktaschen in die Grundplatte aus nicht rostendem Stahl X5CrNi18-19 mit dem Rechtecktaschenfräszyklus G72.

Zusatzinformationen:
Als Fräser werden Walzenstirnfräser mit jeweils drei beschichteten Hartmetallschneiden mit der Werkzeugnummer T40 und T41 eingesetzt. Der Fräserhalbmesser muss jeweils dem geforderten Radius der Rechtecktasche entsprechen. Die maximale Schnitttiefe ap soll 5 mm betragen, Schnittgeschwindigkeit v_c = 200 m/min, Vorschub f_z = 0,1 mm. Der Abstand der Sicherheitsebene V soll 15 mm, die Höhe der Rückzugebene W = 30 mm soll groß sein. Der Werkzeugwechselpunkt liegt bei X300, Y200 und Z100.

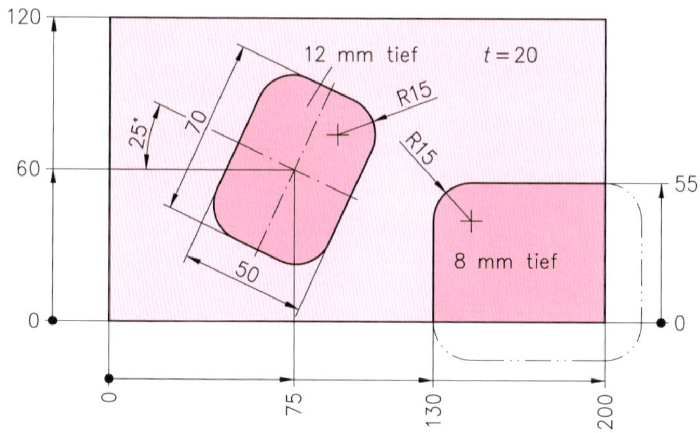

4/10 In die gezeigte Formhälfte aus E 295 für eine Spritzgussform sind vier Taschen zu fertigen, Fräserdurchmesser 18 mm.

a) Planen Sie die Arbeitsschritte für die Ausfräsungen. Vereinfachen Sie den Programmieraufwand, z. B. durch Manipulationsfunktionen.
b) Programmieren Sie für die Ausfräsungen die Weginformationen. (Als maximale Schnitttiefe des Fräsers ist im Arbeitsspeicher 3 mm eingegeben.)

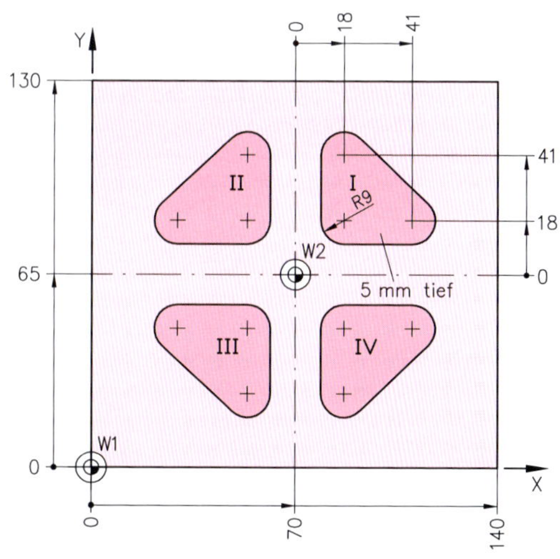

4/11 In Schnittplatten aus 60 WCrV 7 sollen auf einer Drahterodiermaschine Durchbrüche (siehe Abbildung) gefertigt werden.

a) Planen Sie die Programmierung des Durchbruchs, indem Sie von der angegebenen Startbohrung aus die Kontur in sich wiederholende Grundelemente zerlegen. Versuchen Sie mit einer Manipulationsfunktion, den Programmieraufwand möglichst gering zu halten.
b) Berechnen Sie die fehlenden Zielpunkte für ein Element der Grundkontur.
c) Erstellen Sie die Fortsetzung des vorgegebenen NC-Unterprogramms für die Herstellung eines Durchbruchs. Es sind lediglich die geometrischen Daten zu programmieren.

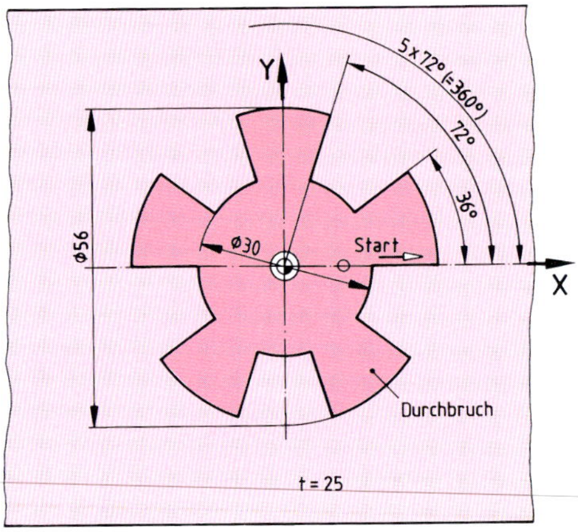

Lösungsvorgabe:

NC-Unterprogramm L 1101				Durchbruch
N1	G90			
N2	G0	X15	Y0	
N3	G1	X28		

4/12 a) Skizzieren Sie die Fräserform ohne die Einzelschneiden.
b) Zeichnen Sie die Lage des Werkzeugeinstellpunktes ein.
c) Tragen Sie in die Skizze die Maße ein, die in den Werkzeugspeicher einzugeben sind.

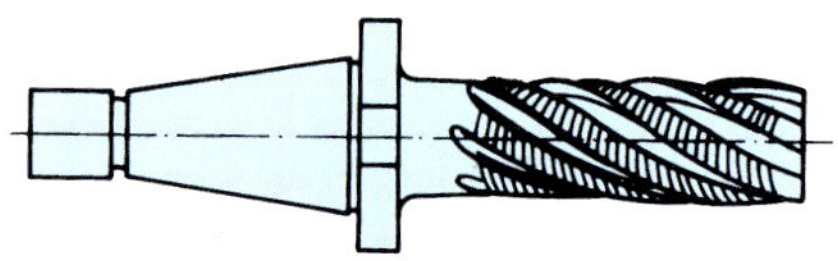

4/13 Das dargestellte Werkstück soll auf CNC-Maschinen gefertigt werden.
Planen Sie den Fertigungsablauf.

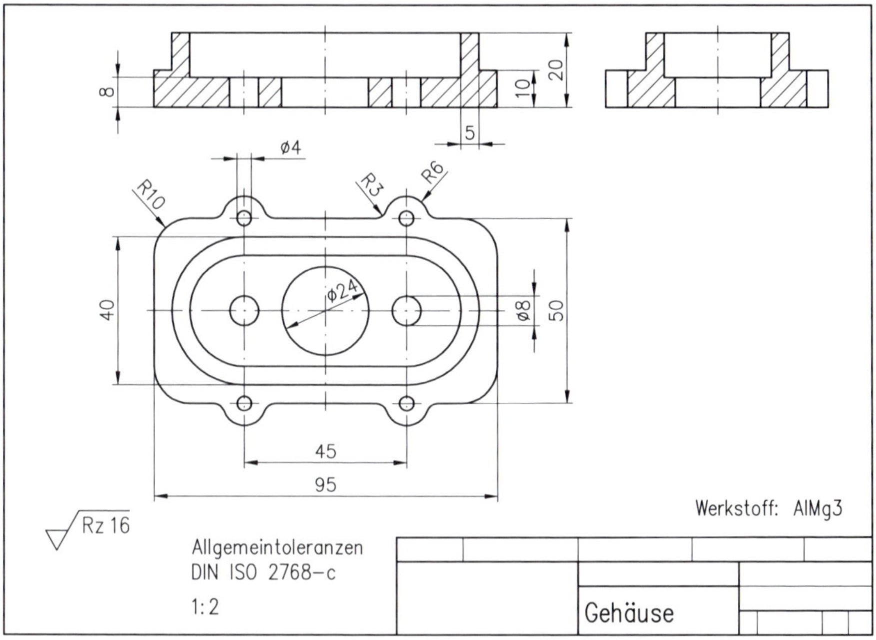

a) Legen Sie die Bearbeitungsfolge fest. Berücksichtigen sie dabei Spannen, Umspannen, Nullpunktlage(n) u. a.
b) Erstellen Sie – Ihrer Fertigungsplanung entsprechend – eine Zeichnung mit CNC-gerechter Bemaßung.
c) Legen Sie die zu verwendenden Werkzeuge fest.
d) Bestimmen Sie Schnittgeschwindigkeiten, Umdrehungsfrequenzen, Vorschübe, Zustellungen u. a.
e) Erstellen Sie das Programm bzw. Teilprogramme für die Fertigung.
f) Testen Sie das Programm durch Simulation.
g) Fertigen Sie ein Werkstück.

4/14 Für einen Bearbeitungsvorgang sind die folgenden Daten festgelegt:

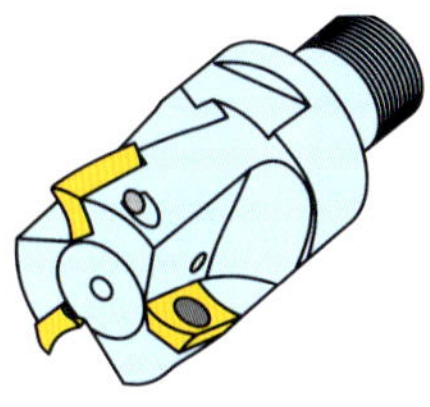

Vorschub je Zahn:	f_z = 0,05 mm
Zähnezahl:	z = 3
Fräserdurchmesser:	d = 60 mm
Schnittgeschwindigkeit:	v_c = 45 m/min
Werkzeug:	T 02
Kühlmitteleinsatz	

Schreiben Sie die nachfolgende Aufstellung der entsprechenden Wegbefehle und Schaltfunktionen ab und ergänzen Sie diese durch die Codierungen der oben angegebenen Daten.

Vorschub in mm/Umdrehung:	G ___?___ ___?___
Spindeldrehzahl:	G ___?___ ___?___
Drehrichtung der Spindel:	___?___
Kühlmitteleinsatz:	___?___
Werkzeug:	___?___

4/15 Ein Gehäuse aus GJL-200 soll an den Passflächen mit dem Messerkopf T 02 – Durchmesser 240 mm, 14 Schneiden – überfräst werden. Der Vorschub je Zahn soll $f_z = 0{,}3$ mm sein und die Schnitttiefe soll $a_p = 3$ mm betragen.

a) Wählen Sie aus der Tabelle „Richtwerte für das Zerspanen mit Fräsern" (siehe Lehrbuch, Kapitel „Fertigungstechnik") den geeigneten Schneidstoff, und bestimmen Sie die Schnittgeschwindigkeit.
b) Berechnen Sie die Umdrehungsfrequenz des Fräsers und den Vorschub je Umdrehung.
c) Schreiben Sie die Schaltinformationen und die zugehörigen G-Wörter in eine Tabelle.

4/16 Für eine Fräsbearbeitung sind die folgenden Schaltinformationen und Wegbedingungen programmiert.

N	G	X	Y	Z	I	J	K	F	S	T	M
N...	G 94 G 97	X...	Y...	Z...				F 280	S 660	T 01	M 04

Übernehmen Sie den folgenden Text und tragen Sie in diesen die Bedeutung der oben angeführten Informationen ein.
Das Werkzeug __?__ bewegt sich mit der Vorschubgeschwindigkeit von __?__. Die Frässpindel dreht sich mit __?__ Umdrehung je Minute __?__ den Uhrzeigersinn.

5 Werkstattorientierte Programmierung (WOP)

5/1 Ein Programm zur Werkstattorientierten Programmierung baut die Werkstückkontur aus folgenden Geometrieelementen auf:

- Gerade, achsparallell zur X-Achse
- Gerade, achsparallell zur Z-Achse
- Gerade, schräg
- Gerade, tangential an vorhergehendes Element angeschlossen
- Kreisbogen im Uhrzeigersinn
- Kreisbogen gegen Uhrzeigersinn
- Kreisbogen im Uhrzeigersinn, tangential an vorhergehendes Element angeschlossen
- Kreisbogen gegen Uhrzeigersinn, tangential an vorhergehendes Element angeschlossen

Analysieren Sie die dargestellte Kontur zur WOP-Programmierung in den folgenden Schritten:

- Nummerieren sie vom Werkstücknullpunkt ausgehend die einzelnen Geometrieelemente.
- Geben Sie in der Tabelle die Art des jeweiligen Geometrieelements, z. B. „Gerade achsparallel zu X“, an.
- Tragen Sie die Bezeichnungen der Maße, welche über das jeweilige Geometrieelement bekannt sind, z. B. „Beginn“, „Mittelpunkt“, „Radius“, „Winkel“, ein.

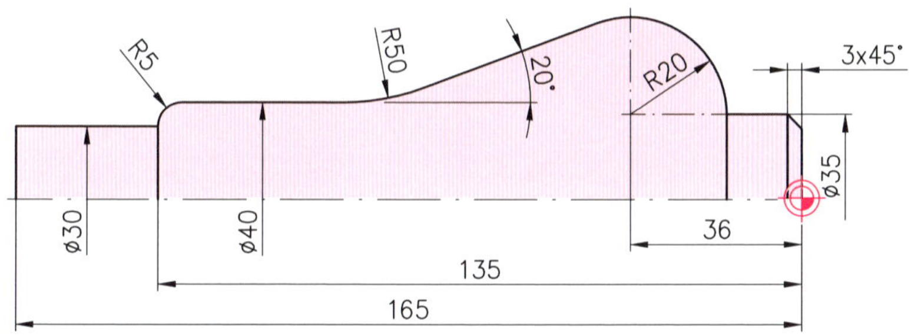

		Nr.	Formelzeichen	Einheit
		1	Gerade, parallel zu X-Achse	Startpunkt, Endpunkt
		2	Gerade, schräg	...
		3		

6 Bedienfeld von CNC-Maschinen

6/1 Moderne Steuerungen ermöglichen mit vielen Zyklen und Konturelementen eine schnelle Programmierung an der Werkzeugmaschine. Vielfach gibt die Bedienerführung – nachdem eine Teilkontur angewählt wurde – die Programmierung vor und erfragt vom Bediener lediglich die fehlenden Maßangaben.
Welche Vorteile sehen Sie in einer solchen Werkstattprogrammierung im Vergleich zu einer externen Programmierung an einem Bildschirmarbeitsplatz?

6/2 Suchen Sie aus der Zusammenstellung der im Lehrbuch dargestellten Bildzeichen einige heraus, die häufig benutzt werden

a) für die Werkstattprogrammierung oder **b)** für eine Probefertigung.

7 Werkstückspannsysteme

7/1 Im nachfolgenden Bild ist ein Werkstück mit einem flexiblen Werkstückspannsystem aufgespannt.

a) Wichtige Bauelemente sind durch Zahlen gekennzeichnet.
Tragen Sie die Positionsnummern in die Tabelle ein.

Baugruppe	Postitionsnummer
- Grund- bzw. Tragelemente	?
- Stützelemente	?
- Postitionierelemente	?
- Spannelemente	?

b) Benennen Sie zu jeder genannten Baugruppe mindestens zwei Bauteile mit Namen.

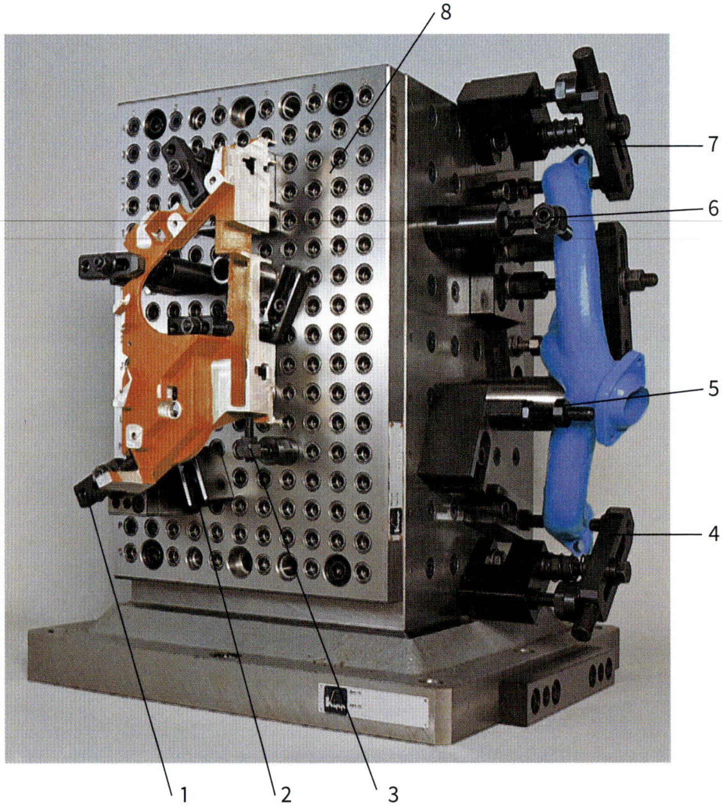

Steuerungs- und Regelungstechnik

1 Grundlagen für pneumatische und hydraulische Steuerungen

Druck und Kolbenkraft

Für den auf ein Gas oder eine Flüssigkeit ausgeübten Druck gilt:

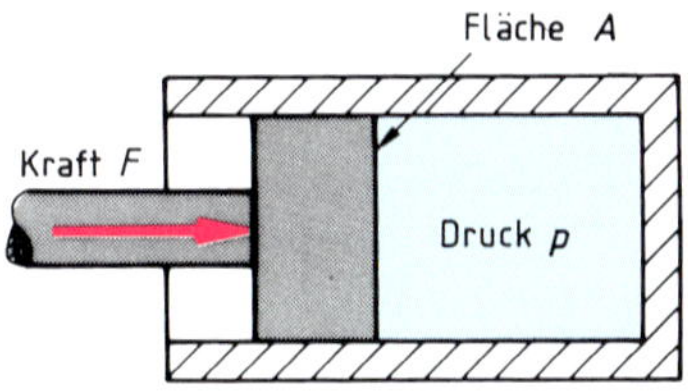

Formel

$$p = \frac{F}{A}$$

Formelzeichen

- p Druck in dem Medium
- A Fläche
- F Kraft, die senkrecht auf die Fläche wirkt

Einheiten des Druckes

Wirkt eine Kraft von 1 N senkrecht auf eine Fläche von 1 m², so wirkt ein Druck von 1 Pa (Pascal).

Einheit	Kurzzeichen	Umrechnung
1 Pascal 1 Barcal	1 Pa 1 bar	1 Pa = 1 N/m² 1 bar = 10^5 Pa 1 bar = 10 N/cm²

1/1 Übertragen und ergänzen Sie folgende Tabelle.

Energieträger	Technologie	Beispiel zur Anwendung
Druckluft	?	?
?	?	Bagger
?	Elektrik	?
feste Körper	?	?

Physikalische Grundlagen

1/2 Rechnen Sie die gegebenen Drücke in die angegebenen Einheiten um.

gegebener Druck	in andere Einheiten umgerechneter Druck Pa	bar	hPa	daN/cm²	N/mm²	mbar
$4 \cdot 10^6$ N/m²	?	?	?	?	?	?
710 mbar	?	?	?	?	?	–
25 bar	?	–	?	?	?	?
120 N/mm²	?	?	?	?	–	?

1/3 Berechnen Sie den Druck in bar, der in einem Hydraulikzylinder herrscht, wenn auf den Kolben mit $d = 30$ mm eine Kraft von $F = 5$ kN ausgeübt wird.

1/4 Im Wetterbericht lautet z. B. eine Ansage: „Der Luftdruck in Köln betrug 1 010 hPa."
Wie groß war er in Pa und in mbar?

1/5 Übertragen und ergänzen Sie folgende Tabelle.

Lufdruck bar	Absoluter Druck bar	Überdruck bar
1,05	?	4,3
1,0	180	?
?	1,73	0,75

1/6 In einer Hydraulikanlage herrscht ein Druck von etwa 200 bar.
Warum ist es für die Abläufe in der Anlage unbedeutend, ob der angegebene Druck der absolute Druck oder der Überdruck ist?

Effektive Kolbenkraft

Einfach wirkender Zylinder

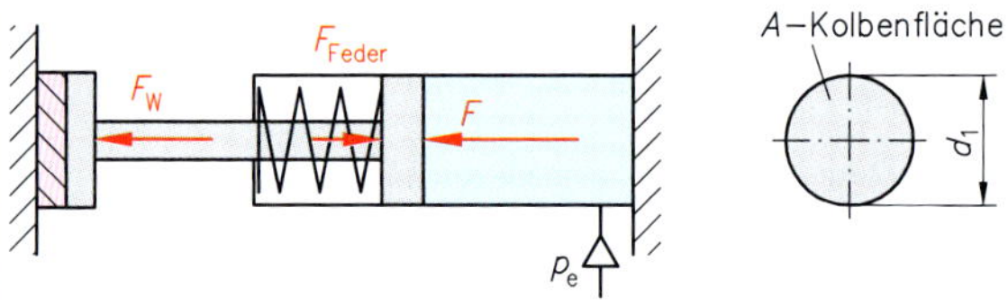

Formeln

$F = p_e \cdot A$

$F_w = 0{,}75 \cdot F$

$$F_w = 0{,}75 \cdot p_e \cdot d^2{}_1 \cdot \frac{\pi}{4}$$

Doppelt wirkender Zylinder (Vorhub)

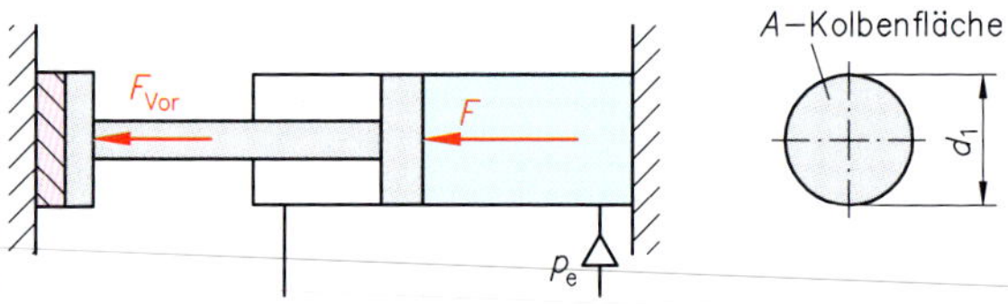

$F_{vor} = 0{,}8 \cdot F$

$$F_{vor} = 0{,}8 \cdot p_e \cdot d^2{}_1 \cdot \frac{\pi}{4}$$

Doppelt wirkender Zylinder (Rückhub)

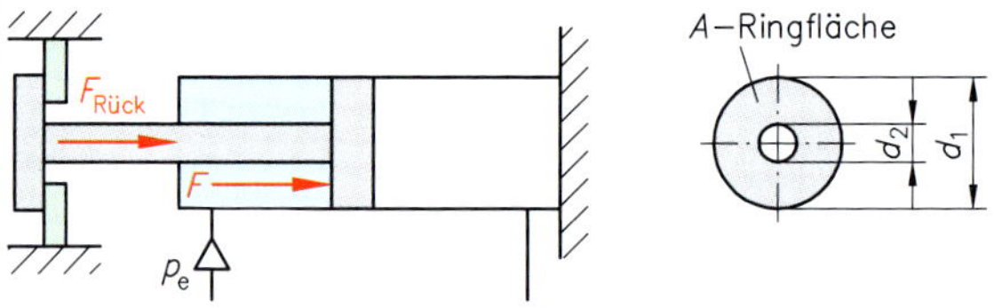

$F_{rück} = 0{,}8 \cdot F$

$$F_{rück} = 0{,}8 \cdot p_e \cdot \frac{\pi}{4} (d^2{}_1 - d^2{}_2)$$

Formelzeichen

- p_e Betriebsdruck ≙ Arbeitsdruck
- d_1 Kolbendurchmesser
- d_2 Kolbenstangendurchmesser
- A Fläche (druckbelastet)
- F Druckkraft (Kraft im Druckraum)
- F_w effektive Kolbenkraft bei einfach wirkenden Zylindern
- F_{vor} effektive Kolbenkraft bei doppelt wirkenden Zylindern im Vorhub
- $F_{rück}$ effektive Kolbenkraft bei doppelt wirkenden Zylindern im Rückhub

$$1 \text{ bar} = 10 \frac{\text{N}}{\text{cm}^2}$$

1/7 Im Hydraulikbremskreis eines Autos tritt bei einem Bremsvorgang in der Anlage ein Druck von 22 bar auf. Der Kolben im Bremszylinder hat eine wirksame Fläche von 490 mm^2.
Welche Kraft wirkt auf die Bremse (Angabe in N)?

1/8 Ein einfach wirkender Zylinder soll zum Spannen von Werkstücken eingesetzt werden. Die Spannkraft muss mindestens 1 500 N betragen.
Reicht ein Zylinder von 6 cm Kolbendurchmesser aus, wenn die Anlage maximal mit einem Druck von 7 bar betrieben werden darf? Der Reibungsverlust beträgt 25 %.

1/9 Der Kolben eines doppelt wirkenden Zylinders wird von beiden Seiten mit dem gleichen Druck von 5 bar beaufschlagt. Fährt die Kolbenstange aus, bleibt sie in der gezeichneten Lage, oder nimmt sie eine beliebige Stellung ein? Begründen Sie Ihre Antwort.

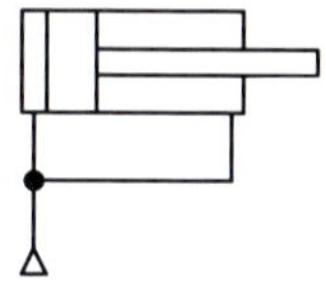

1/10 Der Kolben eines doppelt wirkenden Zylinders hat einen Durchmesser von 50 mm; die Kolbenflächenseite wird mit 6 bar beaufschlagt. Die Reibungsverluste im Zylinder betragen 20 %.

a) Wie groß ist die wirksame Kraft an der Kolbenstange?
b) Wie verändert sich die Kraft an der Kolbenstange, wenn der Druck auf 8 bar erhöht wird?

1/11 Berechnen Sie die fehlenden Werte für einfach wirkende Zylinder.

	Effektive Kolbenkraft in N	Druckkraft in N	Kolbendurchmesser in mm	Kolbenfläche in mm^2	Betriebsdruck in bar
a)	3 200	?	?	?	8
b)	?	280	?	?	6
c)	1 800	?	63	?	?
d)	?	800	?	1 960	?
e)	?	2 500	80	?	?

1/12 Die effektive Kolbenkraft eines einfach wirkenden Zylinders soll 1 080 N betragen. Der Kolben hat einen Durchmesser von 50 mm. Es werden etwa 70 % der Druckkraft wirksam.
Berechnen Sie den Betriebsdruck, mit dem die Anlage mindestens versorgt werden muss.

1/13 Bei einem doppelt wirkenden Zylinder mit dem Kolbendurchmesser von 100 mm beträgt laut Datenblatt die Kolbenkraft im Vorhub 4 550 N und im Rückhub 4 260 N.

a) Berechnen Sie den Betriebsdruck.
b) Berechnen Sie den Kolbenstangendurchmesser.

Grafische Symbole und Schaltpläne in der Fluidtechnik

1/14 In Schaltplänen der Fluidtechnik sind die Bauteile besonders gekennzeichnet. Entschlüsseln Sie die gegebenen Bezeichnungen:

a) 2 – P1.5 b) A – H2.3 c) L1.8 d) 3.6

1/15 Skizzieren Sie die grafischen Symbole für die Wegeventile vergrößert ab. Kennzeichnen Sie alle Anschlüsse nach DIN ISO 5599.
Tragen Sie auch die alte Kennzeichnung für die Anschlüsse in Klammern dahinter ein.

a)

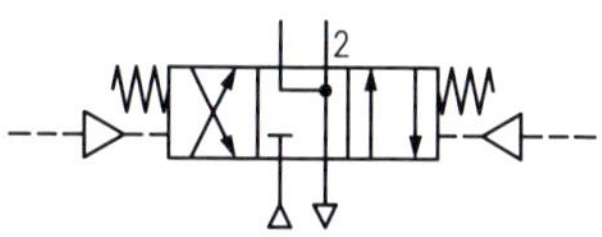

b)

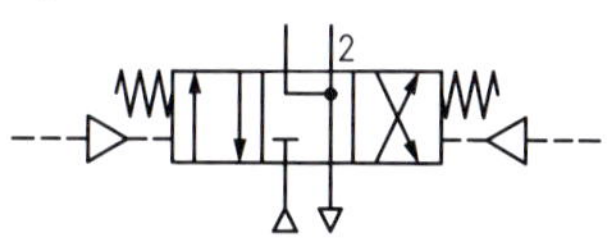

1/16 Übernehmen Sie den pneumatischen Schaltplan in ein Simulationsprogramm, und kennzeichnen Sie die Ventilanschlüsse nach DIN ISO 5599. Ersetzen Sie dabei das Ventil 1.5 durch ein 5/2-Wegeventil.
Testen Sie die Steuerung.

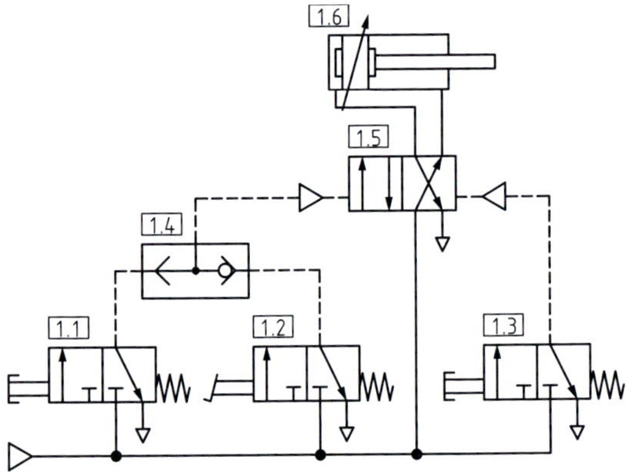

1/17 Die grafischen Symbole stellen Geräte aus dem Bereich der Pneumatik oder der Hydraulik dar.
Skizzieren Sie die grafischen Symbole ab und erläutern Sie diese.

a)
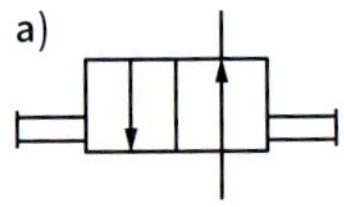

b)
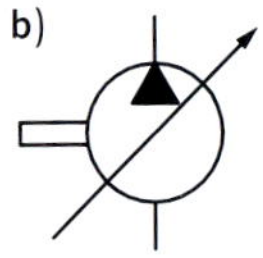

1/18 Woran erkennt man anhand eines Schaltplans, ob es sich um eine pneumatische oder eine hydraulische Anlage handelt?

1/19 In einer Pneumatikanlage ist ein sehr kleiner einfach wirkender Zylinder eingebaut. Die Rückstellbewegung des Kolbens erfolgt durch eine Gummimembrane.
Zeichnen Sie das Bildzeichen.

1/20 In pneumatischen oder hydraulischen Schaltplänen stellt man Geräte und Funktionen durch grafische Symbole dar. Zeichnen Sie jeweils:

a) Verbindung von drei Leitungen,
b) Kreuzung von Leitungen,
c) Arbeitsleitung mit der Durchflussangabe für ein pneumatisches Druckmittel,
d) Steuerleitung mit Öl gefüllt,
e) Durchflussrichtung in einem Ventil.

1/21 Einige der folgenden grafischen Symbole kommen nur in pneumatischen, andere nur in hydraulischen Schaltplänen vor.
Ordnen Sie die Zeichen dem entsprechenden Schaltplan zu, und erklären Sie die jeweilige Bedeutung.

a)
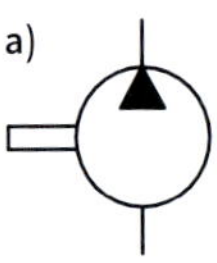

b)

c)

d)

e)
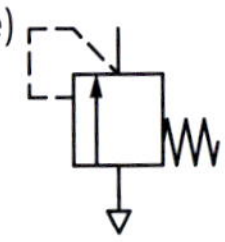

f)
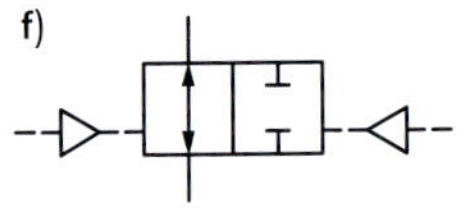

1/22 Die dargestellten Wegeventile entsprechen nicht den Vereinbarungen der Norm.
Zeichnen Sie die grafischen Symbole richtig.

a)
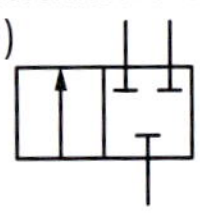

b)
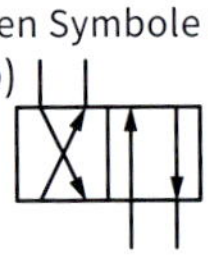

c)
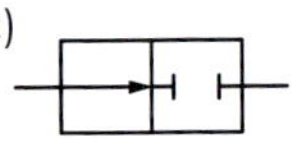

d)
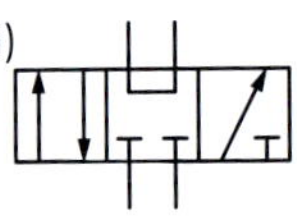

1/23 Erklären Sie folgende grafischen Symbole von Wegeventilen.

a)
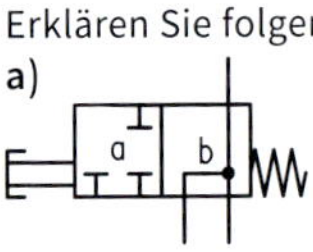

b)
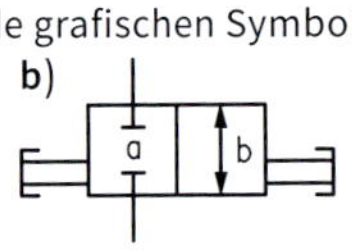

c)
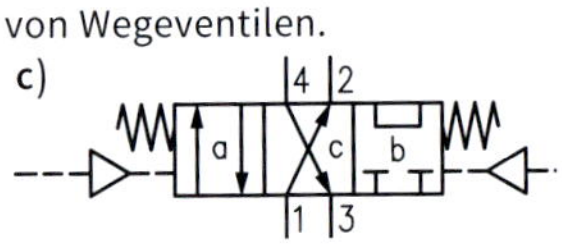

d)
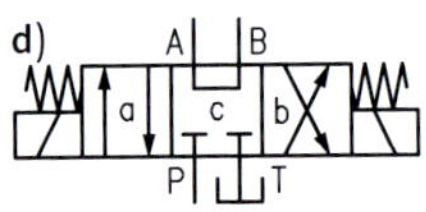

1/24 Zeichnen Sie das grafische Symbol für ein Wegeventil mit drei Anschlüssen und drei Schaltstufen (a, b, c), und tragen Sie die Anschlussbezeichnungen nach neuer Norm ein:
- in der Ruhestellung (b) ein Durchflussweg, ein Anschluss gesperrt,
- in Schaltstellung (a) alle Anschlüsse gesperrt,
- in Schaltstellung (c) alle Anschlüsse verbunden.

1/25 Ein Zylinder soll im ausgefahrenen Zustand einen pneumatischen Endschalter (3/2-Wegeventil) betätigen.
Skizzieren Sie das grafische Symbol des Ventils mit möglichen Betätigungen.

1/26 In der Pneumatik kann die Energie der Druckluft zur Arbeit und zur Steuerung genutzt werden.
Wie sieht das grafische Symbol für ein Ventil aus, das einem doppelt wirkenden Zylinder Druckenergie zuführt und das selbst durch Druckenergie umgesteuert wird?
a) Anschlussbezeichnungen nach alter Norm.
b) Anschlussbezeichnungen nach neuer Norm.

1/27 Ein 4/3-Wegeventil ist defekt und soll ausgetauscht werden.
Welche Angaben für eine Ersatzteilbeschaffung muss man kennen?

1/28 Welche Steuerleitung des Ventils muss mit Druck beaufschlagt werden, damit der Leitung 4 (A) Druckluft zugeführt wird?

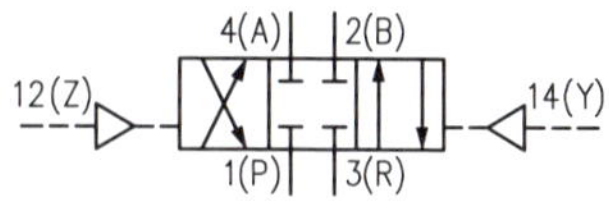

2 Pneumatik

Einheiten zur Bereitstellung der Druckluft

Gesetz von Boyle-Mariotte

Verdichten von Druckluft ohne Temperaturänderung (Anwendung des Gesetzes von Boyle-Mariotte).

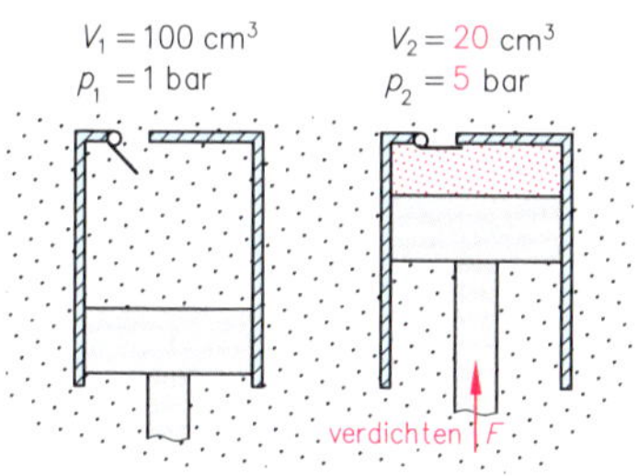

Formel

$$V_1 \cdot p_1 = V_2 \cdot p_2$$

Formelzeichen

V_1	Volumen im Zustand 1
p_1	Druck im Zustand 1
V_2	Volumen im Zustand 2
p_2	Druck im Zustand 2
p_e	vom Messgerät angezeigter Druck
p_{amb}	Luftdruck

$100\ cm^3 \cdot 1\ bar = 20\ cm^3 \cdot 5\ bar$

Beachten Sie: p_1 bzw. p_2 sind der **tatsächliche Druck** des Gases, also vom Messgerät angezeigter Druck plus Luftdruck, z. B.

$$p_1 = p_{e1} + p_{amb}$$

2/1 Bei einem Luftdruck von 1 015 mbar zeigt ein Feinmanometer in einer Drucküberwachungsanlage 1,78 bar an.
Wie groß ist der absolute Druck in der Anlage?

2/2 In einem Kompressor werden je Sekunde 2,4 m^3 Luft angesaugt und auf ein Volumen von 0,4 m^3 verdichtet (Luftdruck: 1 bar).
a) Welchen absoluten Druck hat die Luft nach dem Verdichtungsvorgang?
b) Welchen Druck zeigt das Messgerät an?

2/3 In einer Druckluftanlage steht ein Speicher von 2 m Länge und einem Durchmesser von 800 mm. Die Druckanzeige weist 8,4 bar auf. Durch Undichtigkeit entweicht die gesamte verdichtete Luft über Nacht aus der Anlage.
Wie viel m^3 Luft sind allein aus dem Speicher verloren gegangen?

2/4 Jemand möchte sich einen Kompressor für seine Hobbywerkstatt kaufen. Bei dem Vergleich der Angebote findet er folgende Angaben:

Firma A: „Kompressor mit einer Liefermenge von 800 Liter/min bei einem Betriebsdruck von 6 bar"

Firma B: „Kompressor mit einer Liefermenge von 700 Liter/min bei einem Betriebsdruck von 7 bar"

Welche Firma liefert den leistungsfähigeren Verdichter?

2/5 Nennen Sie die beweglichen Teile eines Hubkolbenverdichters.

2/6 Skizzieren Sie das grafische Symbol eines Verdichters ab, und ergänzen Sie die Anzüge mit den Fachbegriffen für das jeweils symbolisch dargestellte Element.

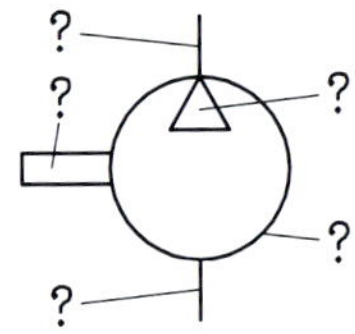

2/7 Ordnen Sie die aufgeführten Bauteile oder Begriffe den entsprechenden Verdichtertypen zu:
Bauteile:
Einlassventil, Schaufel, Strömungsprinzip,
Kolben, Schieber, Turbinenrad,
Rotor, Zelle, Verdrängungsprinzip,
Verdichtertypen:
Axialverdichter, Hubkolbenverdichter, Lamellenverdichter.

2/8 In kühlen Kellerräumen sind im Sommer bei Gewitterluft die Wände sehr feucht.
Erklären Sie diese Erscheinung, indem Sie dabei das Diagramm „Wasserdampfaufnahme der Luft" verwenden.

2/9 Schreiben Sie die folgenden Sätze ab, und wählen Sie die richtigen Aussagen aus:
Kalte Luft kann *(mehr/weniger/gleich viel)* Feuchtigkeit aufnehmen *(als/wie)* warme Luft.
Warme Luft unter hohem Druck kann bei gleichem Volumen *(mehr/weniger/gleich viel)* Feuchtigkeit aufnehmen *((als/wie)* warme Luft unter niedrigem Druck.
Kalte Luft unter hohem Druck kann *(mehr/weniger/gleich viel)* Feuchtigkeit aufnehmen *(als/wie)* warme Luft unter niedrigem Druck.

2/10 Warum fällt bei der Erzeugung von Druckluft Kondensat an?

2/11 Welche Aufgaben hat ein Speicher in einem Druckluftnetz?

2/12 In größeren Druckluftanlagen wird nach dem Verdichter manchmal ein Kühler eingebaut.
Warum kühlt man die Druckluft ab?

2/13 Begründen Sie, welcher der dargestellten Verbraucheranschlüsse einer Druckluftleitung richtig angeschlossen ist.

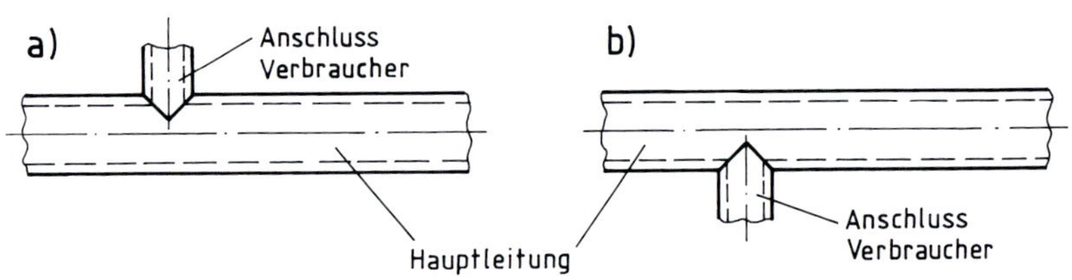

2/14 Wie stellt man ein Leck in einer Druckluftleitung fest?

2/15 Nennen Sie Verunreinigungen in der Druckluft, die vor jeder Pneumatikanlage einen Druckluftfilter erfordern.

2/16 Warum ist in einem Druckluftfilter auch ein Absperrventil eingebaut?

2/17 Skizzieren Sie das grafische Symbol für eine Wartungseinheit in der Durchströmrichtung von links nach rechts:
a) vereinfachtes grafisches Symbol, b) ausführliches grafisches Symbol.

2/18 Welche Aufgabe hat in einer Pneumatikanlage ein Gerät mit nebenstehendem grafischem Symbol?

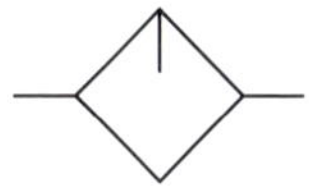

Arbeitseinheiten in der Pneumatik

2/19 Welche Aufgaben können pneumatische Arbeitselemente haben?

2/20 Beschreiben Sie den Unterschied zwischen einem einfach wirkenden Zylinder und einem doppelt wirkenden Zylinder
a) im Aufbau, b) in der Wirkungsweise, c) in der Anwendung.

2/21 Neben einer pneumatischen Dämpfung bei Pneumatikzylindern gibt es auch die Möglichkeit der mechanischen Dämpfung durch Gummipuffer.
Untersuchen Sie die Vor- und Nachteile einer solchen Dämpfung.

2/22 Die im Foto dargestellte Testeinrichtung dient zur Funktionsprüfung von Sesseln.
a) Welche Art der Befestigung für die Zylinder ist gewählt worden?
b) Warum können mit dieser Testeinrichtung Sessel unterschiedlicher Größe geprüft werden?

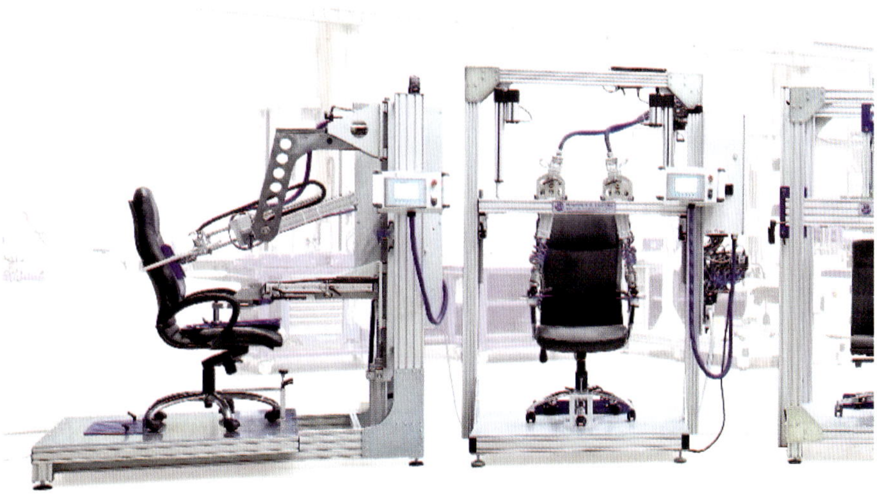

2/23 Bei einem doppelt wirkenden Zylinder mit dem Kolbendurchmesser von 100 mm beträgt laut Datenblatt die Kolbenkraft im Vorhub 4 550 N und im Rückhub 4 260 N.

a) Berechnen Sie den Betriebsdruck.
b) Berechnen Sie den Kolbenstangendurchmesser.
c) Welchen genormten Durchmesser hat die Kolbenstange?

2/24 Ein einfach wirkender Zylinder hat im Kolbenstangenraum eine Feder und eine Abluftbohrung. Welche Aufgaben hat die Feder, wozu dient die Bohrung?

2/25 An welchen Stellen in einem Zylinder würden in der Druckluft mitgerissene Schmutzteile besonders schädlich sein?

2/26 Skizzieren Sie das grafische Symbol für einen Zylinder ab, und ergänzen Sie die Anzüge mit den folgenden Fachbegriffen:
Kolben, Kolbenstange, Zylinderrohr, Deckel, Boden, Druckluftanschluss.

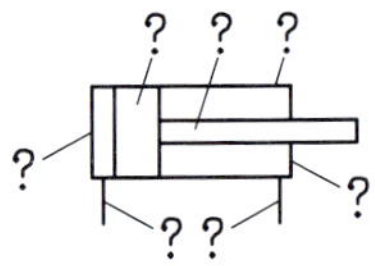

2/27 Die Kolbenstange von Pneumatikzylindern tragen am herausragenden Ende meist Gewinde und zwei Schlüsselflächen.
Welche Aufgabe hat das Gewinde, wozu dienen die Schlüsselflächen?

2/28 Welche Arbeitselemente sind für folgende Aufgaben auszuwählen?

a) Verstellung der Weichen in einem Transportsystem

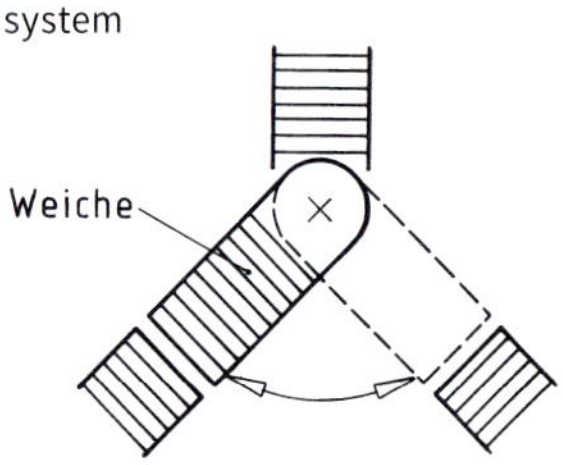

b) Antrieb einer Schleifmaschine

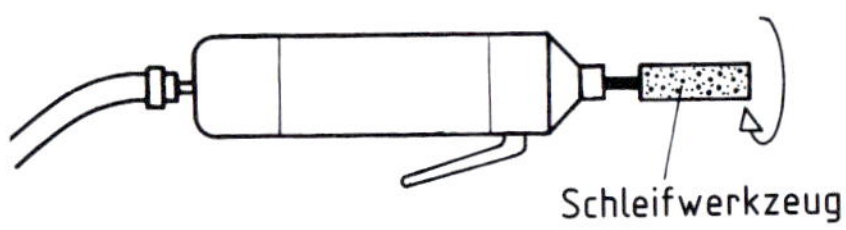

c) Spannen von gleichen Werkstücken in einer Bohrvorrichtung

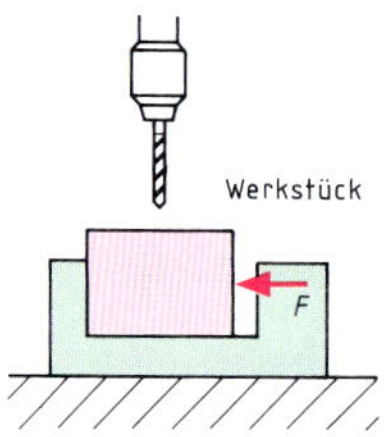

d) Ausstoß eines Werkstückes aus einer Bohrvorrichtung

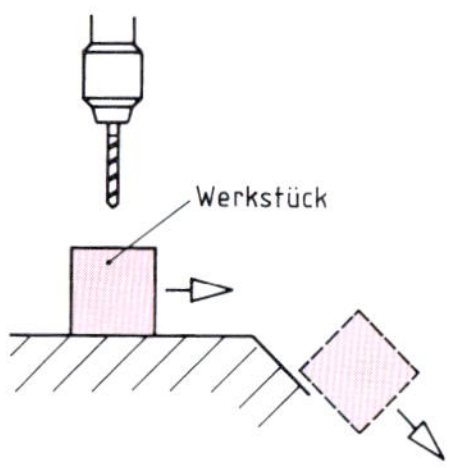

Datenblatt zu Aufgabe 2/29

Technische Daten *für doppelt wirkende Zylinder; Kolbendurchmesser 32 mm bis 100 mm*

Medium	gefilterte, geölte oder gefilterte, nicht geölte Druckluft
Bauart	Kolbenzylinder
max. zulässiger Betriebsdruck	12 bar
Temperaturbereich	– 20 bis + 80 °C
Werkstoffe	Lager- und Abschlussdeckel: G-Al lackiert; Zylinderrohr: Präzisionsstahlrohr lackiert; Kolbenstange: X 20 Cr 13, Gewinde gerollt; Dichtingen: Perbunan

Kolben-Ø mm	**Standard-Hublängen mm**	**Hublänge min. – max. mm**	**Schubkraft bei 6 bar N**	**Rückzugskraft bei 6 bar N**	**An-schluss**	**Dämpfungs-länge mm**
32	25/160 40/200 56/300 80/400 100/500	1 – 2 000	450	380	G ½	19
40		1 – 2 000	710	590	G ¼	21
50		1 – 2 000	1 130	940	G ¼	23
63		1 – 2 000	1 800	1 610	G ???	23
80		1 – 2 000	2 900	2 610	G ¾	30
100		1 – 2 000	4 550	4 260	G ½	30

2/29 In einer pneumatischen Spannvorrichtung soll ein doppelt wirkender Zylinder mit einer Spannkraft von mindestens 1050 N Werkstücke einspannen. Der Betriebsdruck beträgt etwa 6 bar.

a) Wählen Sie einen Zylinder aus dem „Datenblatt für Pneumatikzylinder“ aus und ermitteln Sie den Wirkungsgrad des Zylinders.

b) Berechnen Sie mit dem ermittelten Wirkungsgrad die Schubkräfte für die Betriebsdrücke 4 bar und 8 bar.

Einheiten zum Steuern der Druckluft

2/30 Ein Kugelsitzventil ist falsch eingebaut worden. Der Monteur hat die Anschlüsse 1 (P) und 2 (A) vertauscht.
Was geschieht, wenn dem Ventil Druckluft zugeführt wird?

2/31 Erklären Sie, warum Längsschieberventile gegenüber den Sitzventilen nur geringe Betätigungskräfte erfordern.

2/32 Welche Probleme ergeben sich bei impulsgesteuerten Längsschieberventilen im Hinblick auf die Ausgangsstellung einer Schaltung?

2/33 In einem pneumatischen Endschalter mit Vorsteuerung ist die Rückstellfeder gebrochen. Beschreiben Sie jeweils die Folgen für die Steuerung
a) bei einem Federbruch im Vorsteuerventil und
b) bei einem Federbruch im Hauptventil.

2/34 Ordnen Sie die gegebenen Teilaussagen zu einem Fachbericht über die Rückstellung eines Ventiles mit Vorsteuerung.

- Der Druckraum mit der Membrane im Vorsteuerventil wird entlüftet.
- Die zusammengedrückte Feder im Hauptventil kann nun den Steuerkolben nach oben umschalten.
- Wird die Betätigungsrolle entlastet, so erfolgt die Rückstellung des Ventiles.
- Im Vorsteuerventil schließt die Rückstellfeder die Verbindung zwischen dem Druckanschluss und dem Druckraum mit der Membrane.
- Die aus der Arbeitsleitung zurückströmende Luft entweicht über die Bohrung im Steuerkolben nach außen.
- Der umgeschaltete Steuerkolben verschließt im Hauptventil den Weg vom Druckanschluss zur Arbeitsleitung.

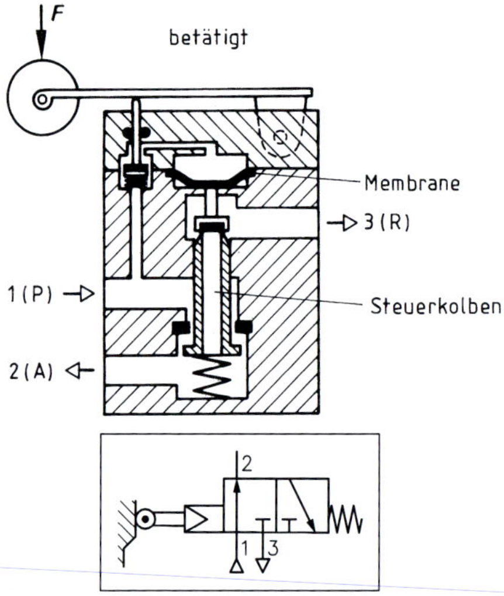

2/35 Warum benötigen Wegeventile mit Federrückstellung keine Handhilfsbetätigung?

Normal-Nenndurchfluss

	Formeln	Formelzeichen
		Normbedingungen
Allgemeine Gasgleichung:	$\frac{p_o \cdot V_o}{T_o} = \frac{p \cdot V}{T}$	p_o Druck von 1,013 bar V_o Normvolumen in dm³ T_o Temperatur von 273 K
		Bedingungen für den Berechnungsfall
Normal-Nenndurchfluss:	$q_v = \frac{V}{t}$	p Druck in bar V Volumen in dm³ T Temperatur in K t Zeit in min q_v Normal-Nenndurchfluss in l/min (Volumenstrom)

2/36 Ein Ventil mit einem Normal-Nenndurchfluss von 1 400 l/min soll überprüft werden. Wie viel dm³ Luft strömen je Sekunde durch das Ventil, wenn die Luft jeweils folgende Temperaturen hat? (Der Druck beträgt 7 bar vor und 6 bar nach der Messstelle.)
a) – 10 °C b) + 20 °C c) + 60 °C

2/37 Ein Ventil hat die Nennweite NW = 8 mm. Der Durchflussquerschnitt ist kreisringförmig. Dabei ist der größere Durchmesser 10 mm.
Berechnen Sie den kleineren Durchmesser.

2/38 Ein doppelt wirkender Zylinder soll über Handbetätigung ein- und ausgefahren werden. Wahlweise kann der Vorhub auch über einen Fußschalter erfolgen.
Skizzieren Sie einen Schaltplan mit Wechselventil.

2/39 a) Welche Aufgabe hat das Rückschlagventil in der gegebenen Steuerung?
b) Analysieren Sie die Folgen für die Steuerung, falls die Anschlüsse beim Rückschlagventil vertauscht werden.
c) Entwickeln Sie einen entsprechenden Schaltplan für die Steuerung des Zylinders mithilfe nur eines 3/2-Wegeventiles mit entsprechenden Betätigungen.

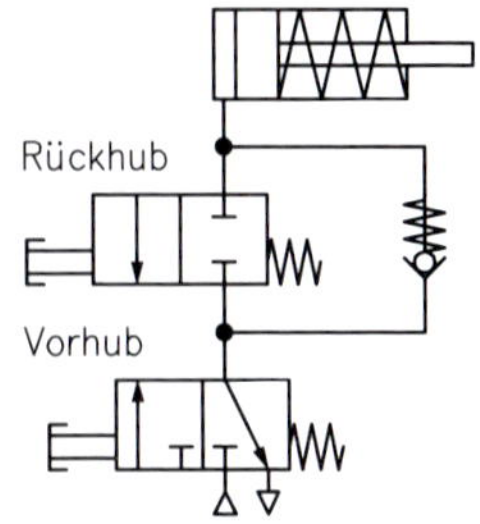

2/40 In einer Steuerung wird ein Zylinder über ein Zweidruckventil beim Ausfahren angesteuert.
a) Skizzieren Sie den Schaltplanausschnitt mit Signalgliedern, Steuerglied, Stellglied und Arbeitsglied.
b) Verwirklichen Sie die gleiche Schaltung ohne Zweidruckventil.

2/41 Welchen Nachteil hat ein Drosselventil für die Einstellung der Kolbengeschwindigkeit?

2/42 Ein Drosselrückschlagventil zur Geschwindigkeitseinstellung von Arbeitsgliedern kann auf der Zuluftseite oder auf der Abluftseite des Zylinders eingebaut werden.
Auf welcher Seite des Arbeitsgliedes setzt man Drosselrückschlagventile vorzugsweise ein? Begründen Sie Ihre Antwort.

2/43 In Verzögerungsventilen sind Drosselrückschlagventile eingebaut.
a) Beschreiben Sie die Aufgabe der Drossel.
b) Erklären Sie die Funktion des Rückschlagventiles.

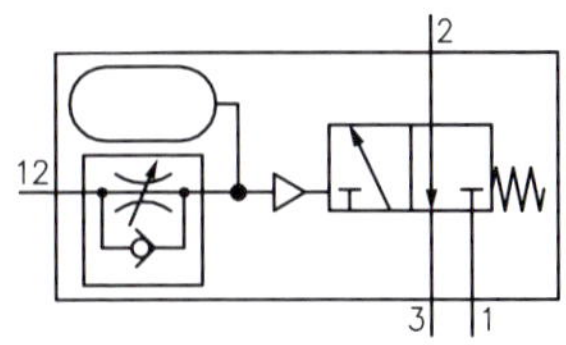

2/44 Ein großer doppelt wirkender Zylinder soll den Rückhub schnell ausführen. Vorgesehen ist ein Schnellentlüftungsventil. Informieren Sie sich über „Schnellentlüftungsventil“ im Internet.
Zeichnen Sie den Schaltplanauszug.

2/45 Warum sind Druckbegrenzungsventile in Druckerzeugungsanlagen vorgeschrieben?

2/46 Ein Druckregelventil funktioniert nicht mehr. Welche Ursachen können vorliegen?

2/47 Wie heißen die im „Schaltplan einer Pneumatikanlage“ gekennzeichneten Bauteile 1 bis 11?
Geben Sie die jeweilige Aufgabe der Bauteile an.

2/48 Stellen Sie in der Werkstatt oder im Pneumatiklabor folgende Ventile zusammen:
- Wegeventil,
- Sperrventil,
- Druckventil,
- Stromventil.

a) Skizzieren Sie jeweils das grafische Symbol mit allen Anschlussbezeichnungen.
b) Bei alten Anschlussbezeichnungen tragen Sie zusätzlich die Anschlussbezeichnungen nach DIN ISO 5599 ein.

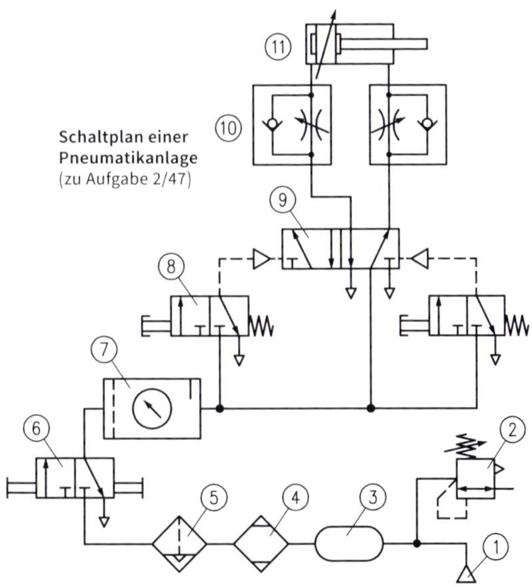

Schaltplan einer Pneumatikanlage
(zu Aufgabe 2/47)

Pneumatische Steuerungen

2/49 Ein einfach wirkender Zylinder soll mit einem 4/2-Wegeventil gesteuert werden, weil kein geeignetes 3/2-Wegeventil vorhanden ist.
Zeichnen Sie den Schaltplan.

2/50 Beantworten Sie die Fragen zu der dargestellten Schaltung mit Begründung.

a) Lässt sich in der Ausgangsstellung die Kolbenstange durch eine äußere Kraft bewegen?
b) Nimmt die Kolbenstange bei Schalterbetätigung eine bestimmte Schaltstellung ein?

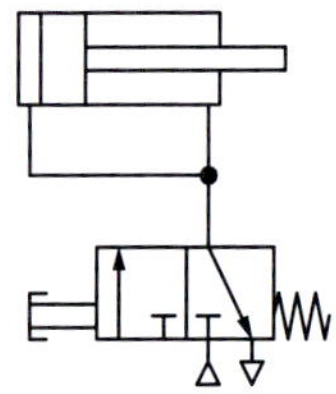

2/51 Die Drehzahl für einen Druckluftmotor soll im Rechtslauf und im Linkslauf gesteuert werden. Die Druckluft wird dem Motor über ein geeignetes 4/3-Wegeventil zugeführt, das handbetätigt sein soll. In der mittleren Stellung des Ventiles muss die Bewegung des Motors blockiert sein. Zeichnen Sie den Schaltplan.

2/52 Warum baut man die Drossel zur Steuerung der Kolbengeschwindigkeit zwischen Stellglied und Arbeitsglied und nicht vor das Stellglied ein?

2/53 In eine Pneumatikanlage soll ein Drosselrückschlagventil eingebaut werden. Ein solches Ventil ist nicht verfügbar. Man kann sich mit dem Einbau einer Drossel und eines Rückschlagventiles helfen. Zeichnen Sie den entsprechenden Teil des Schaltplanes.

2/54 In einer Leitung muss die Druckluft in beiden Richtungen gedrosselt werden. Es stehen nur Drosselrückschlagventile zur Verfügung.
Zeichnen Sie die Schaltung.

2/55 Welche Betätigungsarten sind typisch für willensabhängige Steuerungen?
Zeichnen Sie die entsprechenden grafischen Symbole, und geben Sie dazu Erläuterungen.

2/56 Unter welchen Voraussetzungen kann in einer Pneumatikanlage eine Signalfolge verwirklicht werden?

2/57 Wie kennzeichnet man in Schaltplänen für die Pneumatik die Lage von Signalgliedern, die wegabhängig gesteuert werden?

2/58 Zeichnen Sie die typischen Betätigungssymbole für wegabhängig gesteuerte Ventile in der Pneumatik.

2/59 Ein Rüttelsieb soll pneumatisch hin- und herbewegt werden. Die Geschwindigkeit der Rüttelbewegung soll sowohl im Vorlauf als auch im Rücklauf steuerbar sein.
Zeichnen Sie den Schaltplan.

2/60 Skizzieren Sie das grafische Symbol für ein Verzögerungsventil mit nachfolgendem Stellglied, das folgende Funktion haben soll:

- Nullstellung durch Federkraft, dabei Druckluft auf Arbeitsleitung 4 (A), die Arbeitsleitung 2 (B) ist entlüftet,
- in Schaltstellung ist die Druckluft mit 2 (B) verbunden, die Leitung 4 (A) ist entlüftet, die Umsteuerung soll mit Druckluft erfolgen und zeitverzögert sein.

2/61 Eine Prägevorrichtung arbeitet halbautomatisch in vorgegebener Reihenfolge:

- In eine Werkstückaufnahme wird von Hand ein Kunststoffplättchen etwa in der Größe eines 2-EUR-Stückes eingelegt.
- Durch einen Pneumatikzylinder wird die Werkstückaufnahme unter den Prägestempel geschoben.
- Die Prägung erfolgt mithilfe eines zweiten Pneumatikzylinders.
- Nachdem der Zylinder für den Prägestempel in die Ausgangslage zurückgefahren ist, wird die Werkstückaufnahme in die Ausgangsstellung zurückgezogen.

a) Skizzieren Sie das Technologieschema.
b) Geben Sie an, welche Startbedingungen bestehen müssen.
c) Beschreiben Sie die einzelnen Schritte der Ablaufsteuerung.

2/62 Die gezeigte Maschine dient zum Ablängen von Kunststoffstangen.

a) Beschreiben Sie mit Ihren Worten den Ablauf eines Ablängvorganges.
b) Stellen Sie den Ablauf im Weg-Schritt-Diagramm dar.

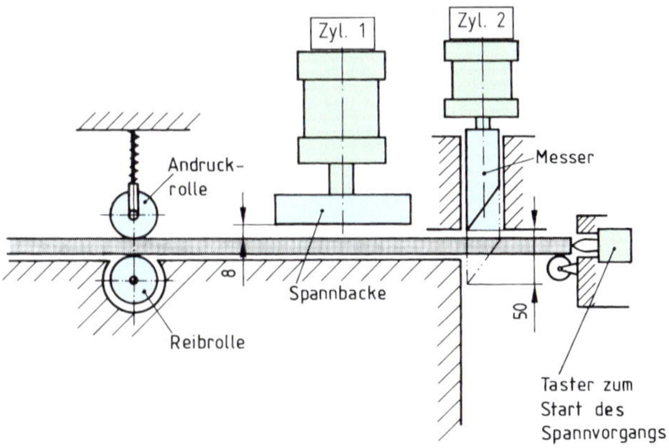

2/63 In einen Metallring sollen zwei Durchgangslöcher gebohrt werden, die radial verlaufen und um 30° versetzt sind. Beide Bohrungen liegen in dem gleichen Kreisquerschnitt.

a) Skizzieren Sie das Technologie-schema mit einem pneumatischen Spannzylinder und zwei Bohrspindeln, die über pneumatische Vorschubeinheiten angetrieben werden.
b) Geben Sie eine genaue und vollständige „Aufgabenstellung“ für diese Steuerung.
Beschreiben Sie dabei die Abfolge der Bewegungen der Arbeitselemente.
c) Legen Sie die Startverriegelung fest, und nennen Sie notwendige Absicherungen.

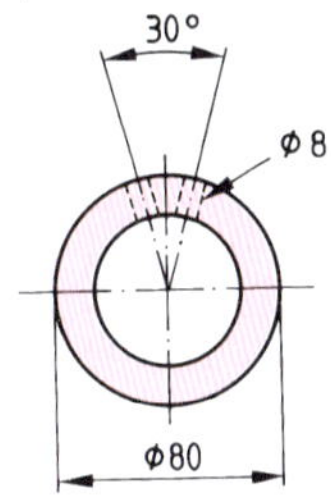

2/64 In einer Biegevorrichtung werden Werkstücke pneumatisch gespannt und anschließend selbsttätig gebogen. Der Steuerungsablauf erfolgt in Schritten:

Schritt	Beschreibung des Ablaufes
1.	Zylinder 1.3 fährt aus, spannt Biegeteil
2.	Zylinder 2.3 fährt aus, biegt Werkstück vor
3.	Zylinder 3.3 fährt aus, biegt Werkstück fertig
4.	Zylinder 2.3 und 3.3 fahren ein
5.	Zylinder 1.3 fährt ein, Werkstück wird entnommen

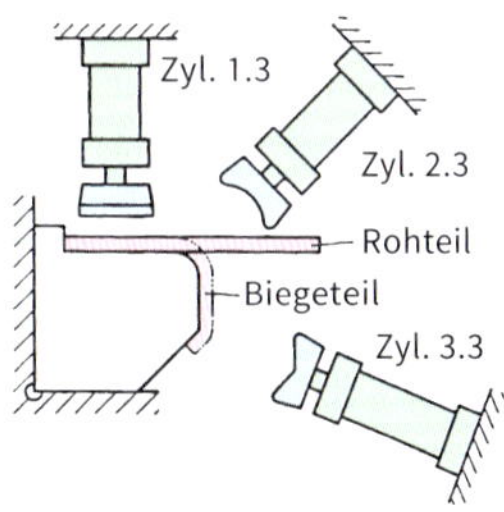

Zeichnen Sie das Zustands-Schritt-Diagramm mit Signallinien.

2/65 Beschreiben Sie anhand des folgenden Funktionsdiagramms:

a) die Startbedingungen,
b) die Schrittfolge der Steuerung,
c) die Wirkung der Endschalter 1.3 und 1.2.

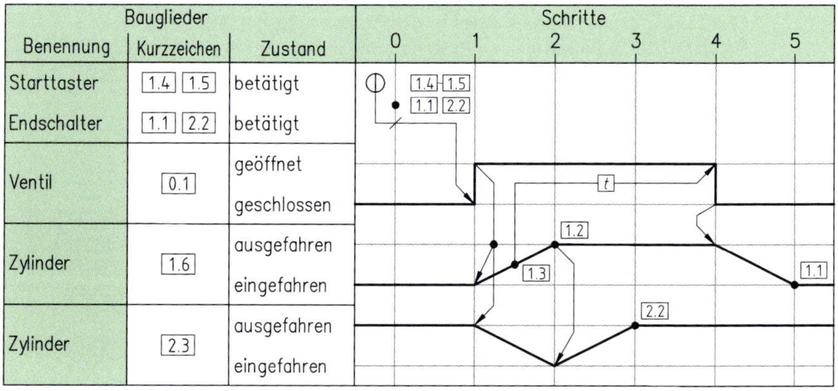

2/66 Beschreiben Sie anhand des Funktionsdiagramms:

a) die Startbedingungen,
b) die Schrittfolge der Steuerung,
c) den Automatikbetrieb.

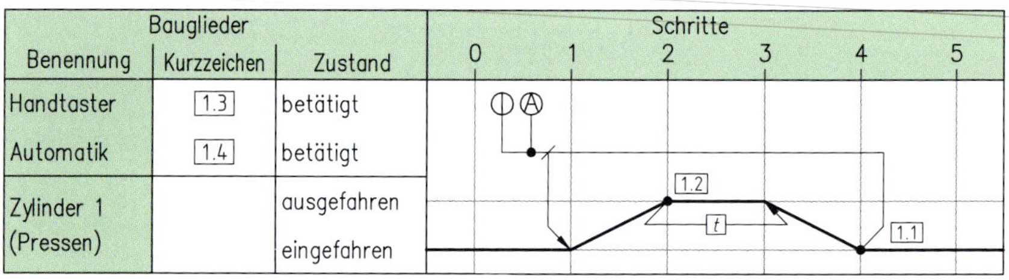

2/67 Eine Biegevorrichtung für Bleche arbeitet mit einem Pneumatikzylinder. Dabei wird der Zylinder schnell zugestellt, während der Biegevorgang selbst langsam erfolgt.

a) Erstellen Sie für den Pneumatikzylinder das Funktionsdiagramm.
b) Tragen Sie die Signalglieder und die Signallinien in das Diagramm ein, wenn Folgendes bekannt ist:
   - Der Zylinder betätigt im eingefahrenen Zustand den Endtaster 1.1.
   - Bei gleichzeitiger Betätigung der Handtaster 1.4 und 1.5 fährt der Zylinder schnell aus.
   - Am Ende der Zustellung betätigt der Zylinder den Endschalter 1.2 und schaltet so auf den langsameren Biegevorgang um.
   - Nach dem Biegevorgang betätigt der Zylinder den Endschalter 1.3 und schaltet sich selbst um.
   - Im eingefahrenen Zustand fährt der Zylinder wieder auf den Endschalter 1.1.

2/68 In der Pneumatik und Hydraulik unterscheidet man folgende Pläne und Diagramme:

- Technologieschema,
- Schaltplan,
- Weg-Zeit-Diagramm,
- Weg-Schritt-Diagramm,
- Zustands-Schritt-Diagramm,
- Funktionsdiagramm.

Erläutern Sie die Aufgabe dieser Pläne bzw. Diagramme.

2/69 Untersuchen Sie die Aussagen, und geben Sie an, ob es sich um eine Ablauf- oder Verknüpfungssteuerung handelt.

a) In einer Flaschenabfüllanlage durchlaufen die Flaschen vom Reinigen über Kontrolle, Abfüllung, Verschließen, Etikettieren und Verpacken verschiedene Stationen. Die Weiterleitung zur nächsten Station erfolgt jeweils nach Abschluss des vorherigen Schrittes. Dies ist über eine ___?___ zu verwirklichen.

b) Ein Rolltor öffnet nur, wenn die Steuerung auf Automatik steht und ein bestimmtes Funksignal gegeben wird oder der Schlüsselschalter betätigt wird. Dies ist eine ___?___.

2/70 Ein Schieber am Speicher einer Abfüllanlage wird durch einen Pneumatikzylinder betätigt.

- Der Zylinder fährt ein und öffnet damit, wenn der Knopf „Füllen“ gedrückt wird,
- ein Behälter unter dem Silo steht,
- der Taster unter der Gewichtskontrolle nicht gedrückt ist.

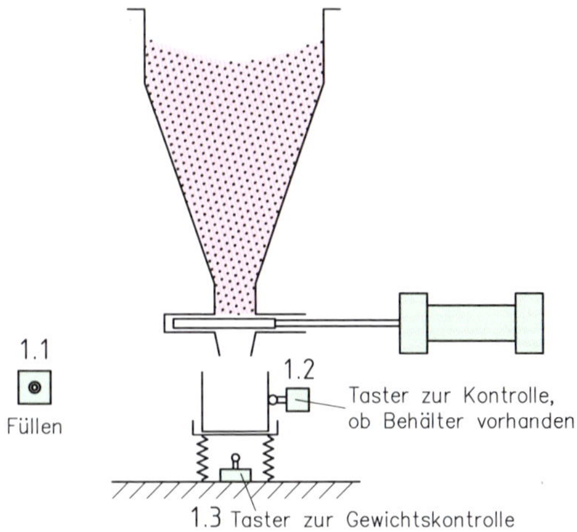

a) Zeichnen Sie das Funktionsdiagramm.

b) Zeichnen Sie den Pneumatikschaltplan.

2/71 Mit der dargestellten Vorrichtung werden Lagerbuchsen in Laufrollen eingepresst. Der Einpressvorgang soll nur dann erfolgen, wenn

- mit den Händen die Handtaster 1.1 **und** 1.2 gleichzeitig gedrückt sind

oder wenn

- der Fußtaster 1.3 gedrückt wird **und** der Taster 1.4 für das Schutzgitter **nicht** gedrückt ist, weil das Schutzgitter vollständig herabgelassen ist.

Technologieschema

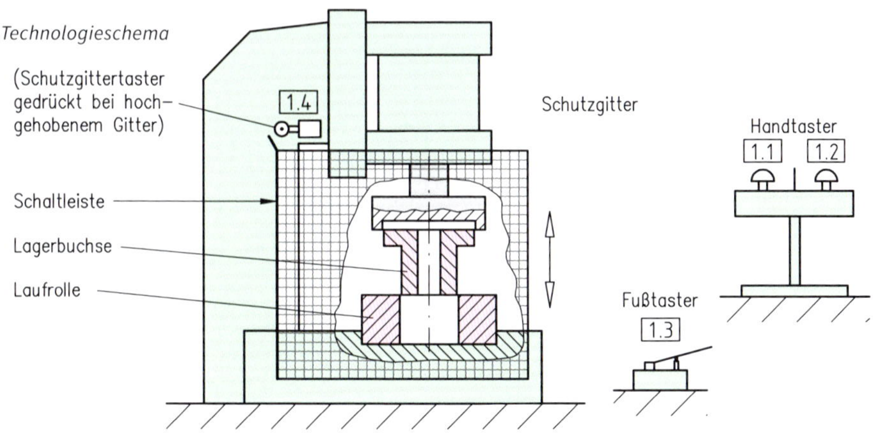

a) Beschreiben Sie den Steuerungsablauf in Schritten.

b) Zeichnen Sie das Funktionsdiagramm.

c) Entwerfen und zeichnen Sie den Pneumatikschaltplan.

d) Untersuchen Sie, zwischen welchen Sensoren eine UND-, ODER- bzw. NICHT-Verknüpfung vorliegt.

2/72 In einer halbautomatischen Klebe- und Bohrvorrichtung sollen Werkstücke unter Druck geklebt und anschließend gebohrt werden. Das Profilteil wird von Hand auf die Werkstückaufnahme gelegt (1.5 ist eingefahren) und anschließend wird die mit Reaktionskleber beschichtete Auflage auf dem Profilteil justiert.

a) Beschreiben Sie den Steuerungsablauf in Schritten.

b) Zeichnen Sie das Funktionsdiagramm mit Signallinien.

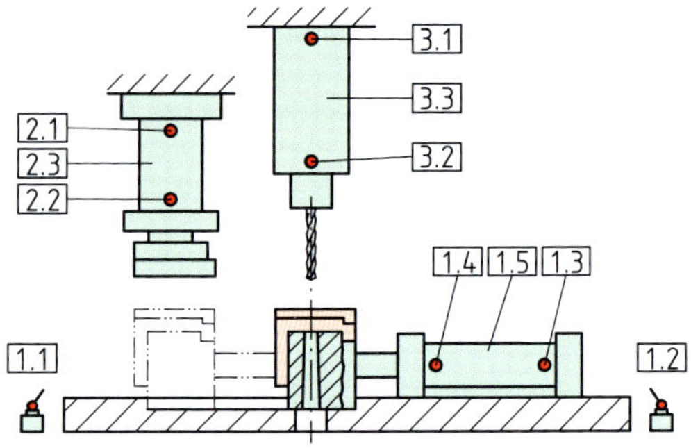

Planungsunterlagen zu den Aufgaben 2/73 bis 2/75

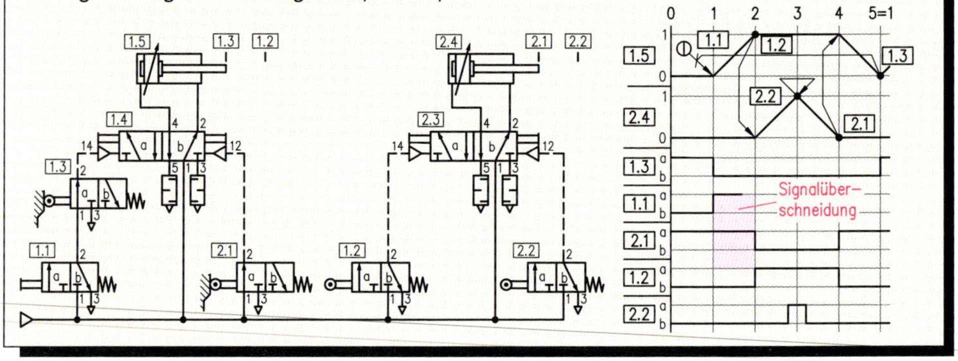

2/73 Warum liegt in dem Schaltplan auch eine Signalüberschneidung zwischen den Ventilen 1.2 und 2.2 vor?

2/74 Aus den Planungsunterlagen kann man verschiedene Informationen entnehmen.
Welche Bedeutung haben die Ziffern 0 und 1 bzw. die Buchstaben a und b im Funktionsdiagramm, die bei den Kurzzeichen für die Bauglieder stehen?

2/75 Testen Sie die Schaltung im Pneumatiklabor. Schalten Sie dabei die Dauersignale von 2.1 und 1.2 über Verzögerungsventile ab.

Planungsunterlagen zu den Aufgaben 2/76 bis 2/78

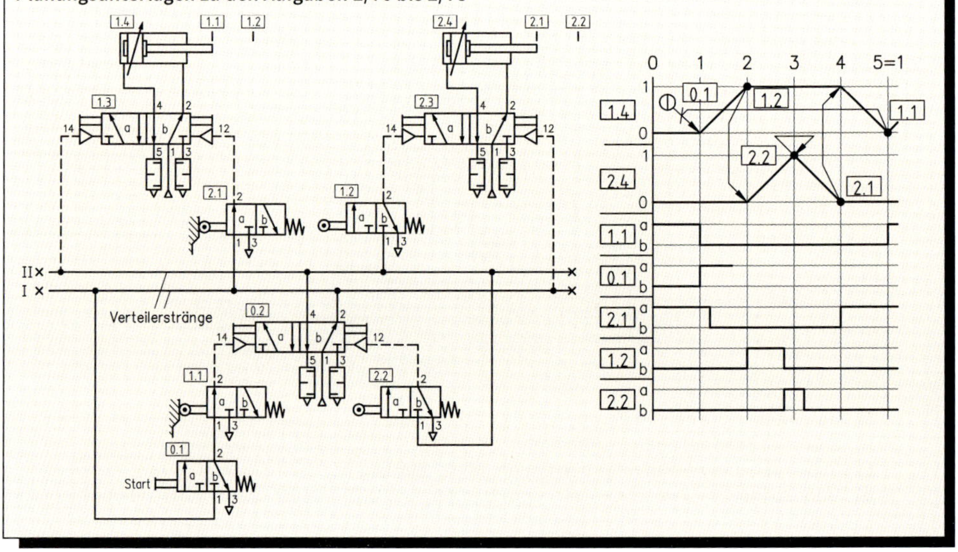

2/76 a) Übernehmen Sie den Pneumatikschaltplan in ein Simulationsprogramm und testen Sie es aus.
b) Stellen Sie im Pneumatiklabor die notwendigen Ventile zusammen und bauen Sie die Schaltung auf.

2/77 a) Testen Sie die Steuerung aus Aufgabe **2/76** auf ihre Funktionstüchtigkeit. Erstellen Sie ein Prüfprotokoll.
b) Nach einer Reparatur sind die Anschlüsse von dem Umschaltventil 0.2 an die Verteilerstränge vertauscht worden.
Was passiert, wenn die Anlage über das Hauptventil mit Druckluft versorgt wird?

2/78 Analysieren Sie die Aufgabe des Signalgliedes 1.1 in der Schaltung nach den vorliegenden Planungsunterlagen. Beschreiben Sie Ihre Feststellungen.

2/79 Ein langer Druckluftzylinder (1.9) soll mit unterschiedlichen Geschwindigkeiten beim Ausfahren gesteuert werden. Vorgeschlagen ist dazu der skizzierte Schaltplan.

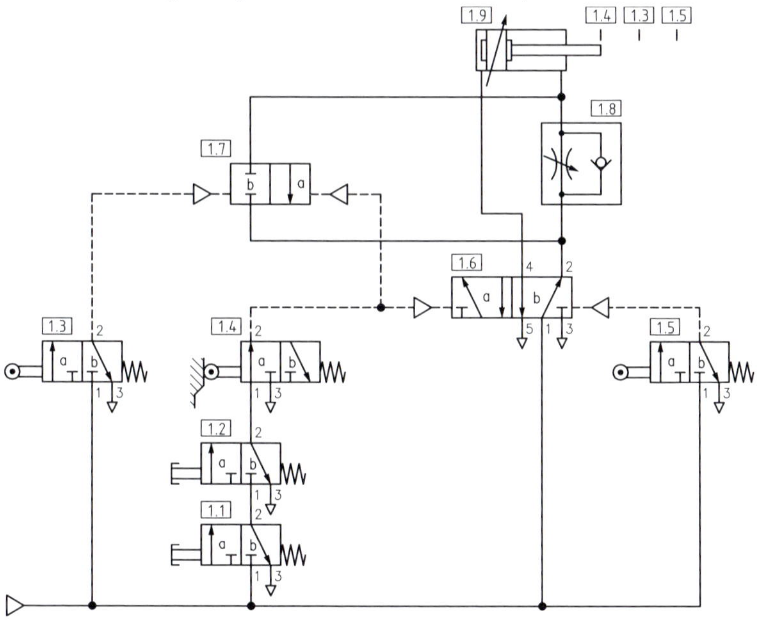

a) Übernehmen Sie den Pneumatikschaltplan in ein Simulationsprogramm und testen Sie es aus.
b) Testen Sie die Schaltung im Pneumatiklabor, verwenden Sie dabei einen möglichst langen Zylinder.
c) Üben Sie sich in der Fehlersuche in Steuerungen, indem Sie von Ihrem Nachbarn Veränderungen im Aufbau der zunächst funktionstüchtigen Anlage vornehmen lassen. Suchen Sie die Fehler systematisch mithilfe des Funktionsdiagrammes und des Pneumatikschaltplanes.
d) Welche Aufgabe sollen die Ventile 1.1 und 1.2 erfüllen?

3 Elektropneumatik

Bauteile in elektropneumatischen Anlagen

3/1 Das mechanische Öffnen bzw. Schließen eines Ventiles erfolgt mithilfe des elektrischen Stromes. Erklären Sie diesen Vorgang.

3/2 Welche Teile eines grafischen Symbols für ein elektromagnetisch betätigtes Wegeventil sind im Pneumatikschaltplan und im Stromlaufplan gleich und welche sind unterschiedlich?

3/3 Zeichnen Sie das grafische Symbol für ein 3/2-Wegeventil in Sperr-Ruhestellung, elektromagnetisch betätigt mit Vorsteuerung und Federrückstellung.

3/4 Aus welchem Grund benutzt man beim Einsatz von Magnetventilen vorzugsweise solche mit Vorsteuerung?

3/5 Welche Aufgabe hat die Handhilfsbetätigung bei Magnetventilen?

3/6 Erläutern Sie folgende Fachbegriffe:

a) EP-Wandler, b) PE-Wandler.

3/7 Erklären Sie die Aufgabe und Wirkung eines RC-Gliedes.

3/8 Entschlüsseln Sie die folgenden Kennzeichen von Schutzarten nach VDE 0470:

a) IP 20, b) IP 22, c) IP 54.

3/9 a) Untersuchen Sie Magnetventile in elektropneumatischen Steuerungen aus Ihrem Betrieb oder aus dem Pneumatiklabor auf die Schutzart.

b) Welchen Hinweis auf Personenschutz finden Sie im Kennzeichen für die Schutzart?

3/10 Warum bevorzugt man in elektropneumatischen Steuerungen bei Magnetventilen die Spannung von 24 V?

3/11 Bei welchem Näherungsschalter können nichtmetallische Körper den Schaltvorgang auslösen?

3/12 Welche besonderen Vorteile bieten fotoelektronische Grenztaster?

3/13 Wie unterscheiden sich Schütz und Relais:

- im Aufbau, - in ihrer Leistung, - in der zeichnerischen Darstellung?

3/14 Zeichnen Sie das grafische Symbol für ein Relais nach DIN EN 60617

a) mit drei Öffnern,

b) mit einem Öffner und einem Schließer.

c) Ergänzen Sie jeweils die Anschlusskennzeichen an dem Relais.

Elektropneumatische Steuerungen

3/15 a) In welche Richtung ist der Signalfluss im Stromlaufplan vereinbart und wie ist die Polung festgelegt?

b) Wie wird der Energiefluss im Pneumatikschaltplan angenommen?

3/16 Übernehmen (kopieren) Sie den folgenden Stromlaufplan, und ergänzen Sie die Skizze durch die Schaltgliedertabellen.

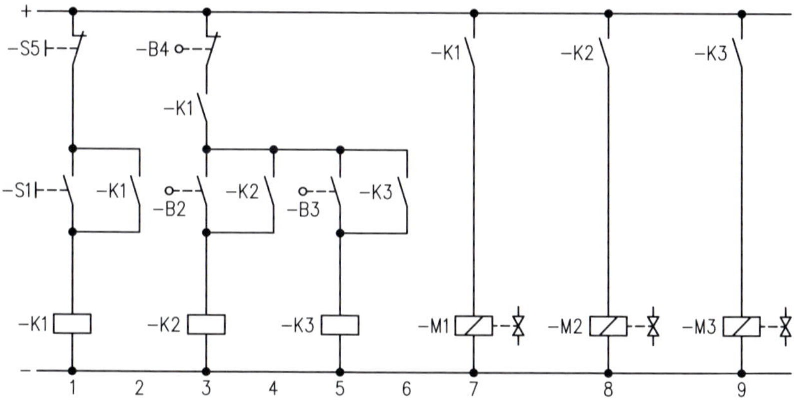

3/17 a) Skizzieren Sie für den gegebenen Logikplan den Stromlaufplan.

b) Übertragen Sie Ihre Lösung in ein Simulationsprogramm (wählen Sie für die Eingänge Taster als Schließer, den Ausgang simulieren Sie mit einer Lampe).

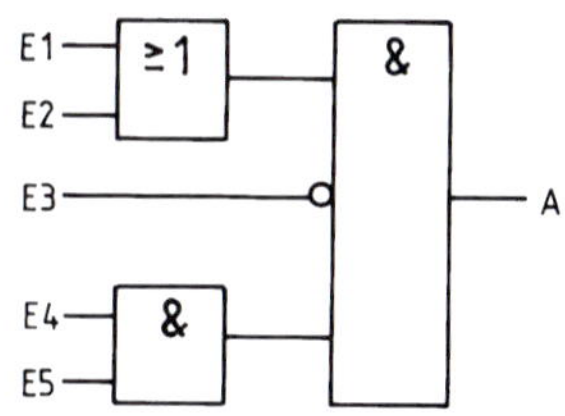

3/18 a) Wie muss man 5/2-Wegeventile elektropneumatisch ansteuern, damit sie Signale speichern?

b) Aus welchem Grunde benötigen solche Speicherventile einen Mindestbetriebsdruck zum Durchschalten?

3/19 Ein 5/2-Wegeventil soll von zwei Stellen eingeschaltet und von einer Stelle ausgeschaltet werden können.

a) Zeichnen Sie die betreffenden Ausschnitte vom Pneumatikschaltplan und vom Stromlaufplan.

b) Übertragen Sie Ihre Lösung in ein Simulationsprogramm und testen es.

3/20 Ein einfach wirkender Zylinder soll mit einer Schützschaltung auf Tastendruck ausfahren und in der Endlage selbsttätig zum Einfahren schalten.

a) Zeichnen Sie den Pneumatikplan und den Stromlaufplan.

b) Übertragen Sie Ihre Lösung in ein Simulationsprogramm und testen Sie es.

4 Inbetriebnahme, Wartung und Fehlersuche bei Steuerungen

Inbetriebnahme von Steuerungen

4/1 a) Beschreiben Sie die Gefahren für das Instandsetzungspersonal, die zu Beginn der Reparatur an einer stillgesetzten elektropneumatischen Steuerungsanlage bestehen.
b) Geben Sie notwendige Sicherheitsmaßnahmen an, die bei der Demontage oder beim Umrüsten einer Anlage eingehalten werden müssen.
c) Nehmen Sie Stellung zu dem Hinweis: „Diese Anlage muss vor Inbetriebnahme vom TÜV abgenommen werden."

4/2 Eine Steuerung wurde einer gründlichen Inspektion unterzogen und soll wieder in Betrieb genommen werden. Ordnen Sie die Einzelanweisungen zur Inbetriebnahme so, dass die Anlage unfallfrei angefahren werden kann.

A Aktoren in Grundstellung bringen
B Spannung anlegen und Arbeitsdruck langsam erhöhen
C Anlage drucklos und spannungslos schalten
D Drosselventile schließen
E Probelauf ohne Werkzeug und ohne Werkstück durchführen
F Druckeinstellungen und Geschwindigkeiten optimieren
G Funktion der Anlage in Schritten prüfen (Drosselventile langsam öffnen)
H Ventile mit Speicherverhalten über die Handhilfsbetätigung in die vorgesehene Stellung bringen
I Testlauf mit allen geforderten Daten durchführen
K Probelauf mit Werkzeug und Werkstück vornehmen
L Sicherheitsventile auf niedrigst zulässigen Betriebsdruck einstellen

Wartung von pneumatischen Steuerungen

4/3 a) Untersuchen Sie in Ihrem Betrieb oder im Pneumatiklabor vorhandene Pneumatiksteuerungen im Hinblick auf die Anzahl und die Anordnung der eingebauten Wartungseinheiten.
Schreiben Sie einen kurzen Bericht.
b) Erklären Sie die Aufgaben aller Elemente einer Wartungseinheit.

4/4 In pneumatischen Anlagen kann das Leitungssystem aus Rohren oder aus Kunststoffschläuchen bestehen.
a) Nennen Sie die Vor- und Nachteile des jeweiligen Leitungssystems.
b) Geben Sie Gründe an, warum für die Gesamtversorgung mit Druckluft eine Ringleitung bevorzugt wird.
c) In einem Leitungssystem tritt unverhältnismäßig hoher Kondensatanfall auf. Welche Ursachen können vorliegen?
d) Wie lassen sich Leckverluste in Leitungssystemen feststellen?

4/5 An welchen Bauteilen einer Steuerung kann der allmähliche Verschleiß frühzeitig erkannt werden? An welchen Bauteilen ist dies nicht der Fall?

4/6 Die Explosionszeichnung des doppelt wirkenden Zylinders gibt Hinweise für die Montage bzw. Demontage des Zylinders und zeigt die Einzelteile für eventuell notwendige Ersatzbestellungen. In einer Liste werden die Einzelteile des Zylinders wie folgt aufgeführt:

Abschlussdeckel
Abstreifring
Dichtring
Federring
Kolbenstange
Lagerbuchse
Lagerdeckel
Nutring
Scheibe
Sechskant-Mutter
Spannring
Zylinder-Schraube
Zylinderrohr
Topfmanschette

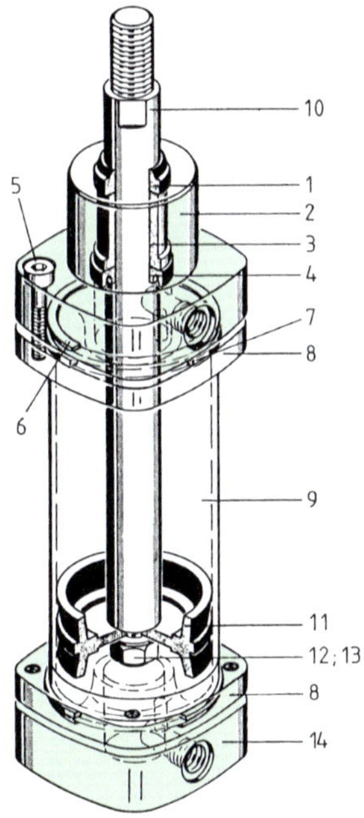

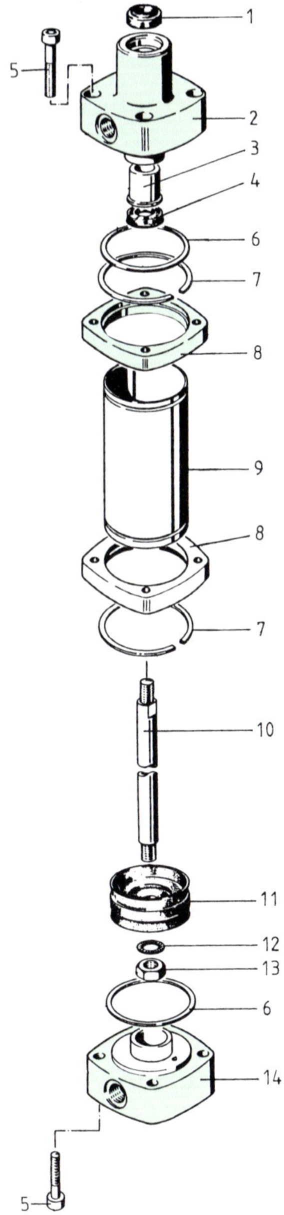

a) Übernehmen Sie die Benennungen der Einzelteile in eine Tabelle. Ordnen Sie die Positionsnummern aus der Zeichnung den Einzelteilen zu.
b) Welche Bauteile müssen ausgewechselt werden, wenn sich auf der Kolbenstange Abrieb zeigt?
c) In Firmenkatalogen werden für Teile, die verschleißen können, nicht einzelne Ersatzteile angeboten, sondern ganze Verschleißteilsätze. Welche Teile gehören für den gegebenen Zylinder zu einem solchen Verschleißteilsatz?
d) Die Topfmanschette im Zylinder ist undicht. Wie wirkt sich diese Störung auf die Steuerung aus?
e) Die Kolbenstange ist bei Montagearbeiten beschädigt worden. Es ist eine Aufwulstung entstanden.
Welche Einzelteile werden im Betrieb unmittelbar beschädigt?

4/7 Die Explosionszeichnung des 3/2-Wegeventils gibt Hinweise für die Montage bzw. Demontage des Ventiles und zeigt die Einzelteile für eventuell notwendige Ersatzbestellungen. In einer Liste werden die Einzelteile des Ventiles wie folgt aufgeführt:

Druckfeder (kurz)
Druckfeder (lang)
Kugel
Kugelhalter
Nutring
O-Ring
Scheibe
Ventilgehäuse
Ventilrohr
Ventilteller
Verschluss

a) Übernehmen Sie die Benennungen der Einzelteile in eine Tabelle. Ordnen Sie die Positionsnummern aus der Zeichnung den Einzelteilen zu.
b) In Firmenkatalogen werden für Teile, die verschleißen können, nicht einzelne Ersatzteile angeboten, sondern ganze Verschleißteilsätze. Welche Teile gehören bei dem gegebenen Ventil zum Verschleißteilsatz?
c) Die lange Druckfeder im Ventil ist gebrochen. Wie wirkt sich diese Störung auf die Funktion des Ventils aus?
d) Das Ventil ist schwergängig. Welche Gründe können vorliegen? Wie lässt sich der Schaden beheben?
e) Die Druckleitungen sind durch Montagearbeiten verschmutzt. Welches Verschleißteil wird besonders stark in Mitleidenschaft gezogen?

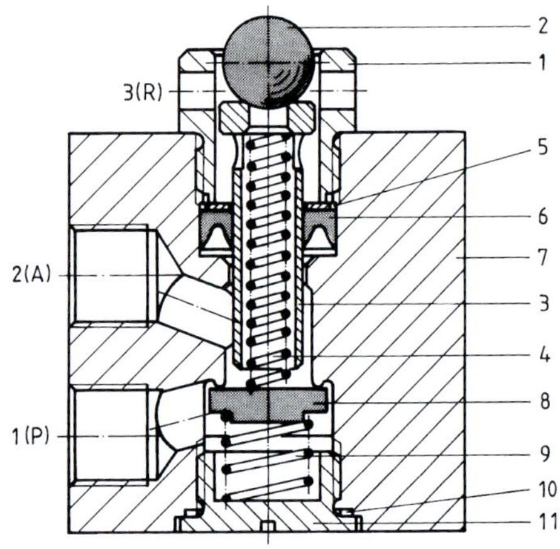

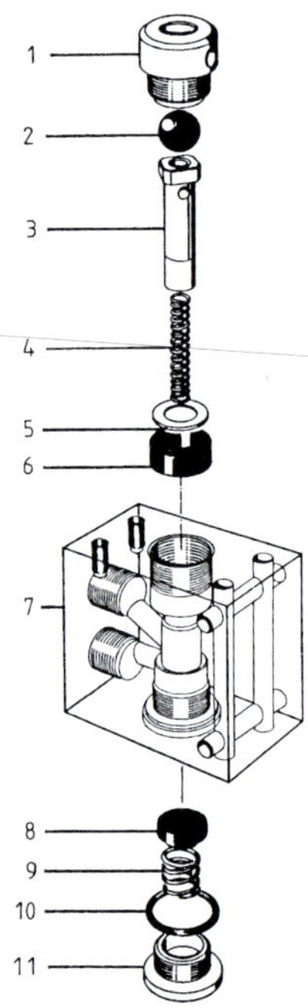

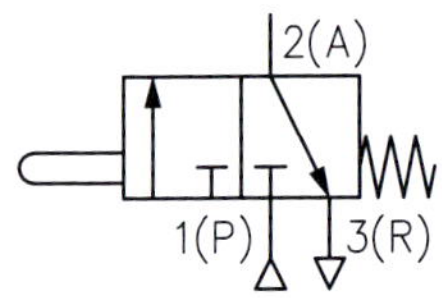

Fehlersuche in pneumatischen Steuerungen

4/8 Durch welche Maßnahmen bei der Planung von Steuerungen kann man eine Fehlersuche in Anlagen vereinfachen?

4/9 In Steuerungen setzt man zunehmend Ventile mit Handhilfsbetätigungen ein. Begründen Sie diese Maßnahme unter dem Gesichtspunkt der Fehlersuche.

4/10 Warum ist es in größeren Steuerungen sinnvoll, die Arbeitskreise und die Steuerkreise über getrennte Leitungssysteme mit Druck zu versorgen?

4/11 In einer Pneumatikanlage tritt insbesondere an kalten Tagen ein hoher Kondensatanfall auf. Welcher Fehler kann in der Anlage vorliegen?

4/12 In einer Werkhalle werden an eine Versorgungsstelle zusätzlich die Anlagen 2 und 3 angeschlossen. Man stellt fest, dass zeitweise die Luftversorgung in Anlage 3 nicht ausreicht.
Durch welche Maßnahmen lässt sich der Mangel beheben?

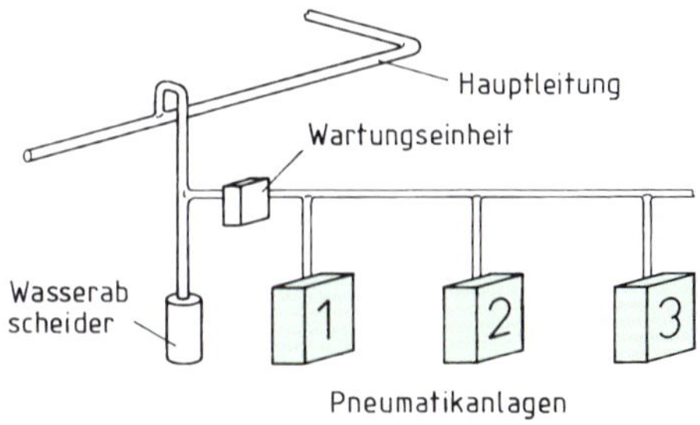

4/13 Die Taktfolge in einer pneumatischen Anlage ist gegenüber dem bisherigen Ablauf gestört. Die Zylinder fahren in einer falschen Reihenfolge aus.

a) Welche Ursachen können vorliegen, wenn dieser Fall nach einer Reparatur der Anlage eintritt?
b) Wodurch kann der Fehler bedingt sein, wenn die Störung während des normalen Betriebes auftritt?

Instandhaltung – Wartungstechnik

1 Grundlagen der Instandhaltung

1/1 a) Wo liegt die Abnutzungsgrenze bei Autoreifen (Sommerreifen)?
b) Es gibt an Autoreifen Reifenverschleißanzeiger (engl. **T**read-**W**ear-**I**ndikator **TWI**). Informieren Sie sich darüber und berichten Sie .

1/2 An einer CNC-Fräse fährt der Fräser nach Einschalten mit voller Kraft gegen das Werkstück. Dieses wird beschädigt, der Fräser bricht und wahrscheinlich sind auch die Spindellager beschädigt. Was können die Ursachen sein?

1/3 Geben Sie an, zu welchen der vier Teilbereiche der Instandhaltung die folgenden Fälle gehören:
a) Kette eines Kettenantriebes schmieren.
b) Filter austauschen.
c) Positionsanzeige an älterer Fräsmaschine montieren.
d) Gerissene Zahnriemen erneuern.

1/4 „Wir wechseln die Keilriemen erst, wenn der erste gerissen ist", sagt der Chef einer Betriebsabteilung. Unter welchen Voraussetzungen ist eine solche Einstellung zur Instandhaltung vertretbar?

2 Systembeurteilung durch Inspektionw

2/1 Beim Einschalten der Transportanlage macht der Mechaniker die dargestellten Beobachtungen.
a) Welche Fehlerursache ist zu vermuten?
b) Was schlagen Sie zur Fehlerbehebung vor?

Ich sehe, der Motor wurde ausgetauscht.
Ich höre, ungewöhnliche Laufgeräusche.
Ich fühle, starke Vibrationen.

2/2 Hier werden zwei Ausschnitte aus dem Anlagenschaubild einer Farbmischanlage gezeigt, die in einigem Zeitabstand aufgenommen wurden.
Welche Instandhaltungsmaßnahme ist wahrscheinlich notwendig?

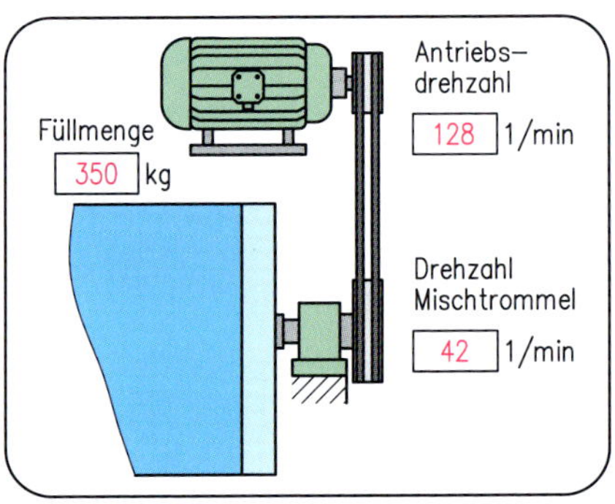

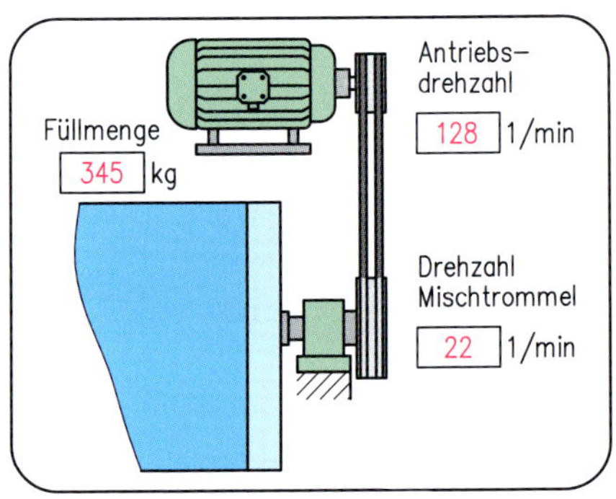

2/3 Lüfter leiten in einer Gießerei die Luft in eine Filteranlage. Das Schwingungsverhalten der Lüfter wird überprüft. Ein Lüfter zeigt plötzlich einen starken Anstieg der Schwingbeschleunigung.

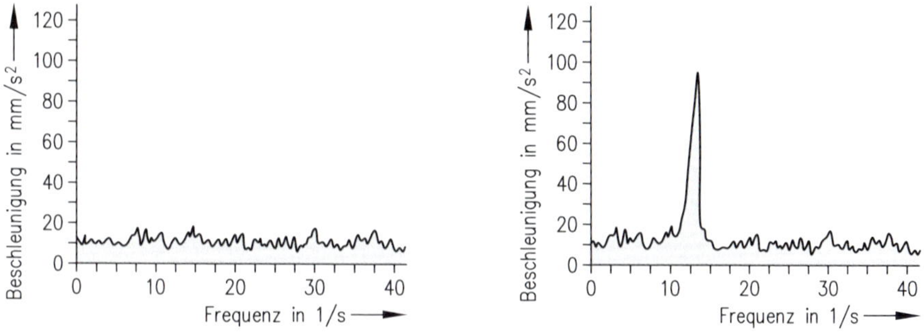

a) Bei welcher Umdrehungsfrequenz in 1/min zeigt sich die Störung?
b) Welcher Art ist die Störung?
c) Welche Ursachen der Störung können vorliegen?

3 Instandhaltung durch Wartung

3/1 Nennen Sie zum dargestellten Messschieber diejenigen der sechs Wartungstätigkeiten, welche an ihm notwendig werden könnten und erläutern Sie jede mit einem Beispiel.

3/2 Beschreiben Sie zu einer Maschine Ihres Ausbildungsbetriebs:

a) eine wöchentlich auszuführende Reinigungsarbeit,
b) eine in längeren Intervallen auszuführende Reinigungsarbeit.

3/3 „Wir haben früher die Maschinen mit Druckluft abgeblasen, da wurden sie auch in den Ecken richtig sauber", berichtet ein alter Schlosser.
Was ist heute gegen das Säubern von Maschinen mit Druckluft einzuwenden?

3/4 Nennen Sie Bauteile an Getrieben und Vorrichtungen, die auf keinen Fall geschmiert werden dürfen.

3/5 a) Erklären Sie die Schmierangaben, die mit den Symbolen 1 bis 3 dargestellt werden.

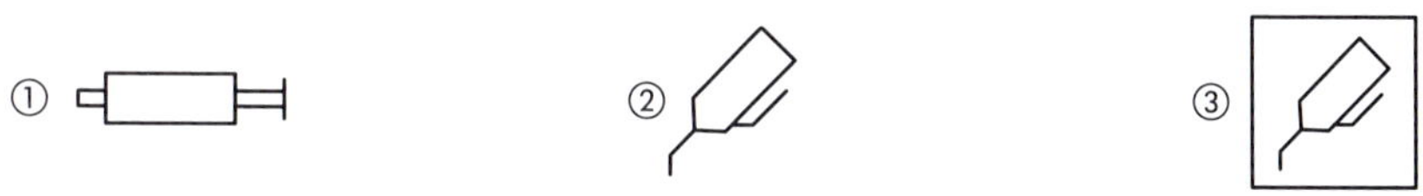

b) Welche Art der Schmierung wird bei neueren Maschinen und Anlagen bevorzugt eingesetzt? Welche Vorteile ergeben sich dabei für die Wartung?

3/6 Maschinen und Anlagen, für deren Betreiben ein Hilfsstoff wie Öl oder eine Kühlflüssigkeit zwingend erforderlich ist, besitzen vielfach eine Kontrolleinrichtung zur Überprüfung der betreffenden Flüssigkeitsmenge. Bei Untersuchung der Mindestfüllmenge muss eine Ergänzung des Hilfsstoffs vorgenommen werden.
Nennen Sie mindestens zwei solcher Kontrolleinrichtungen.

3/7 Aus dem Schmierplan einer Maschine sind zwei Zeilen mit Symbolen dargestellt.
Formulieren Sie die beiden Schmieranweisungen in einem Satz.

Schmierstelle	Symbol für Schmieranleitung	Schmiermittel	Intervall (h)
Lager A		KP 4E DIN 51825	8
Getriebe V	1,5 l	CL 100 DIN 51517	2 500

3/8 Moderne Maschinen sind vielfach mit einer Zentralschmiereinrichtung ausgestattet, welche alle Lagerstellen ständig mit Schmiermittel versorgt.

a) Welche Wartungsarbeiten werden dadurch gespart? Nennen Sie Art und Häufigkeit.
b) Welche Wartungsarbeiten fallen dabei zusätzlich an? Nennen Sie Art und Häufigkeit.

3/9 Nennen Sie Gründe, die dafür sprechen, dass der Hersteller einer Maschine das Erfüllen seiner Gewährleistungsverpflichtungen mit der vollständigen Einhaltung der von ihm aufgestellten Wartungs- und Schmieranleitung verbindet.

3/10 Aus dem Wartungs- und Schmierplan einer Drehmaschine sind einige Wartungsarbeiten aufgelistet. Die Zuordnung zur Maschine und die Wartungsintervalle sind der Zeichnung zu entnehmen.

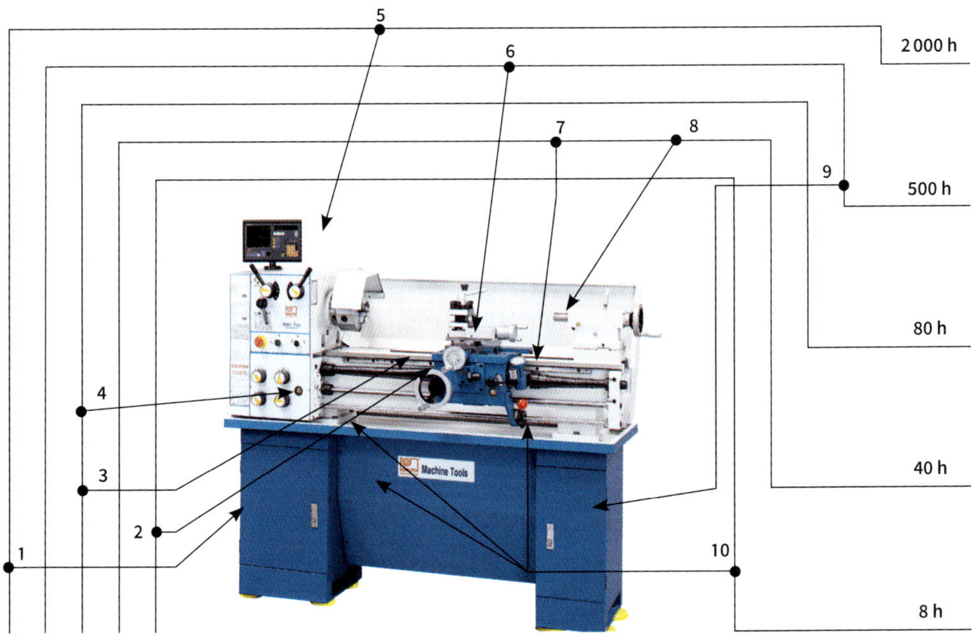

a) Erstellen Sie aus den Angaben einen Wartungsplan, indem Sie die Wartungsarbeiten – aufsteigend nach der Fälligkeit – ordnen.
b) Ergänzen Sie mithilfe der Zeichnung die entsprechende Positionsnummer, und geben Sie das Wartungsintervall an.

Lfd. Nummer (Lt. Zeichnung)	Art und Ort der Wartungsmaßnahme	Intervall in Betriebs-Std.
?	Abstreifer am Bettschlitten reinigen und bei Bedarf auswechseln	?
?	Kühlschmiermittelbehälter reinigen, Kühlschmierstoffreste filtern und auffüllen	?
?	Keilriemenspannung des Antriebsmotors prüfen und bei Bedarf nachspannen	?
?	Schmiernippel am Schlosskasten mit Fettspritze schmieren	?
?	Reitstockpinole reinigen und mit Gleitbahnöl schmieren	?
?	Stellleisten an Längs- und Quersupport auf Spiel prüfen und bei Bedarf einstellen	?
?	Arbeitsspindellagerung auf Spiel prüfen und bei Bedarf nachstellen	?
?	Maschinenbett-Führungsbahnen reinigen und mit Gleitbahnöl schmieren	?
?	Rücklaufsiebe der Kühlschmiermitteleinrichtung reinigen	?
?	Getriebeölfüllmenge am Schauglas des Spindelstockgetriebes prüfen	?

3/11 Jemand hört über seinen Freund, dass dieser im Krankenhaus liegt. Er besucht ihn und erfährt, dass ihm ein Auge amputiert werden musste und er nun ein Glasauge bekommen wird. Er hatte bei Arbeiten mit einem Meißel an seinem Haus einen Splitter ins Auge bekommen.
Überlegen und notieren sie, welche Ursache für den Unfall vorgelegen haben kann.

4 Instandsetzen

4/1 Die Laufkatze eines Laufkrans ist plötzlich unter Last nicht mehr in Querrichtung verfahrbar. Zur Ermittlung der Störungsursache muss ein Industriemechaniker die Laufkatze untersuchen.

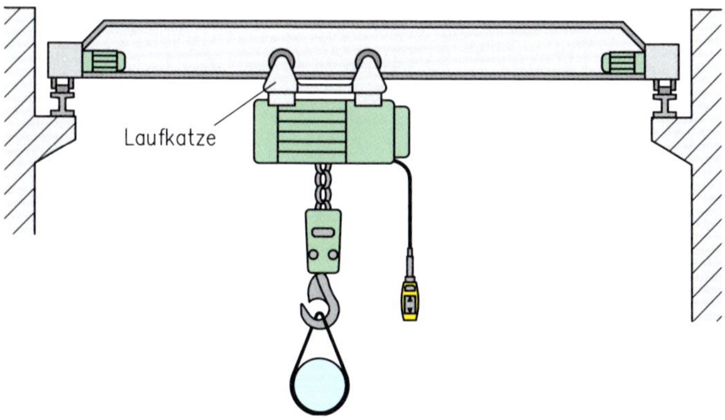

Welche Sicherungsmaßnahmen sollte er vor einer Begutachtung vornehmen?

4/2 Störungen in der Sandmühle einer kleinen Gießerei repariert immer Josef K. Er kennt sich bestens mit der Anlage aus und weiß immer, wo er zuerst nachschauen muss. Wenn er Urlaub hat, wird's immer hektisch und die Störungssuche dauert oft sehr lange.
Doch in Kürze geht Josef K. in den Ruhestand. Die Betriebsleitung denkt plötzlich mit Schrecken daran, wie hoch in der Anfangszeit die Ausfallzeiten werden könnten, wenn ein anderer Industriemechaniker die Anlage betreuen muss.
Was hätte man seitens der Betriebsführung alles besser machen können?

4/3 Infolge eines Schadens ist die Ritzelwelle eines Kegelradgetriebes auszubauen. Beschreiben Sie die Reihenfolge der Demontage. Benennen Sie dabei die einzelnen Bauteile und geben Sie die zur Demontage notwendigen Spezialwerkzeuge an

(Teil 19 ist ein Paket aus Passscheiben, Teil 12 sind Stützscheiben.)

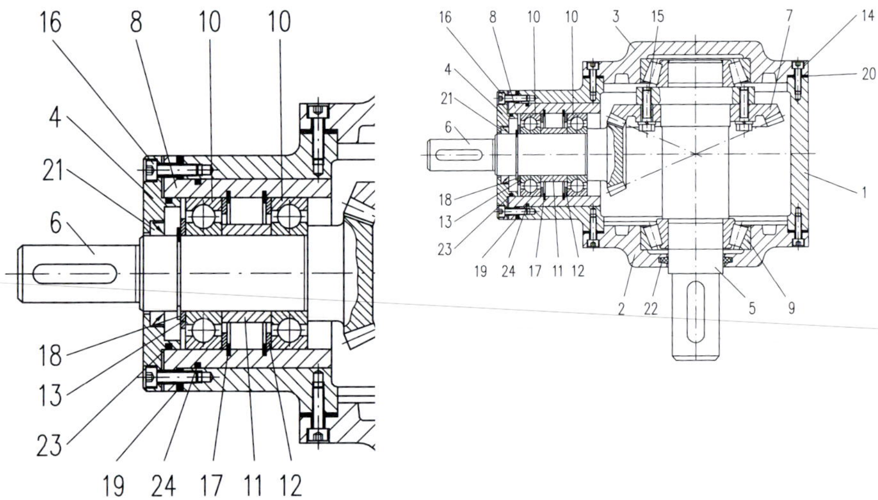

4/4 Die Zahnriemenscheibe wurde demontiert und die Kegelrollenlager wurden erneuert.
Beschreiben Sie die Montage und das Einstellen der Lagerluft beim Einbau zweier Kegelrollenlager.

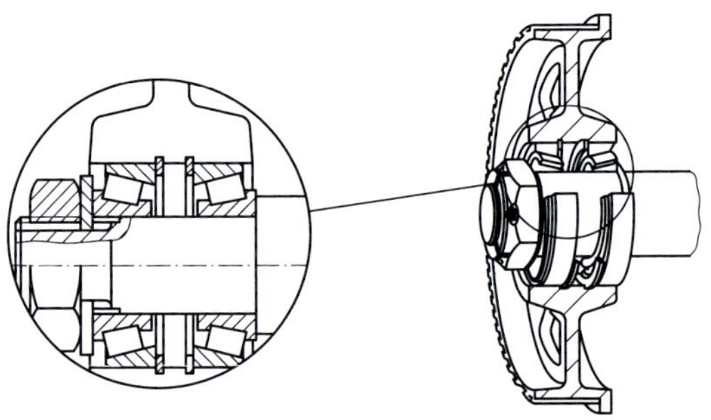

4/5 Das Internet und die Fähigkeiten, in Echtzeit Fotos und Kurzvideos zu übertragen, haben die Möglichkeiten der Fernüberwachung und der Unterstützung des Instandhalters vor Ort wesentlich erweitert. Belegen Sie diese Aussage mit Beispielen.

5 Instandhaltung durch Verbesserung

5/1 Die Tauchpumpe in einem Entwässerungsschacht hat in einem Jahr bereits zweimal den Schacht nicht freipumpen können, weil der Schwimmerschalter aus nicht feststellbaren Gründen nicht schaltete. Es ist bereits der dritte Schalter, der hier wegen Ausfällen eingewechselt wurde.
Machen Sie einen Vorschlag zur Verbesserung.

5/2 Von einem Mechaniker ist ein Verbesserungsvorschlag eingereicht worden. Dort wird zur Erhöhung der Arbeitssicherheit die Umstellung des Bremssystems einer Anlage vorgeschlagen. Dem Voschlag ist eine Schemaskizze beigefügt.

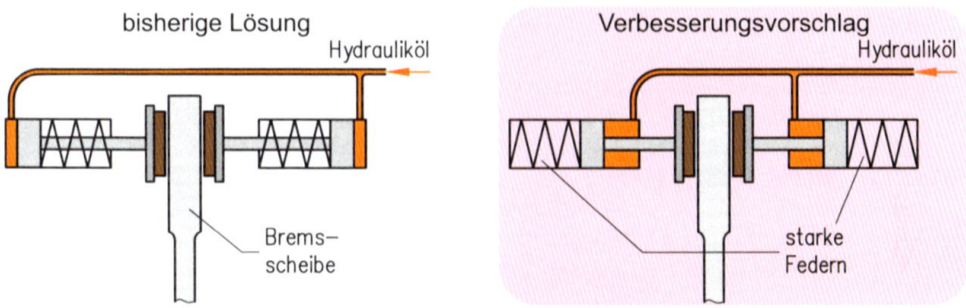

Beschreiben Sie die Funktion der jeweiligen Bremseinrichtung.
Erklären Sie, warum der neue Vorschlag eine Verbesserung der Arbeitssicherheit darstellt.

5/3 Als Schweißvorrichtung, in der Rahmen von Hand geschweißt werden können, wurde bisher mit dieser Vorrichtung gearbeitet. Verbessern Sie die Konstruktion.

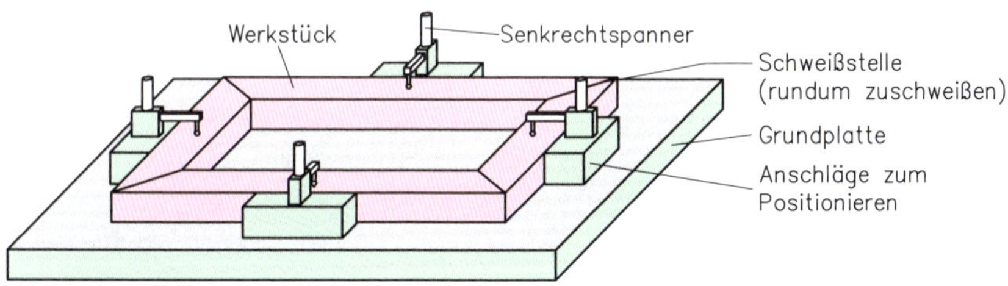

5/4 Ein Deckel wird in einer Bohrvorrichtung in der dargestellten Weise auf der Grundplatte positioniert und gespannt.
Verbessern Sie die Vorrichtung so, dass mittelbar mit einem Spannelement gespannt werden kann.

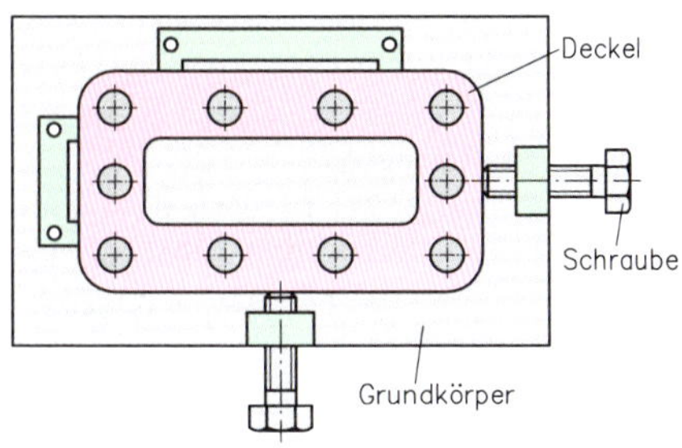

6 Maschinenschaden durch mechanische Beanspruchung

6/1 Schreiben Sie für das Pleuellager eines Verbrennungsmotors alle Größen auf, z. B. Werkstoffe und Zwischenstoffe, welche den Verschleiß beeinflussen. Machen Sie möglichst genaue Angaben zu jeder Größe. Geben Sie dort, wo Sie keine genauen Daten haben (z. B. Betriebstemperatur), Schätzwerte an. Benutzen Sie als Hilfe die Übersicht im Lehrbuch mit ihren Erläuterungen.

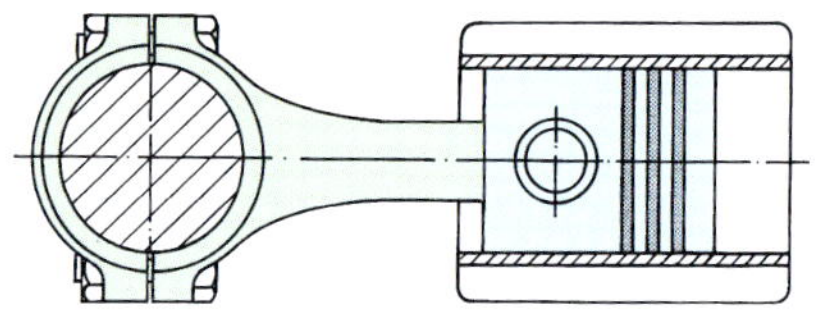

6/2 Schreiben Sie jeweils den wichtigsten Mechanismus auf, der in den folgenden Fällen für Verschleiß verantwortlich ist.

Fall 1: Verschleiß von Gleitlagern beim Anlaufen eines Motors aus dem Stillstand.
Fall 2: Verschleiß an Wälzlagern in einem Kompressor.
Fall 3: Verschleiß der Zähne einer Baggerschaufel.
Fall 4: Verschleiß an den Führungsbahnen einer herkömmlichen Drehmaschine.

6/3 Das Säubern von Werkzeugmaschinen durch Abblasen mit Druckluft ist verboten, weil es u. a. den Verschleiß fördert.
Begründen Sie das Verbot am Beispiel der Flächenschleifmaschine.

6/4 Für die Führung des Schreibkopfes in einem Drucker wurden Rundführungen aus Stahl mit Buchsen aus PTFE gewählt.
Begründen Sie die Werkstoffauswahl.

6/10 An einer Zugstange aus S 235 ist infolge Überlastung ein Gewaltbruch entstanden.
Schildern Sie das Aussehen der Bruchfläche und ihrer Umgebung.

6/11 In einer Verkleidung tritt ein Riss auf, der langsam weiterreißt. Ein Mechaniker macht den Vorschlag, den Riss durch eine Bohrung mit 5 mm Durchmesser an seinem Ende zu stoppen.
Nehmen Sie zu diesem Vorschlag Stellung.

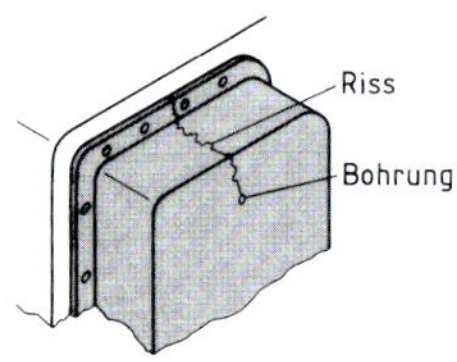

6/12 Analysieren Sie die dargestellte Bruchfläche eines Werkzeugteiles.

a) Welche Beanspruchung hat stattgefunden?
b) Wie hoch war die Beanspruchung im Verhältnis zur Festigkeit?
c) Wo begannen die Anrisse?

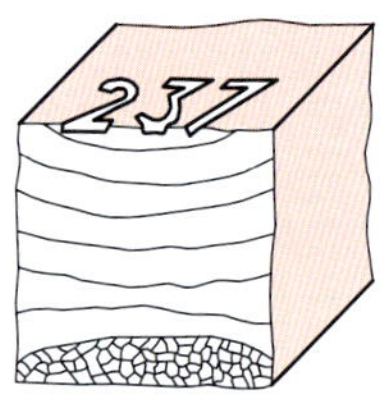

6/13 a) Nennen Sie die Stellen des dargestellten Wellenbereichs, die Ausgangspunkte für Dauerbrüche werden können.

b) Machen Sie Vorschläge, wie man den gezeigten Wellenbereich unter der Berücksichtigung der Gefahr von Dauerbrüchen verändern kann.

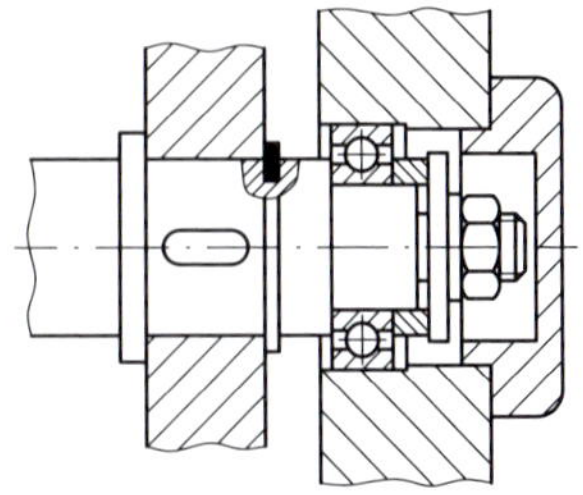

7 Maschinenschaden durch Korrosion

7/1 Auspuffanlagen an Kraftfahrzeugen korrodieren sehr leicht von innen.

a) Wie bezeichnet man diese Art der Korrosion?

b) Welche Maßnahmen werden ergriffen, um die Korrosion in Auspuffanlagen zu verringern?

7/2 Übernehmen Sie die nebenstehende Abbildung eines galvanischen Elementes aus Stahl und Messing.

a) Kennzeichnen Sie die Stahl- und die Messingplatte.

b) Welche Spannung würde sich etwa ergeben, wenn dieses Element unter den Bedingungen der Span-ungsreihe betrieben wird?

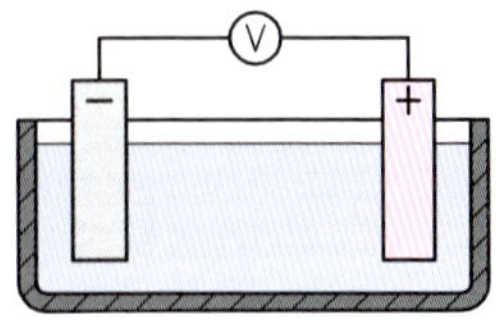

7/3 Bestimmen Sie, welche Art der Korrosion bei den gezeichneten Fällen vorliegt:

- Kontaktkorrosion oder
- interkristalline Korrosion.

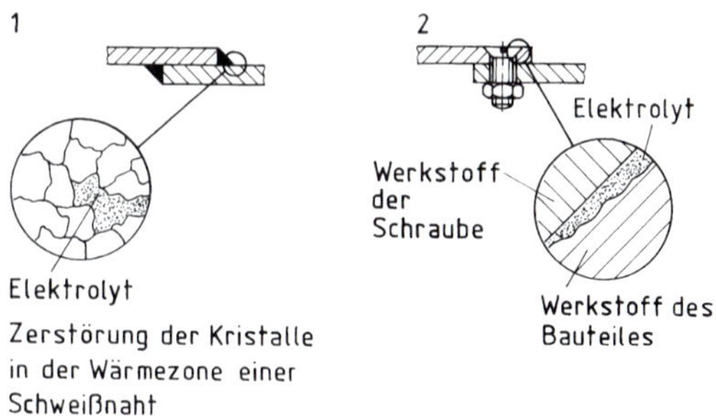

7/4 Eine Firma liefert Stahlkonstruktionen. Beim Korrosionsschutz geht es um die Überlegung, welches Anstrichsystem verwendet werden soll.
Anstrich A kostet 16,00 EUR/kg und hält etwa 5 Jahre, bevor er erneuert werden muss.
Anstrich B hält ca. 7 Jahre und kostet 28,00 EUR/kg.
1 kg des Beschichtungsstoffes ergibt bei jeder Sorte 5 m² bei einem Spritzauftrag. Vier Schichten müssen zu einem wirksamen Korrosionsschutz aufeinander gespritzt werden.
Kalkulieren Sie nach nebenstehendem Schema den Preis in EUR/kg, der für ein Jahr Korrosionsschutz aufzubringen ist.

	Beschichtung A Kosten in EUR je m²	Beschichtung B Kosten in EUR je m²
Entrosten durch Sandstrahlen	8,80	8,80
Lohnkosten für 4 Beschichtungen (1 Beschichtung kostet 4,60 EUR/m²)	?	?
Materialkosten für 4 Beschichtungen	?	?
Gesamtkosten	?	?
Haltbarkeit in Jahren	5	7
Korrosionsschutzkosten in EUR/Jahr	?	?

7/5 Beim Neueinsetzen von Fenstern in einem Zoo-Fachgeschäft ergibt sich die Notwendigkeit, auf Rahmen aus einem stählernen U-Profil ein Aluminiumprofil aufzusetzen.

Die Verbindungsstelle war ursprünglich in der dargestellten Form geplant. Da der Zutritt von Wasser infolge kondensierender Luftfeuchtigkeit auch bei einem Anstrich nicht auszuschließen ist, müssen die Verbindungsstellen neu gestaltet werden. Sie haben den Auftrag, die Verbindung so umzugestalten, dass beim Fügen durch Schrauben keine Kontaktkorrosion auftreten kann.

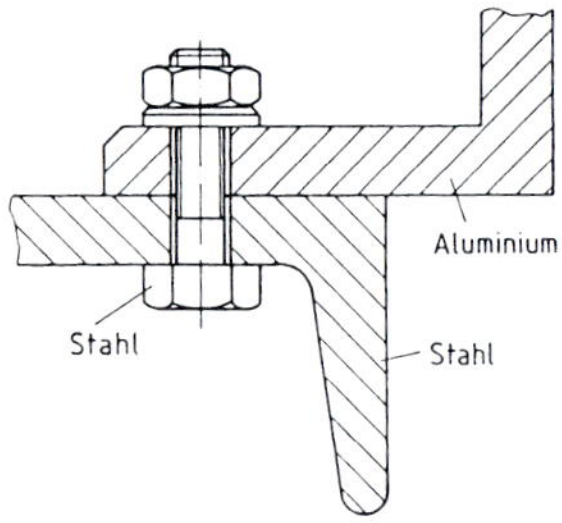

7/6 Vor einiger Zeit erzählte mein Freund folgende Geschichte:

An einer Elektrostation beobachtete er zwei Männer, die einen Magnesiumstab neben einer Erdungsschiene eingruben. Er fragte die Männer, was sie dort vergrüben. Auf ihre Antwort hin, dies sei eine Opferanode, habe er zunächst gelacht. An okkultistische Handlungen mochte er nicht glauben. Da fielen ihm plötzlich Korrosion und Korrosionsstromkreis ein und er stellte fest, dass die Bezeichnung Opferanode treffend gewählt war.

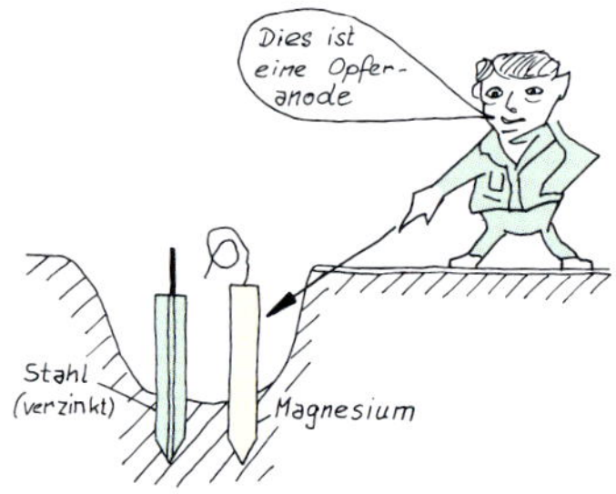

Vollziehen Sie die Überlegungen meines Freundes nach. Überlegen Sie auch, was mit dem Draht geschehen muss, der an der Opferanode befestigt ist.

7/7 Eine Firma macht Reklame für Schutzstromanlagen. Sie schreibt u. a. in ihren Werbeschriften:

„Durch Anlegen einer ungefährlichen Kleinspannung verhindern wir wirkungsvoll den Stromfluss, der zur Korrosion führt ...“.

In der Reklameschrift ist auch eine kleine Zeichnung vom Schaltschema zum Schutz einer Rohrleitung aufgeführt. Leider ist die Zeichnung schwer beschädigt.

Überlegen Sie, wie die Arbeitsweise der Schutzstromanlage sein muss, damit sie den Fluss eines Korrosionsstromes verhindern kann. Vervollständigen Sie entsprechend die dargestellte Zeichnung. Geben Sie die Polung der Spannungsquelle an.

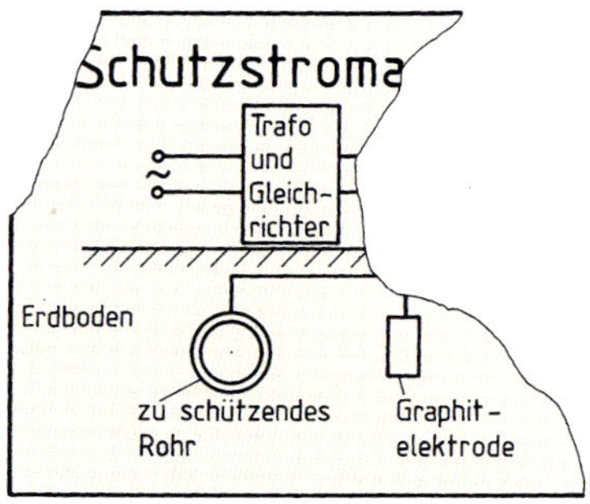

7/8 Die Schutzdauer eines Zinküberzuges hängt von der Dicke der Zinkschicht und dem Standort des Objekts ab.

In DIN 50 960 sind die nebenstehenden Richtwerte festgelegt:

	Abtrag in µm/Jahr
Industrieluft	9 bis 13
Meeresluft	2 bis 4

Die vorgeschriebene Mindestdicke einer Verzinkungsschicht beträgt 50 bis 80 µm je nach Wanddicke des Werkstückes. Für 8 mm Wanddicke sind 80 µm vorgeschrieben.

a) In welchen zeitlichen Grenzen liegt die zu erwartende Schutzdauer einer DIN-gerechten Schutzschicht auf einem 8 mm dicken Blech in Industrieluft?

b) Wie hoch sind die Verzinkungskosten für einen Stahlbehälter mit 12,5 m^2 Oberfläche und 8 mm Wanddicke, wenn die Verzinkungskosten 520,00 EUR je Tonne Stahl mit 8 mm Wanddicke betragen. Der Stahlbehälter soll beidseitig verzinkt werden.

c) Welche Korrosionsschutzkosten fallen pro Jahr an, wenn für den angegebenen Behälter die kürzeste Schutzdauer in Industrieluft angenommen wird.

8 Hilfsstoffe für die Instandhaltung

Schmierstoffe

8/1 Das Getriebe einer Werkzeugmaschine wird unzureichend mit Schmiermittel versorgt. Welche Auswirkungen kann diese Nachlässigkeit haben?

8/2 Welche Aufgaben hat das Öl in den Motoren von Kraftfahrzeugen zu übernehmen?

8/3 Warum ist Wasser zum Schmieren metallischer Bauelemente, die aufeinander gleiten, ungeeignet?

8/4 In einem Prospekt steht über ein Schmieröl u. a.:
„Dieses ist ein hochviskoses Öl ...".
Handelt es sich bei diesem Öl um ein sehr dickflüssiges oder um ein sehr dünnflüssiges Öl?

8/5 Wie wirkt sich eine Erhöhung der Viskosität des Schmieröles in einer Zentralschmieranlage auf folgende Größen aus:

- auf die Schmierfilmdicke, die sich auf Führungen bilden kann,
- auf die Reibungsverluste in Lagern,
- auf Verluste im Leitungssystem,
- auf den Energiebedarf der Schmierölpumpe?

8/6 Für das Getriebe einer automatischen Säge in einem Sägewerk ist ein Öl ISO-VG 220 vorgeschrieben. Da das Öl nicht vorhanden ist, wird der Vorschlag gemacht, statt des vorgeschriebenen Öles das Getriebeöl für Kfz SAE 90 zu verwenden.
Äußern Sie sich zu diesem Vorschlag.

Kinematische Viskosität von Schmierölen für Stirnradgetriebe

Für Stirnradgetriebe kann die notwendige kinematische Viskosität des einzusetzenden Schmieröles nach DIN 51509 berechnet werden.
Für einstufige Getriebe rechnet man zunächst aus Belastung und Geschwindigkeit der gleitenden Teile einen Kraft-Geschwindigkeitsfaktor *f* aus.

Formel

$$f = \frac{F}{d \cdot b} \cdot \frac{i+1}{i} \cdot 3 \cdot \frac{1}{v}$$

Formelzeichen

f Kraft-Geschwindigkeitsfaktor
F Umfangskraft am Teilkreis in N
d Teilkreisdurchmesser des treibenden Rades in mm
v Umfangsgeschwindigkeit in m/s
b Zahnbreite in mm
i Übersetzungsverhältnis

Mithilfe des Kraft-Geschwindigkeitsfaktors bestimmt man in einem Diagramm die notwendige kinematische Viskosität *ν* des Schmieröles.

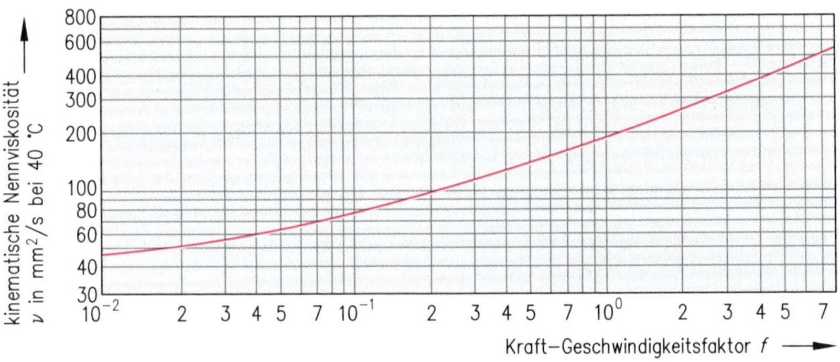

8/7 1. Ermitteln Sie für folgendes Stirnradgetriebe die kinematische Viskosität des Schmieröls und geben Sie den Viskositätsgrad an.
$i = 1{,}5 : 1$; $b = 20$ mm; $d_1 = 73$ mm; $F = 2800$ N; $v = 3$ m/s

2. Ein einstufiges Stirnradgetriebe überträgt eine Leistung von 5 kW. Die Eingangsdrehzahl beträgt 1 500 1/min, die Ausgangsdrehzahl 600 1/min. Das treibende Rad hat 29 Zähne, eine Zahnbreite von 20 mm und einen Modul von 5 mm.
Ermitteln Sie die erforderliche kinematische Viskosität und die SAE-Viskositätsklasse des Getriebeöles.

8/8 a) Schreiben Sie einen Bericht über den Einfluss der Temperatur auf die Fließeigenschaft von Ölen und ihre Neigung, brennbare Gase zu bilden. Verwenden Sie in Ihrem Bericht Fachausdrücke.
b) Warum ist das Luftabscheidevermögen bei Hydraulikölen eine wichtige Größe?
c) In Zentralschmieranlagen verwendet man hauptsächlich Stahlrohre als Werkstoff für festverlegte Leitungen.
Begründen Sie die Werkstoffwahl.

8/9 In einer Hydraulikanlage gibt ein Spannzylinder bei äußerer Belastung ein wenig nach. Welche Eigenschaft des Hydrauliköles sollte geprüft werden, wenn der Fehler bei diesem Medium gesucht wird?

8/10 Mineralöle werden gereinigt und mit besonderen Zusätzen versehen.
Nennen Sie Eigenschaften, die durch diese Behandlung verbessert werden.

8/11 Ordnen Sie die folgenden Mineralöle, indem Sie diese nach abnehmender Viskosität aufschreiben: Zylinderöl, Spindelöl, leichtes Maschinenöl, schweres Maschinenöl.

8/12 Vergleichen Sie Mineralöle mit synthetischen Ölen. Zeichnen Sie dazu das nebenstehende Schema ab und vervollständigen Sie dieses durch die vorgegebenen Aussagen.
- höhere Viskositätsänderung,
- geringere Viskositätsänderung,
- einheitliche Zusammensetzung,
- Gemisch unterschiedlicher Kohlen-Wasserstoff-Verbindungen,
- geringere Reinheit,
- höhere Reinheit.

	Mineralöl	Synthetisches Öl
Innerer Aufbau und Reinheit	?	?
Viskositätsänderung bei Temperaturerhöhung	?	?

8/13 a) Was unterscheidet synthetische Öle von Mineralölen?
b) Die Lager in der Fördereinrichtung einer Einbrennanlage wurden bisher mit Mineralöl geschmiert. Die Betriebstemperatur der Anlage soll bei einer Produktionsumstellung auf 160 °C erhöht werden. Was ist bei der Umstellung auf die höhere Betriebstemperatur hinsichtlich der Umstellung der Schmierung zu beachten?

8/14 Auf der Dose eines recht preiswerten Öles ist vermerkt, dass es sich hier um ein Zweitraffinat handelt. Was versteht man darunter?

8/15 Aus welchen Bestandteilen bestehen Schmierfette?

8/16 Neben den kalkverseiften und natriumverseiften Schmierfetten gibt es auch lithiumverseifte Fette. Diese lithiumverseiften Schmierfette besitzen die guten Eigenschaften sowohl von den kalkverseiften als auch von den natriumverseiften Fetten.
Geben Sie die Eigenschaften der lithiumverseiften Fette an.

8/17 Das Getriebe eines Stellantriebes (i = 150 : 1) für einen Lufteinlass ist ständig der Witterung ausgesetzt. Der Motor hat eine Leistung von 20 W. Das Getriebe wird fettgeschmiert.
Welches Fett schlagen Sie für die Getriebeschmierung vor?

Schmierfettwechsel für Wälzlager

In Wälzlagern kann auch bei niedriger Lagertemperatur das Fett nicht unbegrenzt lange völlig frei von Verunreinigungen und Zersetzungsprodukten gehalten werden. Darum muss das Fett in bestimmten Abständen gewechselt werden.

Das folgende Diagramm zeigt für verschiedene Wälzlager die Fettwechselfristen für hochwertige Lithiumfette bei unterschiedlichen Betriebsdrehzahlen und unterschiedlichen Lagertemperaturen.

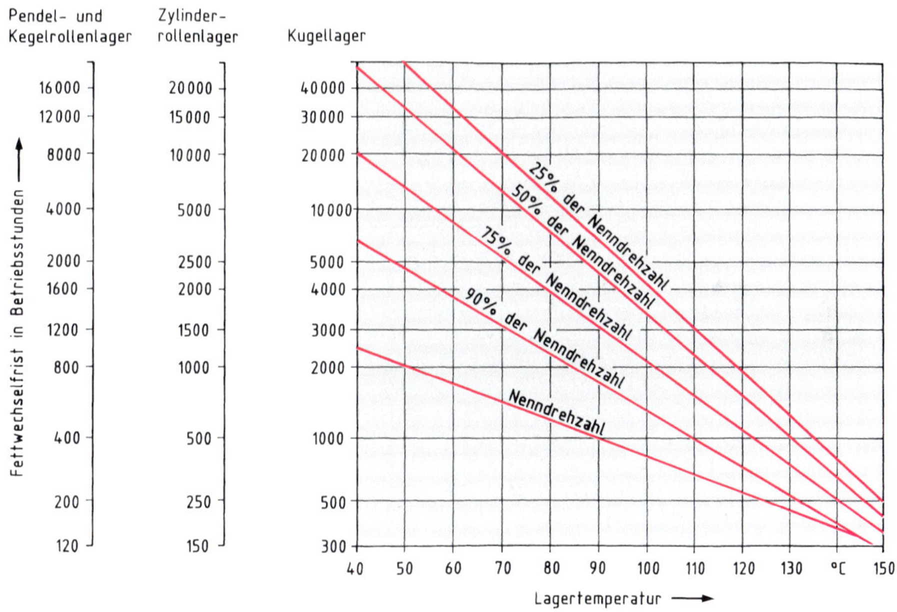

8/18 Bestimmen Sie die Fettwechselfrist für ein Zylinderrollenlager, das mit einer Nenndrehzahl von 670 1/min läuft. Die Betriebsdrehzahl im Dauerbetrieb liegt bei 600 1/min. Die Lagertemperatur beträgt 60 °C.
Nach wie viel Tagen muss das Fett erneuert werden?

8/19 Wodurch ergibt sich die Schmierwirkung von Graphit und Talkum?

8/20 Gummikabel werden mit Talkum eingerieben, damit sie sich leichter in Rohre einziehen lassen.
Warum verwendet man hier Talkum?

8/21 Flüssigen Schmierstoffen werden häufig Trockenschmiermittel, wie z. B. Molybdändisulfid, beigemischt. Welchen Vorteil bietet ein solches Schmierstoffgemisch?

8/22 Molybdänsulfid (MoS_2) ist erheblich teurer als Graphit und hat wesentlich bessere Schmierwirkung. Trotzdem – nicht nur wegen des Preises – wird zur Schmierung hochwertiger Einrichtungen durch Festschmierstoffe bei Betriebstemperaturen über 450 °C Graphit bevorzugt.
Welche Eigenschaft des Graphits ist hier maßgebend?

8/23 Der Schmierstoffplan einer Senkrecht-Fräsmaschine enthält u. a. folgende Kennzeichnungen:

Maschinen-schmierstellen	Frässpindel	Kegelrollen-lager	Hydraulik-anlage	Elektrokühl-mittelpumpe
Kennzeich-nungen nach DIN 51502	CLP 36	K 2 K	HFC 46	K SI 3 R

Entschlüsseln Sie mithilfe des Tabellenbuchs die Schmierstoffkennzeichnungen aller Schmierstoffe.

8/24 In einem Wartungsplan für eine Ventilatorenanlage mit einer Betriebsdrehfrequenz von 3 000 1/min finden Sie den Hinweis:
„Nachschmierfristen für Wälzlager den Herstellerangaben entnehmen."
Der Wellendurchmesser für die eingebauten Rillenkugellager und Zylinderrollenlager beträgt 85 mm.
Bestimmen Sie die Nachschmierfristen t_f in Betriebsstunden für diesen Einsatzfall anhand des Diagramms eines Wälzlagerherstellers.

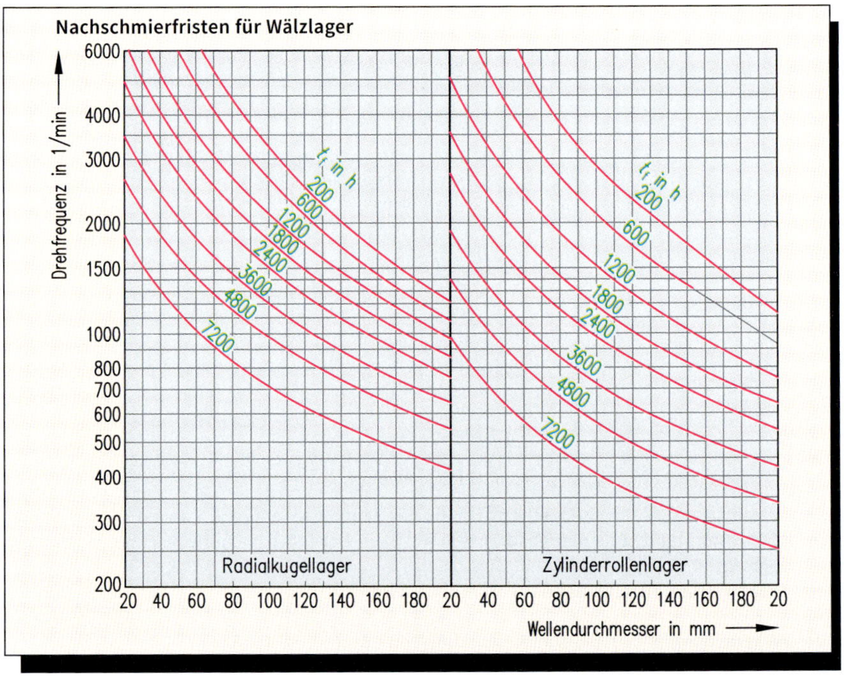

Reinigungsmittel

8/25 In jeder Info über Kalt- und Heißreiniger ist von Tensiden die Rede.
Was bewirken diese Stoffe?

8/26 „pH10“ steht auf dem Aufkleber einer Flasche Reinigungsmittel.
Welche Aussage macht diese Information?
Welche Werkstoffe sollte man möglichst nicht mit diesem Reiniger behandeln?

8/27 Wie ist die gute Reinigungswirkung in Ultraschall-Reinigungsanlagen zu erklären?

8/28 Sie finden in Ihrem Betrieb die nachstehenden Sicherheitskennzeichen. Entnehmen Sie einer Informationsquelle, z. B. dem Tabellenbuch, dem Internet oder einer BG-Informationsschrift jeweils die Bedeutung des abgebildeten Piktogramms:

a)

b)

c)

d)

e)

Elektrotechnik

1 Wirkungen und Einsätze elektrischer Energie

1/1 Noch zu Beginn dieses Jahrhunderts wurden in kleinen Betrieben Werkzeugmaschinen durch zentrale Dampfmaschinen über Transmissionen und Riementriebe angetrieben.
Welche Auswirkungen hatte die Einführung elektrischer Energie zum Betrieb einzelner Elektromotoren hinsichtlich Wirtschaftlichkeit, Arbeitssicherheit und Umweltbelastung?

1/2 In welcher Weise wird an Ihrem Arbeitsplatz und in Ihrer Betriebsabteilung elektrische Energie eingesetzt?
Geben Sie an, welche Arten der Nutzung elektrischer Energie jeweils im Vordergrund stehen.

1/3 Neben elektrischer Energie werden in Haushalt und Betrieb auch andere Energieformen – z. B. zum Heizen – genutzt.
Geben Sie an, inwieweit die Nutzung dieser Energieformen vom Vorhandensein elektrischer Energie abhängig ist.

2 Physikalische Grundlagen

2/1 Aus welchen Grundbausteinen sind der Atomkern und die Atomhülle aufgebaut?

2/2 Aus welchem Grunde ist ein Atom nach außen elektrisch neutral?

2/3 Beim Zerspanen von Kunststoffen bleiben häufig die Späne an trockenen Kunststoffflächen und lackierten Maschinenteilen haften und sind nur schwer zu entfernen.
Wie ist das Haften der Teilchen zu erklären?

2/4 In einem Aufbewahrungsraum für Verdünnungs- und Fettlösungsmittel (z. B. Aceton) ist der Ab-fülltrichter aus verzinntem Stahlblech durch ein Kupferkabel mit der Wasserleitung verbunden.
Welchen Sinn hat diese Maßnahme?

2/5 Die Trennung von elektrischen Elementarladungen lässt sich mithilfe eines Wolltuches und eines Kunststoffstabes demonstrieren.

a) Welche physikalische Größe bewirkt die Ladungstrennung?
b) Welche elektrische Ladung hat nach dem physikalischen Vorgang der Kunststoffstab, wenn dort Elektronenüberschuss besteht?
c) Welche elektrische Ladung hat dann das Wolltuch?

2/6 Geben Sie mithilfe der Elementarladung an, wie man sich die Stromstärke 1 Ampere vorstellen kann.

2/7 Übernehmen Sie die Tabelle, und tragen Sie die fehlenden Größen und Aussagen ein.

	Gleichstrom	Wechselstrom
Schaubild für Stromstärke in Abhängigkeit von der Zeit	?	?
Beispiele für entsprechende Stromquellen	?	?

2/8 Was versteht man unter einer Spannung von 1 Volt?

2/9 Schreiben Sie folgenden Merksatz mit den richtigen Ergänzungen auf:
Bei der Ladungstrennung entstehen Pole mit Elektronenüberschuss und Elektronenmangel. Der Pol mit Elektronenüberschuss wird *Pluspol/Minuspol* und der Pol mit Elektronenmangel wird *Pluspol/Minuspol* genannt.

2/10 In einem kleinen Kofferradio fließt bei mittlerer Lautstärke ein Strom von $I = 25\ mA$.
In welcher Zeit haben die Batterien die Ladung von einem Coulomb durch den Stromkreis bewegt?

2/11 a) Welche Spannungen haben die abgebildeten Spannungsquellen?
b) Geben Sie die Lage von Plus- und Minuspol für jede Batterie an.

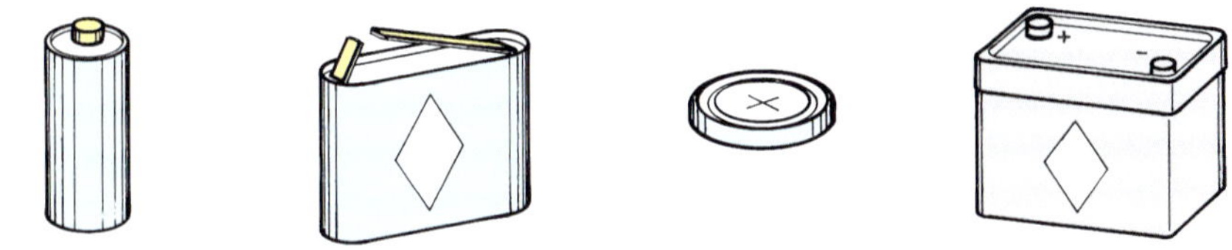

Kohle-Zink-Batterie rund | Kohle-Zink-Batterie flach | Knopfzelle | Bleiakkumulator Kfz

2/12 Vielfach wird zum Erleichtern des Verständnisses für Strom, Spannung und Stromkreis der Vergleich mit einem Ölhydraulikkreislauf herangezogen. Es werden dabei Begriffe wie Durchflussvolumen, Hydraulikpumpe, Rohrleitung, Hydraulikmotor und Öldruck herangezogen.
Ordnen Sie den genannten Begriffen die entsprechenden Begriffe des elektrischen Stromkreises zu.

2/13 Ergänzen Sie folgenden Merksatz durch die zutreffende Aussage, und schreiben Sie ihn auf:
Die Elektronenflussrichtung stimmt nicht mit der festgelegten „technischen" Stromrichtung in Leitern überein. Nach der technischen Stromrichtung fließt der Strom von *Pluspol/Minuspol* zum *Pluspol/Minuspol*.

2/14 Ergänzen Sie folgenden Merksatz mit der richtigen Aussage und schreiben Sie ihn auf:
Strommessgeräte werden *mit Verbraucher in den Stromkreis/parellel zum Verbraucher* geschaltet, weil sie den Durchfluss einer bestimmten Elektronenzahl anzeigen.

2/15 a) Skizzieren Sie den Schaltplan ab.
b) Tragen Sie in die Kreise die Abkürzungen für Voltmeter (V) und Amperemeter (A) ein.
c) Kennzeichnen Sie die Pole der Batterie mit Plus und Minus.
d) Zeichnen Sie mit Pfeilen die Elektronenstromrichtung und die technische Stromrichtung ein.

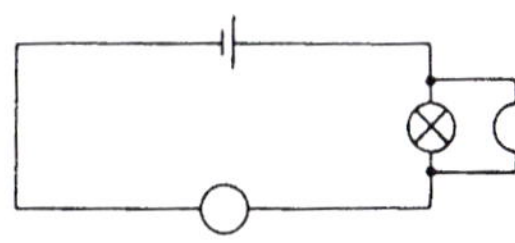

2/16 Zwei Schüler streiten sich darüber, ob das Strommessgerät vor oder hinter dem Verbraucher in der vorherigen Abbildung (Aufgabe **2/15**) anzuschließen ist.
Entscheiden Sie und begründen Sie Ihre Entscheidung.

2/17 Metalle haben einen kristallinen Aufbau.
a) Aus welchen Grundbausteinen ist das Metallgitter aufgebaut?
b) Welche elektrische Ladung haben diese Grundbausteine?
c) Erklären Sie, wie der Zusammenhalt innerhalb eines Metallgitters erzielt wird, obwohl alle Grundbausteine des Metallgitters die gleiche elektrische Ladung haben.

2/18 Wie ist die gute elektrische Leitfähigkeit von Metallen zu erklären?

2/19 Die elektrische Leitfähigkeit der Metalle Aluminium, Kupfer, Silber und Eisen ist unterschiedlich.
Ordnen Sie diese Metalle nach steigender elektrischer Leitfähigkeit.

2/20 Welche besondere Eigenschaft macht einen Werkstoff zum Isolator?

2/21 Wichtige Isolierstoffe sind: Weich-PVC, Kunstharz, Keramik und Glas.
Nennen Sie Fälle für die Verwendung dieser Isolatoren, und begründen Sie die jeweilige Wahl.

2/22 a) Von welchen Faktoren hängt die Größe des Widerstandes eines elektrischen Leiters ab?
b) In welcher Weise beeinflussen diese Faktoren den elektrischen Widerstand?

Widerstandsberechnung

Der Widerstand eines Leiters ist abhängig vom Werkstoff, der Länge, dem Querschnitt und der Temperatur. Die Einheit des elektrischen Widerstandes ist 1 Ohm (1 Ω).

Formel

$$R = \frac{\varrho \cdot l}{S}$$

Formelzeichen

R Widerstand
l Länge des Leiters
S Querschnitt des Leiters
ϱ spezifischer Widerstand des Leiters

Der spezifische Widerstand eines Werkstoffes ist sein Widerstand bezogen auf 1 m Länge und 1 mm^2 Querschnitt bei 20 °C.

Spezifische Widerstände

Werkstoff	ϱ in $\frac{\Omega mm^2}{m}$ bei 20 °C
Silber	0,0149
Kupfer	0,0178
Aluminium	0,0241
Eisen	0,1400

2/23 Berechnen Sie die fehlenden Werte.

	a)	b)	c)
R	? Ω	0,5 Ω	20 mΩ
l	0,5 km	? m	40 m
d	2 mm	1,5 mm	? mm
Werkstoff	Cu	Al	Ag

2/24 Zu einem Schweißgerät legen Facharbeiter auf einer Baustelle zweiadriges Kabel von drei Kabeltrommeln mit je 30 m Kupferleitung (1,5 mm^2 Querschnitt). Beim Schweißen stellen sie fest, dass bei zahlenmäßig richtiger Einstellung des Schweißgeräts Schwierigkeiten beim Schweißen auftreten. Ein zufällig anwesender Elektroniker sagt: „Ursache eurer Schwierigkeiten ist die lange Zuleitung.“
Berechnen Sie den Widerstand der Leitung.

2/25 In einem Werkstofflabor wird an einem Draht für Heizwicklungen von 2,5 m Länge und 0,2 mm Durchmesser ein Widerstand von 39,82 Ω gemessen.
Welchen spezifischen Widerstand hat der Werkstoff?

2/26 Ein zweiadriges Kupferkabel mit je 0,5 mm Durchmesser verbindet ein elektromagnetisch betätigtes Pneumatikventil mit dem Signalglied. Das Ventil steuert den Hubzylinder zum Öffnen und Schließen der Tür eines Durchlaufglühofens. Das Kabel liegt auf 8 m Länge an der Ofenwand und erwärmt sich auf 60 °C.

a) Welchen Widerstand hat das Kabel bei 20 °C?
b) Auf welchen Wert steigt der Widerstand bei vollem Ofenbetrieb?

2/27 In einem Kühlhaus sind 50 m Kupferleitung mit 1,5 mm^2 Querschnitt verlegt.
Um welchen Betrag sinkt der Widerstand dieser Leitung, wenn das Kühlhaus im Betrieb eine Temperatur von – 22 °C hat?

2/28 Wie kann man sich die Widerstandsgröße von 1 Ω mithilfe des Ohmschen Gesetzes mit einfachen Zahlenbeispielen anschaulich machen?

2/29 In einer Versuchsanlage wird eine Spannung von 6 V und eine Stromstärke von 0,2 A gemessen.
Wie groß ist der Widerstand des Verbrauchers?

2/30 Eine Heizspirale hat einen Widerstand von $R = 120\ \Omega$. Die anliegende Spannung beträgt $U = 230$ V. Welcher Strom fließt durch die Heizspirale?

2/31 Zu einem elektromagnetisch betätigten Wegeventil eines pneumatisch betätigten Schiebers führt vom Taster – dem Eingabeglied – aus ein 35 m langes zweiadriges Kupferkabel. Das Kabel hat Adern von je 0,75 mm² Querschnitt. Durch das Kabel fließt ein Strom von 240 mA.

a) Welchen Widerstand hat das Kabel?
b) Welcher Spannungsabfall tritt an jeder Ader auf?
c) Welche Spannung liegt an dem Magnetventil an, wenn die Spannungsquelle 24 V liefert?

2/32 Beim Anschweißen von Flanschen an Kühlschlangen aus hochlegiertem Stahl wurde das Schweißkabel an einem Ende angeklemmt und dann an beiden Enden die Flansche geschweißt.

a) Welchen Widerstand hat die Kühlschlange, wenn das Rohr 8 m gestreckte Länge hat?
b) Welchen Spannungsabfall verursacht die Kühlschlange beim Schweißen in der dargestellten Position, wenn der Schweißstrom 80 A beträgt?

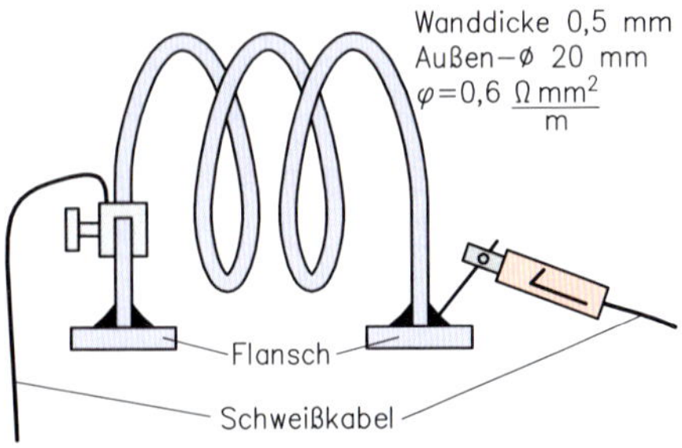

2/33 Ein Strom von 30 mA kann tödliche Folgen haben, wenn er über das Herz fließt. Der menschliche Körper hat einen Widerstand von etwa 1 800 Ω.
Unter welcher Grenze muss aus diesen Gründen die höchste zulässige Spannung in Anlagen liegen, bei denen eine Berührung durch den Menschen nicht ausgeschlossen ist, damit der tödlich wirkende Strom nicht fließen kann?

3 Grundschaltungen

Reihenschaltung

In einer Reihenschaltung gelten folgende Beziehungen:

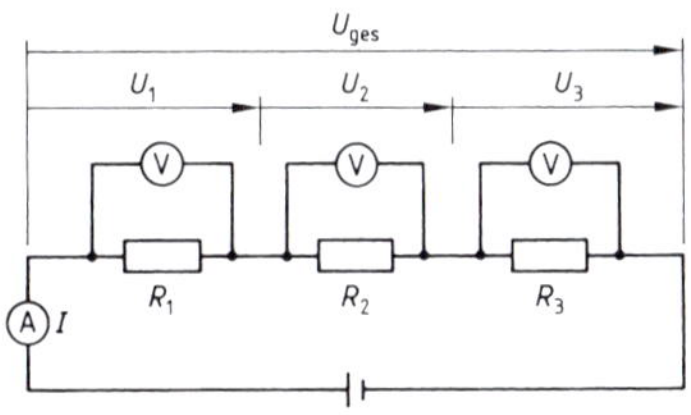

Formeln

$$I_{ges} = I_1 = I_2 = I_3 = \ldots$$

$$R_{ges} = R_1 + R_2 + R_3 + \ldots$$

$$U_{ges} = U_1 + U_2 + U_3 + \ldots$$

Formelzeichen

I_{ges}	Gesamtstrom
$I_1; I_2; I_3$	Teilströme
R_{ges}	Gesamtwiderstand
$R_1; R_2; R_3$	Einzelwiderstände
U_{ges}	Gesamtspannung
$U_1; U_2; U_3$	Teilspannungen

3/1 Drei Widerstände sind in Reihe geschaltet.

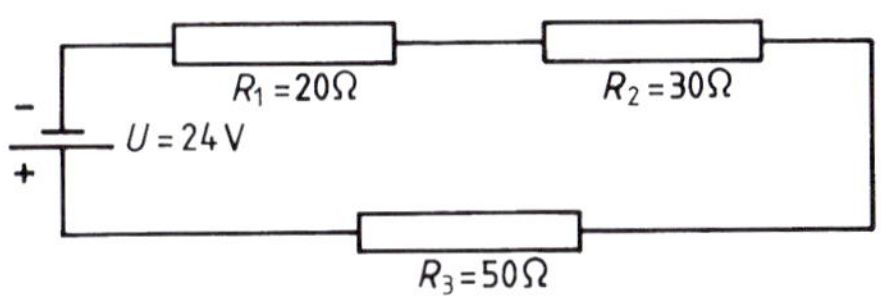

a) Skizzieren Sie diesen Stromkreis ab.
b) Tragen Sie die technische Stromrichtung mit einem Pfeil ein.
c) Berechnen Sie den Gesamtwiderstand R_{ges} der drei Einzelwiderstände.
d) Mit welchem Messgerät können Sie die Stromstärke I messen, und wie müssten Sie dieses Gerät schalten?
e) Berechnen Sie den Spannungsabfall U_1, U_2 und U_3 an jedem Widerstand.
f) Wie könnten Sie den Spannungsabfall an jedem Widerstand messen?

3/2 Die Beleuchtung einer Dekoration hat 16 Glühlampen mit der Aufschrift 14 V.

a) Wie müssen die Lampen geschaltet sein, wenn die Beleuchtung an 230 V angeschlossen wird?
b) Wie groß ist der Strom, der in der Beleuchtung fließt, wenn jede Lampe einen Widerstand von 46 Ω hat?
c) Wie groß ist der Gesamtwiderstand der Beleuchtung?

3/3 Ein Kassettenrecorder mit einer Betriebsspannung von $U_1 = 7{,}5$ V nimmt einen Strom von $I = 0{,}4$ A auf. Er soll mit einer Spannung von $U = 12$ V betrieben werden. Der Strom soll 0,4 A nicht übersteigen.

a) Wie groß ist der Widerstand des Kassettenrecorders?
b) Wie kann man dieses Problem lösen? Berechnen Sie alle fehlenden Kenndaten.

Parallelschaltung

In einer Parallelschaltung gelten folgende Beziehungen:

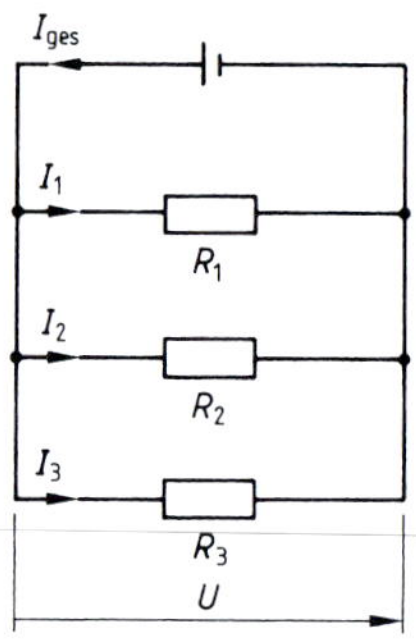

Formeln

$$U_{ges} = U_1 = U_2 = U_3 = \ldots$$

$$I_{ges} = I_1 + I_2 + I_3 + \ldots$$

$$\frac{1}{R_{ges}} = \frac{1}{R_1} + \frac{1}{R_2} + \frac{1}{R_3} + \ldots$$

Formelzeichen

U_{ges}	Gesamtspannung
U_1; U_2; U_3	Teilspannungen
I_{ges}	Gesamtstrom
I_1; I_2; I_3	Teilströme
R_{ges}	Gesamtwiderstand
R_1; R_2; R_3	Einzelwiderstände

3/4 Ein elektrischer Heizofen enthält zwei Heizdrähte mit dem gleichen Widerstand von $R = 55$ Ω, die parallel geschaltet sind. Der Heizkörper wird an die Netzspannung von $U = 230$ V angeschlossen.

a) Wie groß ist für jeden Heizdraht die Spannung?
b) Wie groß ist die Stromstärke, die durch jeden Heizdraht fließt?
c) Wie groß ist die Gesamtstromstärke?
d) Welchen Widerstand R_3 müsste ein Heizdraht haben, der diese beiden Heizdrähte ersetzt?
e) Welche allgemeine Aussage können Sie aus dem Vergleich der drei Widerstände machen?

3/5 Durch zwei parallel geschaltete Widerstände von $R_1 = 12$ Ω und $R_2 = 8$ Ω fließt ein Gesamtstrom von $I = 6$ A.

a) Wie groß ist der Gesamtwiderstand R_{ges} der beiden Einzelwiderstände?
b) Wie groß muss die anliegende Spannung sein?
c) Wie groß sind die Teilströme I_1 und I_2?

3/6 Berechnen Sie für alle gezeichneten Schaltungen der drei Widerstände $R_1 = 11$ Ω, $R_2 = 22$ Ω und $R_3 = 33$ Ω den Gesamtwiderstand.

a)

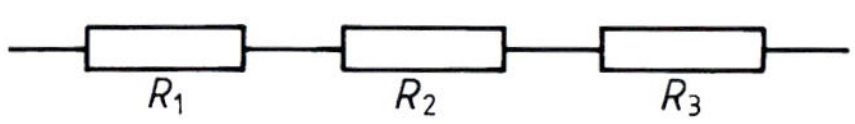

b)

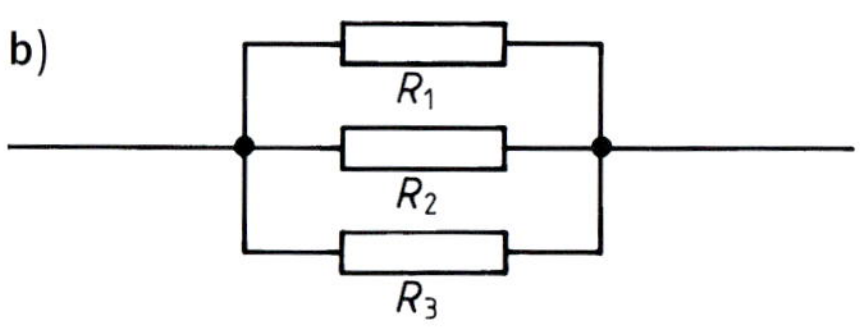

c)

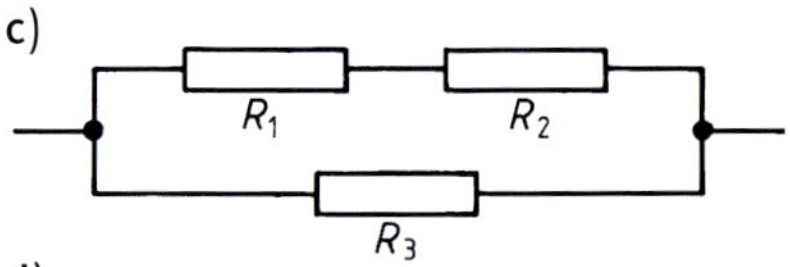

d)

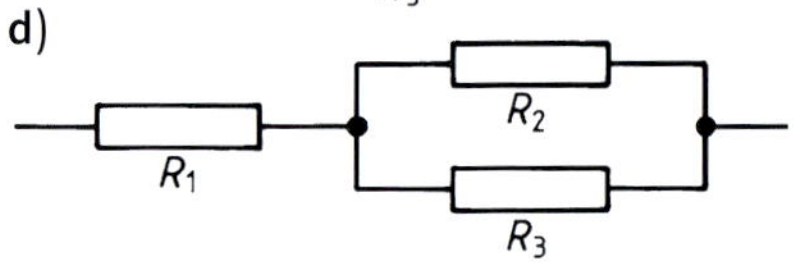

4 Schaltzeichen für elektrische Bauelemente und Schaltpläne

4/1 Im Stromlaufplan einer elektropneumatischen Steuerung sind die dargestellten Taster eingezeichnet.
Erklären Sie die Unterschiede.

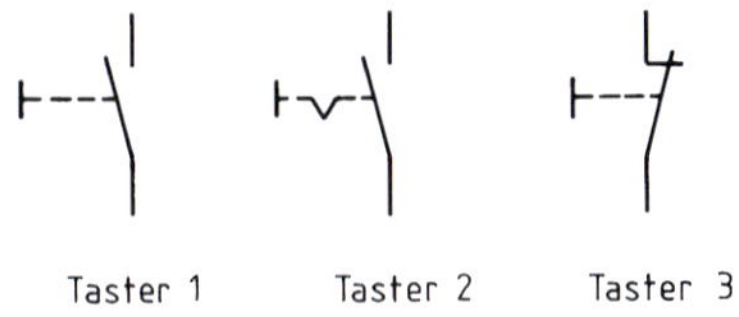

4/2 Skizzieren Sie die nebenstehende Schaltung ab, und benennen Sie ausführlich die gekennzeichneten Bauelemente.
Geben Sie bei den Tastern auch die Art der Betätigung an.

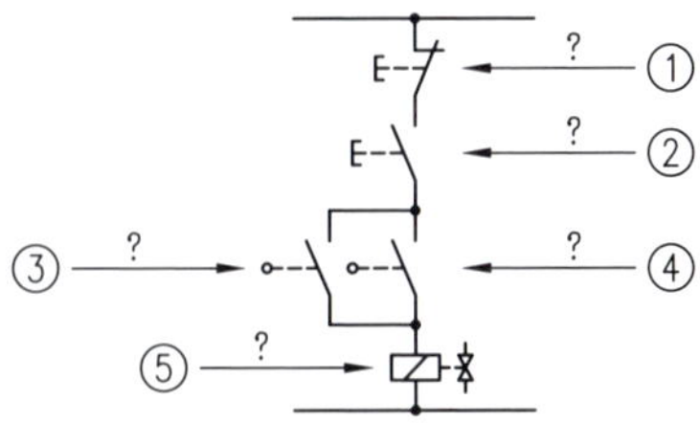

4/3 In einer Pneumatikanlage soll ein Magnetventil so lange betätigt sein, wie der Tastschalter S1 **nicht** betätigt ist.
Zeichnen Sie den nebenstehenden Stromlaufplan ab, und ergänzen Sie ihn durch Eintragen der richtigen Symbole für die Bauelemente.

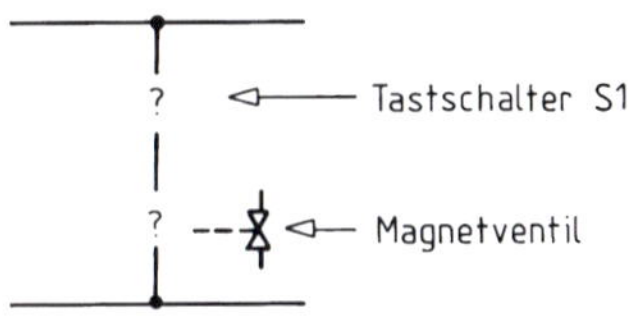

4/4 Welche Symbole und Bezeichnungen sind den dargestellten Tastschaltern zuzuordnen?

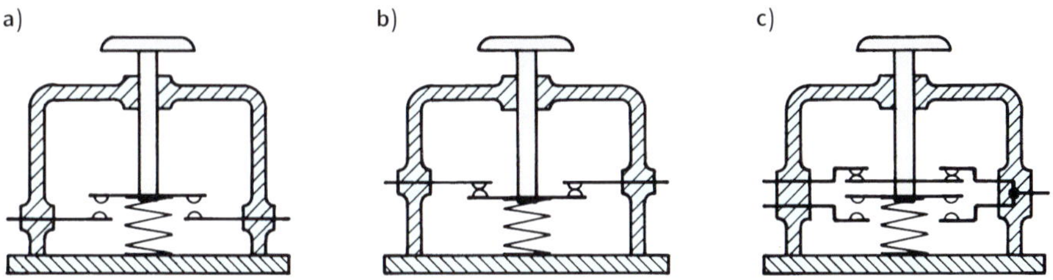

5 Technische Nutzung des elektrischen Stromes

Elektrische Leistung und elektrische Arbeit

Elektrische Leistung und elektrische Arbeit

Die elektrische Leistung ist das Produkt aus Stromstärke und Spannung. Die elektrische Arbeit ist das Produkt aus Leistung und Zeit.

	Formeln		Formelzeichen
elektrische Leistung:	$P = U \cdot I$	$P = I^2 \cdot R = \frac{U^2}{R}$	P Leistung in W U Spannung in V I Stromstärke in A R Widerstand in Ω
elektrische Arbeit:	$W = P \cdot t$	$W = P \cdot I \cdot t$	W Arbeit in Ws t Zeit in s

5/1 Die Heizplatte eines Kunststoffschweißgerätes nimmt bei 230 V eine Stromstärke von 5,2 A auf.
a) Berechnen Sie die Leistungsaufnahme.
b) Welcher Energieverbrauch fällt bei 2,5-stündigem Betrieb an?

5/2 Ein 230-V-Stromkreis in einer Werkstatt ist mit einer 10-A-Sicherung abgesichert.
Weisen Sie rechnerisch nach, ob neben 4 Glühlampen von je 100 W und einem Heizgerät, das 3,2 A Stromstärke benötigt, noch ein weiteres Heizgerät von 1 kW angeschlossen werden kann.

5/3 Wie groß ist der Leistungsverlust einer 160 m langen Zuleitung zu einer Schachtpumpe, wenn eine Stromstärke von 3 A fließt?
Das Kupferkabel ist zweiadrig und hat 1,5 mm2 Querschnitt.

5/4 Auf einem Relais für eine elektropneumatische Schaltung steht: 80 Ω 20 W.
Welche Spannung ist eben noch zulässig, damit keine Überlastung eintritt?

5/5 Welcher Leistungsverlust tritt bei einer Stromstärke von 100 A in einem insgesamt 6,5 m langen Schweißkabel aus Kupfer mit 45 mm^2 Querschnitt auf?

5/6 Eine Werkstatt wird mit 5 Heizstrahlern von je 2,5 kW Leistung beheizt. Die Heizstrahler sind an zwei verschiedene Stromkreise (230 V) angeschlossen.
a) Wie muss der mit 3 Strahlern am stärksten beanspruchte Stromkreis mindestens abgesichert sein?
b) Welche Kosten verursacht die Heizung an einem achtstündigen Arbeitstag bei Dauerbetrieb? Erfragen Sie den Arbeitspreis beim EVU.

5/7 An einer Fahrradbeleuchtung wackelt die Glühlampe in der Fassung.
Hat das Brennen bzw. das Nichtbrennen der Lampe Einfluss auf die Kraft, mit der bei gleich bleibender Geschwindigkeit die Pedale getreten werden müssen?
Begründen Sie Ihre Antwort.

Wärmewirkung des elektrischen Stromes

5/8 Warum muss man für die Zuleitung zu elektrischen Heizgeräten große Leiterquerschnitte verwenden?

5/9 Welche Stromstärke ist etwa zum Schweißen mit einer 2,5-mm-Elektrode notwendig?
Welche Temperatur ist im Lichtbogen zu erwarten? (Lesen Sie in „Fertigungstechnik“ Kap. Schweißen im Lehrbuch nach.)

Chemische Wirkung des elektrischen Stromes

5/10 Beim Beschichten durch Galvanisieren werden die Werkstücke in entsprechende Salzlösungen gehängt. Nach Einschalten des elektrischen Stromes überziehen sich die Werkstücke mit dem gewünschten Schutzmetall.

a) An welchen Pol der Spannungsquelle werden die Werkstücke angeschlossen?
b) Durch welche Maßnahme verhindert man die Verarmung der Lösung an Schutzmetall?
c) Das Schutzmetall ist in den meisten Fällen edler als die zu beschichtenden Werkstücke. Erklären Sie, warum sich beim Galvanisieren das edlere Metall auflöst und nicht das unedlere.

5/11 Die nebenstehende Zeichnung zeigt eine Vorrichtung zum elektrochemischen Entgraten von Bohrungen an der Innenseite von Metallhülsen.

a) Beschreiben Sie die Funktion des Gerätes. (Die graue Schattierung der inneren Elektrode stellt eine Isolierung aus einem Kunststoffanstrich — Epoxidharz — dar.)
b) Welche zusätzlichen Baugruppen be-nötigt das Gerät zur Funktion?
c) Welche Anforderungen sind unter technischen Gesichtspunkten und Sicherheitsaspekten an die Salzlösung — den Elektrolyten — zu stellen?

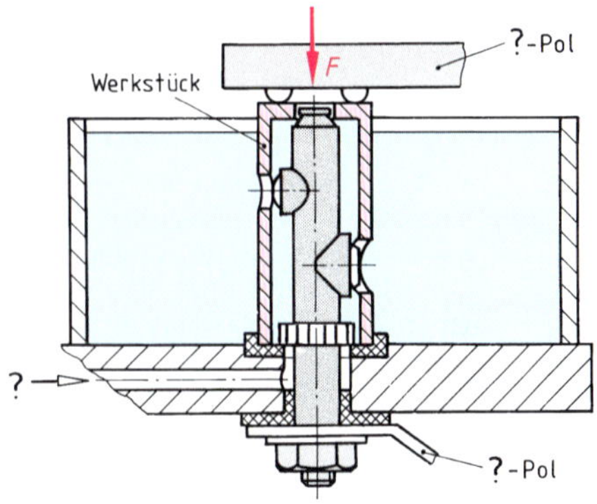

Magnetische Wirkung des elektrischen Stromes

5/12 Skizzieren Sie für einen Stabmagneten den äußeren Verlauf der magnetischen Feldlinien. Zeichnen Sie die festgelegte Richtung für den magnetischen Feldlinienverlauf mit Pfeilen ein.

5/13 Für den Einbau eines Hufeisenmagneten in ein Gerät ist die Lage des Nordpoles vorgeschrieben. Der einzubauende Magnet ist nicht gekennzeichnet.
Wie können Sie die Lage des Nordpols feststellen?

5/14 Eine Firma liefert für Messgeräte berührungsarme Lagerungen auf Magnetbasis.
Wie könnte eine solche Lagerung aufgebaut sein?

5/15 Legen Sie zwischen die Pole eines Hufeisenmagneten einen Eisenring, und überprüfen Sie mit Eisenfeilspänen den Verlauf des Magnetfeldes.
Beschreiben Sie Ihre Beobachtung.

5/16 In welche Himmelsrichtung zeigt die Nadel eines Kompasses, den man mit in einen Stahlbehälter genommen hat?
Begründen Sie Ihre Vermutung aus der Beobachtung entsprechend der Aufgabe 5/15.

5/17 Gelegentlich sind in elektrisch angesteuerten Pneumatikventilen Dauermagnete (Permanentmagnete) eingebaut.
Welche Aufgabe haben diese Magnete?

- **Elektromagnet**

5/18 Übernehmen Sie die vorgegebenen Abbildungen, und tragen Sie den Verlauf der magnetischen Feldlinien ein. Schreiben Sie die von Ihnen dabei verwendete Regel auf.

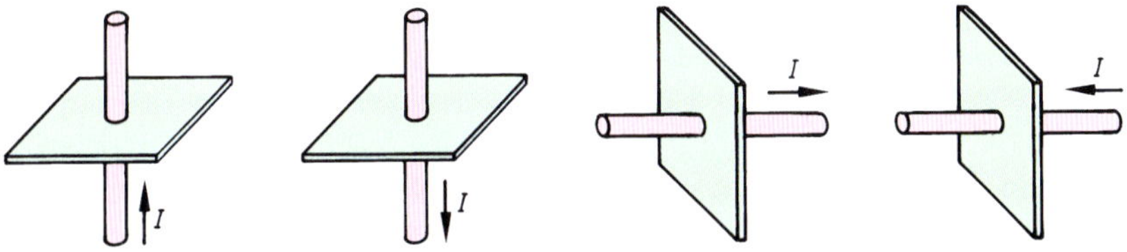

5/19 Stellen Sie fest, auf welcher Seite die skizzierte Spule Nord- und Südpol hat.

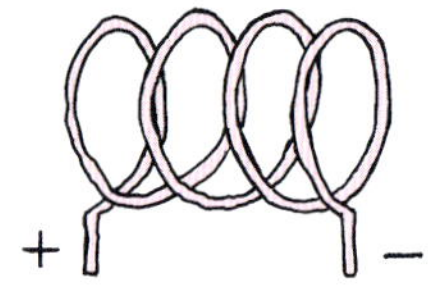

5/20 Neulich zeigte mir ein Mechaniker die Skizze einer zweifädigen (bifilar) gewickelten Spule aus einer elektrischen Großuhr.
Er fragte mich nach Nord- und Südpol.
Geben Sie mit einer Begründung die richtige Antwort.

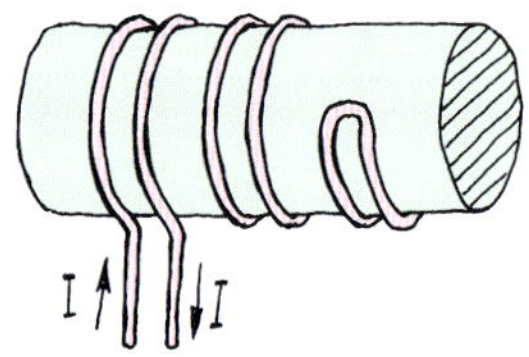

5/21
a) Beschreiben Sie die Wirkungsweise des skizzierten Relais.
b) Der Steuerstromkreis wird mit 24 V betrieben und kann über einen Schalter mit der Funktion Schließer geschlossen werden.
Das Relais soll einen Elektromotor (230 V) schalten. Der Motor soll solange laufen, wie der Tastschalter gedrückt wird.
Zeichnen Sie den Stromlaufplan.

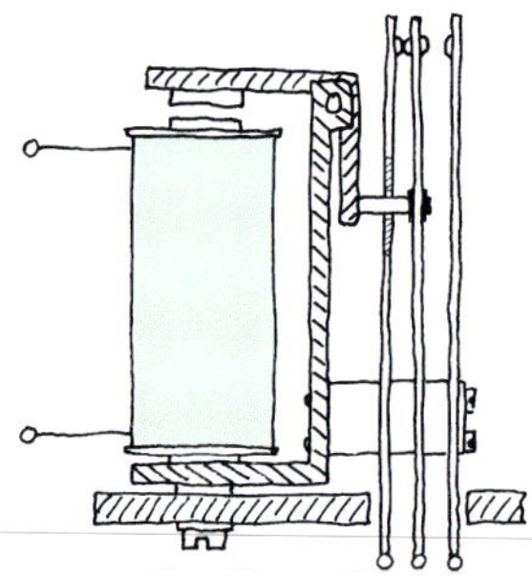

5/22 Das dargestellte Relais ist ein Stromstoßschalter.

Schaltstellung 1 **Schaltstellung 2**

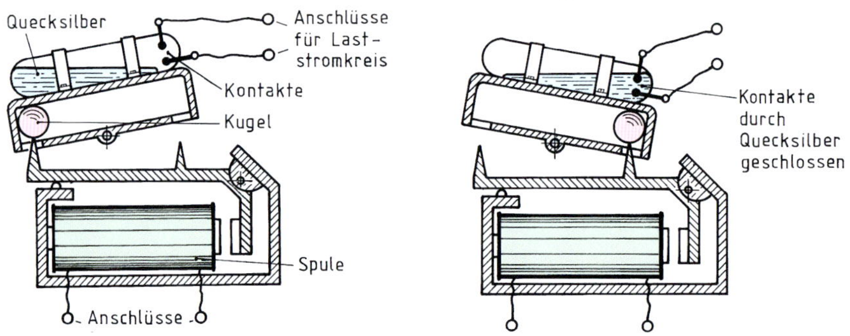

a) Erklären Sie schrittweise die Vorgänge im Schalter, wenn der Steuerstromkreis für einen kurzen Augenblick geschlossen wird.
b) Im Laststromkreis ist ein Pneumatikventil angeschlossen. Es öffnet, sobald es an Spannung liegt. Im Augenblick ist das Ventil geschlossen.
Welche Stellung nimmt es ein, wenn 2 mal kurz auf den Taster zum Schließen des Steuerstromkreises des Relais gedrückt wird und das Relais 2 mal schaltet?

- **Elektromotor**

5/23
a) Skizzieren Sie die Pole der Hufeisenmagnete mit den stromdurchflossenen Leitern ab. Tragen Sie die Feldlinien der sich überlagernden Felder und die zu erwartenden Bewegungsrichtungen ein.
b) Ziehen Sie aus Ihrer Skizze Schlüsse hinsichtlich der Schaltung zur Umkehrung der Drehrichtung bei Gleichstrommotoren.

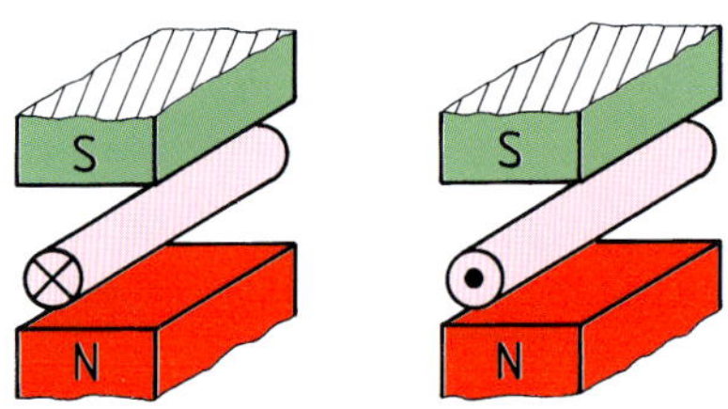

5/24 Beschreiben Sie den Aufbau eines Kommutators und seine Funktion in einem Gleichstrommotor.

5/25 Nennen Sie die wichtigsten Bauelemente eines einfachen Gleichstrommotors, und geben Sie deren Funktion an.

5/26 Erklären Sie, wie durch die Gestaltung der Ankerspule eine gleichförmige Drehbewegung erzielt werden kann.

5/27 Durch die Kühlschlitze des Motors einer Trennschleifmaschine sieht man, dass über den Kommutator ein langer Funke gezogen wird.
Was kann die Ursache sein, und wie kann man Abhilfe schaffen?

5/28 Skizzieren Sie die Tabelle ab, und vergleichen Sie durch entsprechende Eintragungen Reihen- und Nebenschlussmotor.

	Reihenschlussmotor	Nebenschlussmotor
Schaltung	?	?
Anzugsmoment (klein/größer)	?	?
Verhalten bei Leerlauf	?	?

- **Generator**

5/29 Ein Stabmagnet wird in eine Spule hineinbewegt.
a) Begründen Sie die Spannungserzeugung.
b) Wovon ist die Größe der Spannung abhängig?
c) Was zeigt sich, wenn statt des Magneten die Spule bewegt wird?

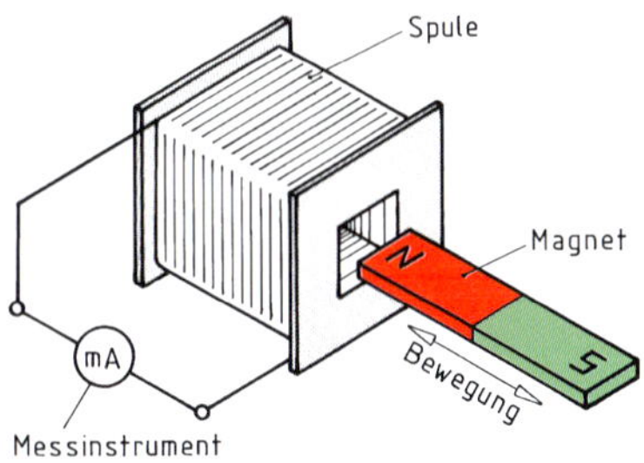

5/30 Wie kann mit einer Spule und mit einem Stabmagneten eine Wechselspannung erzeugt werden?
Skizzieren Sie eine technische Möglichkeit.

5/31 Bei einer gleichförmigen Drehbewegung der Ankerspule im Magnetfeld der Feldspule kommt es zur Erzeugung unterschiedlich großer Spannungen.
Begründen Sie, wie es zu dieser Erscheinung kommt.

5/32 a) Skizzieren Sie den Spannungsverlauf bei einem Wechselstromgenerator in Abhängigkeit zur Zeit.
b) Formulieren Sie diesen Verlauf mathematisch.

5/33 a) Geben Sie für eine Wechselspannung von 10 V (effektiv), die von einem am Netz angeschlossenen Transformator geliefert wird, folgende Größe an:
— Periodendauer, — Frequenz, — Scheitelwert der Spannung.
b) Tragen Sie den Verlauf der Spannung für eine Periode in ein Spannung-Zeit-Diagramm ein.

5/34 Die Frequenz einer Wechselspannung für eine Induktionshärteanlage beträgt $f = 100$ kHz.
Bestimmen Sie die Periodendauer.

5/35 An welchem Bauteil eines Generators kann man erkennen, ob es sich um einen Gleichstromgenerator oder um einen Wechselstromgenerator handelt?

5/36 Skizzieren Sie ein Spannung-Zeit-Schaubild für einen pulsierenden Gleichstrom, der von einem Generator mit 4poligem Anker erzeugt wird.

- **Transformator**

5/37 Skizzieren Sie den gegebenen Transformator ab und benennen Sie die einzelnen Teile.

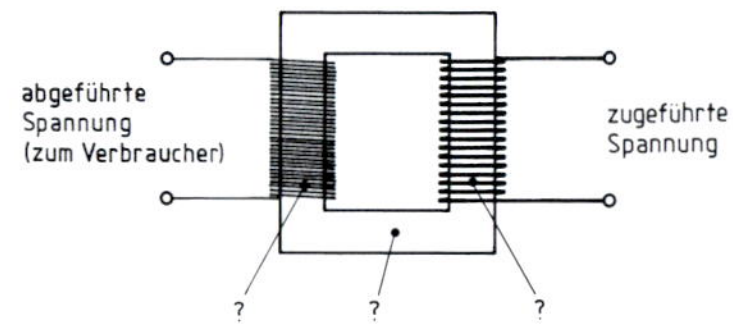

5/38 An einem Transformator wurde ein Zettel mit Hinweisen durch einen blanken Stahldraht, der um eine Spule gelegt und verdrillt wurde, befestigt. Beim Einbau des Transformators in eine Steuerung hatte man vergessen, diese Teile zu entfernen. Sie waren später Ursache für einen Brand in der Steuerung. Wie ist dies zu erklären?

5/39 Kann ein Transformator auch pulsierenden Gleichstrom transformieren? Begründen Sie Ihre Antwort.

Übersetzungsverhältnis des Transformators

Für einen Transformator gilt:

Formeln

$$\frac{U_1}{U_2} = \frac{N_1}{N_2} \qquad \frac{I_2}{I_1} = \frac{N_1}{N_2} \qquad \frac{U_1}{U_2} = \frac{I_2}{I_1}$$

Formelzeichen

U_1	Primärspannung	I_1	Primärstrom
U_2	Sekundärspannung	I_2	Sekundärstrom
N_1	Windungszahl (Primärspule)	N_2	Windungszahl (Sekundärspule)

5/40 Ein Generator liefert eine Spannung von 3 000 V, die von einem Transformator auf 230 V transformiert wird. Der Transformator hat eine Primärspule mit 600 Windungen.
Bestimmen Sie die Zahl der Windungen für die Sekundärspule.

5/41 Ein Schweißtransformator transformiert die Netzspannung von 230 V auf 25 V.
a) In welchem Verhältnis müssen die Windungszahlen von Primär- und Sekundärspule zueinander stehen?
b) Bestimmen Sie die Windungszahl der Primärspule, wenn die Sekundärspule 40 Windungen hat.

6 Maßnahmen zur Unfallverhütung

6/1 Ein Monteur arbeitet in der Werkstatt auf einer Aluminiumleiter mit Gummifüßen. Er berührt eine Rohrleitung, die aufgrund eines Fehlers Spannung gegen die Erde hat.
Welcher Gefahr ist der Monteur ausgesetzt?

6/2 Beschreiben Sie Körperschäden, die durch elektrischen Strom hervorgerufen werden können.

6/3 Zählen Sie mindestens drei Bedingungen auf, durch die der Übergangswiderstand von stromführenden Teilen auf den menschlichen Körper verringert wird.

6/4 Die Skizze zeigt einen Stromkreis, der infolge eines Isolationsfehlers über einen menschlichen Körper geschlossen wird. Die Spannung gegen Erde beträgt 230 V.
a) Bei welchem Gesamtwiderstand wäre der Mensch eben noch nicht mit der gefährlichen Stromstärke von 30 mA belastet?
b) Vergleichen Sie die Übergangswiderstände und den Gesamtwiderstand.
c) Welche Grundschaltung bilden in diesem Fall die Übergangswiderstände und der Körperwiderstand – Reihen- oder Parallelschaltung?

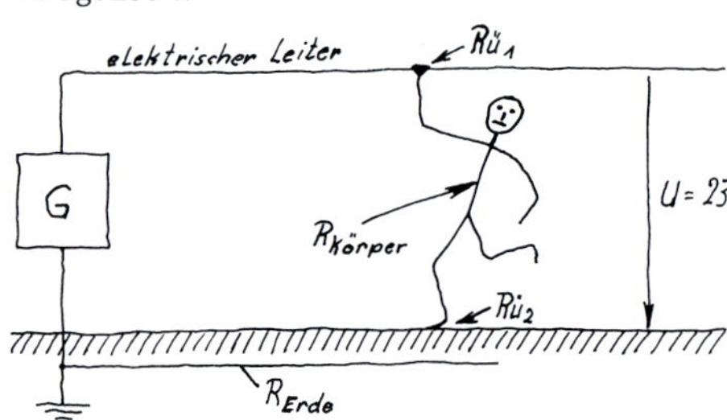

6/5 Beschreiben Sie die Aufgaben, den Aufbau und die Wirkungsweise von Schmelzsicherungen im Stromkreis.

6/6 Welche Gefahren ergeben sich, wenn in einer Wohnung mit einer 16-A-Sicherung nur elektrische Leiter mit 0,75 mm^2 Querschnitt verlegt sind?

6/7 Beschreiben Sie die Gefahren, die durch das unsachgemäße „Flicken“ einer Schmelzsicherung mit einem dickeren Schmelzdraht entstehen.

6/8 Beurteilen Sie die folgenden Schmelzsicherungen im Hinblick auf Wirksamkeit und Sicherheit.

a) Eine 10-A-Sicherungspatrone wird in einen Sockel mit gelbem Passring geschraubt.
b) In einen Sockel mit rotem Passring wird eine 16-A-Sicherung geschraubt.

6/9 Beim Einschalten einer Kreissäge löst der Sicherungsautomat aus. Die Säge ist aber in Ordnung und läuft an anderen Stromkreisen.
Wo liegt die Ursache?

6/10 Das Metallgehäuse einer elektrischen Handsäge und das Kunststoffgehäuse einer Küchenmaschine sollen eine Schutzsicherung erhalten.
Durch welche Maßnahmen erreicht man dies in beiden Fällen?

6/11 Der Stecker einer Handschleifmaschine weist keinen Schutzkontakt auf.
Welche elektrischen Schutzmaßnahmen wurden bei dieser Maschine ergriffen?

6/12 Beschreiben Sie, was man unter Schutzkleinspannung versteht und weshalb diese eine netzunabhängige Schutzmaßnahme gegen gefährliche Körperströme ist.

6/13 Schildern Sie die Stationen, über die ein Fehlerstrom von einem defekten Elektrogerät mit Steckeranschluss in die Erde geleitet wird.

6/14 Begründen Sie, warum eine gesetzliche Verpflichtung besteht, in einem Wohnhaus das Rohrnetz der Heizung und die Badewanne zu erden?

6/15 a) Mit welchem Symbol wird die Erdung in Schaltplänen dargestellt?
b) Welche Kennfarbe hat der Schutzleiter?

6/16 Eine Anlage soll einen eigenen „Erder“ erhalten.
Welche Anforderungen muss dieser „Erder“ erfüllen? Welche Ausführung ist möglich?

6/17 Welchen entscheidenden Vorteil haben FI-Fehlerstromschutzschalter?

6/18 An einer Tauchpumpe sind die nebenstehenden Zeichen angebracht.
Was bedeuten sie?

Lernfeldorientierte Lernsituationen

Lernfeld 1 Fertigen von Bauelementen mit handgeführten Werkzeugen

Lernsituation

1

Fertigen eines Keils

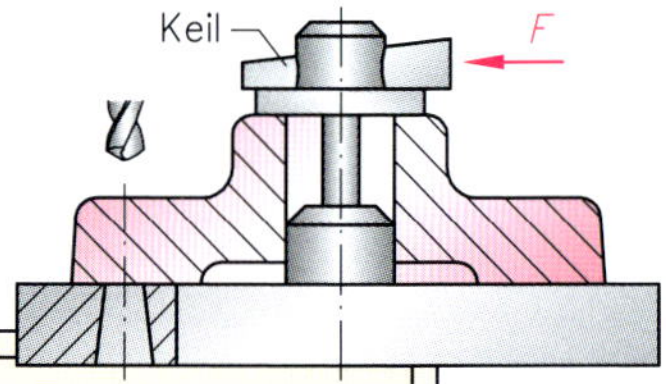

Situation:
Für eine Bohrvorrichtung ist ein Keil aus C45 mit 5° Steigung anzufertigen. Als Rohteil soll gezogenes Flachmaterial verwendet werden.

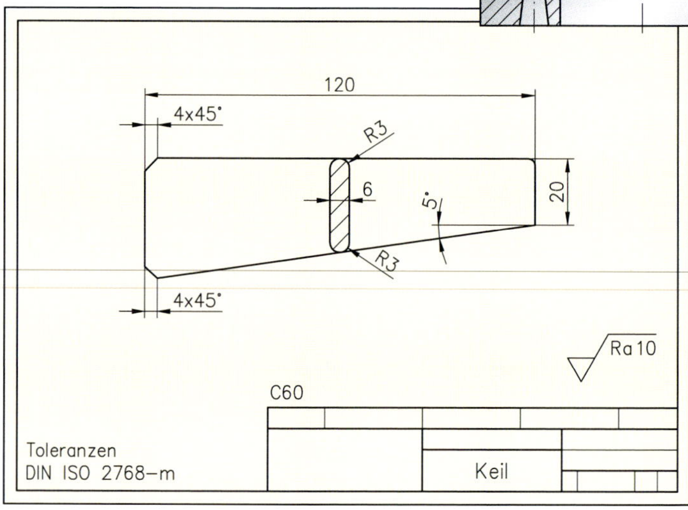

1. Auftrag analysieren

1.1 Welche Funktion hat der Keil in der Vorrichtung?
1.2 Wie wird der Keil im Einsatz beansprucht?
1.3 Welche Probleme können bei längerem Einsatz auftreten und wie kann ihnen vorgebeugt werden?

2. Fertigung planen

2.1 Ermitteln Sie die Rohteilmaße des zu verwendenden Flachmaterials.
2.2 Geben Sie die Reihenfolge der Fertigungsschritte und die jeweils zu verwendenden Werkzeuge und Hilfsmittel an. Fertigen Sie dazu eine Tabelle an.
2.3 Welchen Zeitraum setzen Sie etwa für die Herstellung des Keils an?

3. Fertigen

3.1 Zeichnen Sie das Rohteil im Maßstab 1:1 und tragen Sie die Werkstückkontur ein.
3.2 Wie kontrollieren Sie bei der Bearbeitung den Radius R3?

4. Kontrollieren und bewerten

Welche Maße sind besonders zu kontrollieren? Begründen Sie Ihre Entscheidung.

Fertigen eines Bolzens

Situation:
Der dargestellte Bolzen ist aus einem nicht rostenden Stahl herzustellen. Planen Sie die Fertigung des Bolzens.

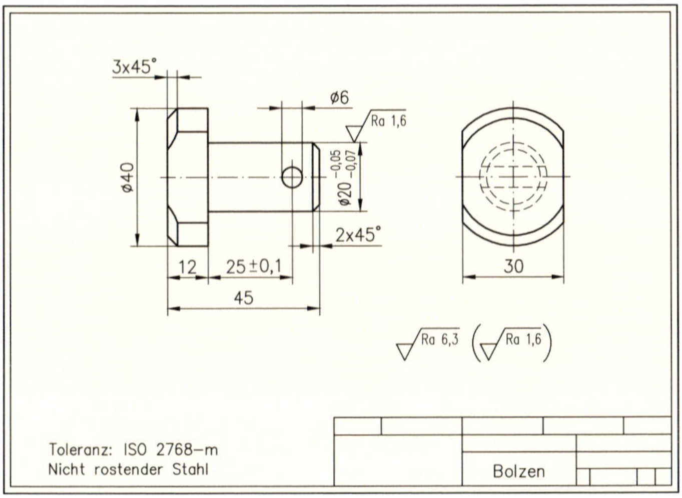

1. Auftrag analysieren

1.1 Nennen Sie die notwendigen Fertigungsverfahren zur Herstellung des Bauelements.
1.2 In welcher Reihenfolge werden die Fertigungsverfahren eingesetzt?
1.3 Wählen Sie einen geeigneten nicht rostenden Stahl aus. Benutzen Sie dazu Ihr Tabellenbuch.

2. Fertigung der Dreharbeiten planen

2.1 In welcher Abfolge werden Sie die einzelnen Teile der Kontur bearbeiten?
2.2 Wie soll das Werkstück in den einzelnen Abschnitten der Dreharbeit gespannt werden?
2.3 Welchen Durchmesser und welche Länge soll der Rohling aufweisen?
2.4 Wählen Sie die Werkzeuge, Messgeräte, Schnittdaten u. a. aus.
2.5 Stellen Sie einen Arbeitsplan auf.

3. Werkstück fertigen

3.1 Welche Sicherheitsbestimmungen sind beim Drehen des Bolzens zu beachten?

4. Werkstück kontrollieren

4.1 Welche Abweichung ist für das Maß 45 mm zulässig?
4.2 Beschreiben Sie die Kontrolle des Maßes 25±0,1mm nach dem Bohren.

Fügen eines Schraubstocks

In einem Ausbildungsbetrieb erhalten die Auszubildenden die dargestellten vorgefertigten Bauteile zur Herstellung eines einfachen Schraubstocks.
Im Rahmen der Montage sind noch weitere Arbeiten an den Bauteilen durchzuführen. Den Auszubildenden ist freigestellt, wie sie die Bauteile fügen.

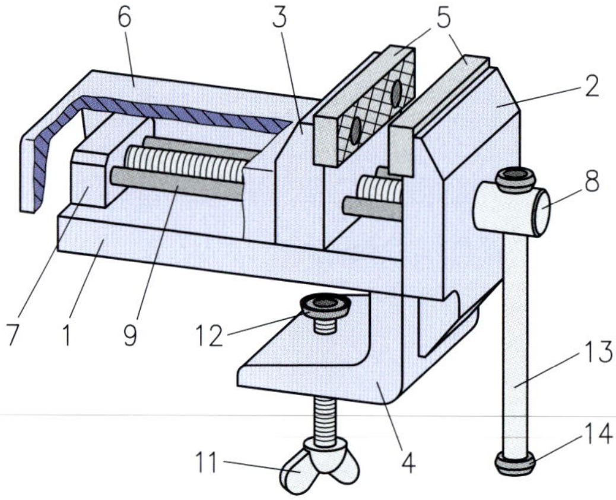

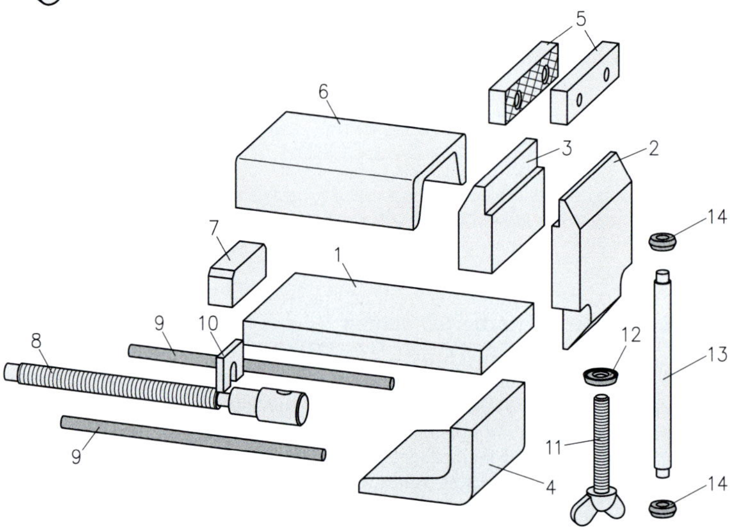

Aufgabe

Beschreiben Sie, wie Sie die Bauteile fügen würden und welche Arbeiten Sie im Zusammenhang mit dem Fügeprozess noch durchführen werden.

Lernsituation

Planen von Wartungsarbeiten an einer Drehmaschine

Sie arbeiten in einer Maschinenbaufirma, die an fünf Tagen in der Woche in drei Schichten produziert. Eine Schicht umfasst acht Arbeitsstunden, in denen die Drehmaschine mit ca. 50 % ausgelastet ist. Am Samstag ist nur eine Schicht in der Produktion. Sie markieren im Wartungsplan für die kommende Woche für die jeweilige Schicht die Wartungsstellen, an denen Wartungsarbeiten durchgeführt werden müssen.

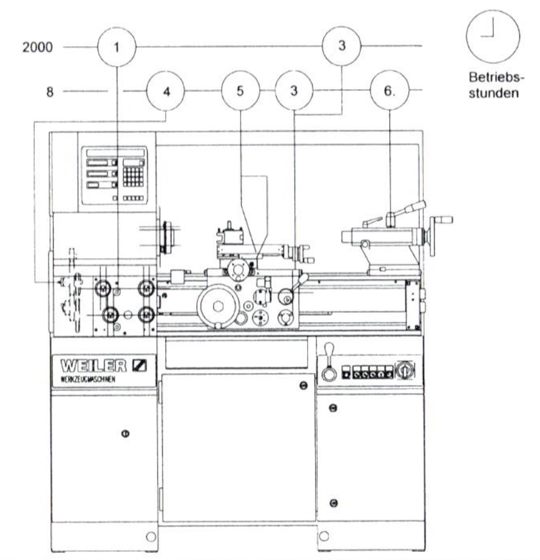

Maschinenteile	Vorschub-getriebe	Schlosskasten		Wechsel-radgetriebe	Oberschlitten	Reitstock
Nr. d. Eingriffstelle	1	3		4	5	6
Bildzeichen des Eingriffs, Art des Eingriffs						
Nachfüllen (h)						
Prüfen – Auffüllen (h)		8				
Abschmieren (h)				8		
Austauschen (h)	2 000					
Füllmenge (l)	1,2	0,5	1,0			
Schmierstoff DIN/ISO	DIN 51517 – CLP 46					

Lernsituation

1. Analysieren

1.1 Analysieren Sie den Schmierplan, indem Sie die Tätigkeiten in Worten auflisten.

Wartungsstelle	Arbeit	Intervall	Betriebsmittel	Menge	Bemerkung

1.2 Wo finden Sie Hinweise zur fachgerechten Entsorgung des ausgewechselten Altöls?

2. Planung

2.1 Stellen Sie einen Zeitplan auf. Beginn aller Maßnahmen ist der Montag der kommenden Woche. Die letzten Wartungen an den Wartungsstellen 1–6 waren am Freitag der vergangenen Woche. Die Wartung des Vorschubgetriebes muss ab Montag innerhalb von 24 h erfolgen.

a) Berechnen Sie, mit wie vielen Stunden die Drehmaschine bei einer 50 %-Auslastung pro Schicht im Einsatz ist.

b) Mit wie vielen Stunden ist die Drehmaschine an jedem Tag im Einsatz?

c) Mit wie vielen Stunden ist die Drehmaschine am Wochenende im Einsatz?

Beispiel für einen Zeitplan der Wartungsstellen 1 und 2 für die 42. KW

	42. KW						
Wartungsstelle	Mo 13.10	Di 14.10	Mi 15.10	Do 16.10	Fr 17.10	Sa 18.10	So 19.10
1							
2							
3							
4							

2.2 Für die Wartungsarbeiten müssen Sie einen geeigneten Schmierstoff auswählen.

a) Was sind die wichtigsten Aufgaben eines Schmierstoffs?

b) Im Wartungsplan wird für einige Wartungsstellen Gleitbahnöl verlangt. Welche Kennbuchstaben werden für die Kennzeichnung von Gleitbahnöl verwendet?

c) Mit welchen Zusatzbuchstaben muss ein Schmierstoff gekennzeichnet sein, der eine Erhöhung des Korrosionsschutzes bewirkt?

d) Wie verändert sich die Viskosität bei steigender Temperatur?

e) Was passiert mit dem Gleitbahnöl, wenn die Temperatur so weit ansteigt, dass sie den Flammpunkt überschreitet?

f) Im Materiallager stehen mehrere Ölbehälter. Wählen Sie ein geeignetes Öl und begründen Sie die Auswahl.

CGLP	HFCL	HFA	L	DL	SEM
68	46	32	46	46	68

g) Wie ist mit dem Altöl zu verfahren?

Planen der Fertigung einer Führung

Situation:

Die Rohteile von Führungen sind aus Gusseisen mit Kugelgrafit (EN-GJS-500-7) gefertigt worden. Die Endbearbeitung der Backenführung für fünf Stück ist zu planen.

Sie haben die Aufgabe, die Fertigung zu planen und in einem Arbeitsplan festzuhalten.

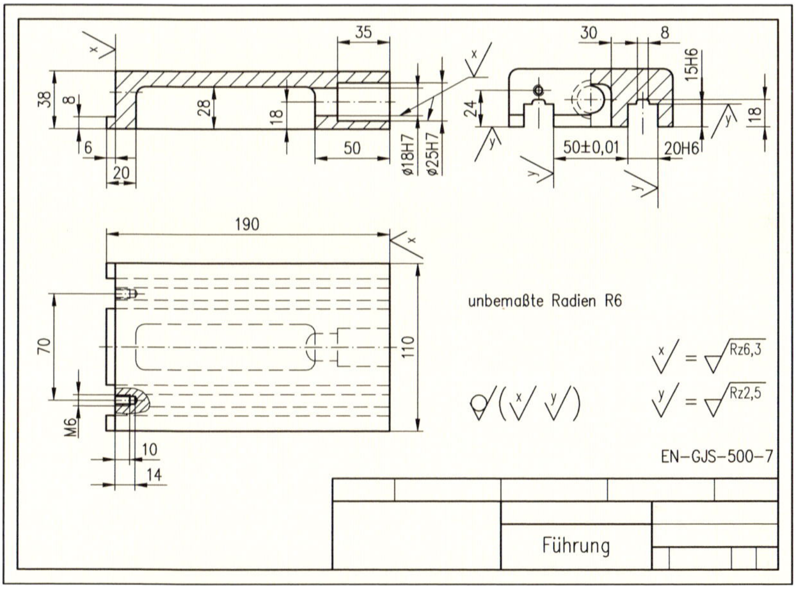

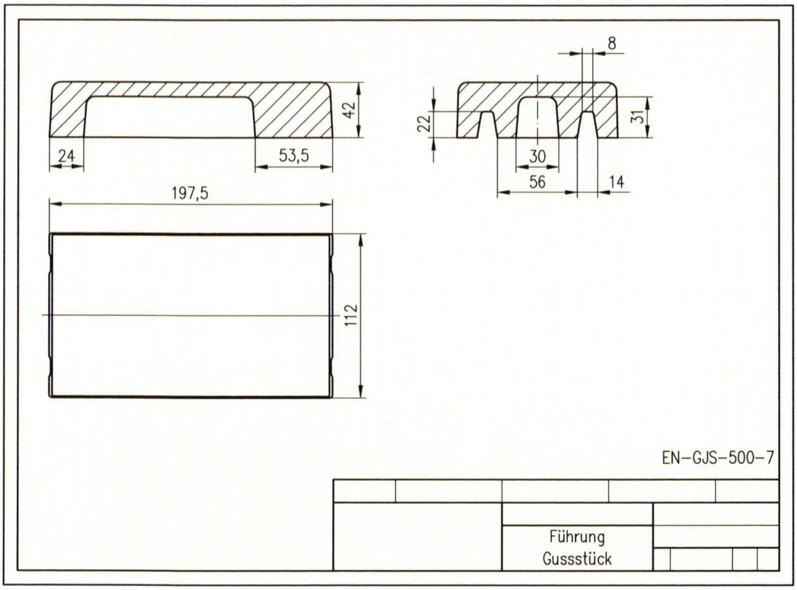

Lernsituation

1. Analysieren

1.1 Untersuchen Sie die Zeichnung des Rohteils auf Bearbeitungszugaben. Skizzieren oder kopieren Sie die Rohteilzeichnung und kennzeichnen Sie farbig die Bearbeitungsbereiche.

1.2 Überlegen Sie, ob nach der Bearbeitung verbleibende Formschrägen Einfluss auf die Funktion der Backe haben können?

2. Fertigungsverfahren vorplanen

2.1 Skizzieren oder kopieren Sie die Fertigteilzeichnung und ordnen Sie den Bearbeitungsstellen mögliche Fertigungsverfahren zu.

2.2 Geben Sie die Maschinen und Werkzeuge an, mit denen die Fertigung möglich ist.

3. Fertigung festlegen

3.1 Bestimmen Sie die Reihenfolge der Bearbeitung.

3.2 Wählen Sie Werkzeuge und Spannmittel aus.

3.3 Bestimmen Sie die Schnitt- und Einstelldaten.

3.4 Legen Sie Zwischenkontrollen während der Bearbeitung fest.

3.5 Erstellen Sie den Arbeitsplan.

4. Arbeitsplan kontrollieren

4.1 Vergleichen Sie Ihren Arbeitsplan mit dem Arbeitsplan von Mitschülern.

4.2 Überprüfen Sie, ob der gewählte Arbeitsplan auch bei einer Fertigung von 200 Stück angemessen wäre.

Installieren und Inbetriebnehmen einer Klebepresse

Situation:

In einer Klebepresse werden aus Platten mithilfe von drei Pneumatikzylindern Werkstücke gebogen und anschließend aufeinander gepresst. Der Pressvorgang soll eine einstellbare Zeit andauern. Die Anlage ist durch ein Schutzgitter abzusichern. Vom Konstruktionsbüro ist eine elektropneumatische Steuerung ausgearbeitet, jedoch noch nicht ausgetestet worden. Der Start soll über einen Taster (S1) erfolgen, wenn das Schutzgitter (B2) geschlossen ist. Mithilfe des „Reset"-Tasters (S3) kann die Anlage in Ausgangsstellung gebracht werden. Die Installation und Inbetriebnahme der Steuerung soll vorbereitet und durchgeführt werden.

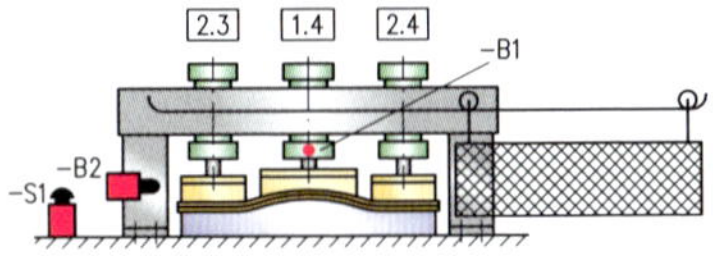

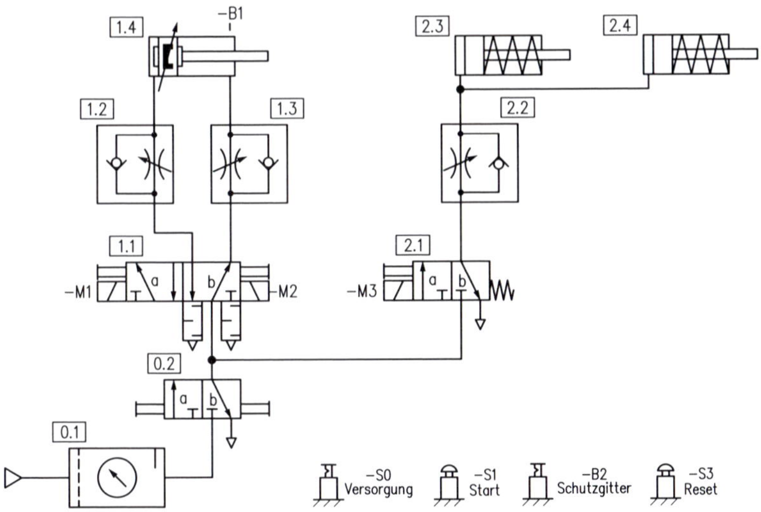

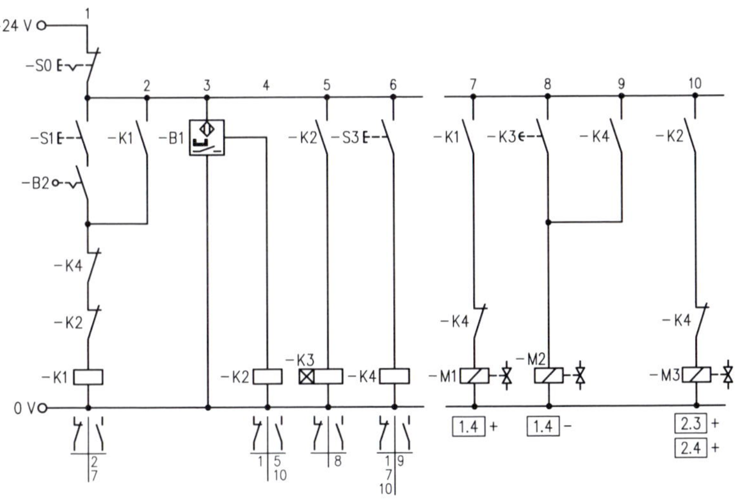

Lernsituation

1. Auftrag analysieren

1.1 Testen Sie die vorgelegte Steuerung mithilfe eines Simulationsprogramms auf Ihrer DV-Anlage.
1.2 Untersuchen Sie, welche Stellung die Zylinder einnehmen, wenn das „Reset"-Signal gegeben wird.
1.3 Geben Sie eine zusammenfassende Darstellung des Steuerungsablaufs in Tabellenform und in einem Funktionsdiagramm mit Signalelementen.

2. Installation der Steuerung planen

2.1 Ergänzen Sie den Pneumatikschaltplan um die Anschlussbezeichnungen.
2.2 Ergänzen Sie den Stromlaufplan um die Anschlussbezeichnungen.
2.3 Nehmen Sie im Stromlaufplan die Vergabe der Klemmennummern vor.
2.4 Füllen Sie eine entsprechende Klemmenbelegungsliste aus.

Hinweis: Zur Bearbeitung der obigen Aufgaben ist es sinnvoll, die vorgegebenen Pläne vergrößert zu kopieren.

3. Installation der Steuerung ausführen

3.1 Führen Sie die Installation der Steuerung durch, indem Sie den pneumatischen Teil der Anlage, die Sensoren und die Taster auf einer Labortafel montieren.
3.2 Bereiten Sie die Verdrahtung vor, indem Sie dazu beispielhaft in der Klemmenbelegungsliste die Verdrahtung der Strompfade 1 und 2 durch farbige Linien simulieren.
3.3 Verdrahten Sie die Anlage über eine Klemmenleiste.

Hinweis: Zur Bearbeitung der obigen Aufgaben kann ein im Lehrmittelhandel angebotenes System eingesetzt werden.

4. Inbetriebnahme der Steuerung durchführen und dokumentieren

4.1 Führen Sie die Inbetriebnahme der Steuerung in Schritten durch. Als Hilfe dazu entwickeln Sie ein Inbetriebnahmeprotokoll.
4.2 Erstellen Sie ein Übergabeprotokoll mit den notwendigen Dokumenten und Informationen.

Montieren einer Antriebstrommel

Situation:
In Ihrer Firma soll die abgebildete Antriebstrommel für ein Förderband montiert werden. Das Auflegen des Förderbandes und der Anschluss des Elektromotors erfolgt zu einem späteren Zeitpunkt. Die Stützen für die Lager sind bereits aufgestellt und im Hallenboden einbetoniert.
Die Montage soll von Ihnen selbstständig geplant und durchgeführt werden.

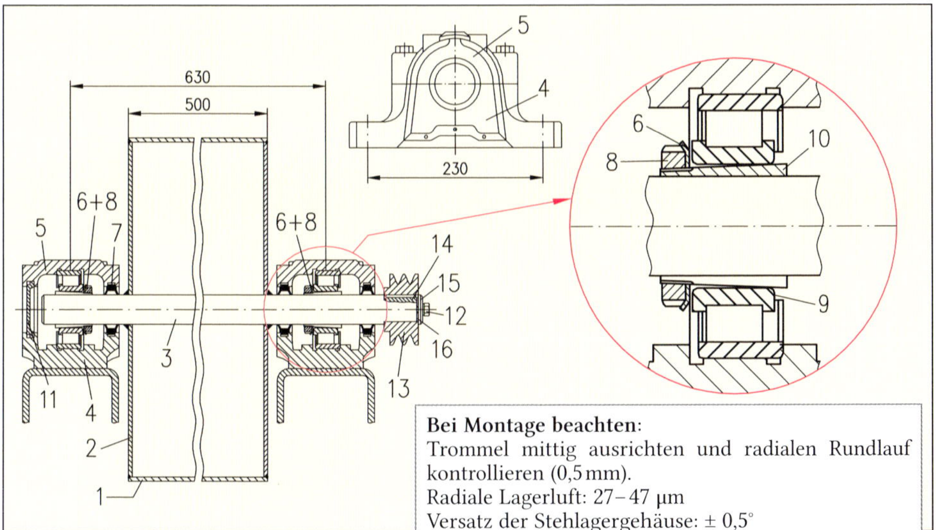

Montagezeichnung
Antriebstrommel

Bei Montage beachten:
Trommel mittig ausrichten und radialen Rundlauf kontrollieren (0,5 mm).
Radiale Lagerluft: 27–47 μm
Versatz der Stehlagergehäuse: ± 0,5°

Verwendete Bauelemente:

Gehäuse SNL 513-611	Enddeckel ASNH 513-611
Dichtungen TSN 611 G	Lager 2311 K
Hülse H2311	Festringe FRB 4/120

1. Montage analysieren

1.1 Ordnen Sie in Tabellenform den Positionsnummern die Bauteilbezeichnungen zu.
1.2 Bestimmen Sie die Hauptfunktionen der Bauelemente.

2. Montage planen

Erstellen Sie einen tabellarischen Montageplan.
Berücksichtigen Sie darin auch das notwendige Ausrichten von Bauteilen und geben Sie die Anzugsmomente.

3. Montage durchführen

Beschreiben Sie die Einstellung und Kontrolle der radialen Lagerluft der Lager.

4. Montage bewerten

Erstellen Sie einen Prüfplan mit allen für die Funktion wichtigen Prüfmaßen.
(Lösung mit Internetunterstützung einer Suchmaschine:
SKF „SNL macht Gehäuselagerungen noch wirtschaftlicher“)

Fertigen eines Kupplungsflansches auf einer CNC-Drehmaschine

Situation:
Sie haben für die Sonderausführung einer Maschine einen Kupplungsflansch anzufertigen. Für die Dreharbeit steht eine CNC-Drehmaschine mit Programmierung nach DIN zur Verfügung.

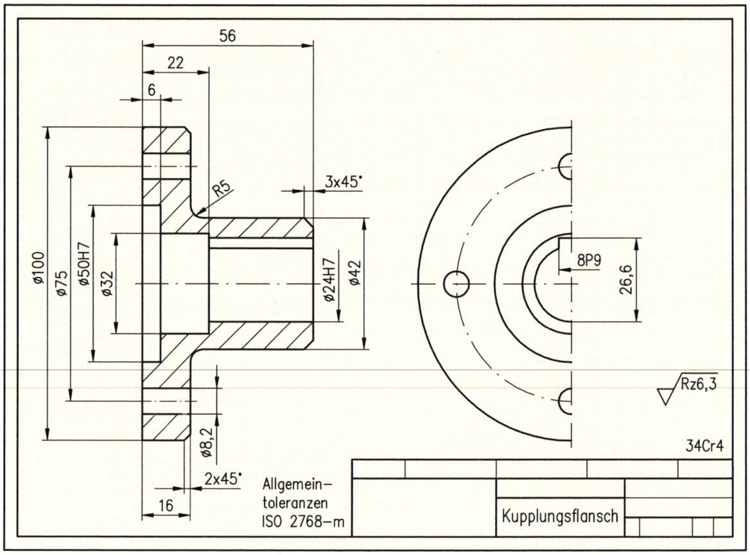

1. Auftrag analysieren

1.1 Nennen Sie die einzelnen Fertigungsverfahren, die zur Herstellung des Kupplungsflansches notwendig sind.
1.2 Bestimmen Sie die Rohteilabmessungen. Es steht Stangenmaterial zur Verfügung.

2. Programmieren der Drehbearbeitung planen

2.1 Skizzieren Sie das Werkstück und tragen Sie den (die) Werkstücknullpunkt(e) ein.
2.2 Bestimmen Sie die Arbeitsabfolge beim Drehen. Skizzieren Sie dazu das Werkstück in den verschiedenen Einspannungen und geben Sie die Schnittfolgen an. Begründen Sie kurz die Abfolge.
2.3 Geben Sie die genauen Bezeichnungen der einzelnen einzusetzenden Drehmeißel sowie des ausgewählten Schneidstoffs an.
2.4 Ermitteln Sie die Schnittdaten.
2.5 Stellen Sie einen Arbeitsplan auf.

3. Programm erstellen

Schreiben Sie das Programm für die Drehbearbeitung in der ersten Aufspannung.

4. Maschine einrichten

Nach dem Umspannen müssen Sie den Nullpunkt in Z-Richtung wieder neu bestimmen. Wie gehen Sie vor?

Mathematische Übungen

1 International festgelegte Vorsätze für gesetzliche Einheiten

Vorsätze sind *dezimale Teile* oder *Vielfache* von SI-Einheiten.
Vorsatzzeichen wurden eingeführt, um Grundeinheiten nicht mit sehr großen bzw. kleinen Zahlenwerten schreiben zu müssen. Die Vorsatzzeichen können allen Einheiten vorangestellt werden.

	Zahl	Bedeutung	Zehner-potenz	Vorsatz	
				Silbe	Zeichen
Vielfache	1000000	Million	10^6	Mega	**M**
	1000	Tausend	10^3	Kilo	**k**
	100	Hundert	10^2	Hekto	**h**
	10	Zehn	10^1	Deka	**da**
	1	Eins	10^0		
Teile	0,1	Zehntel	10^{-1}	Dezi	**d**
	0,01	Hundertstel	10^{-2}	Zenti	**c**
	0,001	Tausendstel	10^{-3}	Milli	**m**
	0,000001	Millionstel	10^{-6}	Mikro	**μ**

Beispiele für gebräuchliche Kombinationen von Einheit und Vorsatzzeichen:
Längeneinheit Meter (m): **μ**m; **m**m; **c**m; **d**m; **k**m
Krafteinheit Newton (N): **k**N; **M**N

1/1 Übertragen Sie die Tabelle und ergänzen Sie die fehlenden Aussagen. Strechen Sie bei der mathematischen Bedeutung die falsche Rechenanweisung durch.

	a)	b)	c)	d)	e)	f)
Vorsatzzeichen	M	?	?	h	?	?
Vorsatzsilbe	?	?	Zenti	?	Mikro	?
mathematische Bedeutung	multipliziert dividiert	multipliziert dividiert	multipliziert dividiert	multipliziert dividiert	multipliziert dividiert	multipliziert dividiert
Umrechnungszahl	?	1000	?	?	?	1000

2 Zahlen in Potenzschreibweise

Sehr große und sehr kleine Zahlen können durch Potenzschreibweise verkürzt geschrieben werden. Dabei wird das Komma hinter die erste von Null abweichende Ziffer gesetzt und diese Zahl mit einer entsprechenden Zehnerpotenz multipliziert.

Beispiele für die Umwandlung einer Zahl:

a) $35\,000\,000 = 3{,}5 \cdot 10 \cdot 10 \cdot 10 \cdot 10 \cdot 10 \cdot 10 \cdot 10 = 3{,}5 \cdot 10^7$
($3{,}5^{0,7}$ bzw. 3,5 0,7 im Taschenrechner)
Die **positive** Hochzahl gibt an, um wie viel Stellen das Komma nach **rechts** verschoben werden muss, z. B. $3{,}5 \cdot 10^7 = 35\,000\,000{,}0$

b) $0{,}000\,000\,0012 = 1{,}2 \cdot \dfrac{1}{10 \cdot 10 \cdot 10 \cdot 10 \cdot 10 \cdot 10 \cdot 10 \cdot 10 \cdot 10} = 1{,}2 \cdot 10^{-9}$
($1{,}2^{-0,9}$ bzw. 1,2 –0,9 im Taschenrechner)
Die **negative** Hochzahl gibt an, um wie viel Stellen das Komma nach **links** verschoben werden muss, z. B. $1{,}2 \cdot 10^{-9} = 0{,}000\,000\,0012$

2/1 Wandeln Sie die Zahlen in die jeweils andere Schreibweise um.

a)	b)	c)	d)
17 500 000 000	$5{,}2 \cdot 10^{11}$	0,000 000 24	$2{,}5 \cdot 10^{-6}$
98 000 000 000 000	$7{,}7 \cdot 10^{6}$	0,000 000 009	$9{,}3 \cdot 10^{-8}$
233 000 000 000	$4{,}9 \cdot 10^{8}$	0,000 000 000 78	$1{,}96 \cdot 10^{-11}$

3 Längeneinheiten und ihre Umrechnung

Metrische Maße

Als Basiseinheit für die Länge ist im Internationalen Einheitensystem (SI-Einheiten) die Einheit **„Meter“** (m) festgelegt. Für die *Teile* und *Vielfache* der Einheit „Meter“ werden die international gültigen Vorsätze verwendet.

Umrechnung von Längeneinheiten

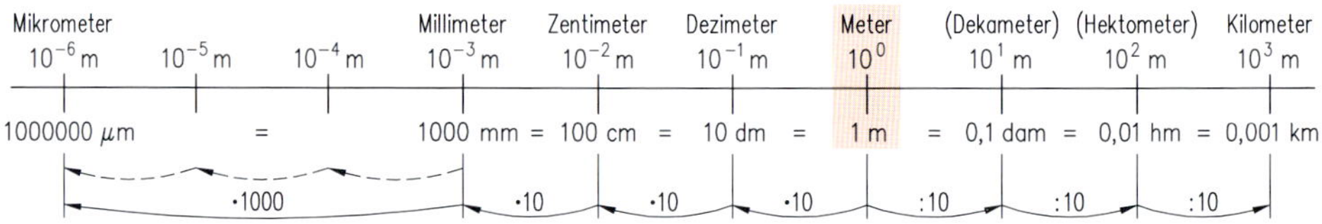

Die Umrechnungszahl für Längeneinheiten von einer dezimalen Stufe zur nächsten ist 10.

Zollmaße

In englischsprachigen Ländern wird auch die Längeneinheit „Zoll“ verwendet.

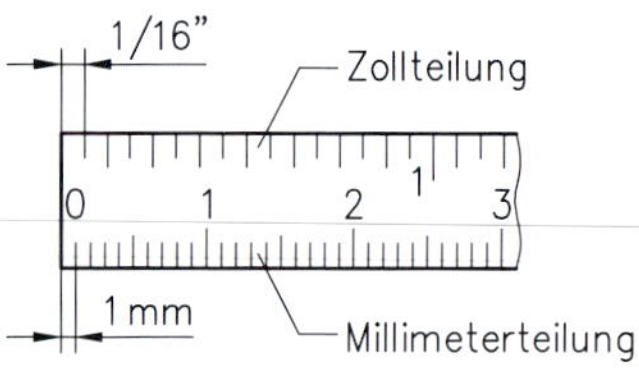

1 Zoll (1″) = 25,4 mm

Teile eine Zolls werden immer als Brüche angegeben.

Beispiele: $\frac{1}{4}''$; $\frac{1}{8}''$

Die Nenner der Brüche sind stets Potenzen von 2.

Beispiele: $\frac{1}{2^2}'' = \frac{1}{4}''$; $\frac{1}{2^3}'' = \frac{1}{8}''$

3/1 Rechnen Sie die Längenmaße in die geforderten Einheiten um.

1.1

	m	dm	cm	mm
a)	0,8	?	?	?
b)	?	1,2	?	?
c)	?	?	466	?
d)	?	?	?	1840

1.2

	mm (Dezimalzahl)	mm (Bruch)	µm
Beispiel	0,04	4/100	40
a)	0,2	?	?
b)	?	7/10	?
c)	?	?	280

3/2 Berechnen Sie die Gesamtlängen von Stäben mit folgenden Teillängen:

a) 1585 m + 1,25 dm + 88,4 cm = ? m

b) 0,62 dm + 0,05 m + 85 cm + 580 µm = ? mm

c) 2,12 m + 345 mm + 87,4 cm = ? dm

d) 0,45 m + 48,8 cm + 3,2 dm + 240 µm = ? cm

3/3 Bei Whitworth-Rohrgewinden gibt die Zahl hinter dem R die Nennweite des Rohres (Innendurchmesser) in Zoll an.
Berechnen Sie die Nennweite der Rohre in Millimeter.

	a)	b)	c)	d)	e)	f)	g)	h)
Gewindebezeichnung	R 1/8	R 1/4	R 3/8	R 1/2	R 3/4	R 1	R 2 1/2	R 6
Nennweite des Rohres	?	?	?	?	?	?	?	?

3/4 Der Durchmesser einer Pkw-Felge ist mit 13″ auf dem Reifen angegeben.
Berechnen Sie den Durchmesser in Millimeter.

3/5 Berechnen Sie die Steigungen von folgenden Whitworth-Rohrgewinden in Millimeter.

a) G 3/4 hat 14 Gänge pro Zoll

b) G 1/4 hat 19 Gänge pro Zoll

3/6 Die Nennweite eines Rohres (lichte Weite) beträgt 1 1/4″ und die Wanddicke 2,5 mm.
Berechnen Sie den Außendurchmesser des Rohres.

4 Berechnung von Werkstückumfängen

Kreisumfang

$$l_u = d \cdot \pi$$

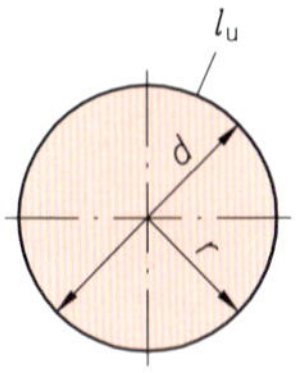

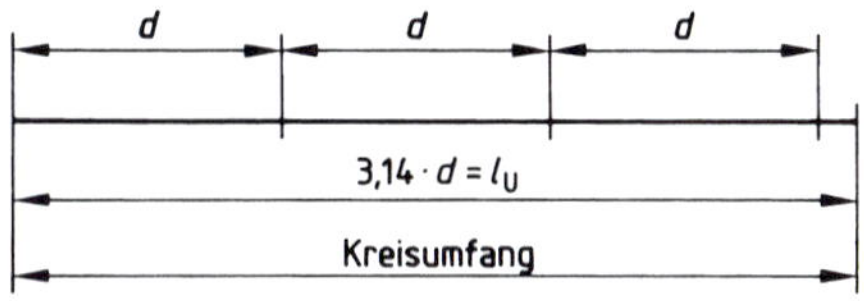

Kreiszahl $\pi \approx 3{,}14159... \approx 3{,}14$

Kreisbogenlänge

$$l_B = \frac{d \cdot p \cdot a}{360°}$$

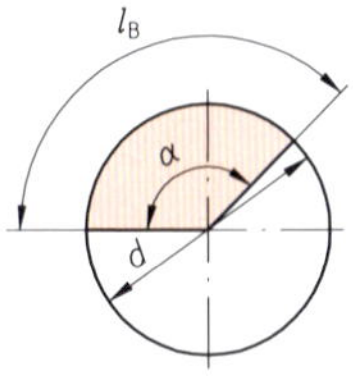

Ellipsenumfang
(Nährungsformel)

$$l_u = \frac{D + d}{2} \cdot \pi$$

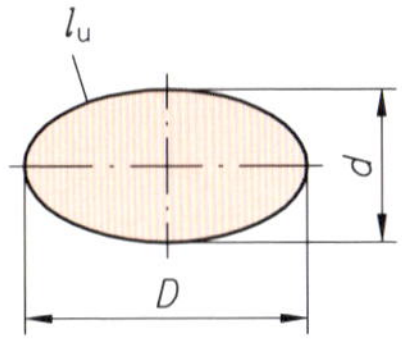

Werkstückumfang

$$L_u = l_{B1} + 2 \cdot l_1 + 2 \cdot l_{B2} + l_2$$

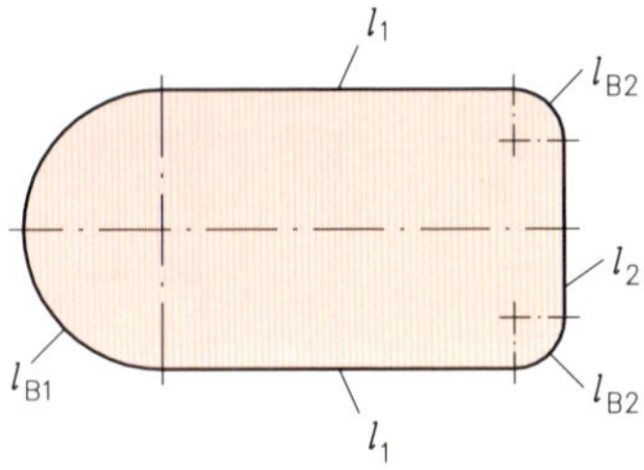

l Teillängen
L_U Werkstückumfang

4/1 Berechnen Sie die fehlenden Tabellenwerte in der jeweils geforderten Maßeinheit.

	a)	b)	c)	d)	e)	f)	g)
Kreisdurchmesser d	225 mm	? mm	0,4 m	? cm	? mm	? mm	? mm
Kreisradius r	? mm	18,4 cm	? mm	850 mm	? mm	? mm	? cm
Kreisumfang l_u	? mm	? mm	? mm	? cm	1570,8 mm	148,49 cm	4,5553 m

4/2 Für eine Schutzhaube an einem Schleifbock ist die Länge des Blechstreifens zu berechnen, der die beiden Seitenbleche verbindet. Die Blechdicke bleibt unberücksichtigt.

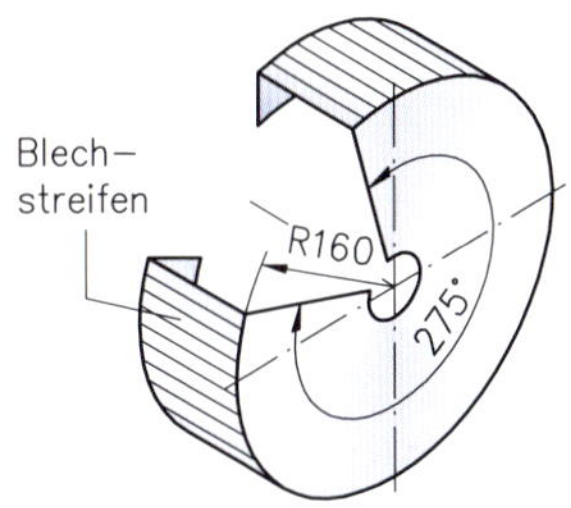

4/3 Die Abwicklung eines Trichteroberteils hat die Form eines Kreisringausschnitte. Die Abwicklung wird auf dem Blech angerissen und anschließend ausgeschnitten.
Berechnen Sie die beiden Bogenlängen der Abwicklung und die Schnittlänge.

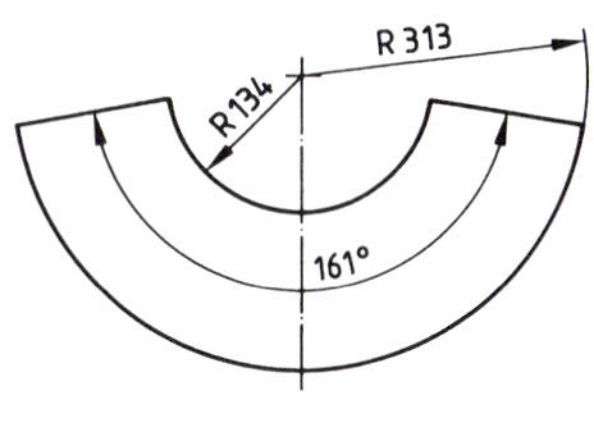

Ü

4/4 Die dargestellten Blechteile werden durch autogenes Brennschneiden bzw. Laserschneiden ausgeschnitten.
Berechnen Sie jeweils die Länge der Schnittlinie.

4.1

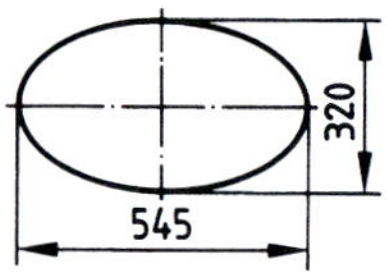

4.2

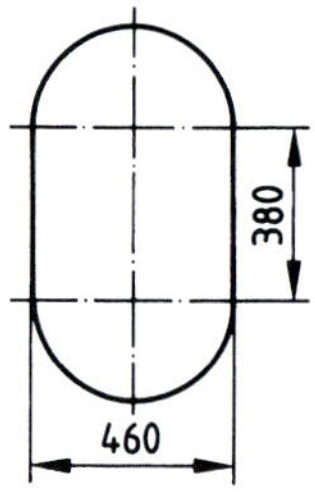

4.3

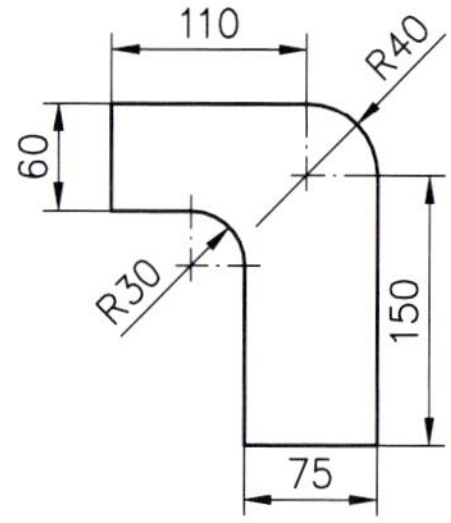

4.4

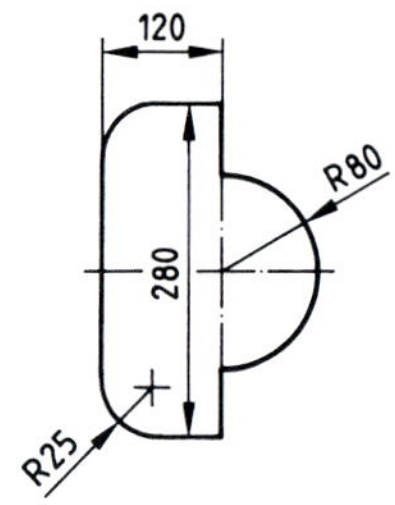

4.5

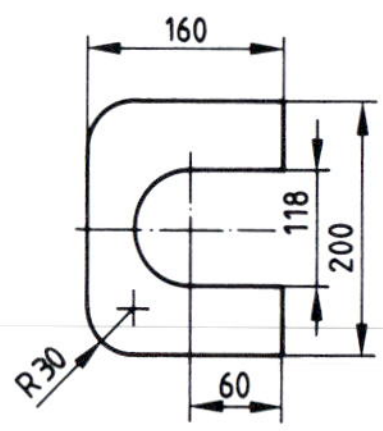

4.6

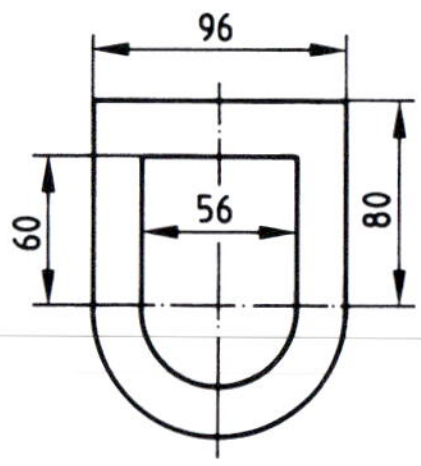

4.7

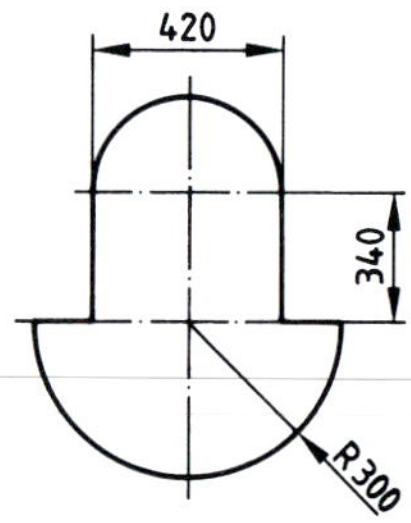

4.8

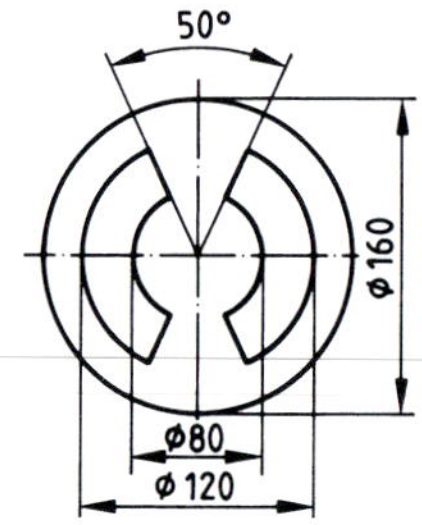

4/5 Die dargestellten Bleche werden mit Schnittwerkzeugen ausgestanzt. Zur Ermittlung der erforderlichen Schneidkraft muss die Länge des Werkstückumfangs bekannt sein.
Ermitteln Sie den jeweiligen Werkstückumfang.

5.1

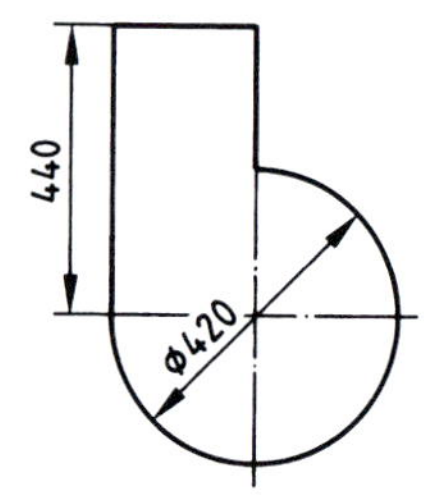

5.2

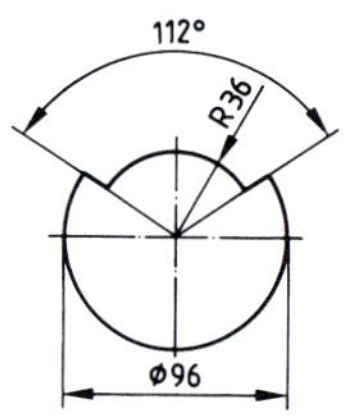

5.3

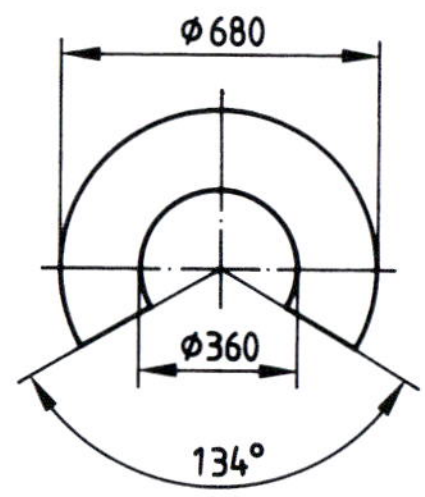

5.4

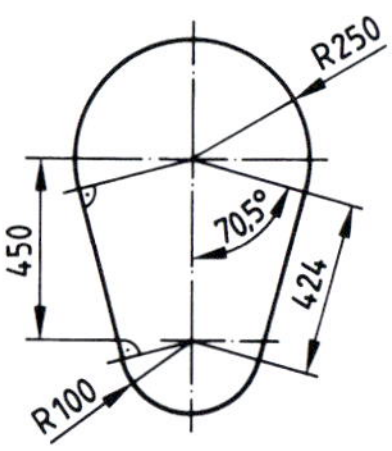

5.5

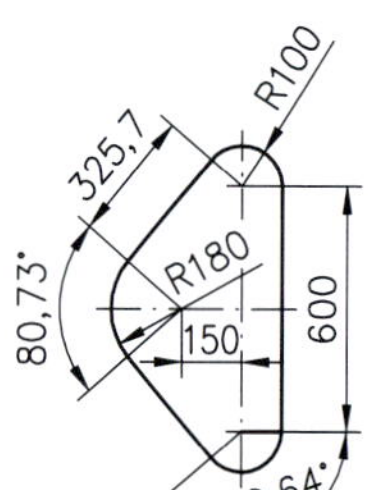

5.6

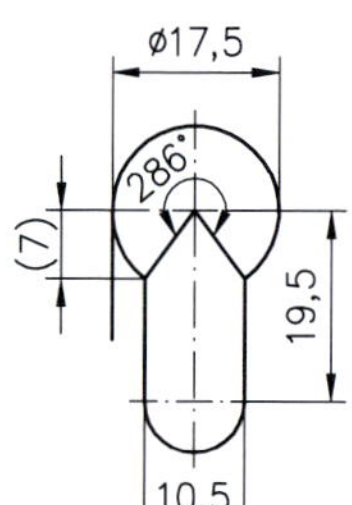

5.7

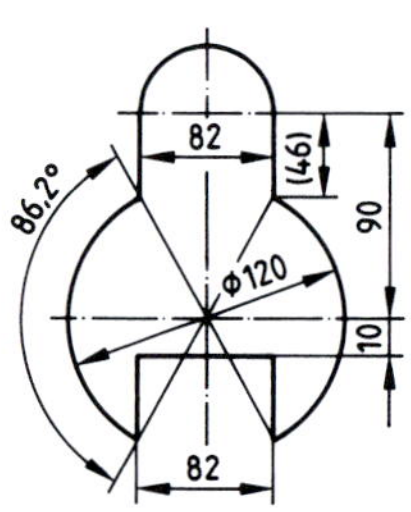

5.8

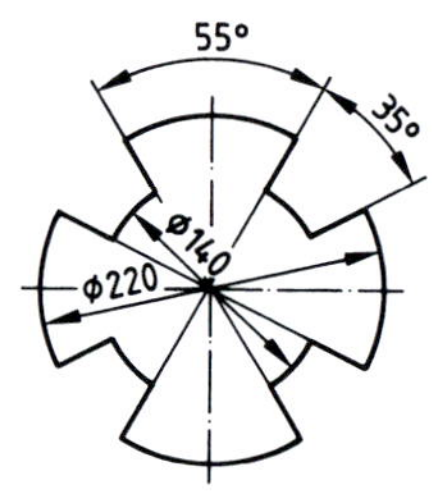

5 Berechnungen von Teilungen

Gerade Werkstücke

– Endabstände **anders** als Teilung

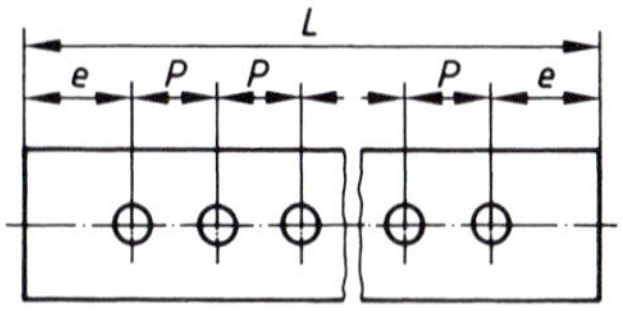

Formeln

$$p = \frac{L - 2 \cdot e}{i}$$

$z = i + 1$

– Endabstände **gleich** Teilung: $e = p$

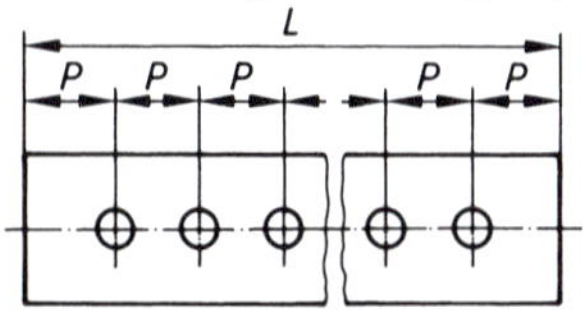

$$p = \frac{L}{i}$$

$z = i - 1$

Kreisförmige Werkstücke

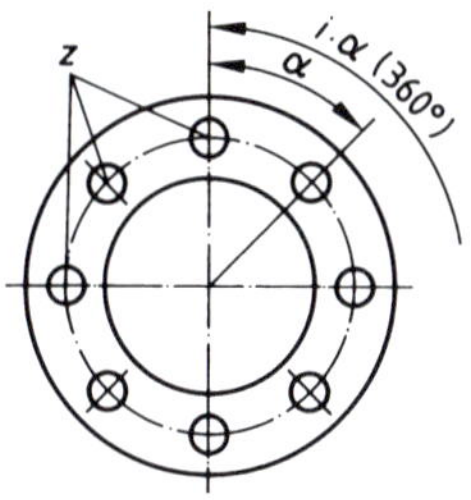

$$\alpha = \frac{360°}{i}$$

$i = z$

Bei Kreisteilungen ist die Anzahl der Abstände gleich der Anzahl der Postionen.

Formelzeichen

L	Werkstücklänge
e	Endabstand in mm
p	Teilung in mm, z. B. Lochabstand
i	Anzahl der Abstände
z	Anzahl der Positionen, z. B. Bohrungen
α	Teilungswinkel

5/1

	Gerade Werkstücke						Kreisförmige Werkstücke		
	$e \cdot p$			$e = p$					
Werkstücklänge L in mm	?	2475	3800	715	1968	?	–	–	–
Teilung p in mm	110	?	98	65	?	118	–	–	–
Teilungswinkel α in °	–	–	–	–	–	–	36°	?	?
Endabstand e in mm	150	90	185	–	–	–	–	–	–
Anzahl Abstände i	24	?	?	?	24	?	?	16	
Anzahl Positionen z	?	19	?	?	?	8	?	?	5

5/2 Eine Bohrschablone hat im Abstand von je 16 mm 12 Bohrungen in einer Reihe nebeneinander; die beiden Endabstände sind je 22 mm.
Welche Länge hat die Schablone?

5/3 Das Sägeblatt einer Handbügelsäge hat 23 Zahnlücken je Zoll Sägeblattlänge (1″ = 25,4 mm).

a) Wie viel Zähne hat das 300 mm lange Sägeblatt?

b) Wie lang ist die Zahnlücke?

5/4 Der Gitterrost eines Lichtschachts ist 900 × 400 mm groß.
Das Füllgitter hat eine Maschenweite von 30 × 15 mm.

a) Wie viel Bänder sind in der Länge und der Breite vorhanden?

b) Wie viel Meter Bandstahl sind für die Füllung verarbeitet?

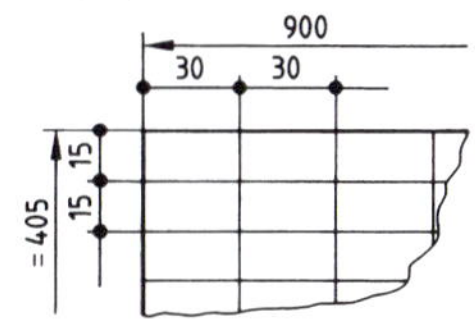

5/5 Der Deckel eines zylindrischen Druckbehälters wird mit 24 Schrauben verschraubt.
Wie groß ist der Teilungswinkel zwischen den Schrauben?

5/6 Ein Kettenrad mit 48 Zähnen soll in Einzelfertigung gefräst werden.
Um welchen Winkel muss das Rad von Zahn zu Zahn gedreht werden?

Ü

6 Berechnung von Winkelmaßen mit Umrechnung

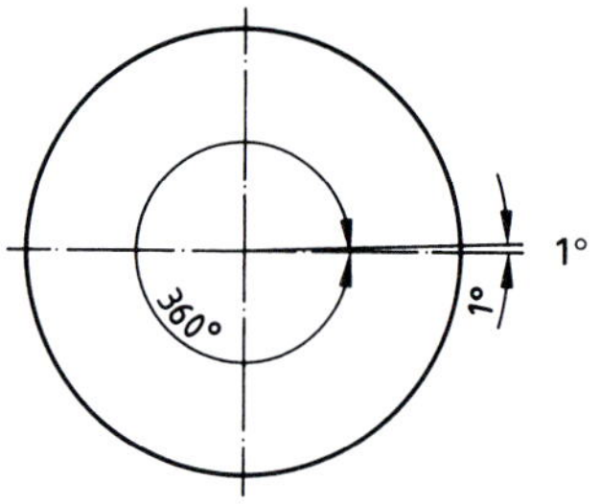

Vollkreis = 360° (Grad)

$1°\ (\text{Grad}) = \frac{1}{360}$ des Vollkreiswinkels

1° (Grad) = 60′ (Minuten) = 3600″ (Sekunden)

$$\left(\frac{1}{60}\right)^{\circ} = 1' = 60''$$

$$\left(\frac{1}{3600}\right)^{\circ} = \left(\frac{1}{60}\right)' = 1''$$

Beispiele für Umrechnungen

- von Min./Sek. in eine Dezimalzahl:

$$35°\,39'\,45'' \rightarrow 35° + \left(\frac{39}{60}\right)^{\circ} + \left(\frac{45}{3600}\right)^{\circ} \rightarrow 35° + 0{,}65° + 0{,}0125° \rightarrow \mathbf{35{,}6625°}$$

- von einer Dezimalzahl in Min./Sek.:

$\mathbf{7{,}564°} \rightarrow 7° + 0{,}564 \cdot 60 \rightarrow 7° + 33{,}84' \rightarrow 7° + 33' + 0{,}84 \cdot 60 \rightarrow 7° + 33'\,50{,}4'' \rightarrow \mathbf{7°\,33'\,50''}$

6/1 Rechnen Sie die folgenden Winkelwerte um:

	a)	b)	c)	d)	e)	f)	g)	h)
Winkelwert in °, ′, ″	12° 30′	?	5° 15′ 45″	0° 50′ 12″	?	25° 42′ 35″	?	?
Winkelwert als Dezimalzahl in °	?	85,75°	?	?	30,61°	?	89,4625°	60,761°

6/2 Das Kettenrad an der Tretkurbel eines Fahrrades hat 46 Zähne. Berechnen Sie den Winkel zwischen zwei Zähnen als Dezimalzahl und geben Sie den Winkel in Grad/Minuten/Sekunden an.

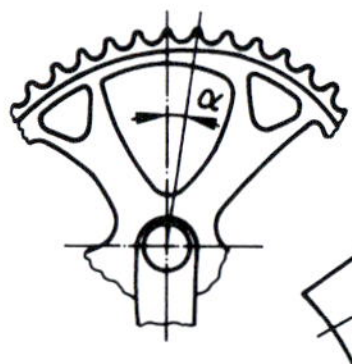

6/3 Ein Bremsbelag wird mit Nieten an den angegebenen Stellen auf einer kreisförmig gewölbten Bremsbacke befestigt. Berechnen Sie den Winkel α zwischen den Bohrungen. Geben Sie den Winkel als Dezimalzahl und in Grad/Minuten/Sekunden an.

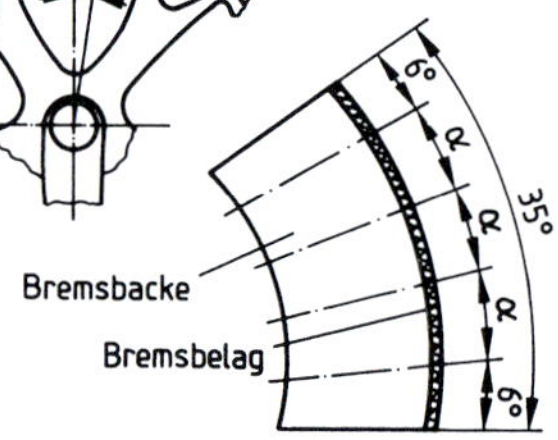

6/4 Um regelmäßige Teilungen an Werkstücken anarbeiten zu können, werden Teilapparate mit auswechselbaren Lochscheiben eingesetzt. Zum Verstellen bestimmter Drehwinkel werden auf geeigneten Lochkreisen außer vollen Umdrehungen auch Bruchteile einer Umdrehung mithilfe einer verstellbaren Teilschere eingestellt.
Geben Sie zu den Lochkreisen den jeweiligen Winkel in Grad, Minuten und Sekunden (von Mitte Bohrung bis MItte Bohrung) an.

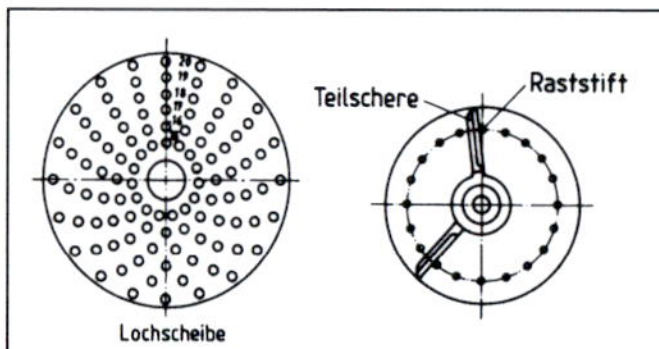

Anzahl Bohrungen des Lochkreises	Bruchteil ≙ Drehwinkel	Bruchteil = Drehwinkel
15 Bohrungen	1/15 = ?	4/15 = ?
16 Bohrungen	1/16 = ?	7/16 = ?
18 Bohrungen	1/18 = ?	15/18 = ?
19 Bohrungen	1/19 = ?	3/19 = ?

7 Winkel in technischen Konstruktionen

Spitzer Winkel	Rechter Winkel	Stumpfer Winkel	Gestreckter Winkel	Vollwinkel
$\alpha < 90°$	$\alpha = 90°$	$90° < \alpha < 180°$	$\alpha = 180°$	$\alpha = 360°$

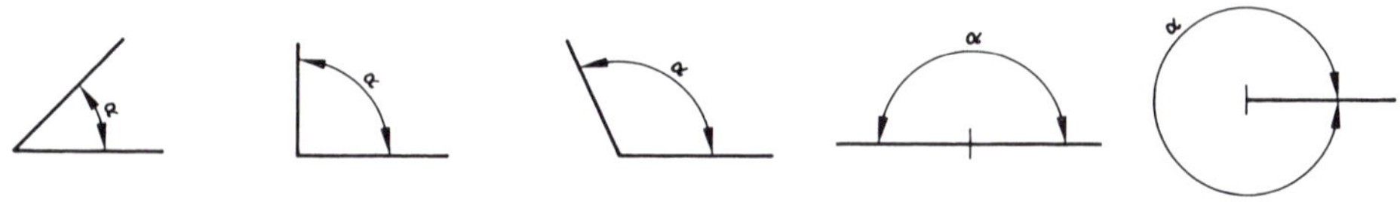

2 Gerade schneiden sich:
Scheitelwinkel

Scheitelwinkel sind gleich.

Eine Gerade wird von zwei Parallelen geschnitten:

Stufenwinkel

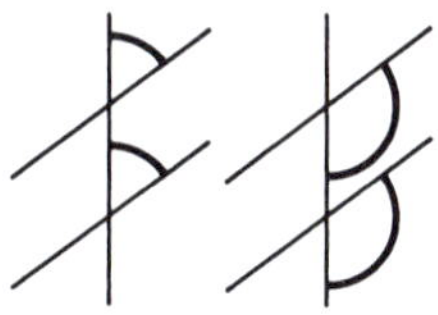

Stufenwinkel sind gleich.

Wechselwinkel

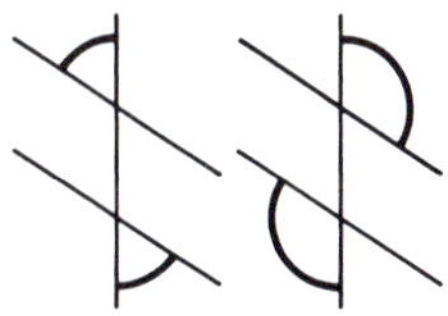

Wechselwinkel sind gleich.

Winkelsumme im Dreieck

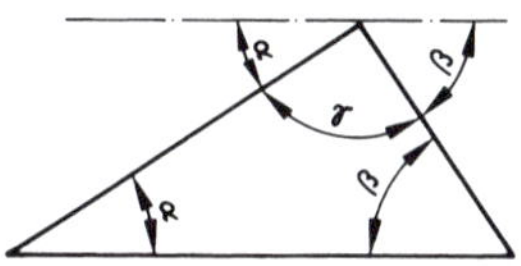

$\alpha + \beta + \gamma = 180°$

Im Dreieck ist die Winkelsumme 180°.

Winkelsumme im Viereck

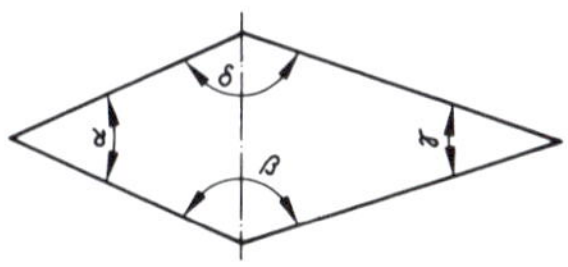

$\alpha + \beta + \gamma + \delta = 360°$

Im Viereck ist die Winkelsumme 360°.

7/1 Bestimmen Sie die fehlenden Winkelwerte in den dargestellten Konstruktionen.

1.1

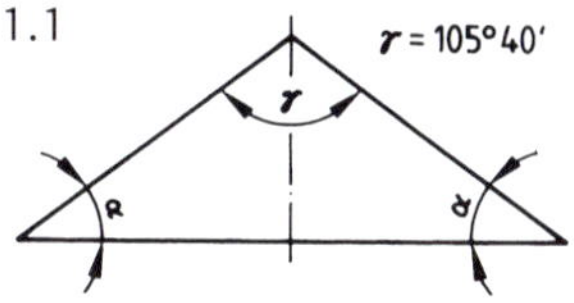

1.2

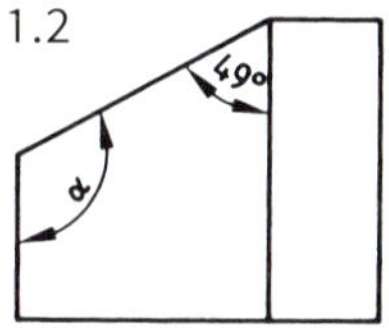

1.3

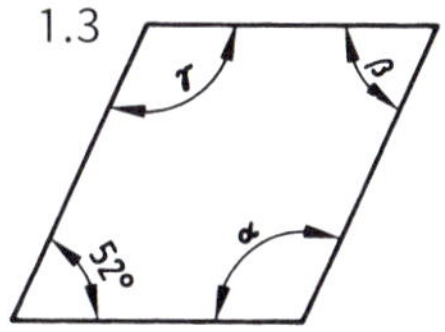

1.4

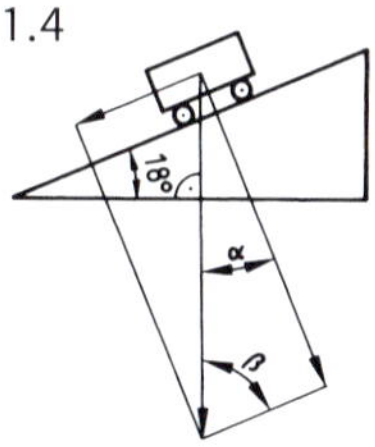

1.5

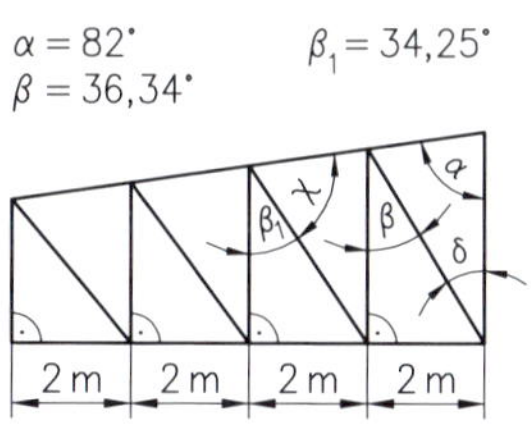

1.6

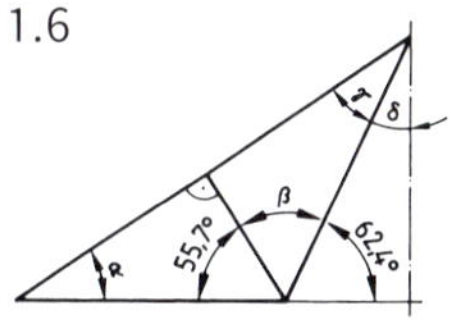

1.7

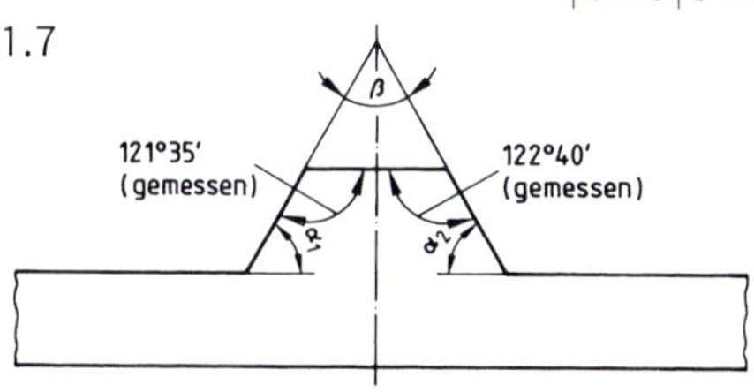

1.8

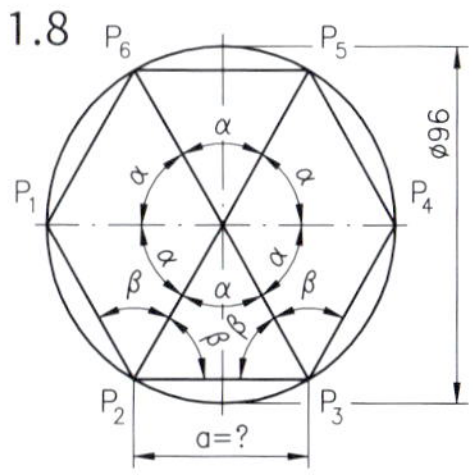

8 Dreisatz mit geradem und umgekehrtem Verhältnis

Beispiel für ein gerades Verhältnis

Ein junger Facharbeiter verdient in 8 Stunden 130,08 EUR.
Wie viel verdient er in einem Monat mit 158 Stunden?

1. Satz: 8 Arbeitsstunden ≙ 130,08 EUR

2. Satz: 1 Arbeitsstunde ≙ $\frac{130{,}08 \text{ EUR}}{8}$

Gerades Verhältnis:
weniger Stunden ≙ weniger EUR

Lösungsverfahren:
8 Stunden ≙ 130,08 EUR
158 Stunden ≙ x EUR

3. Satz: $\frac{130{,}08 \text{ EUR} \cdot 158}{8} = \underline{\underline{2569{,}08 \text{ EUR}}}$

Beispiel für ein umgekehrtes Verhältnis

5 Facharbeiter benötigen für die Montage einer Werkzeugmaschine 148 Stunden.
Wie viele Stunden benötigen 4 Facharbeiter?

1. Satz: 5 Facharbeiter ≙ 148 Stunden

2. Satz: 1 Facharbeiter ≙ 148 Stunden · 5

Umgekehrtes Verhältnis:
weniger Facharbeiter ≙ mehr Stunden

Lösungsverfahren:
5 Arbeiter = 148 h
4 Arbeiter = *x* h

3. Satz: $\frac{148 \text{ h} \cdot 5}{4} = \underline{\underline{185 \text{ h}}}$

Einfacher Dreisatz

8/1 Bei einer 350 km langen Autofahrt wurden 22,4 l Benzin verbraucht. Wie viel l werden für eine Strecke von 925 km benötigt?

8/2 Zum Spritzen von 24 Schutzabdeckungen wurden 14,4 kg Farbe verbraucht. Wie viel kg Farbe sind für 56 Abdeckungen erforderlich?

8/3 Die Wochenproduktion mit 5 Scherschneidautomaten beträgt 56 000 Stück. Wie viel Automaten müssen eingesetzt werden, wenn die Produktion auf 100 800 Stück gesteigert werden soll?

8/4 Für 4,5 l Kühlschmieremulsion (Bohrwasser) werden 360 ml Schneidöl beigemischt. Wie viel ml Schneidöl sind für 12 l Emulsion notwendig? Wie hoch ist der Ölanteil in %?

8/5 Von 4 Schweißern werden an einem Tag 112 Stöße geschweißt. Wie viel Leute sind einzusetzen, wenn an einem Tag 308 Stöße gefertigt werden sollen?

8/6 Für einen Auftrag benötigen 5 Facharbeiter 24 Stunden. Wie viel Facharbeiter sind einzusetzen, wenn der gleiche Auftrag in 15 Stunden erledigt werden soll?

Doppelter Dreisatz

8/7 In 36 Stunden montieren 2 Metallbauer 45 Bauteile. In welcher Zeit können 120 Teile von 5 Metallbauern montiert werden?

Beispiel für einen Ansatz:
2 Mb. – 45 Bt. in 36 Std.
5 Mb. – 120 Bt. in x Std.

8/8 Von 5 Zerspanungstechnikern werden in 120 Stunden 2400 Drehteile bearbeitet. Wie viel Teile werden von 4 Zerspanern in 160 Stunden bearbeitet?

8/9 Um einen Öltank zu entleeren, benötigt man beim Einsatz von 3 Pumpen mit einem Fördervolumen von je 2 l pro Sekunde 4 Stunden.
Wie lange brauchen 2 Pumpen mit einem Fördervolumen von je 5 l pro Sekunde?

8/10 Ein Dispokredit von 2400,00 EUR kostet in 180 Tagen 177,00 EUR an Zinsen. Wie viel Zinsen sind für 5200,00 EUR bei 120 Tagen Laufzeit zu zahlen?

9 Prozentrechnung

Die Prozentrechnung ist eine Form der Dreisatzrechnung, bei der immer die Vergleichsgröße 100 gewählt wird, z. B. wird „3 von 100" auf die Schreibweise 3 % verkürzt. Dabei wird 3 % als **Prozentsatz *p*** bezeichnet. Wird der Prozentsatz auf eine beliebige andere Größe bezogen, so ist diese Größe der **Grundwert *G***. Durch Prozentrechnung wird vielfach der zugehörige **Prozentwert *W*** berechnet.

Dreisatz

1. Satz $100\,\% \mathrel{\hat{=}} G$
2. Satz $p\,7{,}5 \mathrel{\hat{=}} W$

3. Satz $W = \dfrac{G \cdot p}{100\,\%}$

Formelzeichen

W Prozentwert
G Grundwert
p Prozentsatz

9/1

	a)	b)	c)	d)	e)	f)	g)
Grundwert *G*	188,00 EUR	4260 EUR	18,20 EUR	8,6 m^2	?	?	52,4 kg
Prozentsatz *p*	15 %	4,2 %	?	?	72 %	64 %	?
Prozentwert *W*	?	?	0,69 EUR	1,24 m^2	9,2 kW	8000 l	3,93 kg

9/2 Ein Facharbeiter wird nach Tariflohngruppe 6 entlohnt. Er erhält 88 % des Ecklohns von 16,42 EUR. Welchen Stundenlohn erhält er?

9/3 Bei einer Laboruntersuchung wird ermittelt, dass 242 g einer Kupfer-Zink-Legierung 150 g Kupfer enthalten.
Wie hoch ist der Prozentanteil des Kupfers in der Legierung?

9/4 Für das Guthaben eines Bausparvertrages von 4 800,00 EUR wird ein Zinssatz von 3,2 % gewährt. Wie hoch sind die nach einem Jahr gutgeschriebenen Zinsen?

9/5 Für ein Darlehen von 18 000,00 EUR müssen jährlich 1 656,00 EUR Zinsen gezahlt werden. Wie hoch ist der Zinssatz der Sparkasse?

9/6 Bei einer Probefertigung eines Drehteils auf einer CNC-Drehmaschine wird die programmierte Umdrehungsfrequenz von $n = 1\,200$ 1/min auf 65 % verringert.
Mit welcher Umdrehungsfrequenz dreht sich das Drehteil jetzt?

9/7 Ein Rohteil wird durch spanende Bearbeitung zu einem Werkstück von 8,452 kg bearbeitet, dabei sind 1,538 kg Späne abgetrennt worden.
Wie hoch ist der Spananteil in Prozent, wenn die Berechnung auf das fertige Werkstück bezogen wird?

9/8 Ein Pkw benötigt auf 100 km 8,4 l Normalbenzin. Nach einer Inspektion des Motors sinkt der Verbrauch auf 7,2 l/100 km ab.
Wie hoch ist die Kraftstoffeinsparung in Prozent?

9/9 Für eine 38 m^2 große Wohnung beträgt die Kaltmiete 7,20 EUR/m^2.
Welche Gesamtmiete ist nach einer Mieterhöhung von 12 % zu zahlen?

9/10 Beim Kauf einer Schlagbohrmaschine in einem Baumarkt zahlt der Kunde 268,50 EUR. In dem Kaufpreis ist die Mehrwertsteuer von 19 % enthalten.
Wie hoch ist die abzuführende Mehrwertsteuer?

10 Berechnung von rechtwinkligen Dreiecken mit dem Lehrsatz des Pythagoras

Rechtwinkliges Dreieck

Katheten → Schenkel eines rechten Winkels
Hypotenuse → Seite gegenüber dem rechten Winkel

Lehrsatz des Pythagoras

Quadrat über der Hypotenuse = Summe der beiden Kathetenquadrate

Formel

$c^2 = a^2 + b^2$

Formelzeichen

a, b } Katheten
c Hypotenuse

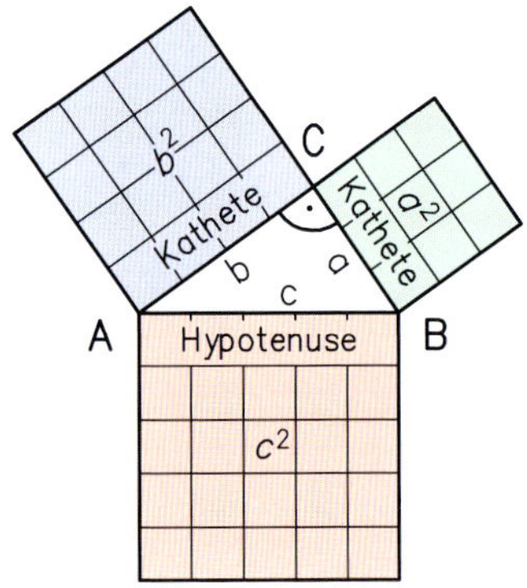

10/1 Berechnen Sie die fehlende Seiten in den rechtwinkligen Dreiecken.

	a)	b)	c)	d)	e)	f)	g)
Kathetenlänge a	400 mm	120 mm	? cm	56 cm	? mm	1440 mm	? cm
Kathetenlänge b	300 mm	? mm	48 cm	? cm	9,2 dm	? m	74 cm
Hypotenusenlänge c	? mm	180 mm	64 cm	0,8 m	1240 mm	2,15 m	11,5 dm

10/2 Berechnen Sie die Länge l der Strebe.

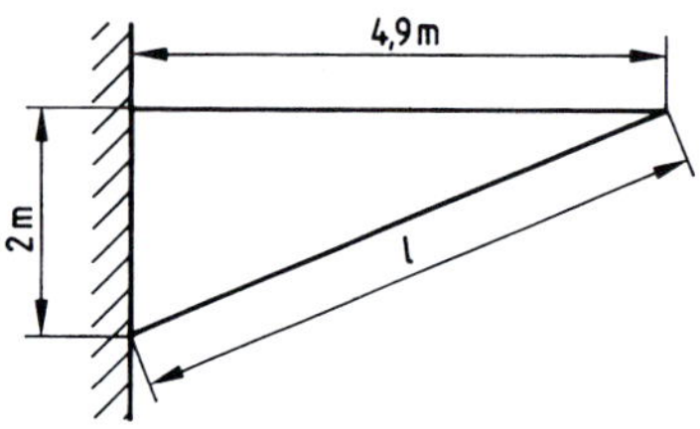

10/3 Berechnen Sie die Länge der Mantellinie l des Kegels.

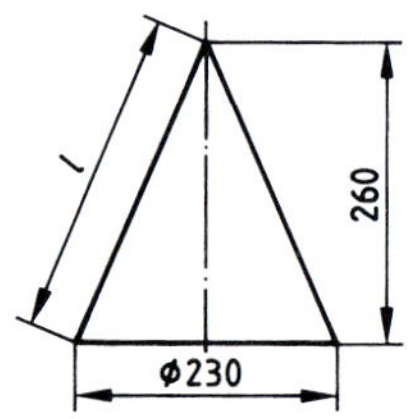

10/4 Berechnen Sie die fehlenden Längen und den Gesamtumfang der beiden Werkstücke.

4.1

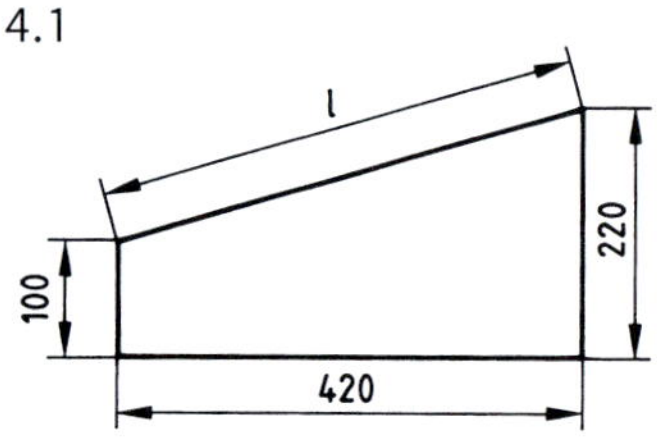

4.2

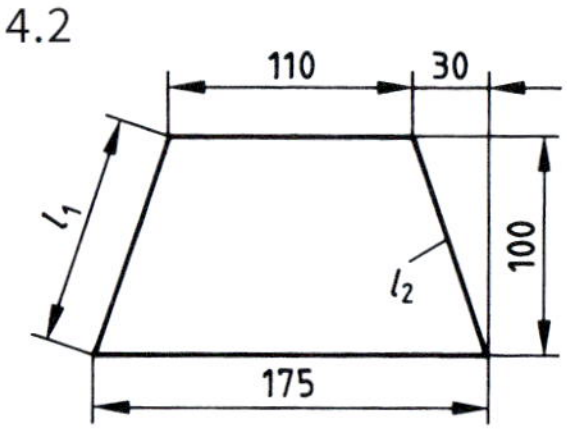

10/5 Berechnen Sie für Kontrollmessungen die Lochabstände l.

5.1

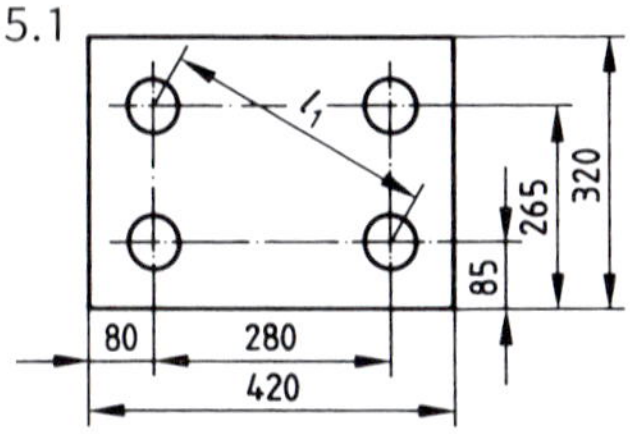

5.2

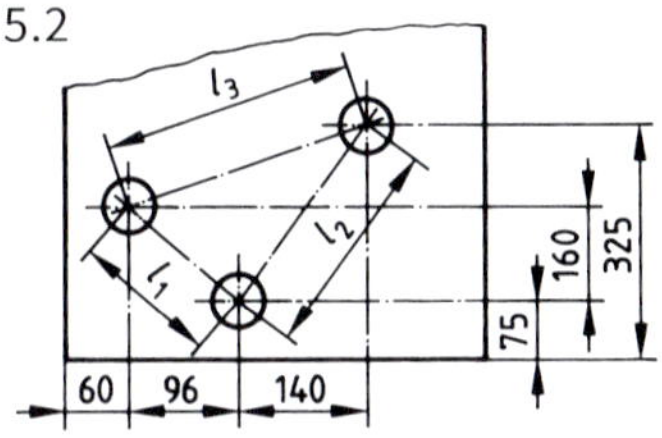

10/6 Berechnen Sie den waagerechten Abstand l der beiden Wellen. In der Zeichnung sind die Teilkreisdurchmesser der Zahnräder dargestellt.

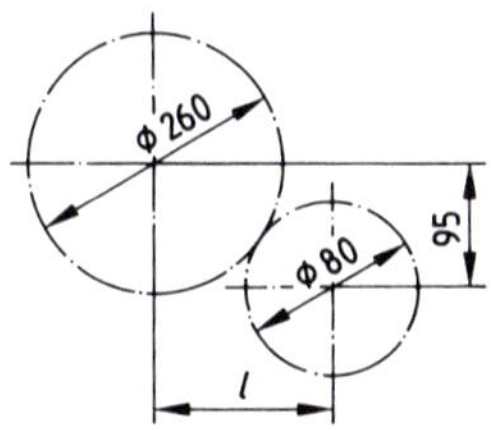

10/7 Zur Berechnung des Fräsweges muss die Anschnittlänge l_A bestimmt werden.

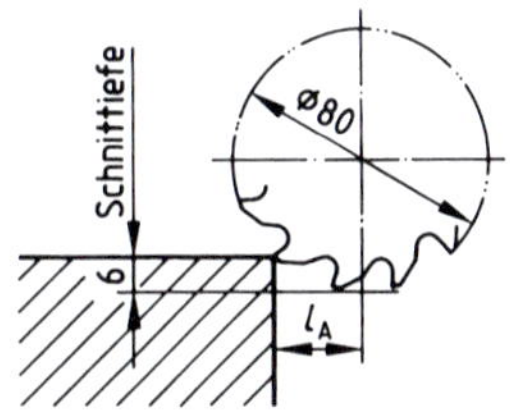

10/8 Berechnen Sie für die Abflachung an der Welle die Frästiefe t.

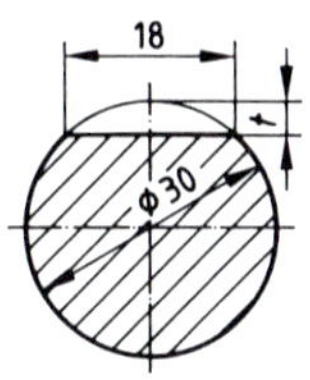

10/9 Berechnen Sie den Radius für den Flachbogen einer Türöffnung.

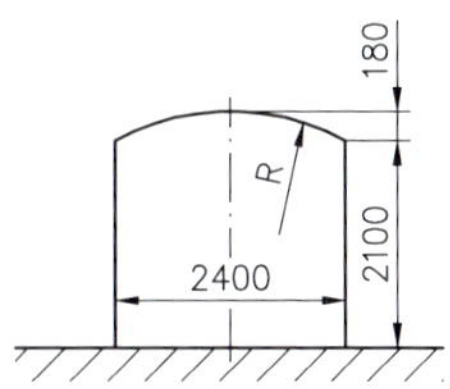

10/10 a) Berechnen Sie das Eckenmaß e von den beiden Zapfen an den Wellen.
b) Mit welcher Zahl muss die Schlüsselweite SW multipliziert werden, damit man jeweils das Eckenmaß e erhält?

10.1

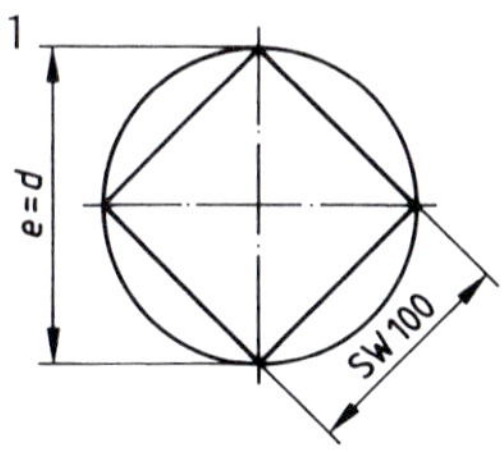

10.2

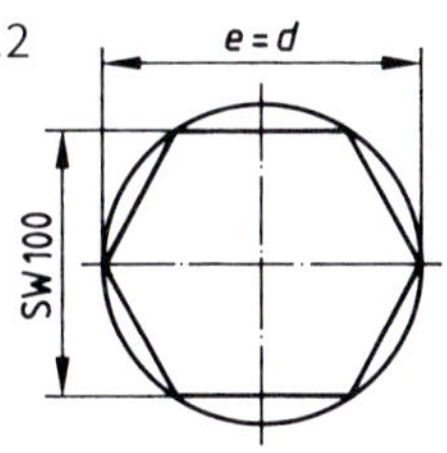

10/11 Berechnen Sie für Kontrollmessungen die Lochabstände l der Bohrungen auf den beiden Lochkreisen.

11.1

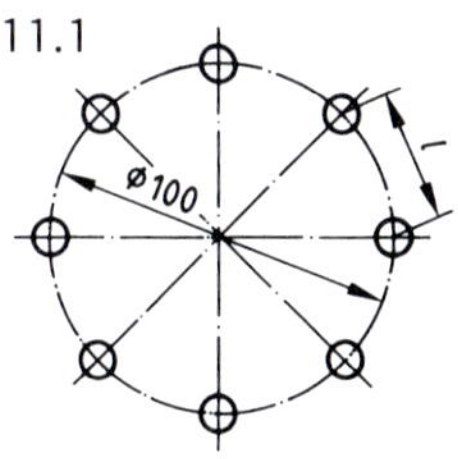

11.2

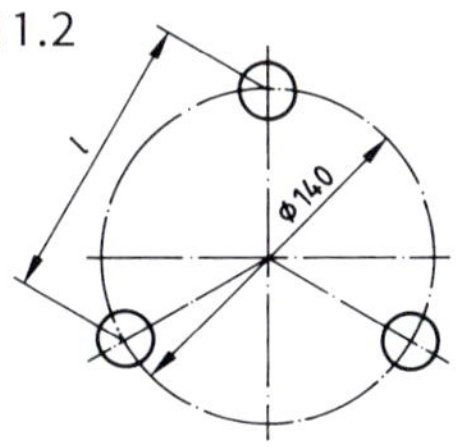

11 Proportionen

Bildet man aus zwei gleichwertigen Verhältnissen eine Gleichung, so erhält man eine Proportion.
Schreibweise der Proportionen:

$$a : b = c : d \text{ oder } \frac{a}{b} = \frac{c}{d}$$

Beispiel: $1 : 3 = 2 : 6 \text{ oder } \frac{1}{3} = \frac{2}{6}$

Bei Proportionen ist das Produkt der Innenglieder gleich dem Produkt der Außenglieder (Produktengleichung).

Proportion: $a : b = c : d$ Produktengleichung: $b \cdot c = a \cdot d$

Beispiel: Proportion: $1 : 3 = 2 : 6$ Produktengleichung: $3 \cdot 2 = 1 \cdot 6$

Lösen Sie die folgenden Aufgaben mithilfe der Proportionen.

11/1 Berechnen Sie die Werte für x.

a) $1 : 5 = 3 : x$ c) $3{,}5 : 14 = x : 4$ e) $\frac{1}{2} : \frac{1}{6} = x : 27$

b) $4 : x = 12 : 60$ d) $\frac{2}{3} : x = 4 : 24$ f) $0{,}25 : 2 = 75 : x$

11/2 Prüfen Sie die Ergebnisse der vorherigen Aufgaben 11/1 a) bis f) mithilfe der Produktengleichung.

11/3 Ein Zugstab muss einen Querschnitt von 150 mm^2 haben. Die Längen der Kanten sollen sich dabei wie 2 : 3 verhalten.
Berechnen Sie die Kantenlängen a und b.

12 Maßstäbe

Der Maßstab (Zeichnungsmaßstab) gibt das Verhältnis einer gezeichneten Länge zu ihrer wirklichen Größe an.

Genormte Maßstäbe

Natürlicher Maßstab
1:1

Vergrößerungsmaßstäbe
50:1 20:1 10:1
5:1 2:1

Verkleinerungsmaßstäbe
1:2 1:5 1:10
1:20 1:50 1:100
1:200 1:500 1:1000

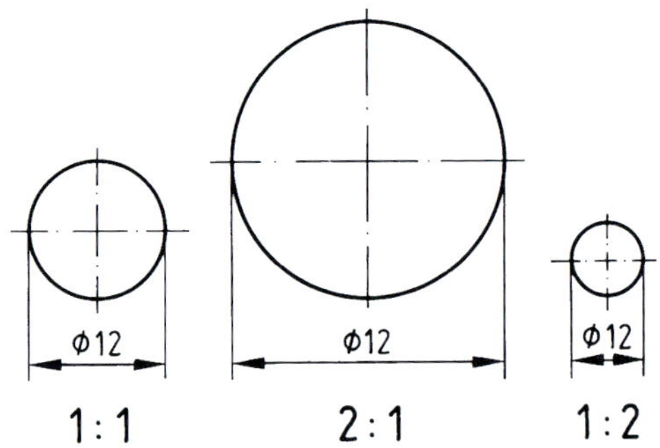

Merke: Maßstab 1:100 bedeutet 1 mm in der Zeichnung ≙ 100 mm in der Wirklichkeit.

12/1 Berechnen Sie die fehlenden Angaben.

Maßstab	Werkstück	Zeichnungsmaß
1:1	45 mm	?
5:1	?	52,5 mm
1:10	2,5 m	?
?	3,7 cm	185 mm

12/2

Maßstab	Werkstück	Zeichnungsmaß
?	0,25 mm	2,5 mm
2:1	?	320 mm
1:5	40 dm	?
1:20	4,25 m	?

13 Strahlensätze

Werden zwei Strahlen, die von einem Punkt ausgehen, von Parallelen geschnitten, so bestehen zwischen gleich liegenden Abschnitten gleiche Verhältnisse.

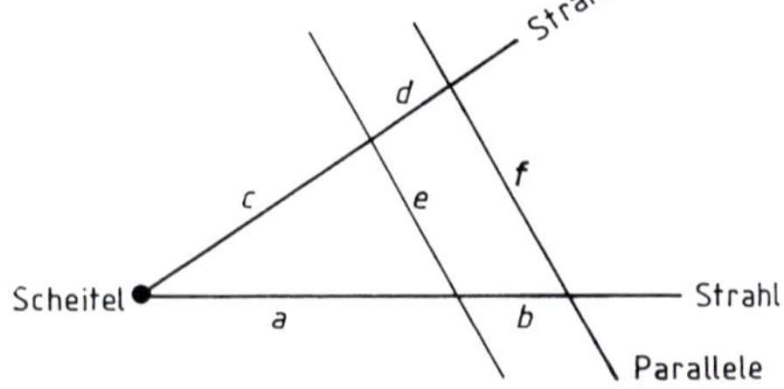

1. Strahlensatz

$a : b = c : d$

2. Strahlensatz

$a : (a + b) = e : f$

Aus den Strahlensätzen ergeben sich Verhältnisse an ähnlichen Dreiecken:
Dreiecke mit gleichen Winkeln sind einander ähnlich.
In **ähnlichen Dreiecken** bilden gleich liegende Seiten gleiche Verhältnisse.

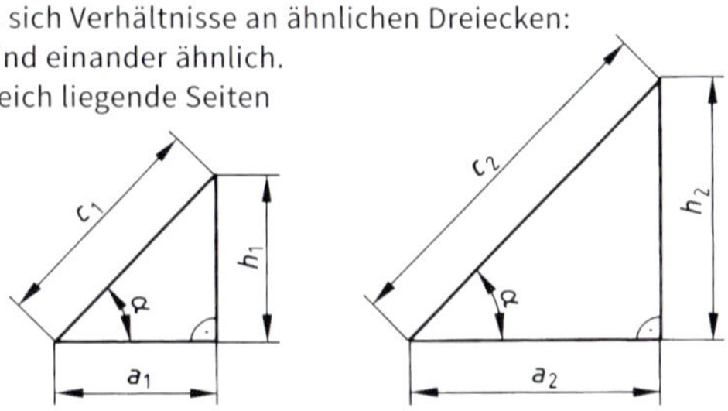

Formeln

$a_1 : h_1 = a_2 : h_2$
$c_1 : h_1 = c_2 : h_2$
$a_1 : c_1 = a_2 : c_2$

Lösen Sie folgende Aufgaben über Verhältnisse in ähnlichen Dreiecken bzw. nach Strahlensätzen.

13/1 An einem Dreieckfenster sollen die Maße $a_1 = 2{,}1$ m, $a_2 = 3{,}15$ m, $h_1 = 1{,}05$ m und $c_1 = 2{,}35$ m betragen. Berechnen Sie die fehlenden Maße.

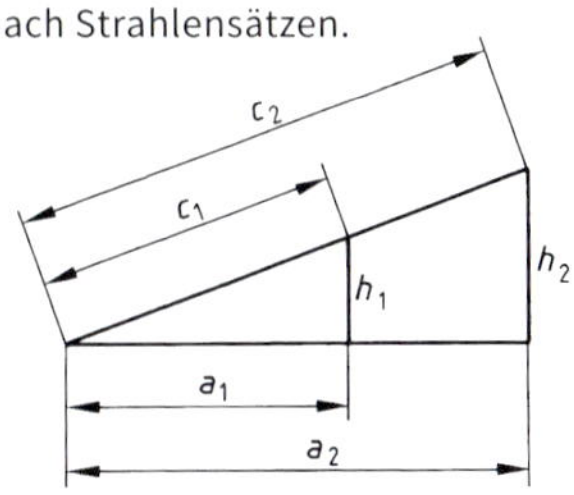

13/2 Berechnen Sie die fehlenden Maße.

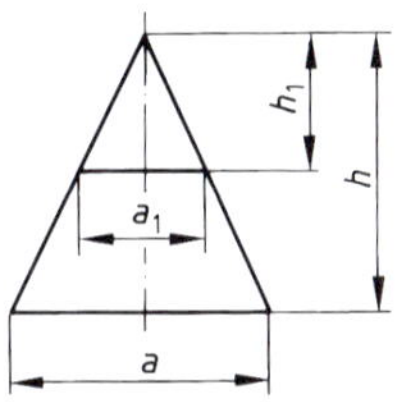

a	h	a_1	h_1
40 mm	120 mm	? mm	90 mm
5 m	? m	3 m	9 m
6 dm	75 cm	0,4 m	? m
? cm	10 m	50 dm	2 m

13/3 Bei einem rechteckigen Blech sollen sich die beiden Seiten a und b wie 2 : 5 verhalten. Das Blech soll eine Fläche von 1 000 mm² haben.
Berechnen Sie die Seiten a und b.

13/4 Berechnen Sie jeweils das Maß x.

a)

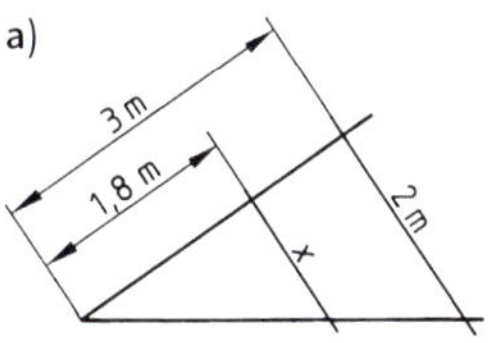

b)

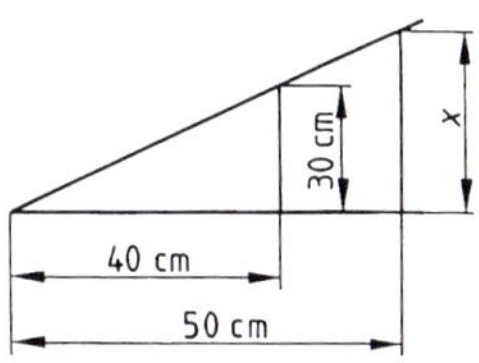

c)

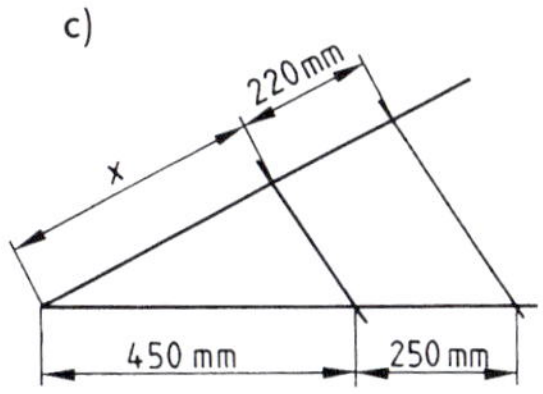

14 Winkelfunktionen in rechtwinkligen Dreiecken

In Dreiecken mit gleichen Winkeln stehen gleichliegende Seiten im gleichen Verhältnis zueinander. Seitenverhältnisse werden für einen der spitzen Winkel aufgestellt. Die Katheten werden danach benannt, wie sie zu dem betrachteten Winkel liegen.

Ankathete (AK) → Seite, die einen Schenkel des zu betrachtenden Winkels bildet

Gegenkathete (GK) → Seite, die dem zu betrachtenden Winkel gegenüberliegt

Hypotenuse (HY) → Seite gegenüber dem rechten Winkel

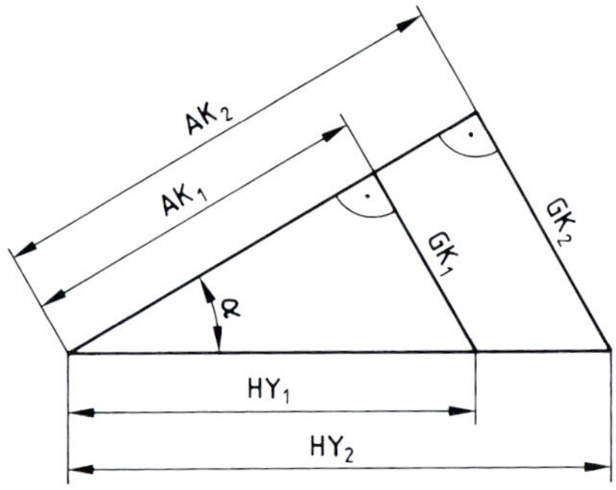

für den Winkel a gilt:

$\frac{GK_1}{HY_1} = \frac{GK_2}{HY_2}$ $\frac{AK_1}{HY_1} = \frac{AK_2}{HY_2}$ $\frac{GK_1}{AK_1} = \frac{GK_2}{AK_2}$

Sinus a = $\frac{\text{Gegenkathete}}{\text{Hypotenuse}}$ Cosinus a = $\frac{\text{Ankathete}}{\text{Hypotenuse}}$ Tangens a = $\frac{\text{Gegenkathete}}{\text{Ankathete}}$

$\sin\alpha = \frac{GK}{HY}$ $\cos\alpha = \frac{AK}{HY}$ $\tan\alpha = \frac{GK}{AK}$

14/1 Berechnen Sie die fehlenden Maße im rechtwinkligen Dreieck mithilfe der Winkelfunktionen.

	a)	b)	c)	d)	e)	f)	g)	h)
Ankathete	245 mm	66 cm	?	?	?	?	255 cm	?
Gegenkathete	183 mm	?	880 mm	4,60 m	75 dm	?	?	15 mm
Hypotenuse	?	91 cm	1220 mm	?	?	150 mm	?	?
Winkel *α*	?	?	?	35°	58°	30°	77°	10°

14/2 a) Berechnen Sie für den Kegel den Spitzenwinkel *α* in Dezimalschreibweise und in Grad/Minuten/Sekunden.

b) Berechnen Sie die Länge der Mantellinie *l*.

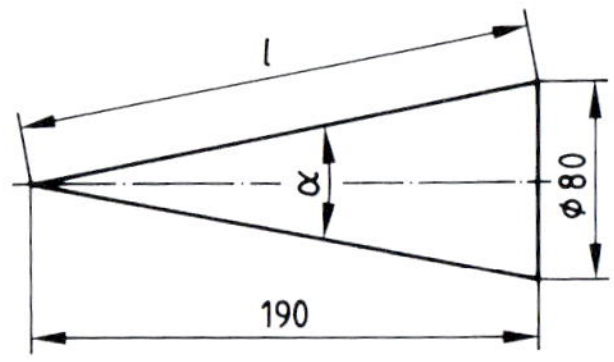

14/3 Berechnen Sie für den Keil den Steigungswinkel *α* in Dezimalschreibweise und in Grad/Minuten/Sekunden.

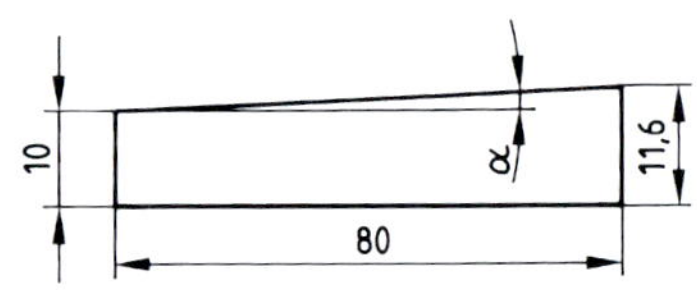

14/4 Berechnen Sie für die Konstruktion eines Vordaches den Winkel *α* und die Strebenlänge *l*.

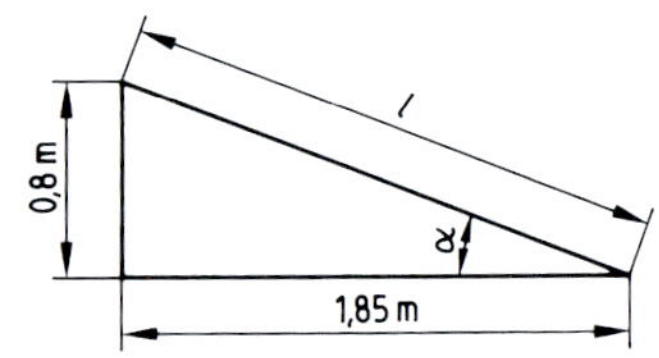

14/5 Berechnen Sie für das Sinuslineal die Endmaßdicken h, die für die angegebenen Winkel untergelegt werden müssen. Geben Sie die Ergebnisse in Millimeter und drei Stellen hinter dem Komma an. Die Länge des Sinuslineals beträgt l_1 = 500 mm.

	a)	b)	c)	d)	e)	f)	g)
Winkel α	10°	15°	20°	25°	30°	12,4°	8° 42′ 25″
Endmaßdicke h	?	?	?	?	?	?	?

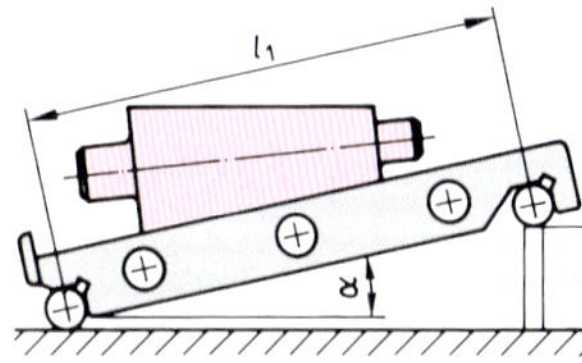

14/6 Berechnen Sie die fehlenden Maße. Skizzieren Sie zu jeder Aufgabe ein rechtwinkliges Lösungsdreieck und tragen Sie die zur Berechnung notwendigen Maße ein.

6.1

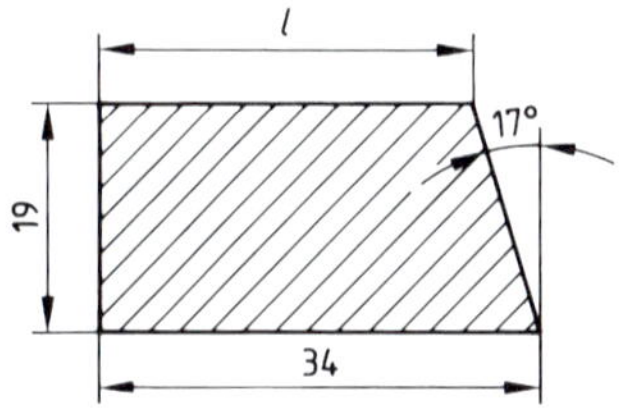

6.2

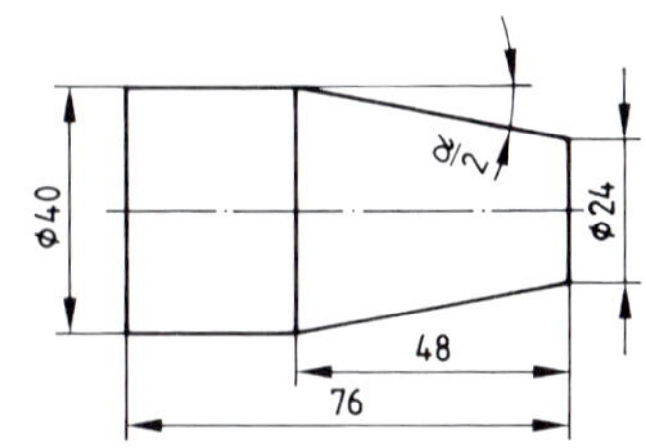

6.3

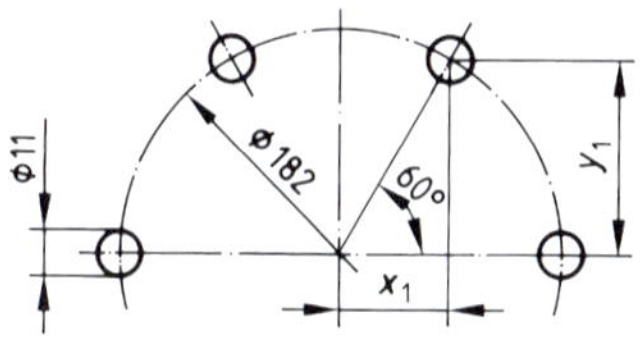

6.4

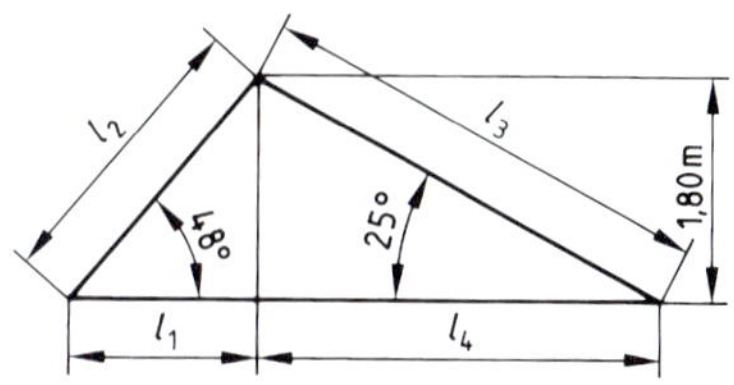

6.5

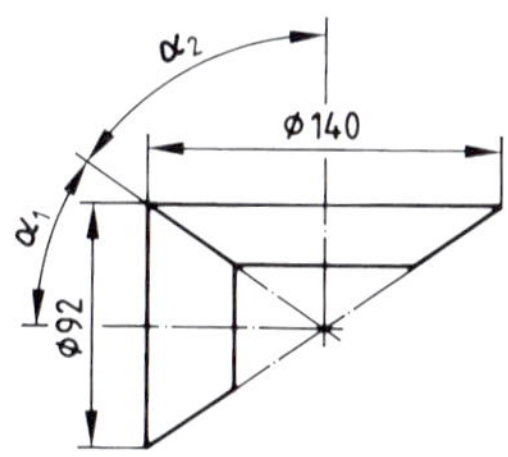

6.6

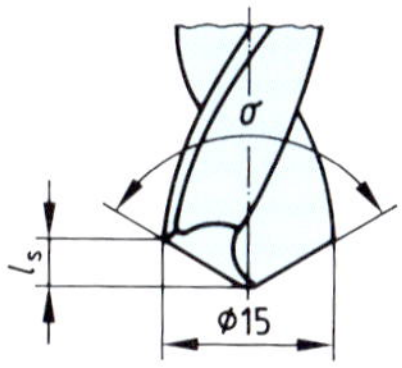

σ	l_s
80°	?
118°	?
140°	?

6.7

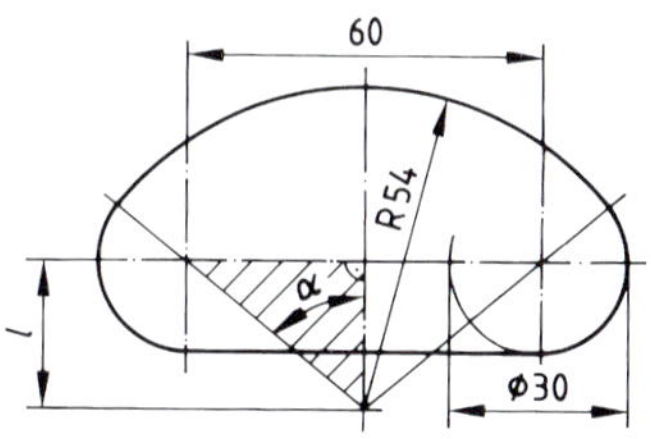

6.8

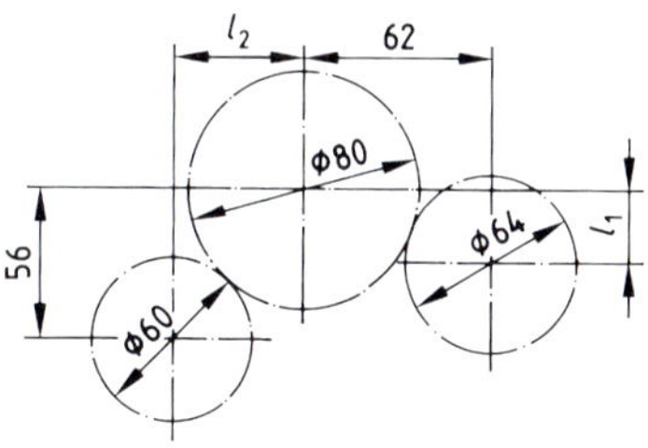

Ü

15 Umstellen von Formeln

Eine Formel ist eine Rechenvorschrift zur Ermittlung einzelner Werte eines mathematischen bzw. technologischen Sachverhaltes. Die Buchstaben in einer Formel sind Platzhalter für die Werte der entsprechenden Größen. Das Gleichheitszeichen in der Formel sagt aus, dass die linke und die rechte Seite den gleichen Wert haben.
Die Gleichheit der beiden Seiten einer Formel veranschaulicht man mit einer Balkenwaage.

Hinweise zur Formelumstellung

- Die gesuchte Größe soll auf der linken Seite alleine stehen.
- Die gesuchte Größe darf kein negatives Vorzeichen haben.
- Auf beiden Seiten der Formel sind stets gleiche Rechenoperationen durchzuführen.

Beispiel für das Umstellen der Formel $A = l \cdot h$ nach h

Die Formel ist im Gleichgewicht

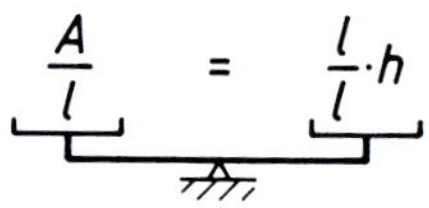

Beide Seiten werden durch l dividiert. Es herrscht Gleichgewicht.

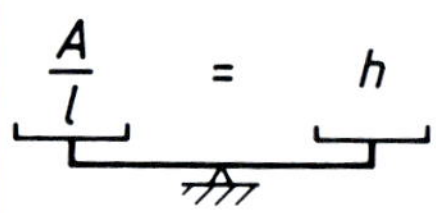

Auf der rechten Seite kann l gekürzt werden. Es herrscht Gleichgewicht.

Die Seiten werden getauscht. Es herrscht Gleichgewicht.

Hinweis: Stellen Sie die folgenden Formeln nach der fett gedruckten Größe um. Regeln für Formelumstellungen werden der jeweiligen Aufgabengruppe vorangestellt.

15/1 Seitenwechsel von positiven Summanden

$L = l_1 + l_2 \quad | - l_2$ Entsprechende Werte müssen beidseitig subtrahiert werden.

a) $L = l_1 + l_2 + \mathbf{l_3} + l_4$
b) $U = \mathbf{a} + b + c$
c) $A_0 = A_1 + \mathbf{A_M} + A_2$
d) $R = R_1 + R_2 + \mathbf{R_3}$
e) $c^2 = a^2 + \mathbf{b^2}$
f) $L = L_A + \mathbf{L_W} + L_Ü$

15/2 Seitenwechsel von negativen Summanden

$A = \mathbf{A_1} - A_2 \quad | + A_2$ Entsprechende Werte müssen beidseitig addiert werden.

a) $t = \mathbf{t_1} - t_2$
b) $v_{rel} = \mathbf{v_1} - v_2$
c) $t = \mathbf{t_1} - t_2 - t_3$
d) $L = \mathbf{l_1} - l_2 + l_3$
e) $h = h_1 + \mathbf{h_2} - h_3 - h_4$
f) $V = V_1 - V_2 + \mathbf{V_3} - V_4$

15/3 Seitenwechsel eines Multiplikators

$A = \mathbf{l} \cdot h \quad | : h$ Durch den entsprechenden Wert muss beidseitig dividiert werden.

a) $l_u = \mathbf{d} \cdot \pi$
b) $A = l \cdot \mathbf{h}$
c) $V = A \cdot \mathbf{h}$
d) $F_G = \mathbf{m} \cdot g$
e) $v_f = f \cdot \mathbf{n}$
f) $U = I \cdot \mathbf{R}$
g) $W = \mathbf{F} \cdot s$
h) $v = d \cdot \pi \cdot \mathbf{n}$

15/4 Seitenwechsel eines Divisors

$v = \frac{\mathbf{s}}{t} \quad | \cdot t$ Mit dem entsprechenden Wert muss beidseitig multipliziert werden.

a) $\rho = \frac{m}{\mathbf{V}}$
b) $p = \frac{F}{\mathbf{A}}$
c) $\sigma = \frac{F}{\mathbf{S_0}}$
d) $a = \frac{v}{\mathbf{t}}$
e) $\mu = \frac{F_R}{\mathbf{F_N}}$
f) $c = \frac{\mathbf{F}}{s}$
g) $\upsilon = \frac{\mathbf{R_M}}{\sigma_{zul}}$
h) $\eta = \frac{P_e}{\mathbf{P_i}}$

15/5 Rangfolge der Grundrechenarten

$F_A \cdot l = \mathbf{F_1} \cdot l_1 + F_2 \cdot l_2 \quad | - (F_2 \cdot l_2)$

$F_A \cdot l - F_2 \cdot l_2 = \mathbf{F_1} \cdot l_1$

Regel: **Punktrechnung geht vor Strichrechnung**

Produkte müssen zunächst berechnet und dann addiert werden.
Ein Produkt wechselt als Einheit die Seite.

a) $F_1 \cdot l_1 + F_3 \cdot l_3 = F_2 \cdot \mathbf{l_2} + F_4 \cdot l_4$
b) $F_1 \cdot l_1 + \mathbf{F_3} \cdot l_3 = F_2 \cdot l_2 + F_4 \cdot l_4$
c) $2 \cdot a = z_1 \cdot m + \mathbf{z_2} \cdot m$
d) $A = l_1 \cdot h_1 + l_2 \cdot \mathbf{h_2} - l_3 \cdot h_3$
e) $l = 2 \cdot l_1 + \mathbf{r}$
f) $d_a = \mathbf{d} + 2 \cdot m$

15/6 Umwandlung von negativen in positive Grundgrößen

$l = l_1 + l_2 - \mathbf{l_3} \quad | - l_1 - l_2$

$l - l_1 - l_2 = - \mathbf{l_3} \quad | \cdot (-1)$

$-l + l_1 + l_2 = \mathbf{l_3}$

Ergibt sich bei der Gleichungsumstellung für die gesuchte Größe ein negatives Vorzeichen, so muss die Gleichung mit (–1) multipliziert werden.

a) $p_e = p_{abs} - \mathbf{p_{amb}}$
b) $F_{rsl} = F_1 - \mathbf{F_2} + F_3$
c) $a = \frac{\mathbf{d_2} - d_1}{2}$
d) $b = \frac{\mathbf{F_2} - F_1}{s_2 - s_1}$
e) $a = \frac{v_2 - \mathbf{v_1}}{t_2 - t_1}$
f) $c = \frac{D - \mathbf{d}}{l}$

15/7 Bestimmung der Basis von quadratischen Potenzen (z. B. $l^2 = l \cdot l$)

$A = \mathbf{d}^2 \cdot 0{,}785 \quad | : 0{,}785$

$\frac{A}{0{,}785} = d^2 \quad | \sqrt{\ }$

$\sqrt{\frac{A}{0{,}785}} = d$

Zunächst Seitenwechsel der Begleitgrößen vornehmen.

Die Basis wird durch Ziehen der Quadratwurzel bestimmt.

a) $A = \mathbf{l}^2$
b) $O = 6\mathbf{a}^2$
c) $V = \mathbf{a}^2 \cdot h$
d) $O = \mathbf{d}^2 \cdot \pi$
e) $V = \mathbf{d}^2 \cdot 0{,}785 \cdot h$
f) $A = \frac{\mathbf{r}^2 \cdot \pi \cdot a}{360°}$
g) $F = \frac{p \cdot \mathbf{d}^2 \cdot \pi}{4}$
h) $p = \frac{F}{\mathbf{l}^2}$
i) $c^2 = \mathbf{a}^2 + b^2$
j) $h = \frac{g}{2} \cdot \mathbf{t}^2$

15/8 Umstellung von Formeln mit Klammern

1 Die gesuchte Größe steht **außerhalb** der Klammer.

$a = 0{,}5 \cdot \mathbf{m} \cdot (z_1 + z_2) \quad | : (z_1 + z_2)$

$\frac{a}{z_1 + z_2} = 0{,}5 \cdot m$

Die Klammer bleibt erhalten und wechselt wie eine Größe die Gleichungsseite.

a) $l = \mathbf{l_0} \cdot (1 + \alpha \cdot \Delta\vartheta)$
b) $d_a = \mathbf{m}\,(z + 2)$
c) $l = l_0 \cdot \alpha\,(T_1 - T_2)$
d) $A_M = \pi \cdot \mathbf{s}\,(R + r)$
e) $m = \varrho \cdot \pi \cdot \mathbf{h} \cdot (R^2 - r^2)$
f) $d_f = \mathbf{d} - 2(m + c)$

2 Die gesuchte Größe steht innerhalb der Klammer.

$a = 0{,}5 \cdot (d_1 + \mathbf{d_2})$	$\vert : 0{,}5$	Zuerst Seitenwechsel aller Größen vornehmen, die bei der Klammer stehen.
$\frac{a}{0{,}5} = d_1 + \mathbf{d_2}$		Die Klammer weglassen. Seitenwechsel der anderen Summanden nach Grundregeln vornehmen.

a) $A = 0{,}785 \cdot (\mathbf{D}^2 - d^2)$

b) $l_u = 2\,(\mathbf{a} + b)$

c) $d_f = d - 2\,(\mathbf{m} + c)$

d) $V = \pi \cdot \mathbf{h} \cdot s\,(d + s)$

e) $a_n = a_1 + d\,(\mathbf{n} - 1)$

f) $O = \pi \cdot d \cdot \mathbf{h} + \frac{d}{2}$

g) $M = \frac{\pi \cdot s}{2} \cdot (D + \mathbf{d})$

h) $V = \pi \cdot h^2 \cdot \frac{\mathbf{d}}{2} + \frac{h}{3}$

i) $A_M = 2\,l\,(\mathbf{a} + b)$

15/9 **Umstellen von Formeln mit Brüchen**

Beim Umstellen von Formeln mit Brüchen ist es günstig, die Brüche aufzulösen. Dazu nimmt man einen Seitenwechsel mit dem Nenner vor.

9.1 Wegfall des Bruchstriches beim Umformen:

$F_1 = F_2 \frac{\mathbf{R} - r}{2R}$	$\vert \cdot 2R$	Bei Wegfall des Bruchstriches muss eine im Bruch enthaltene Summe in eine Klammer gesetzt werden.
$F_1 \cdot 2R = F_2 \cdot (\mathbf{R} - r)$		Die weitere Umstellung nach der gesuchten Größe erfolgt nach den bisherigen Regeln.

a) $A = \frac{\mathbf{l_1} + l_2}{2} \cdot h$

b) $m = \frac{\mathbf{d}^2 \cdot \pi}{4} \cdot l \cdot \varrho$

c) $s = \frac{\mathbf{v_a} + v_e}{2} \cdot t$

d) $a = m \cdot \frac{\mathbf{z_1} + z_2}{2}$

e) $m = \frac{d}{\mathbf{z} + 2}$

f) $T = \frac{L}{\boldsymbol{\eta} + 1}$

g) $A_O = \frac{\mathbf{r} \cdot \pi}{2} \cdot (4 \cdot h + s)$

h) $s = \frac{\mathbf{D} - d}{2} \cdot \frac{L}{l}$

i) $V = \frac{\pi \cdot \mathbf{h}}{4} \cdot (D^2 - d^2)$

9.2 Brüche mit ungleichen Nennern:

$\frac{U_1}{U_2} = \frac{R_1}{R_2}$	$\vert \cdot U_2 \cdot R_2$	– Formeln, bei denen beide Seiten aus einem Bruch bestehen, wandelt man um, indem man die Formel mit dem Produkt der Nenner multipliziert.
$U_1 \cdot R_2 = R_1 \cdot U_2$		– Formeln, bei denen eine oder beide Seiten mehrere Brüche enthalten, müssen dort zunächst gleichnamig gemacht und addiert werden.

a) $\frac{d_1}{\mathbf{d_2}} = \frac{n_2}{n_1}$

b) $\frac{n_1}{n_2} = \frac{z_2}{\mathbf{z_1}}$

c) $\frac{\mathbf{p}}{\pi} = \frac{d}{z}$

d) $\frac{p_1 \cdot V_1}{T_1} = \frac{p_2 \cdot V_2}{\mathbf{T_2}}$

e) $\frac{a}{\mathbf{b}} = \frac{\sin\alpha}{\sin\beta}$

f) $\frac{1}{R} = \frac{1}{\mathbf{R_1}} + \frac{1}{R_2}$

15/10 **Weitere Übungsaufgaben**

a) $M = d \cdot \pi \cdot \mathbf{h}$

b) $\eta = \eta_1 \cdot \boldsymbol{\eta_2} \cdot \eta_3$

c) $V = 2r \cdot \pi \cdot \mathbf{s} \cdot h$

d) $W = U \cdot \mathbf{I} \cdot t$

e) $P = \mathbf{I}^2 \cdot R$

f) $A_M = 2\,\mathbf{l}\,(a + b)$

g) $F_x = \frac{\mathbf{m} \cdot v^2}{r}$

h) $W_k = \frac{\mathbf{m} \cdot v^2}{2}$

i) $t_h = \frac{L}{\mathbf{f} \cdot n} \cdot z$

j) $i = \frac{d_2}{d_1} \cdot \frac{d_4}{\mathbf{d_3}}$

k) $s = v_a \cdot t - \frac{\mathbf{a}}{2} \cdot t^2$

l) $F = \sigma_d \cdot \frac{\pi}{2}(D^2 - \mathbf{d}^2)$

m) $\frac{1}{\mathbf{R}} = \frac{1}{R_1} + \frac{1}{R_2} + \frac{1}{R_3}$

16 Flächeneinheiten und ihre Umrechnung

Flächeninhalt = Länge · Länge

$A = l \cdot h$
$A = 1\text{ m} \cdot 1\text{ m}$
$A = \mathbf{1\ m^2}$

Die Einheit der Fläche ist der Quadratmeter (m^2).

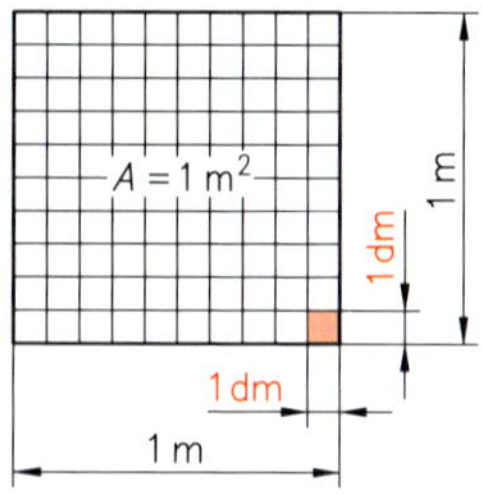

Umrechnung von Flächeneinheiten

$1\text{ m}^2 = 100\text{ dm}^2 = 10\,000\text{ cm}^2 = 1\,000\,000\text{ mm}^2$

(jeweils ·100)

Die Umrechnungszahl für Flächeneinheiten von einer Einheit zur nächsten ist 100.

16/1 Rechnen Sie die gegebenen Flächeninhalte in die gesuchten Einheiten um.

	a)	b)	c)	d)	e)	f)	g)	h)	i)	j)	k)
m^2	1,2	?	?	?	?	0,8	?	?	?	?	?
dm^2	?	25	?	?	?	?	1,5	?	?	630	?
cm^2	?	?	440	?	2720	?	?	?	590	?	?
mm^2	?	?	?	38 400	?	?	?	7 480	?	?	86 400

16/2 Rechnen Sie die gegebenen Flächeneinheiten zunächst in die geforderten Enheiten um. Addieren bzw. subtrahieren Sie dann diese Werte.

a) $0{,}7\text{ m}^2 + 4\,200\text{ cm}^2 + 480\text{ mm}^2 = ?\text{ dm}^2$
b) $41\,000\text{ mm}^2 + 35\text{ dm}^2 + 0{,}07\text{ m}^2 = ?\text{ cm}^2$
c) $0{,}03\text{ m}^2 + 1{,}2\text{ dm}^2 - 67\text{ cm}^2 = ?\text{ mm}^2$
d) $480\text{ dm}^2 - 35\text{ dm}^2 + 54\,000\text{ mm}^2 = ?\text{ m}^2$
e) $32\,500\text{ mm}^2 + 0{,}05\text{ m}^2 - 1{,}4\text{ dm}^2 = ?\text{ cm}^2$
f) $66{,}7\text{ m}^2 - 4\,770\text{ cm}^2 + 28\,800\text{ mm}^2 = ?\text{ dm}^2$
g) $1{,}4\text{ km}^2 + 6\,000\text{ dm}^2 + 0{,}8\text{ km}^2 = ?\text{ m}^2$
h) $0{,}04\text{ km}^2 + 84\,000\text{ dm}^2 - 450\text{ m}^2 = ?\text{ m}^2$

17 Berechnung von geradlinig begrenzten Flächen

Quadrat **Rechteck** **Parallelogramm** **Dreieck** **Trapez**

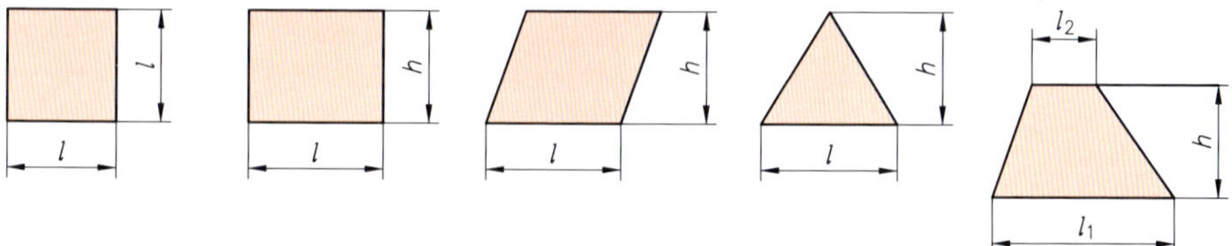

Formeln

Quadrat	Rechteck	Parallelogramm	Dreieck	Trapez
$A = l^2$	$A = l \cdot h$	$A = l \cdot h$	$A = \frac{l \cdot h}{2}$	$A = \frac{l_1 + l_2}{2} \cdot h$

Werkstücke mit komplizierten Flächenformen werden in berechenbare Teilflächen zerlegt.

Beispiele

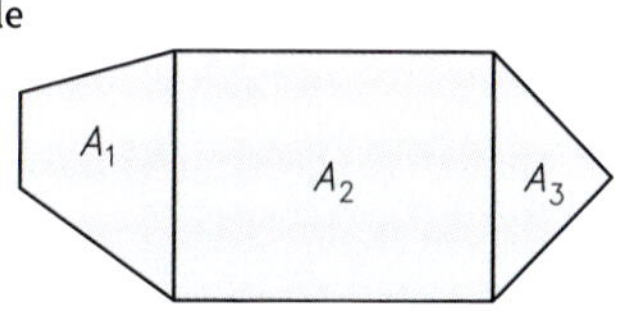

$A_{ges} = A_1 + A_2 + A_3$

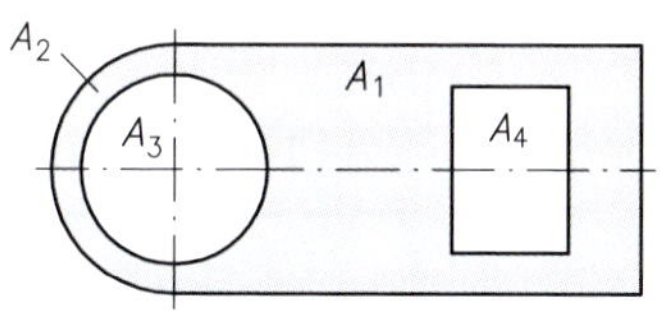

$A_{ges} = A_1 + A_2 - A_3 - A_4$

Ü

17/1 Übernehmen Sie die Tabelle, und rechnen Sie die gesuchten Werte aus.

	Rechteck	Parallelogramm		Dreieck		Trapez		
	a)	b)	c)	d)	e)	f)	g)	h)
Länge l_1	125 mm	42 mm	? mm	38 cm	275 mm	0,52 m	98 mm	? cm
Länge l_2	–	–	–	–	–	430 mm	7,2 cm	40,5 cm
Höhe h	6,5 dm	? cm	0,4 m	240 mm	? cm	2,95 dm	? cm	3,28 dm
Fläche A	? cm²	15,12 cm²	4 480 cm²	? dm²	935 cm²	? cm²	3,995 dm²	1 238,2 dm²

17/2 Berechnen Sie den Flächeninhalt der folgenden Flächen in mm², cm² und in dm². Skizzieren Sie zur Lösung jeden Umriss ab, und tragen Sie die Flächenaufteilung ein.

2.1
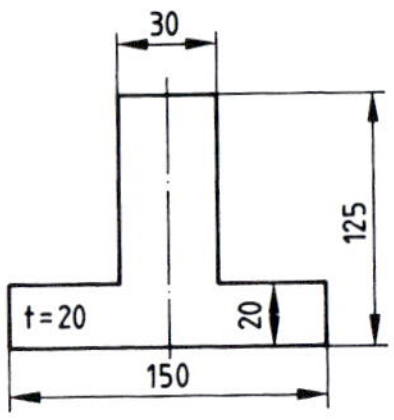

2.2
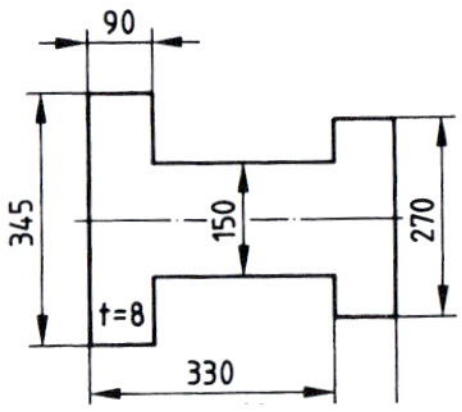

2.3
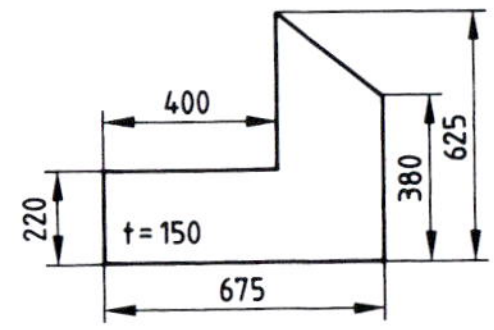

2.4
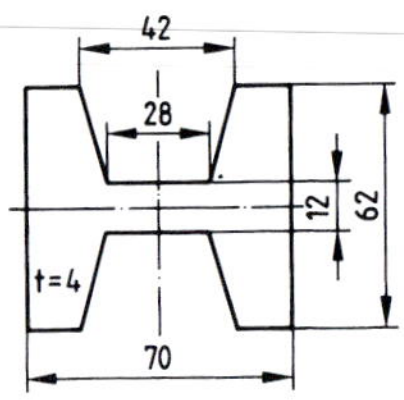

2.5
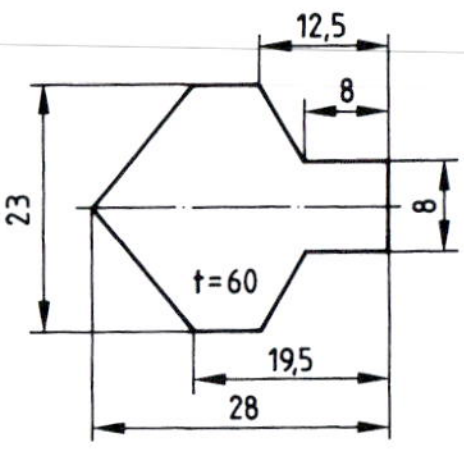

2.6
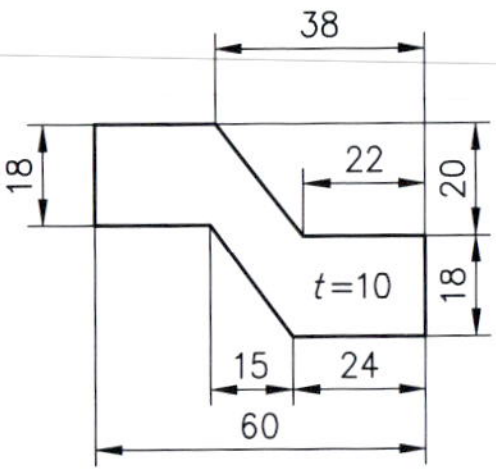

2.7
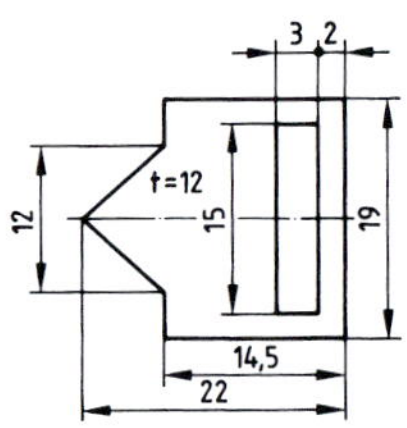

2.8
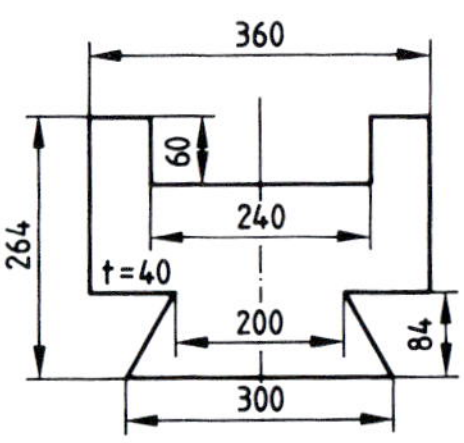

2.9
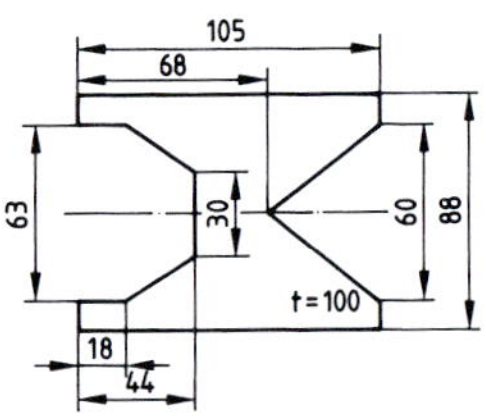

2.10
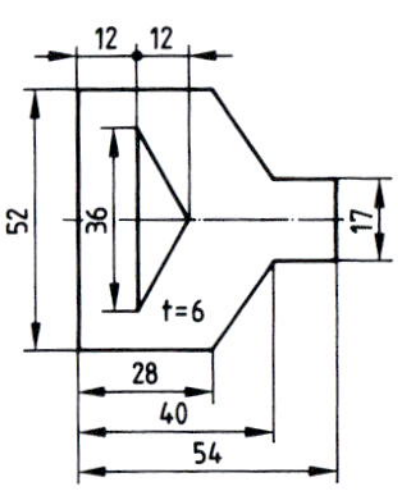

2.11
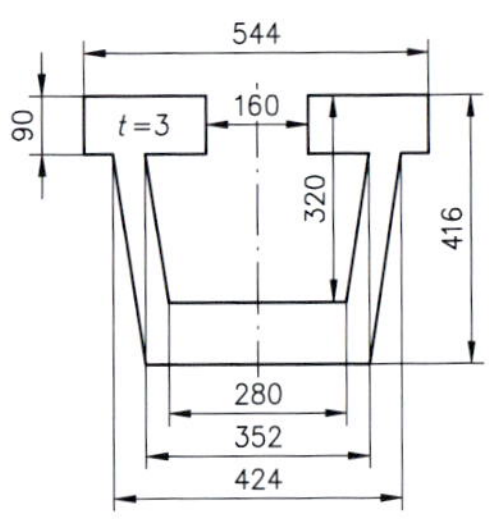

2.12
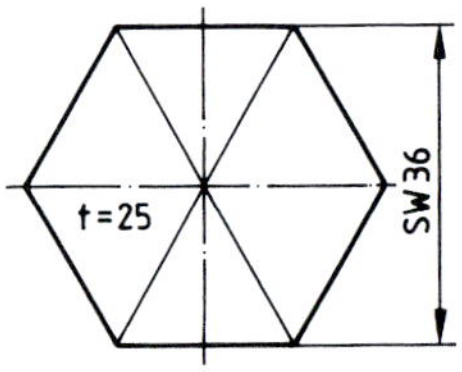

Berechnung von Kreisflächen und Ellipsen

Kreis	Kreisausschnitt	Kreisabschnitt	Ellipse

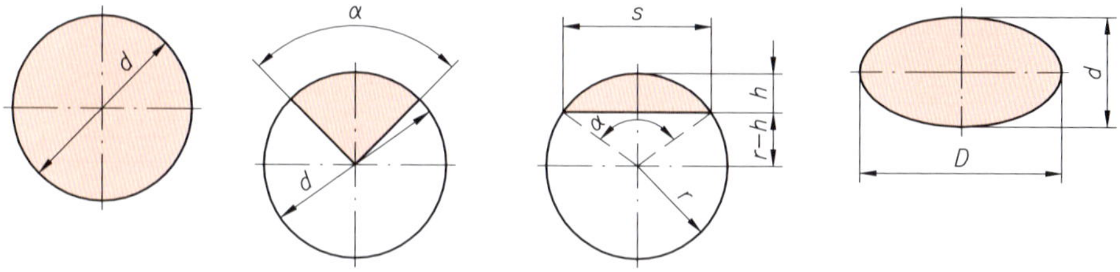

Formeln

Kreis: $A = \frac{d^2 \cdot \pi}{4}$

Kreisausschnitt: $A = \frac{d^2 \cdot \pi \cdot a}{4 \cdot 360°}$

Kreisabschnitt: $A = r^2 \cdot \pi \frac{a}{360} - \frac{(r-h) \cdot s}{2}$

$A = \frac{2}{3} s \cdot h$ (Nährungsformel)

Ellipse: $A = \frac{D \cdot d \cdot \pi}{4}$

18/1 Übernehmen Sie die Tabelle, und rechnen Sie die gesuchten Größen aus.

	Kreis			Kreisausschnitt		
	a)	b)	c)	d)	e)	f)
Durchmesser d	140 mm	? mm	? cm	266 mm	46,5 cm	? dm
Zentrumswinkel α	–	–	–	290°	?°	142°
Fläche A	? cm²	10,19 cm²	36,7453 dm²	? dm²	10,19 dm²	1,0488 m²

18/2 Berechnen Sie den Flächeninhalt der folgenden Flächen in mm² und in cm². Skizzieren Sie zur Lösung jeden Umriss ab, und tragen Sie die Flächenaufteilung ein.

2.1

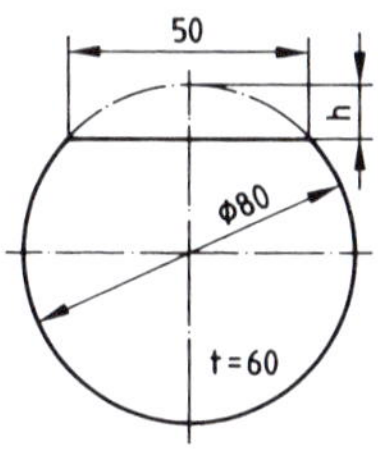

2.2

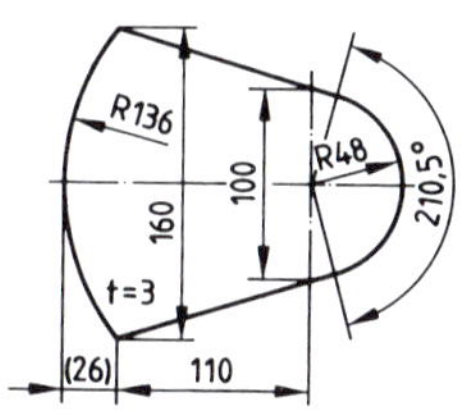

2.3

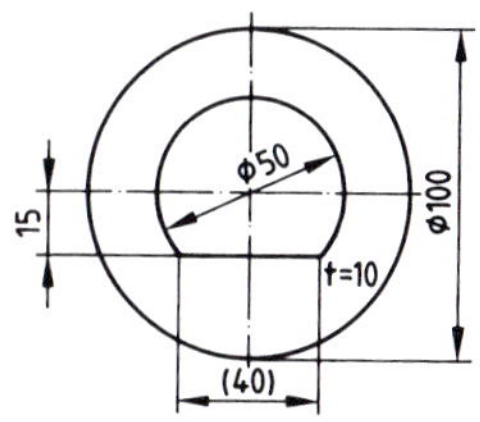

2.4

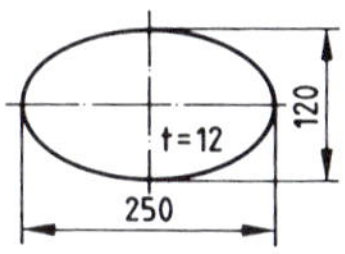

2.5

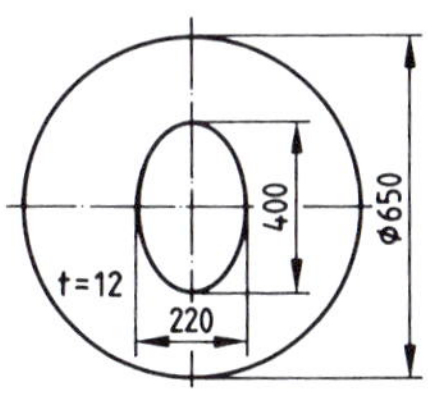

2.6

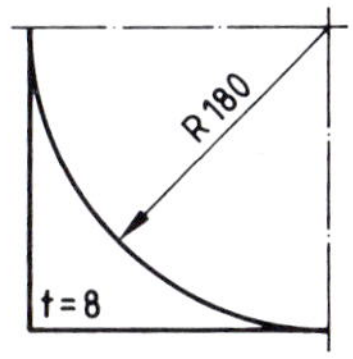

Ü

2.7

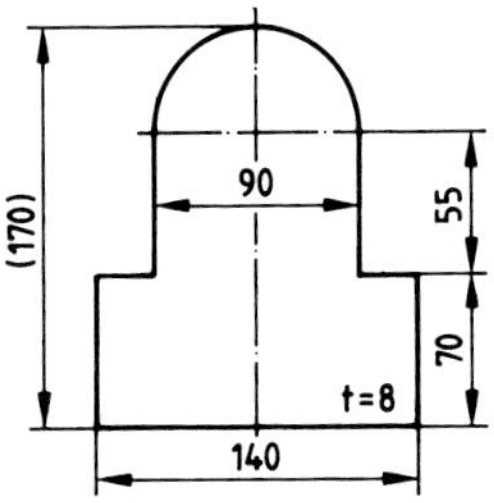

2.8

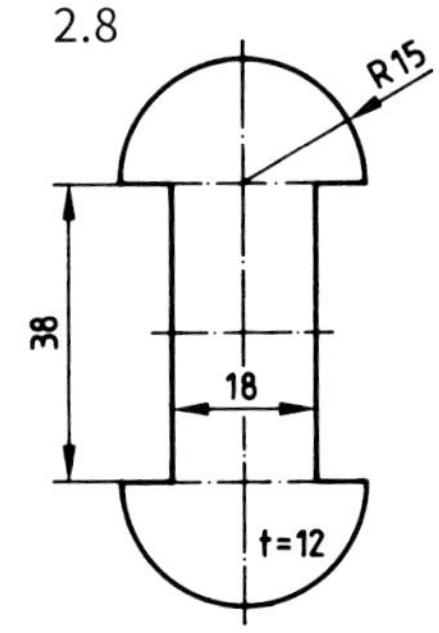

2.9

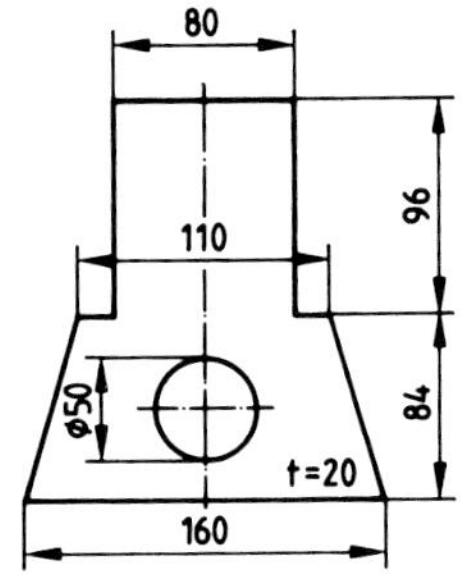

2.10

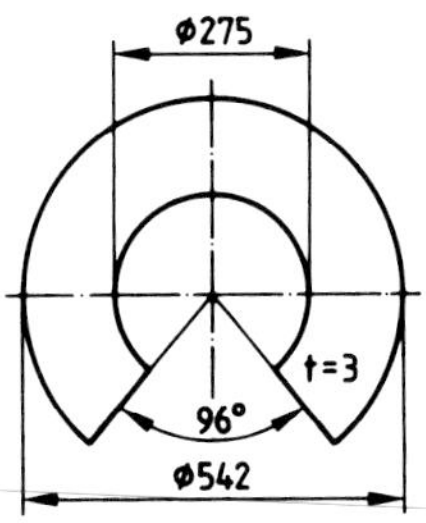

2.11

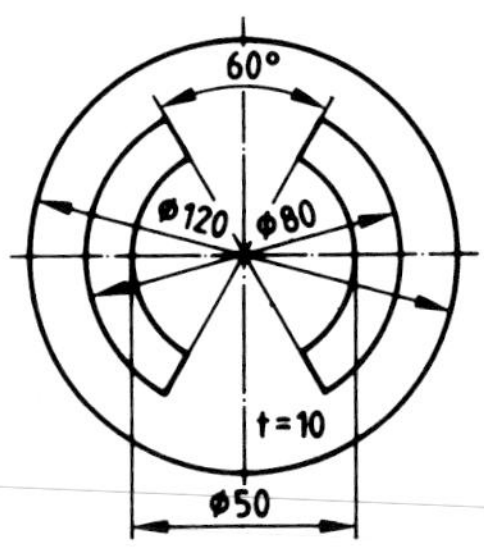

2.12

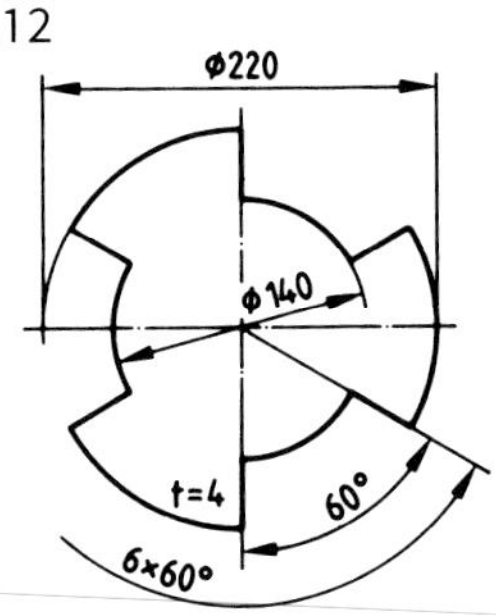

2.13

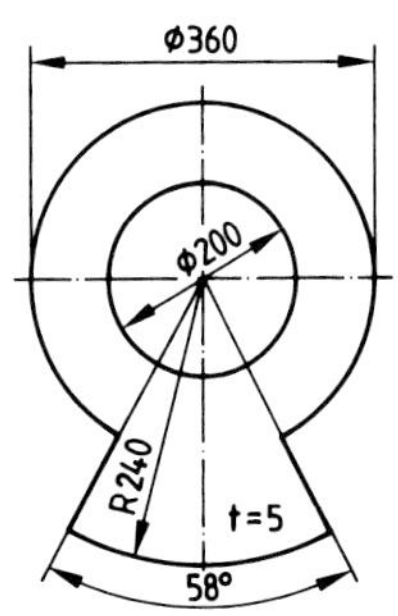

2.14

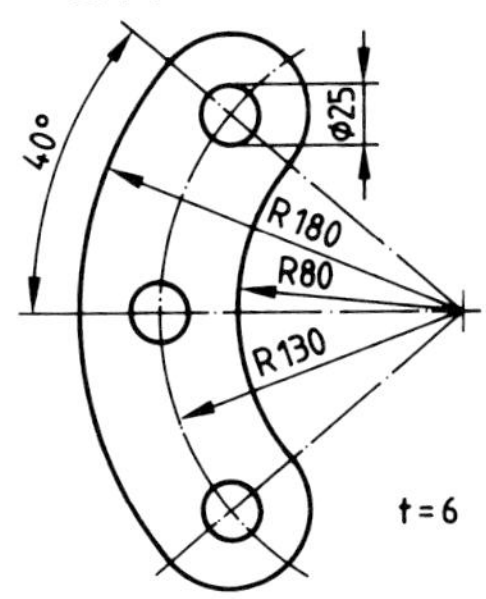

2.15

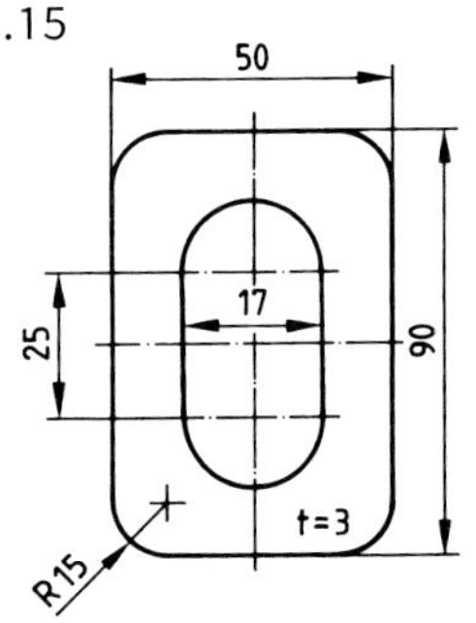

2.16

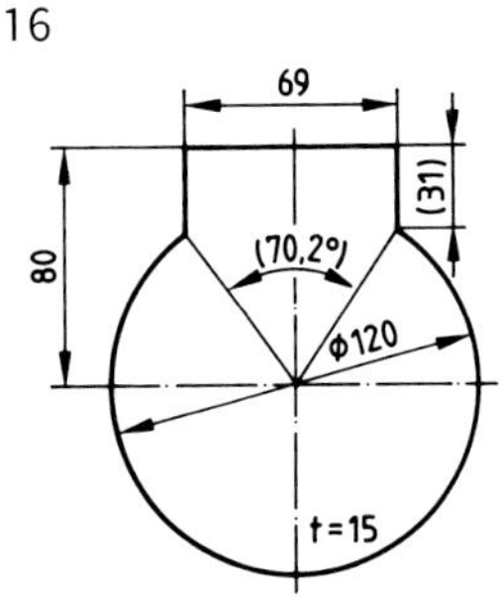

2.17

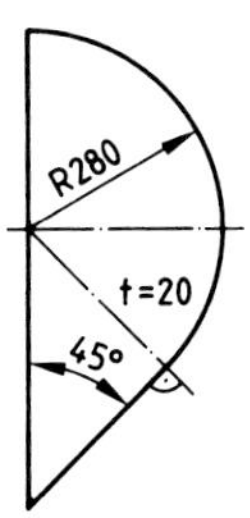

2.18

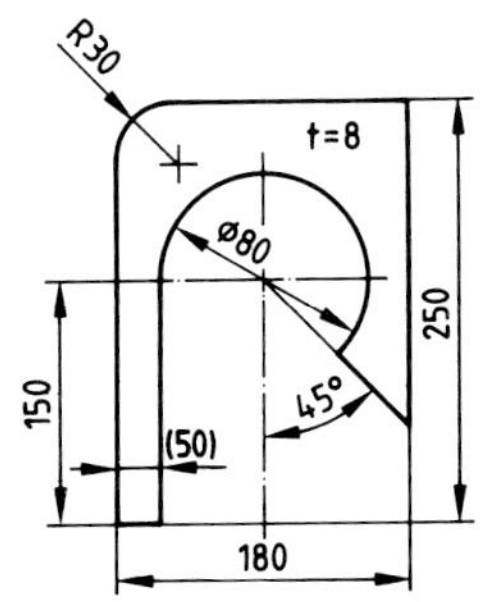

19 Volumeneinheiten und ihre Umrechnung

Volumen = Grundfläche · Höhe
$V = A \cdot h$

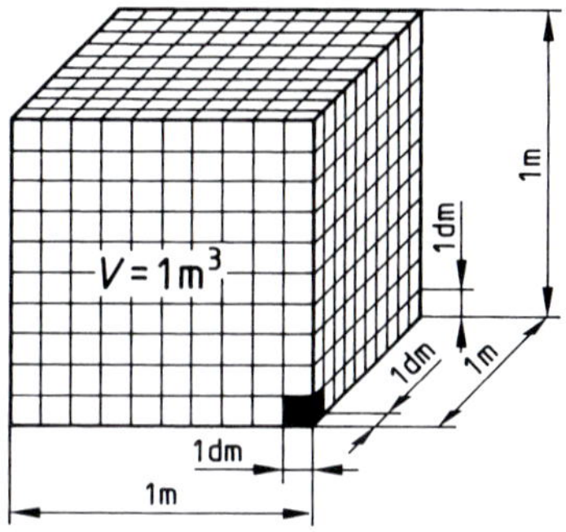

$V = 1\ m^2 \cdot 1\ m$
$V = \mathbf{1\ m^3}$

Die Einheit für das Volumen ist der **Kubikmeter** (m^3).

Umrechnung von Volumeneinheiten

$1\ m^3 =$	$1\,000\ dm^3 =$	$1\,000\,000\ cm^3 =$	$1\,000\,000\,000\ mm^3$
$1\ m^3 =$	$10^3\ dm^3 =$	$10^6\ cm^3 =$	$10^9\ mm^3$

Die Umrechnungszahl für Volumeneinheiten von einer Einheit zur nächsten ist 1 000.

Außerhalb des Internationalen Einheitensystems werden Volumenangaben für Flüssigkeiten und Gase in Liter angegeben ($1\ l = 1\ dm^3$; $1\ ml = 1\ cm^3$)

19/1 Rechnen Sie die gegebenen Volumina in die gesuchten Einheiten um.

	a)	b)	c)	d)	e)	f)	g)	h)	i)	j)	k)
m^3	0,6	?	?	?	?	0,04	?	?	?	?	?
dm^3	?	12	?	?	?	?	6 250	?	?	6,3	?
cm^3	?	?	6 280	?	4 820	?	?	?	15 500	?	?
mm^3	?	?	?	727 400	?	?	?	18 200	?	?	3 945 000

19/2 Rechnen Sie die gegebenen Volumeneinheiten zunächst in die geforderten Einheiten um. Addieren bzw. subtrahieren Sie dann die Volumenwerte.

a) $0{,}35\ m^3 + 92\,400\ cm^3 + 58\,000\ mm^3 = ?\ dm^3$

b) $832\,000\ mm^3 + 2{,}5\ dm^3 + 0{,}06\ m^3 = ?\ cm^3$

c) $0{,}045\ m^3 + 4{,}12\ dm^3 - 94{,}2\ cm^3 = ?\ mm^3$

d) $746\,500\ mm^3 + 0{,}06\ m^3 - 1{,}4\ dm^3 = ?\ cm^3$

e) $4{,}7\ m^3 - 93\,100\ cm^3 + 8\,684\,000\ mm^3 = ?\ dm^3$

f) $57\,300\ dm^3 - 4\,630\ dm^3 + 370\,000\ mm^3 = ?\ m^3$

g) $3{,}6\ l + 80\ ml + 420\ mm^3 - 2{,}4\ dm^3 = ?\ cm^3$

h) $0{,}8\ dm^3 - 6\,600\ cm^3 - 1{,}4\ l = ?\ l$

20 Volumenberechnung von Säulen

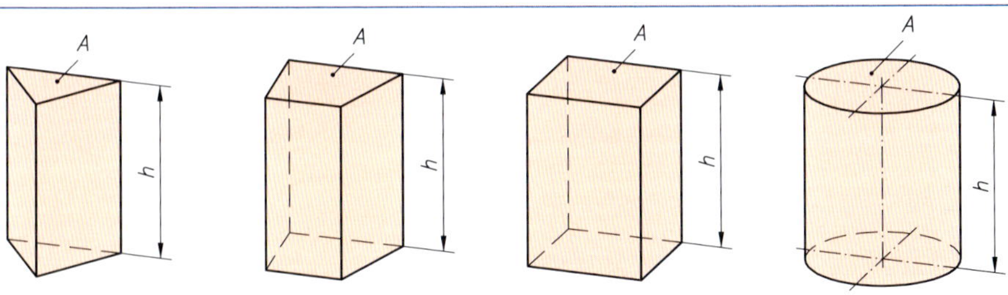

$V = A \cdot h$

Säulen sind Körper, bei denen Grundfläche, Deckfläche und jede dazu parallele Schnittfläche die gleiche Form und Größe haben.

20/1 Übernehmen Sie die Tabelle zur Berechnung an Rundsäulen, und rechnen Sie die gesuchten Größen aus.

	a)	b)	c)	d)	e)	f)
Druchmesser *d*	6 mm	? mm	? mm	280 mm	? mm	2,2 mm
Fläche *A*	? cm^2	452,39 cm^2	3 019 mm^2	? cm^2	? cm^2	? cm^2
Höhe *h*	1,4 m	64 cm	? cm	? mm	11,4 dm	? m
Volumen *V*	? cm^3	? cm^3	1 449,15 cm^3	21 243,45 cm^3	5 590 346 cm^3	334,52 cm^3

20/2 Berechnen Sie das Volumen folgender Werkstücke in mm^3, cm^3 und dm^3. Skizzieren Sie jeweils das Werkstück ab, und tragen Sie gegebenenfalls die Aufteilung mit Benennung ein.

2.1

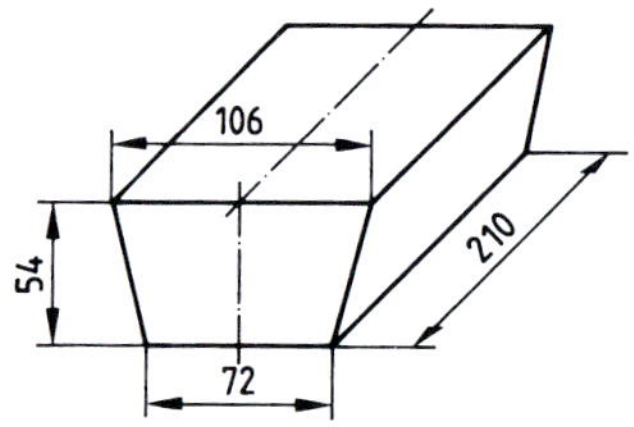

2.2

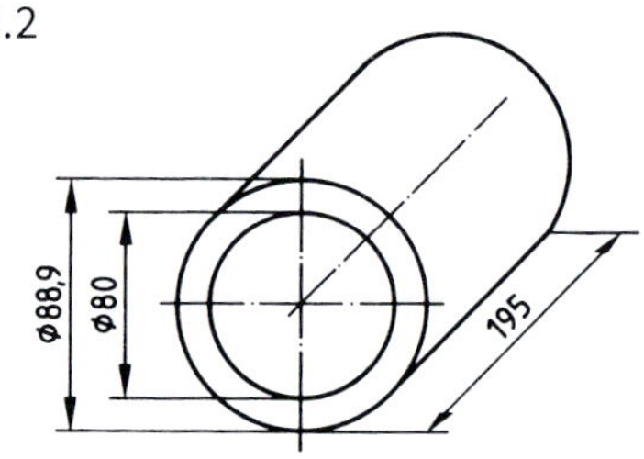

2.3

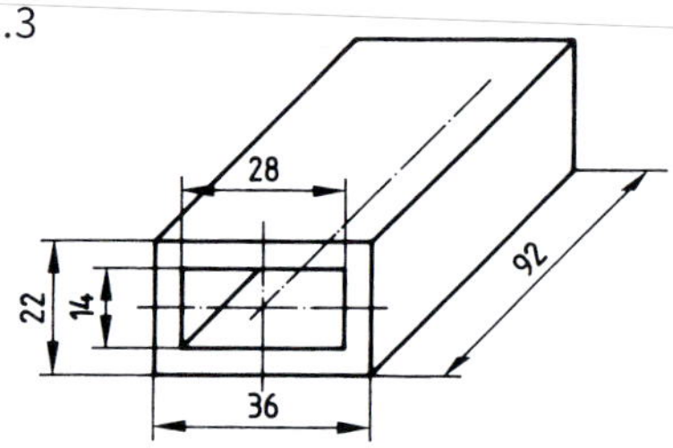

2.4

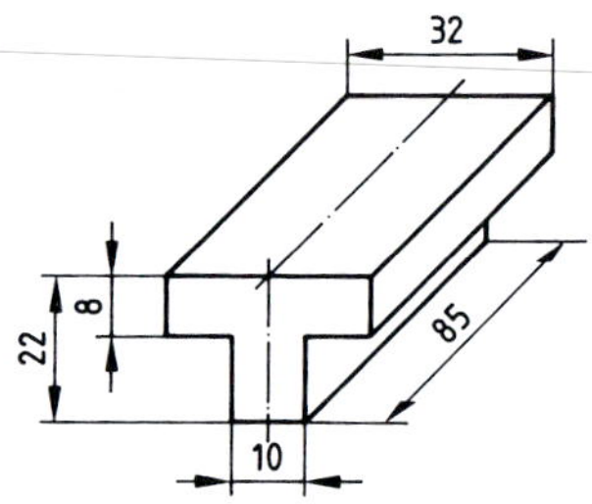

2.5

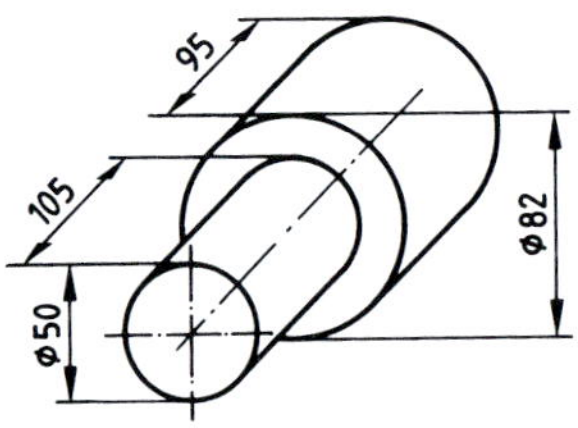

2.6

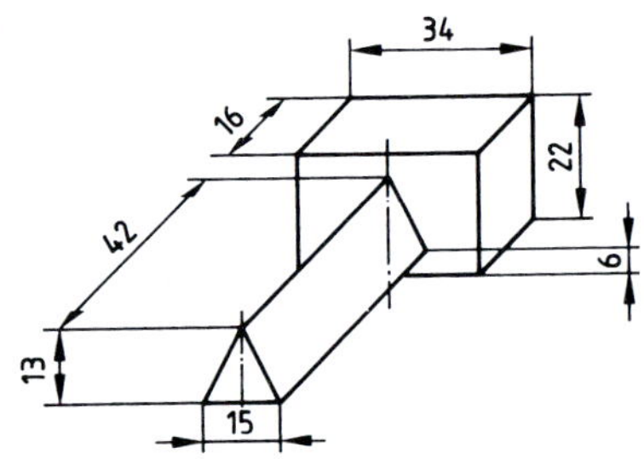

2.7

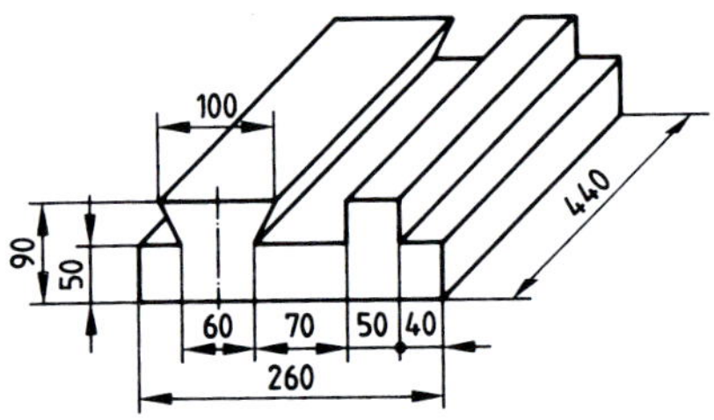

2.8

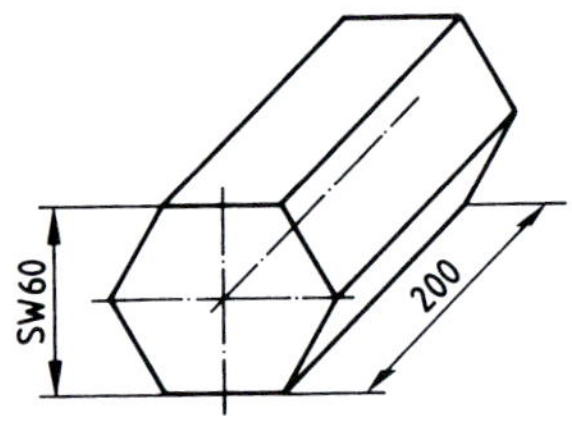

21 Volumenberechnung von Kegel, Pyramide, Kegel- und Pyramidenstumpf

Kegel und Pyramide

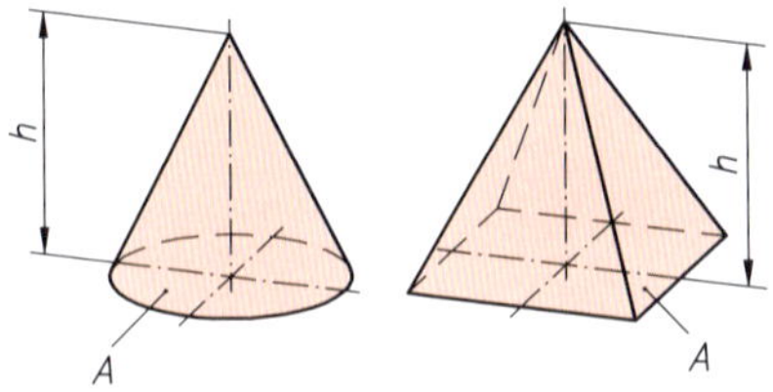

Kegel- und Pyramidenstumpf

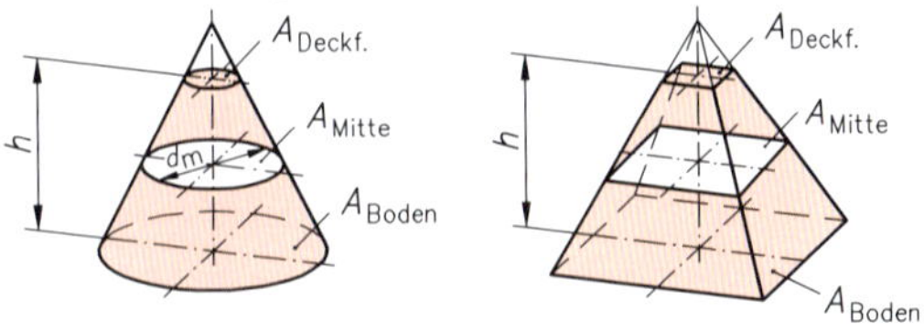

$$d_M = \frac{d_{Boden} \cdot d_{Deckf.}}{2}$$

$$V = \frac{A \cdot h}{3}$$

$$V = \frac{h}{6}\,(A_{Deckf.} + A_{Boden} + 4 \cdot A_{Mitte})$$

21/1 Übernehmen Sie die Tabelle, und rechnen Sie die gesuchten Größen aus.

	Kegel			Pyramide		
	a)	b)	c)	d)	e)	f)
Durchmesser d	12,4 cm	? cm	35,7 cm	–	–	–
Bodenlänge l_1	–	–	–	–	180 mm	48 cm
Bodenbreite l_2	–	–	–	–	180 mm	36 cm
Höhe h	96 mm	360 mm	? cm	88 mm	24,5 cm	? cm
Bodenfläche A	? cm²	2 498,32 cm²	? dm²	? dm²	? cm²	? dm²
Fläche A	? cm³	? cm³	226,689 dm³	67,18 dm³	? dm³	23,904 dm³

21/2 Berechnen Sie die gesuchten Maße des Trichters:

a) das maximale Füllvolumen V_{max} in dm³ und cm³,
b) den Durchmesser d_1 des Trichters und das Einfüllvolumen V_1 bei einer Füllhöhe von $h_1 = 150$ mm,
c) die Einfüllhöhe h_2 und den Durchmesser d_2 des Trichters bei dem Einfüllvolumen von $V_3 = 1$ l.

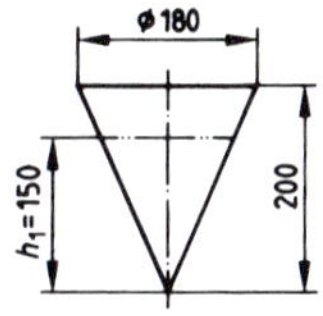

21/3 Die Cheopspyramide hatte ursprünglich eine quadratische Bodenfläche mit einer Seitenlänge von $l = 230{,}38$ m und eine Höhe von $h = 146{,}6$ m.

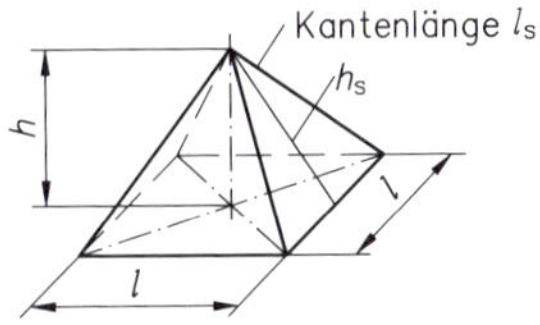

a) Wie groß war das Volumen der Cheopspyramide in m³?
b) Wie groß war der Neigungswinkel der Seitenflächen zur Senkrechten?
c) Wie groß waren die Höhe und die seitlichen Kantenlängen der Seitenflächen?

21/4 Berechnen Sie die Volumina der dargestellten Werkstücke in mm³, cm³, dm³ und m³.

a)

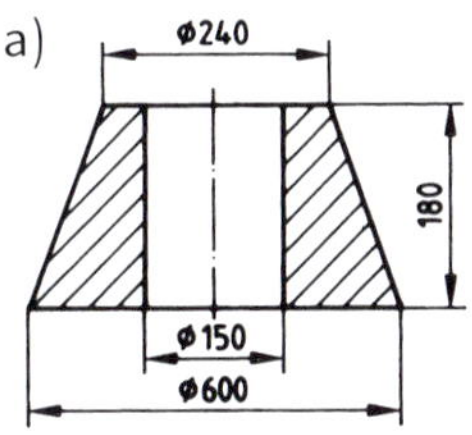

b)

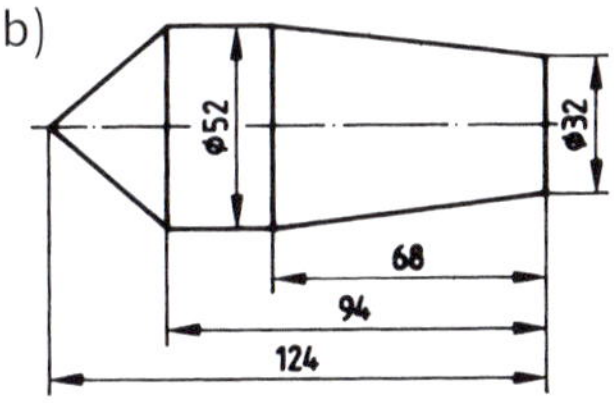

Ü

22 Masseeinheiten und ihre Umrechnung

Jeder Körper hat eine Masse, die unabhängig vom Ort konstant bleibt. Als Basiseinheit für die Masse ist das Kilogramm festgelegt worden. 1 dm^3 Wasser bei 4 °C hat die Masse von 1 kg.

Umrechnungen

1 kg = 1 000 g = 1 000 000 mg; 1 000 kg = 1 t

Massen werden mit der Balkenwaage gemessen. Gewichtsstücke dienen dabei als Vergleichsgröße.

22/1 Rechnen Sie die folgenden Massen in die geforderten Maßeinheiten um.

	a)	b)	c)	d)	e)	f)	g)	h)	i)	j)	k)
t	?	1,2	?	–	?	–	?	20	?	–	?
kg	0,8	?	?	?	72	?	?	?	4,8	?	?
g	?	?	150	?	?	?	4 300	?	?	?	750
mg	?	–	?	45	–	3 500	–	–	–	600	–

22/2 Von der ersten Mondlandung (1969) wurden von den Astronauten Armstrong 27 kg Gesteinsproben zur Erde mitgebracht. Auf dem Mond beträgt die Anziehungskraft etwa 1/6 der Erdanziehung. Wie groß war die Masse der Gesteinsproben auf dem Mond?

23 Dichte und ihre Einheiten

Die Dichte ist eine wichtige Kenngröße jedes Stoffes. Sie ist das Verhältnis von Masse zum Volumen.

Formel

$$\varrho = \frac{m}{V}$$

Formelzeichen

ϱ Dichte
m Dichte
V Volumen

Einheiten

$$[\varrho] = \frac{t}{m^3} = \frac{kg}{dm^3} = \frac{g}{cm^3}$$

23/1 Berechnen Sie die fehlenden Werte.

	a)	b)	c)	d)	e)	f)
Masse *m*	36,5 kg	3 996 g	5 713,8 kg	? kg	? t	0,54918 t
Volumen *V*	4,65 dm^3	1,48 dm^3	0,642 m^3	3,48 dm^3	560 dm^3	? dm^3
Dichte ϱ	? kg/dm^3	? g/cm^3	? t/m^3	7,85 kg/dm^3	7,25 t/m^3	11,3 kg/dm^3

23/2 Ein Zylinder aus der Legierung Platin-Iridium mit einem Durchmesser von 39 mm und einer Höhe von 39 mm hat die Masse von 1 kg (Definition eines Kilogramms). Berechnen Sie die Dichte dieser Legierung (90 % Platin und 10 % Iridium).

23/3 Ein Draht mit dem Durchmesser von d = 0,8 mm und der Länge von l = 201,179 m hat die Masse m = 1 061,8 g.

a) Berechnen Sie das Volumen und die Dichte des Drahtes.
b) Ermitteln Sie, aus welchem Werkstoff der Draht besteht.

24 Masseberechnung von Werkstücken

Masse = Volumen · Dichte

Formel

$m = V \cdot \varrho$

z. B.: $[m] = cm^3 \cdot \frac{g}{cm^3}$

Für die Berechnung einer Masse sollte die Dichte so gewählt werden, dass sich kleinere Maßzahlen ergeben, z. B.

- kleine Werkstücke → Dichte in g/cm^3 und Volumen in cm^3
- mittlere Werkstücke → Dichte in kg/dm^3 und Volumen in dm^3
- große Werkstücke → Dichte in t/m^3 und Volumen in m^3

24/1 Berechnen Sie die Massen der dargestellten Werkstücke.

1.1

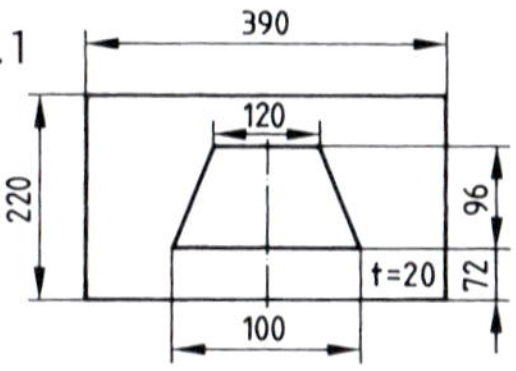

Schneidplatte $\varrho = 7{,}85 \frac{kg}{dm^3}$

1.2

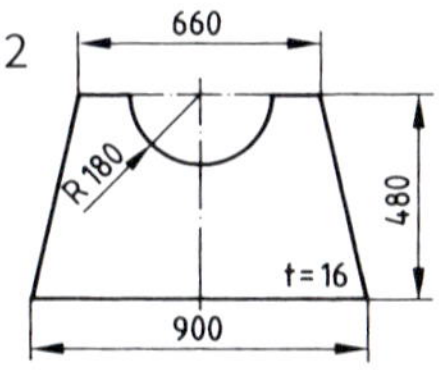

Stützblech $\varrho = 7{,}85 \frac{kg}{dm^3}$

1.3

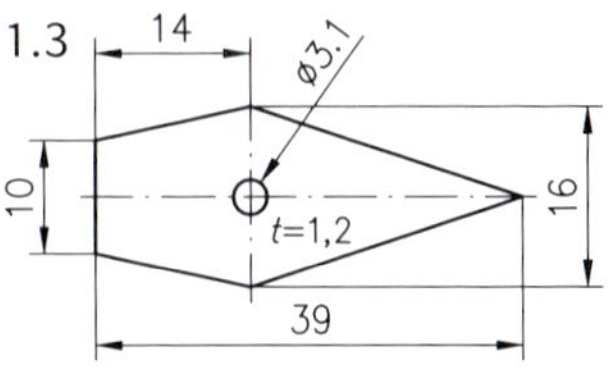

Zeiger $\varrho = 2{,}7 \frac{kg}{dm^3}$

1.4

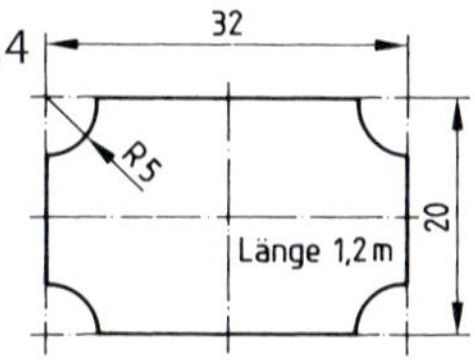

Zierprofil $\varrho = 8{,}5 \frac{kg}{dm^3}$

1.5

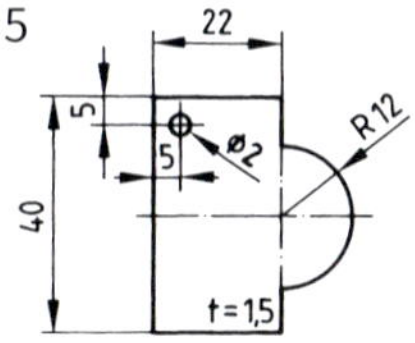

Radienschablone $\varrho = 7{,}85 \frac{kg}{dm^3}$

1.6

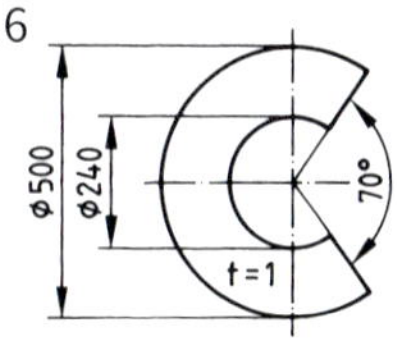

Zeiger
Reduzierstück: $\varrho = 7{,}85 \frac{kg}{dm^3}$

1.7

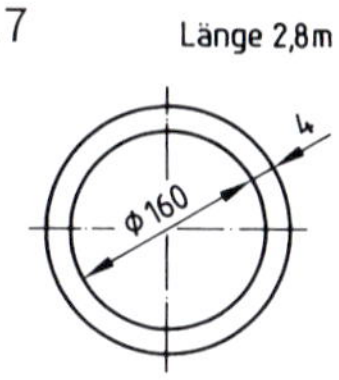

Rohr $\varrho = 7{,}4 \frac{kg}{dm^3}$

1.8

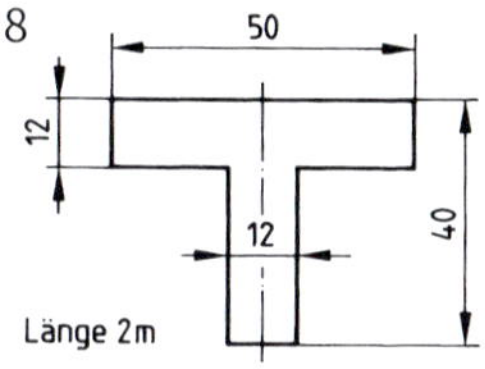

T-Profil $\varrho = 8{,}4 \frac{kg}{dm^3}$

1.9

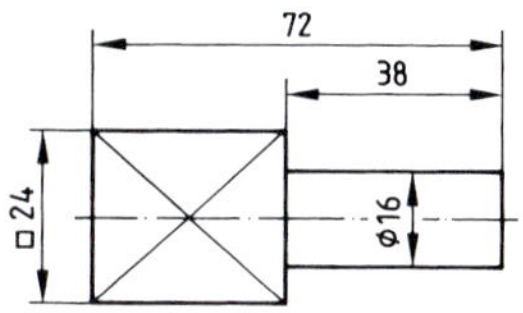

Zapfen $\varrho = 2{,}7 \frac{kg}{dm^3}$

1.10

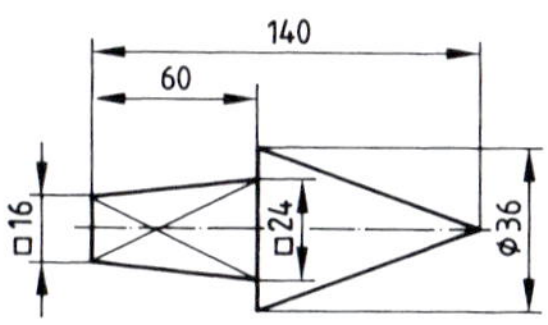

Hörnchen $\varrho = 7{,}85 \frac{kg}{dm^3}$

1.11

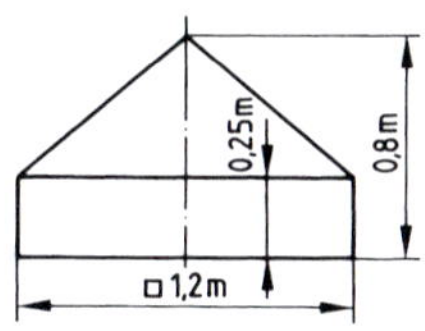

Gegengewicht $\varrho = 7 \frac{kg}{dm^3}$

1.12

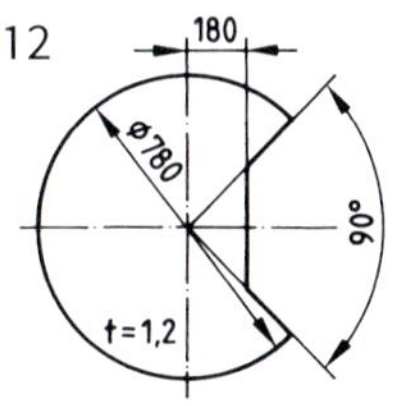

Abdeckblech $\varrho = 7{,}85 \frac{kg}{dm^3}$

24/2 65 kg Schmieröl mit einer Dichte von $\varrho = 0{,}91\ kg/dm^3$ sollen in Kanister mit 5 l Fassungsvermögen gefüllt werden.

a) Wie viele Kanister werden benötigt?

b) Wie groß ist das Füllvolumen für den letzten Kanister, wenn alle anderen vollständig gefüllt sind?

Ü

25 Kraft und ihre Einheiten

Kräfte bewirken Form-, Geschwindigkeits- oder Richtungsänderungen. Die Einheit der Kraft ist das **Newton** (N). Die Kraft, mit der eine Masse von der Erde angezogen wird, nennt man Gewichtskraft F_G. Eine Masse erfährt durch die Erdanziehung auf dem 45. Breitengrad in Meereshöhe die Beschleunigung von $g = 9{,}81\ \text{m/s}^2$.

Formel

$F_G = m \cdot g$

Formelzeichen

F_G Gewichtskraft
m Masse
g Erdbeschleunigung

$$F_G = 1\ \text{kg} \cdot 9{,}81 \frac{\text{m}}{\text{s}^2}$$

$$F_G = 9{,}81\ \frac{\text{kg} \cdot \text{m}}{\text{s}^2} = \mathbf{9{,}81\ N}$$

Vereinfachung

Wird die Beschleunigung g zur Bestimmung der Gewichtskraft verwendet, so kann man sie als Faktor mit der Maßeinheit N/kg einsetzen ($g = 9{,}81\text{N/kg}$):

$$F_G = 1\ \text{kg} \cdot 9{,}81 \frac{\text{N}}{\text{kg}}$$

$$F_G = 9{,}81\ \frac{\text{kg} \cdot \text{N}}{\text{kg}} = \mathbf{9{,}81\ N}$$

Umrechnungen

1 MN = 1 000 kN = 1 000 000 N; 1 N = 1 000 mN

Kräfte werden vielfach über die Verformung von Federn mit geeichten Kraftmessern bestimmt.

25/1 Berechnen Sie die fehlenden Werte.

	a)	b)	c)	d)	e)	f)	g)	h)	i)	j)
Masse	10 kg	800 g	2 t	? g	? t	? g	? g	560 kg	? kg	? g
Gewichtskraft in N	?	?	?	1	1000	?	?	?	680	0,2
Gewichtskraft in kN	?	?	?	?	?	–	–	?	?	–
Gewichtskraft in mN	–	?	–	?	–	50	600	–	?	?

25/2 Ein Kranseil darf höchstens mit 4 500 N belastet werden.

a) Wie groß ist die Belastung in kN?
b) Mit welcher Masse in kg darf das Seil maximal belastet werden?

25/3 Ein Stahlgewicht mit der Kantenlänge von 1 500 mm × 450 mm × 450 mm aus Stahl ($\varrho = 7{,}85\ \text{kg/dm}^3$) wird zum Beschweren auf den Oberkasten einer Gießform gelegt.

a) Wie groß ist die Masse des Stahlgewichtes in kg und t?
b) Berechnen Sie die Gewichtskraft in kN und MN.

25/4 In einer Gießerei hängt eine Gießpfanne mit flüssigem Gusseisen an einem Kranseil. Die Gewichtskraft wird mit 412 MN angezeigt.

a) Wie groß ist die Gewichtskraft in kN und N?
b) Wie groß ist die Masse von Pfanne und Gusseisen in t und kg?

25/5 Auf die Zugfeder eines Messgerätes wirkt eine Kraft von 0,068 N.
Rechnen Sie diese Belastung in Millinewton um.

25/6 Ein Heizöltank hat ein Fassungsvermögen von 8 500 l und ein Leergewicht von 185 kg.

a) Wie groß ist die Gesamtmasse in kg und t, wenn der Tank gefüllt ist ($\varrho = 0{,}8\ \text{kg/l}$)?
b) Wie groß ist die Gesamtgewichtskraft in Newton und Meganewton?

26 Drehmoment und seine Einheiten

Jedes Teil, an dem Kräfte eine Drehwirkung verursachen, kann als Hebel bezeichnet werden. Die Drehwirkung bezeichnet man als Drehmoment. Das Drehmoment wächst mit der Größe der Kraft und dem Abstand der Kraft von der Drehachse des Hebels. Diesen Abstand bezeichnet man als wirksamen Hebelarm.

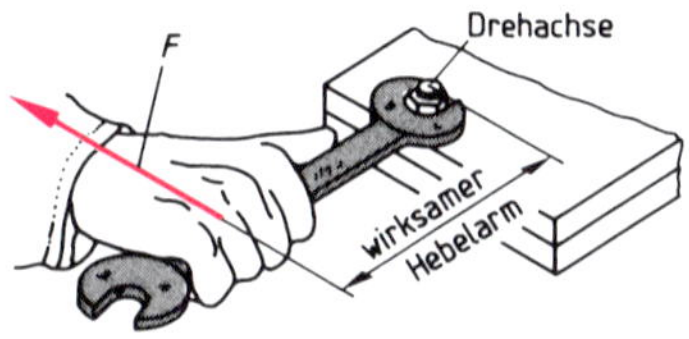

Formel

$M = F \cdot l$

$[M] = N \cdot m = Nm$

Formelzeichen

F	Kraft
l	Hebelarm
M	Drehmoment

Umrechnungen

1 000 Nm = 1 kNm; 1 Nm = 10 Ndm; 10 Ndm = 100 Ncm = 1 000 mNm

26/1 Berechnen Sie die fehlenden Werte.

	a)	b)	c)	d)	e)	f)	g)	h)
Kraft F	800 N	400 N	2,6 kN	0,6 N	64 N	560 N	? N	? kN
Hebelarm l	1,2 m	180 mm	24 cm	1,2 dm	? m	? mm	9,6 dm	64 mm
Drehmoment M	? Nm	? Nm	? kNm	? mNm	17,92 Nm	8 960 Ncm	2 304 Nm	800 Nm

26/2 Das maximale Anziehdrehmoment für Schaftschrauben wird in der DIN-Norm in Abhängigkeit von der Festigkeitsklasse der Schrauben angegeben.
Berechnen Sie die notwendige Handkraft für Schrauben mit der Festigkeitsklasse 8.8 bei Verwendung der angegebenen Ring-Maulschlüssel.

Schrauben	max. Anziehdrehmoment	wirksame Schlüssellänge	Kraft
M 6	8,3 Nm	140 mm	? N
M 12	69,0 Nm	180 mm	? N
M 20	340,0 Nm	220 mm	? N

26/3 Beim Spannen eines Werkstücks in einen Schraubstock greift die Handkraft F_1 = 380 N im Abstand l_1 = 280 mm von der Drehachse der Gewindespindel an. Welche Handkraft F_2 wirkt, wenn der wirksame Hebel auf l_2 = 350 mm verlängert wird bei der Erzeugung des gleichen Drehmomentes?

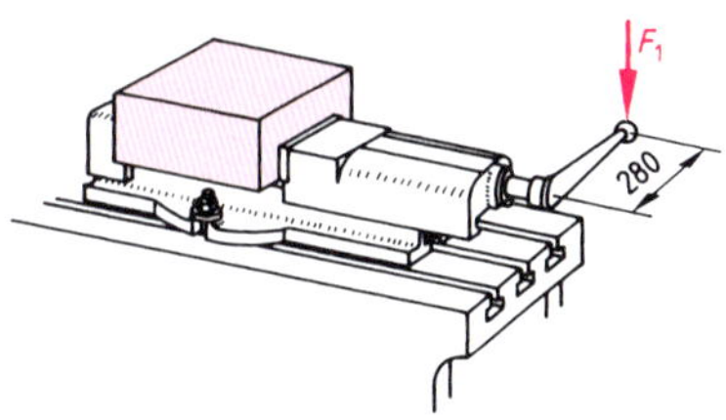

26/4 Für das Schneiden eines M4-Innengewindes steht nur ein großes, verstellbares Windeisen mit einer wirksamen Hebellänge von 180 mm je Seite zur Verfügung. Der Auszubildende dreht mit je einer Kraft von F = 6 N an beiden Enden. Dabei geht der Gewindebohrer zu Bruch.

a) Wie groß war das Gesamtdrehmoment, das auf den Gewindebohrer wirkte?

b) Wie groß ist das Gesamtdrehmoment, wenn mit einem geeigneten Windeisen von l = 100 mm Hebellänge je Seite und einer Kraft von F = 6 N gedreht wird?

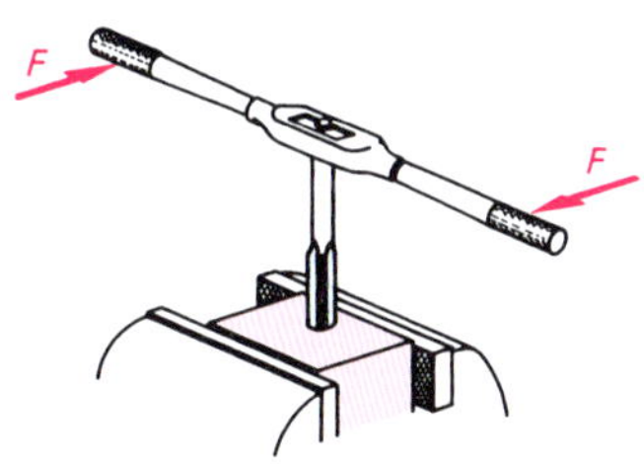

Ü

27 Hebelgesetz

Ein Hebel bleibt im Gleichgewicht, wenn die Summe der linksdrehenden Momente gleich der Summe der rechtsdrehenden Momente ist.

Formel

$\sum M_l = \sum M_r$

Formelzeichen

M_l linksdrehendes Moment, wirkt *gegen* den Uhrzeigersinn

M_r rechtsdrehendes Moment, wirkt *im* Uhrzeigersinn

Beispiele für die Hebelarten mit *zwei* angreifenden Kräften

einseitiger Hebel

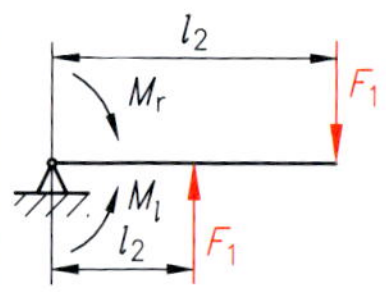

zweiseitiger Hebel

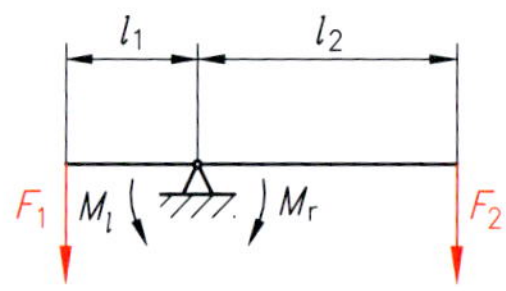

$M_l = M_r \rightarrow F_1 \cdot l_1 = F_2 \cdot l_2$

Winkelhebel

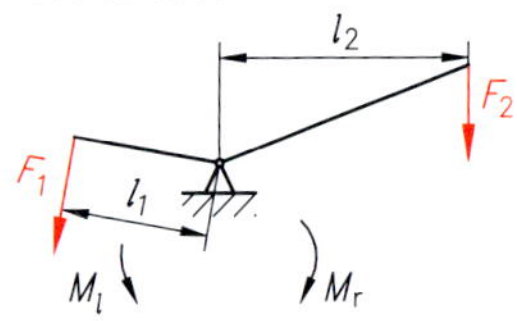

Beispiel für einen Hebelarm mit *mehr als zwei* angreifenden Kräften

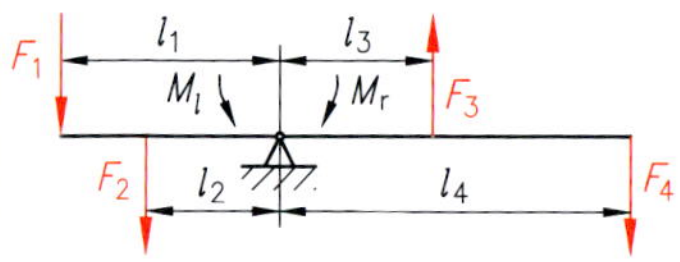

$$\sum M_l = \sum M_r$$

$$F_1 \cdot l_1 + F_2 \cdot l_2 + F_3 \cdot l_3 = F_4 \cdot l_4$$

27/1 Berechnen Sie die gesuchten Größen.

	a)	b)	c)	d)	e)
Kraft F_1	20 N	700 N	480 N	? N	1,5 kN
Hebel l_1	0,20 m	? m	24 cm	30 mm	18 cm
Kraft F_2	? N	420 N	1280 N	1,2 N	? kN
Hebel l_2	0,35 m	2,8 m	? cm	54 mm	270 mm

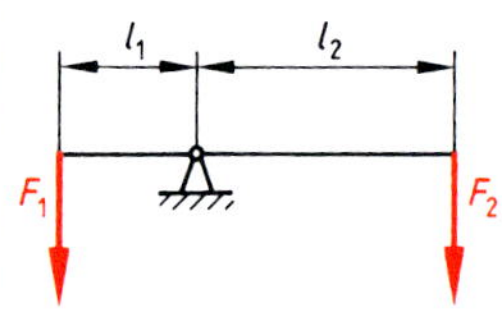

27/2 Eine Maschine wird mit einer Seilwinde angehoben. Gewichtskraft der Maschine $F_G = 2$ kN, Durchmesser der Seiltrommel $d = 220$ mm, Kurbellänge $l = 400$ mm.
Berechnen Sie die Handkraft F_H an der Kurbel.

Problemstellung

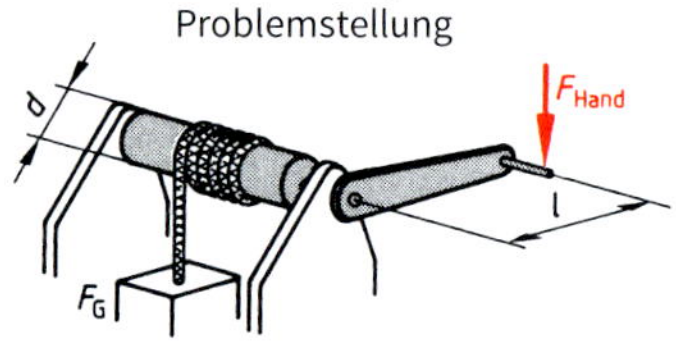

Hinweis
Viele technologische Aufgaben lassen sich leichter lösen, wenn Sie eine Prinzipskizze mit den Kräften und den wirksamen Hebelarmen anfertigen.

Prinzipskizze

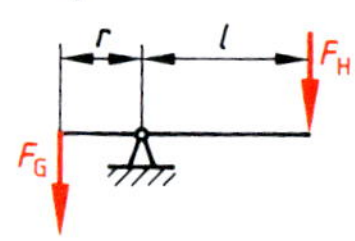

27/3 Eine Bremse wird mit der Kraft $F_1 = 140$ N über einen Hebel betätigt.
Fertigen Sie eine Prinzipskizze an und berechnen Sie die auf die Bremsbacke wirkende Anpresskraft F_2.
Hinweis
Bei Hebelberechnungen müssen alle Kräfte mit ihrer Wirkrichtung auf den Hebel bezogen sein. Im Beispiel ist die Gegenkraft F_2' zu verwenden.

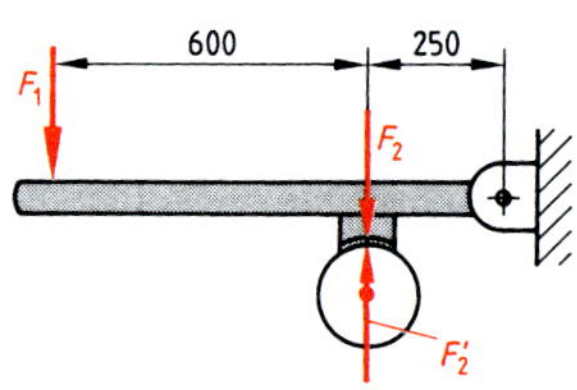

27/4 Berechnen Sie die gesuchten Werte in den folgenden Aufgaben mithilfe des Hebelgesetzes. Fertigen Sie zu jeder Aufgabe eine Prinzipskizze an.

4.1

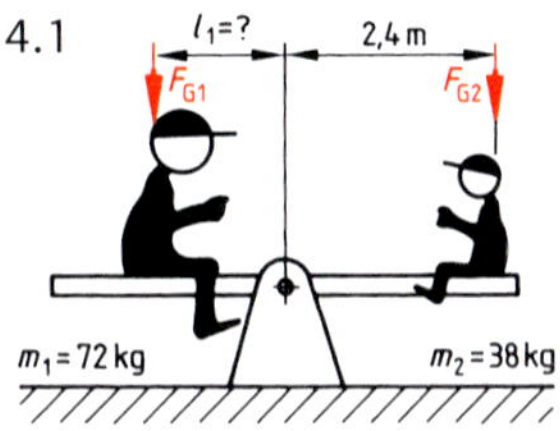

Wippe

4.2

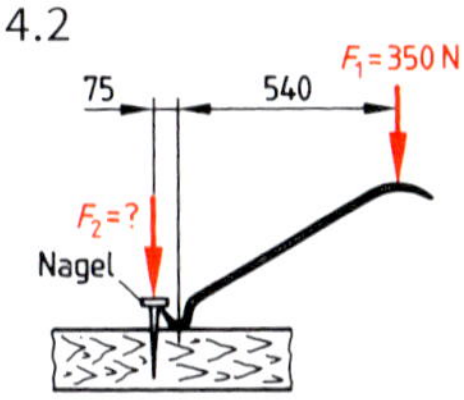

Nageleisen

4.3

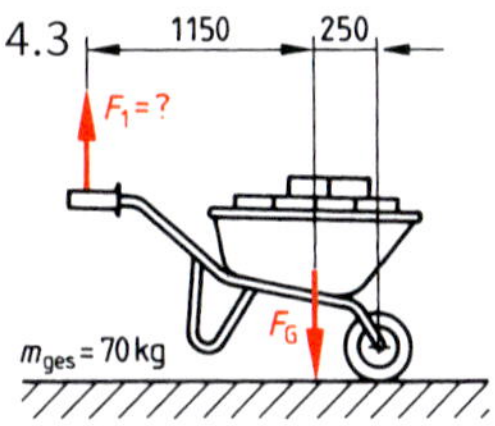

Schubkarre

4.4

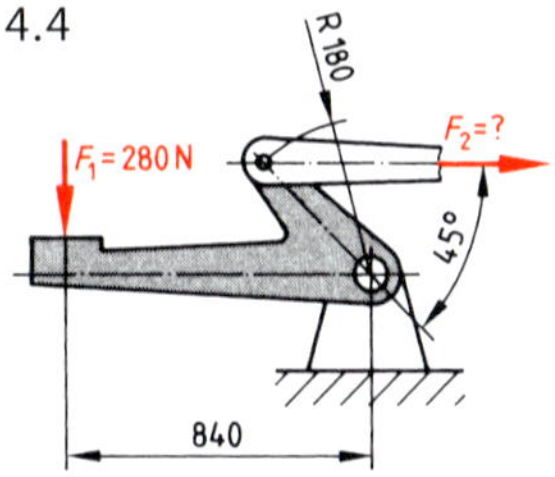

Winkelhebel

4.5

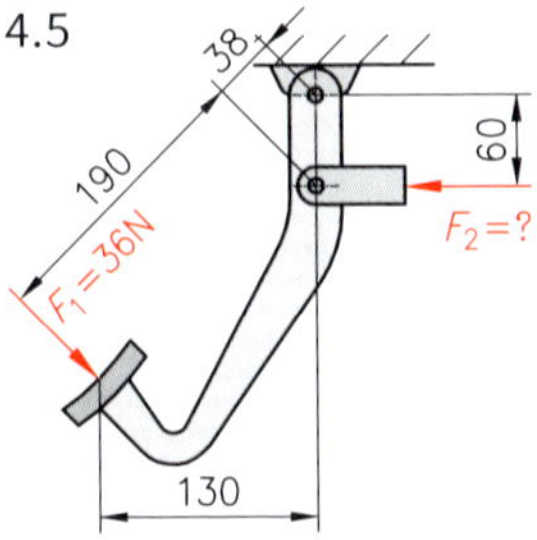

Kupplungspedal

4.6

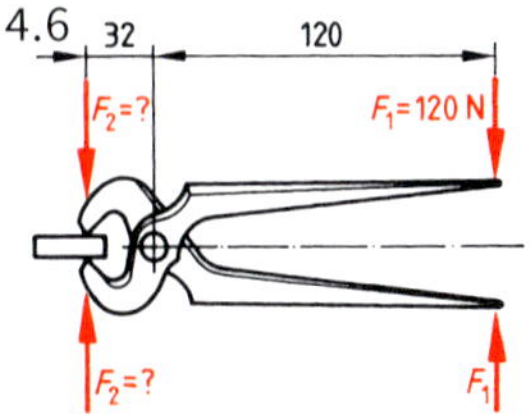

Kneifzange

27/5 Der Auswerferbolzen einer Schmiedepresse wird über den Hebel mit der Kraft F_1 betätigt (siehe folgende Zeichnung). Der Bolzen wirkt mit der Kraft F_2 auf den Hebel, die Druckfeder mit der Kraft F_1 in Richtung der Ausgangsstellung.
Fertigen Sie eine Prinzipskizze an. Berechnen Sie die fehlenden Größen zu den unterschiedlichen Ausführungsformen **a**) bis **d**).

	a)	b)	c)	d)
Betätigungskraft F_1 in N	600	?	400	500
Auswerferkraft F_2 in kN	?	1,2	1,8	2,0
Federkraft F_F in N	120	160	140	180
Hebelarm l_1 in mm	110	120	210	?
Hebelarm l_2 in mm	70	75	?	90

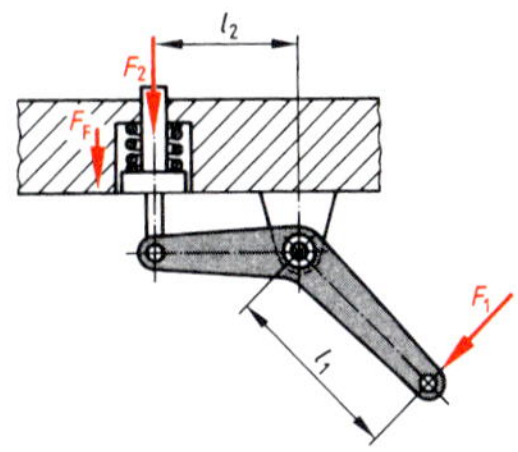

27/6 In einem Versuchsaufbau soll ein Hebel mit einem Zusatzgewicht an der Stelle A ins Gleichgewicht gebracht werden. Jedes verwendete Gewichtsstück hat die Masse von 50 g.
Berechnen sie die dort anzuhängende Masse m.

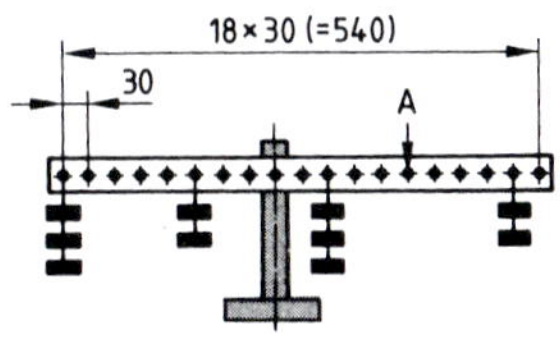

27/7 Eine Lochstanze mit doppelter Hebelübersetzung wird zum Lochen von Blechen eingesetzt.
Welche Scherkraft F steht zur Verfügung, wenn die Stanze mit einer Handkraft F_H = 125 N betätigt wird?

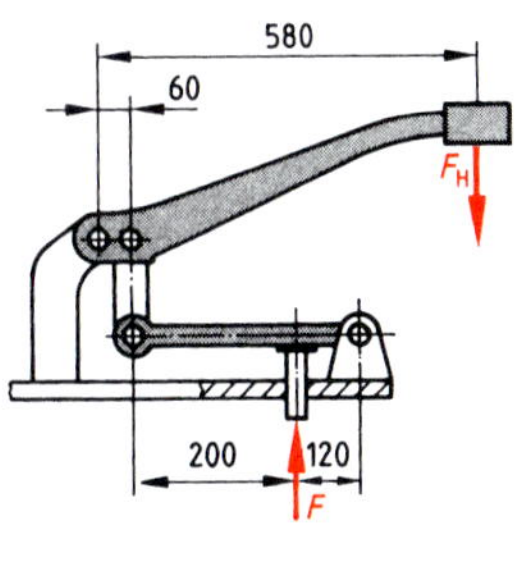

Ü

28 Auflagerkräfte

Auflagerkräfte sind durch Belastungen hervorgerufene Gegenkräfte in den Auflagerstellen eines Bauteils.

Zur Bestimmung der Auflagerkräfte F_A und F_B sieht man die Welle als Hebel an und wählt eine Auflagerstelle als Drehpunkt. Dann wird die Momentengleichung des Hebelgesetzes aus den Belastungskräften und der zweiten Auflagerkraft aufgestellt.

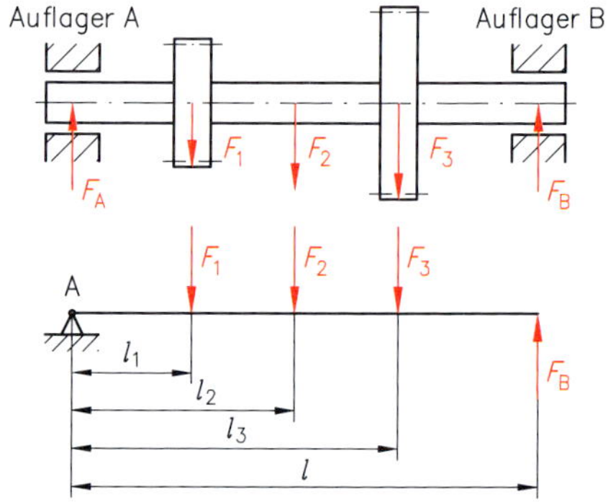

F_A, F_B Auflagerkräfte
F_1, F_2, F_3 Belastungskräfte

$$\sum M_l = \sum M_r$$
$$F_B \cdot l = F_1 \cdot l_1 + F_2 \cdot l_2 + F_3 \cdot l_3$$

Die Auflagerkraft in der gewählten Auflagerstelle bestimmt man *mithilfe des Kräftegleichgewichts:*

Summe der senkrecht nach unten wirkenden Kräfte = Summe der senkrecht nach oben wirkenden Kräfte

$$\sum F_{unten} = \sum F_{oben}$$
$$F_1 + F_2 + F_3 = F_A + F_B$$

28/1 Übernehmen Sie die Tabelle, und berechnen Sie die gesuchten Größen.

	a)	b)	c)	d)	e)	f)
Kraft F_1 in kN	2,4	4,2	?	?	1,8	?
Hebel l_1 in mm	180	420	120	320	?	70
Hebel l in mm	600	600	480	570	540	?
Kraft F_A in kN	?	?	1,6	?	0,8	0,4
Kraft F_B in kN	?	?	?	1,2	?	0,2

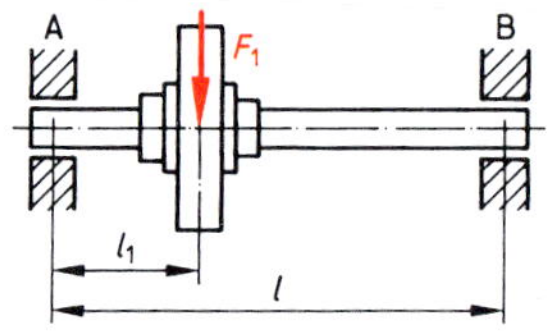

28/2 Die Schleifspindel eines Schleifbocks wird über eine Keilriemenscheibe angetrieben.
Wie groß sind die Auflagerkräfte F_A und F_B?

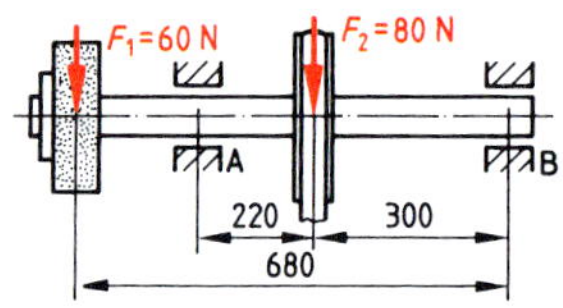

28/3 Ein Werkstück wird mit einem verstellbaren Spanneisen auf einen Frästisch gespannt. Die Spannschraube wird angezogen, sodass eine Kraft $F = 60$ kN auf das Spanneisen wirkt.
Berechnen Sie die Spannkraft für das Werkstück und die Stützkraft in der Stellschraube.

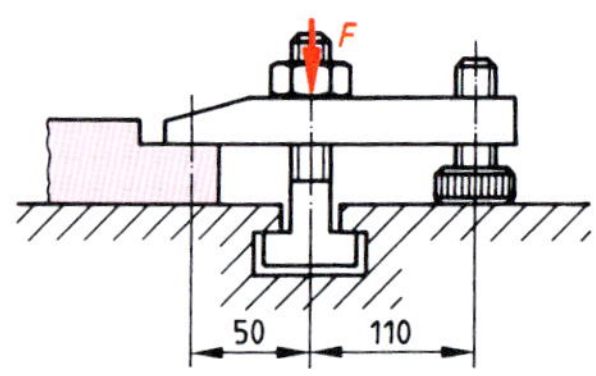

28/4 Das Oberteil eines Folgeschneidwerkzeugs setzt auf einen Blechstreifen mit Lochstempel und Ausschneidstempel auf. Die Scherkräfte betragen am Lochstempel $F_1 = 30{,}6$ kN und am Ausschneidstempel $F_2 = 56{,}4$ kN.

a) Wie groß muss die Stößelkraft F sein, die am Spannzapfen aufgebracht wird?

b) An welcher Stelle muss der Spannzapfen angeordnet sein, wenn die beiden Schneidstempel einen Abstand von 52 mm haben?

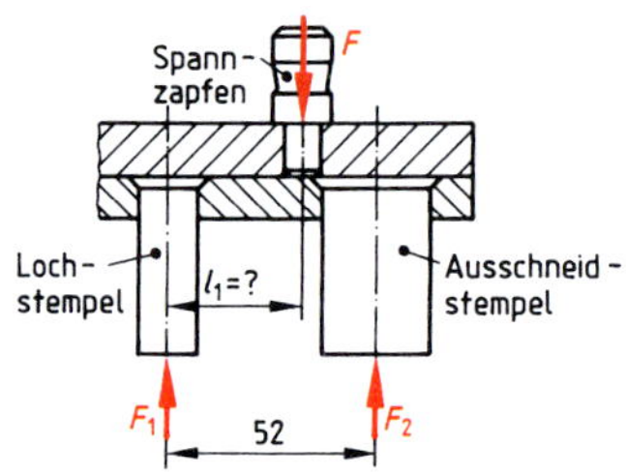

29 Gleichförmige Geschwindigkeit auf kreisförmiger Bahn

Drehbewegungen von Bauelementen bzw. Werkzeugen erfolgen meist mit gleichförmiger Geschwindigkeit. Diese Geschwindigkeit wird bei Bauelementen als Umfangsgeschwindigkeit v_u bzw. bei kreisförmigen Schnittbewegungen als Schnittgeschwindigkeit v_c bezeichnet.

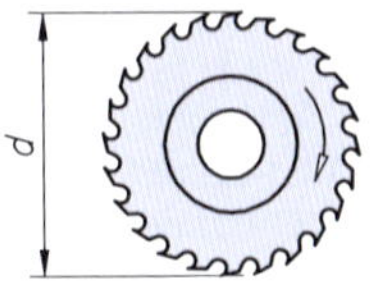

Formeln

$$v = \frac{s}{t} \rightarrow v = \frac{d \cdot \pi \cdot N}{t} \rightarrow v = d \cdot \pi \cdot n$$

$$v_u = d \cdot \pi \cdot n$$

$$v_c = d \cdot \pi \cdot n$$

Formelzeichen

v_u	Umfangsgeschwindigkeiten
v_c	Schnittgeschwindigkeit
s	Weg
t	Zeit
v	Geschwindigkeit
d	Durchmesser
N	Umdrehungsanzahl
n	Umdrehungsfrequenz

Die Anzahl der Umdrehungen pro Zeiteinheit wird Umdrehungsfrequenz n genannt: $n = \frac{N}{t}$

Einheiten für die Umdrehungsfrequenz n: $\frac{1}{\text{min}}$ (min^{-1}) bzw. $\frac{1}{\text{s}}$ (s^{-1})

29/1 Berechnen Sie die fehlenden Werte der Tabelle.

	a)	b)	c)	d)	e)	f)
Durchmesser d	12 mm	320 mm	180 mm	0,5 m	? mm	? mm
Umdrehungsfrequenz n	800 1/min	60 1/min	? 1/s	? 1/min	1200 1/min	120 1/s
Schnittgeschwindigkeit v_c	? m/min	? m/min	100 m/s	25 m/min	40 m/min	70 m/s

29/2 In Werkstückeaus S275JR sollen Löcher mit 13 mm Durchmesser gebohrt und eingesenkt werden. In der Richtwertetabelle ist die Schnittgeschwindigkeit zum Bohren mit v_c = 60 m/min angegeben, zum Senken soll sie 55% der Bohrgeschwindigkeit betragen.

a) Berechnen Sie die einzustellende Umdrehungsfrequenz n für den Bohrvorgang in 1/min.

b) Berechnen Sie die einzustellende Umdrehungsfrequenz zum Senken, wenn der Flachsenker einen Außendurchmesser von 20 mm hat.

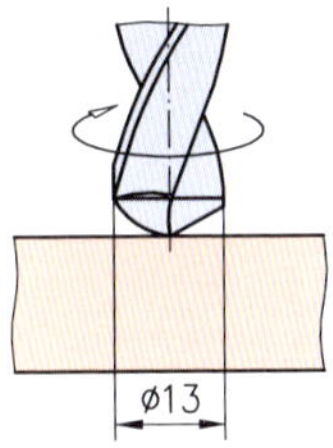

29/3 In eine Waagerecht-Fräsmaschine wird ein Walzenfräser aus Schnellarbeitsstahl mit einem Durchmesser von d = 80 mm eingespannt. Für Stahl bis R_m = 700 N/mm² wird eine Schnittgeschwindigkeit von v_c = 14 m/min angegeben.
Wie groß ist die einzustellende Umdrehungsfrequenz in 1/min?

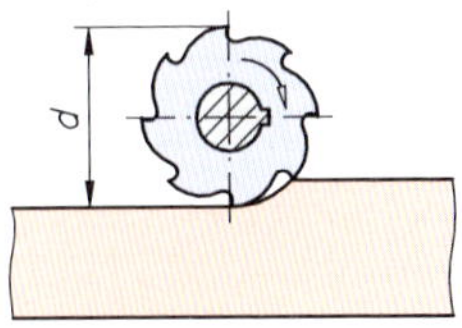

29/4 Ein Rohling aus Vergütungsstahl (C45) wird auf einer Drehmaschine mit einer Hartmetall-Wendeplatte (P10) durch Längs-Runddrehen geschlichtet.

a) Die programmierte Umdrehungsfrequenz beträgt n = 450 1/min. Welche Schnittgeschwindigkeit ergibt sich für einen Durchmesser von 230 mm?

b) Wie muss bei einem Durchmesser von 180 mm die Umdrehungsfrequenz verändert werden, wenn mit gleicher Schnittgeschwindigkeit gedreht werden soll?

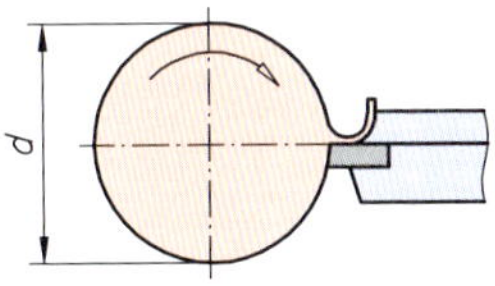

31/5 Ein Auto fährt mit der Geschwindigkeit 100 km/h, der Raddurchmesser beträgt 685 mm.

a) Wie groß ist die Umdrehungsfrequenz n des Reifens in 1/min und 1/s?

b) Wie viele Umdrehungen hat der Reifen gemacht, wenn er nach 60 000 km abgefahren ist?

Ü

Bildquellenverzeichnis

|Alpen-Maykestag GmbH, Puch: 57.7. |BMW AG, München: 128.3. |CO typomedia GmbH, Dortmund: 174.8, 186.2. |Di Gaspare, Michele (Bild und Technik Agentur für technische Grafik und Visualisierung), Bergheim: 1.1, 1.2, 1.3, 1.4, 1.5, 1.6, 1.7, 1.8, 1.9, 11.3, 16.4, 21.1, 21.2, 21.3, 21.4, 23.1, 30.1, 35.3, 35.4, 35.5, 36.2, 37.2, 40.1, 40.2, 42.4, 42.5, 42.6, 43.1, 45.2, 50.2, 50.3, 50.4, 52.2, 52.3, 56.4, 56.5, 57.8, 57.9, 58.1, 58.5, 60.2, 62.2, 65.1, 71.1, 79.1, 86.1, 86.2, 88.1, 88.2, 90.2, 95.1, 106.1, 108.3, 108.4, 108.5, 110.2, 112.2, 113.1, 113.2, 114.1, 114.2, 114.3, 121.1, 125.1, 128.1, 128.2, 131.1, 134.1, 136.1, 136.2, 136.3, 139.1, 141.3, 144.2, 144.3, 144.4, 147.1, 151.4, 156.1, 157.1, 158.1, 158.2, 159.1, 159.2, 160.1, 160.2, 160.3, 161.1, 161.2, 161.3, 162.1, 162.2, 163.1, 163.2, 163.3, 163.4, 163.5, 164.1, 164.2, 164.3, 165.1, 166.1, 168.1, 169.1, 170.1, 173.3, 176.3, 176.4, 177.1, 178.4, 181.5, 182.1, 184.3, 185.2, 185.3, 187.1, 187.2, 189.1, 192.1, 192.2, 192.3, 193.1, 193.2, 193.3, 194.1, 194.2, 194.3, 194.4, 194.5, 194.6, 194.7, 194.8, 194.9, 194.10, 194.11, 194.12, 194.13, 194.14, 194.15, 194.16, 194.17, 195.1, 195.2, 196.1, 197.1, 198.1, 201.1, 201.2, 201.3, 202.1, 204.1, 204.2, 205.1, 205.2, 206.1, 206.2, 206.3, 206.4, 207.1, 209.1, 214.1, 214.2, 214.3, 214.4, 215.1, 215.2, 215.4, 216.1, 216.2, 216.3, 216.4, 217.1, 218.1, 218.2, 218.3, 219.1, 219.2, 219.3, 221.1, 221.2, 223.1, 226.5, 231.1, 233.2, 240.1, 240.2, 241.1, 242.1, 242.2, 243.1, 243.2, 243.3, 243.4, 243.5, 243.6, 245.1, 245.2, 247.1, 247.2, 247.3, 249.1, 250.1, 252.1, 252.2, 253.2, 253.3, 253.4, 253.5, 253.6, 254.3, 254.13, 254.14, 257.15, 257.18, 260.1, 261.6, 265.1, 265.7, 269.1, 269.2, 269.3, 269.4, 269.5, 269.6, 269.7, 269.8, 269.9, 270.6, 270.11, 271.1, 271.2, 271.3, 271.4, 273.2, 273.3, 273.4, 273.5, 275.1, 275.2, 275.3, 275.4, 275.6, 277.3, 280.1, 280.2, 280.3, 280.4, 281.5, 282.1, 283.1, 283.2, 283.3, 283.4. |Georg Kesel GmbH & Co. KG, Kempten im Allgäu: 58.2. |HACHENBACH Präzisionswerkzeuge GmbH & Co. KG, Ehringhausen: 56.1, 56.2, 56.3. |Hegewald & Peschke MPT GmbH, Nossen: 197.2. |HEINRICH KIPP WERK GmbH & Co. KG, Sulz am Neckar: 190.1. |Heinrich Klar Schilder- u. Etikettenfabrik GmbH & Co. KG, Wuppertal: 102.1, 102.2, 102.3, 102.4, 102.5, 102.6, 102.7, 102.8, 102.9, 102.10, 102.11, 102.12, 103.1, 227.1, 227.2, 227.3, 227.4, 227.5. |Hoffmann SE, München: 2020 56.6, 57.1, 57.2. |Knuth Werkzeugmaschinen GmbH - www.knuth.de, Wasbek: 216.5. |Lux, Stefan, Bochum: 74.1. |Mahr GmbH, Göttingen: 215.3. |Müser, Detlef, Bochum: 69.1, 69.2, 69.3. |Pyzalla, Georg, Schwerte: 66.3, 66.4, 110.1, 120.2. |Schilke, Werner, Mönchengladbach: 108.2. |stock.adobe.com, Dublin: Kzenon Titel; steve Collender 14.1.